色谱技术丛书（第三版）

傅若农　主　编

汪正范　刘虎威　副主编

各分册主要执笔者：

《色谱分析概论》	傅若农			
《气相色谱方法及应用》	刘虎威			
《毛细管电泳技术及应用》	陈　义			
《高效液相色谱方法及应用》	于世林			
《离子色谱方法及应用》	牟世芬	朱　岩	刘克纳	
《色谱柱技术》	赵　睿	刘国诠		
《色谱联用技术》	白　玉	汪正范	吴侔天	
《样品制备方法及应用》	李攻科	汪正范	胡玉玲	肖小华
《色谱手性分离技术及应用》	袁黎明	刘虎威		
《液相色谱检测方法》	欧阳津	那　娜	秦卫东	云自厚
《色谱仪器维护与故障排除》	张庆合	李秀琴	吴方迪	
《色谱在环境分析中的应用》	蔡亚岐	江桂斌	牟世芬	
《色谱在食品安全分析中的应用》	吴永宁			
《色谱在药物分析中的应用》	胡昌勤	马双成	田颂九	
《色谱在生命科学中的应用》	宋德伟	董方霆	张养军	

"十三五"国家重点出版物出版规划项目

中国科学院大学研究生教材系列

色 谱 技 术 丛 书

毛细管电泳技术及应用

第三版

陈义 著

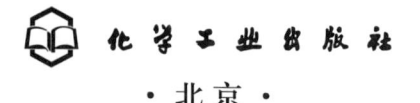

化学工业出版社

·北京·

本版对毛细管电泳原理、仪器、方法和应用作了比前两版更完备的介绍，提供了如何发展和利用毛细管电泳进行物质分离分析的思路、策略、方法和实例。全书分为方法和应用两大部分，前者包括第一到第九章，介绍理论、仪器、分离条件选择、毛细管制备、电渗控制、联用方案、芯片电泳方法、超常毛细管电泳方法等内容；后者包括第十到第十五章，涵盖了手性分离以及从小离子到整细胞等大颗粒物的分离分析应用。

本书叙述力求简明，可供组学研究、糖生物学、生物化学、化学生物学、分子生物学、细胞学等生物或生命科学以及医药、食品、环境、公安侦破、农业、化学和化工等不同领域中的科研人员、教师、研究生、大学生学习和参考之用。

图书在版编目（CIP）数据

毛细管电泳技术及应用/陈义著 . —3 版 . —北京：
化学工业出版社，2017.1
（色谱技术丛书）
ISBN 978-7-122-28385-6

Ⅰ . ①毛…　Ⅱ . ①陈…　Ⅲ . ①毛细管-电泳
Ⅳ . ①O657.8

中国版本图书馆 CIP 数据核字（2016）第 255933 号

责任编辑：傅聪智　任惠敏　　　　　　　　　　装帧设计：刘丽华
责任校对：王素芹

出版发行：化学工业出版社（北京市东城区青年湖南街 13 号　邮政编码 100011）
印　　装：河北鹏润印刷有限公司
710mm×1000mm　1/16　印张 22½　字数 465 千字　2019 年 1 月北京第 3 版第 1 次印刷

购书咨询：010-64518888　　售后服务：010-64518899
网　　址：http://www.cip.com.cn
凡购买本书，如有缺损质量问题，本社销售中心负责调换。

定　　价：88.00 元　　　　　　　　　　　　　　　　版权所有　违者必究

序

　　《色谱技术丛书》从 2000 年出版以来，受到读者的普遍欢迎。主要原因是这套丛书较全面地介绍了当代色谱技术，而且注重实用、语言朴实、内容丰富，对广大色谱工作者有很好的指导作用和参考价值。2004年起丛书第二版各分册陆续出版，从第一版的 13 个分册发展到 23 个分册（实际发行 22 个分册），对提高我国色谱技术人员的业务水平以及色谱仪器制造和应用行业的发展起了积极的作用。现在，10 多年又过去了，色谱技术又有了长足的发展，在分析检测一线工作的技术人员迫切需要了解和应用新的技术，以提高分析测试水平，促进国民经济的发展。作为对这种社会需求的回应，化学工业出版社和丛书作者决定对第二版丛书的部分分册进行修订，这是完全必要的，也是非常有意义的。应出版社和丛书主编的邀请，我很乐意为丛书第三版作序。

　　根据色谱技术的发展现状和读者的实际需求，丛书第三版与第二版相比，作了较大的修订，增加了不少新的内容，反映了色谱的发展现状。第三版包含了 15 个分册，分别是：傅若农的《色谱分析概论》，刘虎威的《气相色谱方法及应用》，陈义的《毛细管电泳技术及应用》，于世林的《高效液相色谱方法及应用》，牟世芬等的《离子色谱方法及应用》，赵睿、刘国诠等的《色谱柱技术》，白玉、汪正范等的《色谱联用技术》，李攻科、汪正范等的《样品制备方法及应用》，袁黎明等的《色谱手性分离技术及应用》，欧阳津等的《液相色谱检测方法》，张庆合等的《色谱仪器维护与故障排除》，蔡亚岐、江桂斌等的《色谱在环境分析中的应用》，吴永宁等的《色谱在食品安全分析中的应用》，胡昌勤等的《色谱在药物分析中的应用》，宋德伟等的《色谱在生命科学中的应用》。这些分册涵盖了色谱的主要技术和主要应用领域。特别是第三版中《样品制备方法及应用》是重新组织编写的，这也反映了随着仪器自动化的日臻完善，色谱分析对样品制备的要求越来越高，而样品制备也越来越成为色谱分析、乃至整个分析化学方法的关键步骤。此外，《色谱手性分离技术及应用》的出版也使得这套丛书更为全面。总之，这套丛书的新老作者都是长期耕耘在色谱分析领域的专家学者，书中融入了他们广博的知识和丰富的经验，相信对于读者，特别是色谱分析行业的年轻工作者以及研究生会有很好的参考价值。

感谢丛书作者们的出色工作，感谢出版社编辑们的辛勤劳动，感谢安捷伦科技有限公司的再次热情赞助！中国拥有世界上最大的色谱市场和人数最多的色谱工作者，我们正在由色谱大国变成色谱强国。希望第三版丛书继续受到读者的欢迎，也祝福中国的色谱事业不断发展。是为序。

2017 年 12 月于大连

　　写书是一种挑战。为再版而改写一本书则是一种心理极限运动，因为你得在自己的惯性思维中左冲右突，不断地作自我否定。在赴芬兰的飞机上，我终于在飞行的无聊间隙，了结了对全书的自我否定，顿感一阵轻松。正送目窗外，试图越过那天际之弧，窥探宇宙的深邃神秘，却又忽有所感，觉着得为再版写几句交代的话，才算圆满。

　　书常被赋以许多功能，更寄托着各色情感。说书是一种知识的载体，其实是期待它像圣人，能规范天下，至少能激发出净化心灵的冲动。此何难哉！或谓之高，如舱外之天际，非我辈所能尔。本书兴许还能勾起读者一丝翻阅之趣。但就为此，也值得鼓勇而为了。

　　写书难，出错却不难，而改错却是难上加难。书之出错，犹水底潜流，全无声息，察之不易，故乃常发。所谓"无错不成书"是也。如此，书须再版，以便纠错；抑或目标升华，为满足读者之渴望。但本书再版，首先是为纠错，旨在改正以往一些明显的错误；其次是为调整，意在更改一些不合时宜的说法；最后亦为增补内容，以免再读时乏味与无趣。

　　本版新增了第九章和第十五章，并将原第九到第十三章顺序后移，变为第十到第十四章。此举意欲架构一个相对完整的毛细管电泳理论与方法体系。当然，细心读者很快就会发现，本版并未包括电泳大厦中的另外一块基石，即非线性电泳（包括介电电泳）。它原本是纳入计划的，并已写就了不小篇幅，但看内容甚为庞大，若不压缩，便会喧宾夺主；倘若压缩，又恐表述过简，读之费解。几经斟酌，最后决定割舍，留作下一次再版（或许有？）的诱饵吧。这次就对不住大家了。

　　在新增的第九章中，重点介绍了毛细管电泳向超高压、超快速或超高效发展的理论和实际研究结果。它们颇为有趣，但尽管早在20世纪90年代初就已出现，其研究却从未形成高潮，时断时续，至今还像是一片尚待开发的处女地。超高压电泳计较的并非速度，而是效率。它离实用颇远，却又极富理论把玩价值。与此不同，超快毛细管电泳既显高端，又可实用，很好地体现了毛细管电泳的本色。它本该发挥重要作用，但又阴差阳错，被微流控芯片淹没了。其实，超快毛细管电泳实施简便，成本划算，实非微流控芯片可比；它耗样微渺，联用简便，亦超乎芯片之上。以其快速、高效、经济之特质，超快速毛细管电泳当可成为高通量分离分析的新平台。目前各类组学研究正遇方法学短板，芯片还一时难解燃眉之急，超快毛细管电泳正可为之。本版因之加以鼓吹。

在第十五章中，收罗了不少毛细管电泳读者和用户多年以来所提出的各色问题。它们看似简单，实则颇难回答。本版不揣冒昧，特予归纳解答。或许有用，望有心人留意。

本版还对全书文字叙述作了较大调整，有删除的，有补充的，有改写的，只为客观。但全书行文风格并未统一。这需要有一段完整的时间，才能刀砍斧劈，贯通前后。待以后再寻机会吧。

在第二章中，对一些理论表述作了调整，明确了速度矢量和淌度标量等概念；增补了基于时间和电通量的谱图表述方案。后者可为毛细管电泳正名：非其不重现尔，实乃表示不得法也。另外还简要介绍了扩散谱方法，亦可玩味。

在第四章中，加写了关于电泳条件的优化策略，重点是多参数的数学优化方法。这些内容不新，但有用，是为省时、省力、省钱之法。本书特予介绍，意在提醒，不在知识本身。

为尽可能减少错误，还邀请了郭振朋、许吉英副研究员，带领我的学生陈蕴、胡飞驰、李冬梅、刘婵娟、刘翠梅、王霄、杨薇等，通读本版全文，仔细找错。虽难尽，已用心。还有，本书中的许多工作受到了国家自然科学基金、科技部和中国科学院等的资助。在此一并致以谢忱！

本书不再使用"编著"一词而只用"著"字，以明实情。"编著"云云不合文意。编乃汇编之省，取原文结集，多不改动，本书从未作此勾当。著乃写也，写并非不能引用他人之语，此中外皆同，否则故事、小说、政论皆不能成尔！故用之。

总而言之，书若再版，便与原样皮同而质异了。譬如飞行，云卷云舒，一去千里。希望读者感知变化，觅踪享受。还有一句老调重弹之语，便是期盼高人赐以宝贵建议！

陈　义

中国科学院大学岗位教授

2015 年 8 月 29 日星期六

作于赴芬兰赫尔辛基飞行途中

　　大约是在 1988 年初，就试图写一本关于毛细管电泳的小册子，当时国内外均无此类书籍。只因机缘未到，写作不到三章，计划便告流产。我们非晚国外五至十年实难成事。后来仅将这些初稿的一些要点投给《分析仪器》了事。从此跨洋越海，去看国外的月亮是否真的很圆。写作之事由此忘怀，不再思虑。

　　1994 年底回国后，国内毛细管电泳研究已成蜂拥之势，按说正是著书立说的最佳时机，可惜我的冲动已失，劲头不再，况且大部头的专著在国外已有多册。尽管如此，写点什么的念头并未真正烟消云散，时不时会有意无意地收集和整理一些关于毛细管电泳的东西。

　　1998 年初，或是 1997 年底，突接博若农先生的电话，邀我参加《色谱技术丛书》的编写工作，负责撰写《毛细管电泳技术及应用》这一册。可能是由于脑中潜伏已久的作书念头在作怪，我竟未加思索就一口应承了下来。过后才意识到问题的严重性——关于毛细管电泳的专著、书册，中文的英文的，应有尽有，我已没什么可写了。

　　答应了的事可不能反悔。我只好鼓起勇气，重新整理并补充早期的手稿和后来随手写的一些东西，这就构成了头七章。再把我和学生们做的实验结果以及平时讲课、作报告收集到的一些例子归纳起来，便组成了第八至第十一章。本来还要写一章关于定性定量分析方面的内容，但最终决定放弃，因为这些内容可照搬色谱中的方法，缺乏新意，多叨无益。

　　本册子前六章立意于毛细管电泳的基础，侧重思路、策略和方法的把握，不作严密的叙述和公式推导。后五章直接面对样品，颇有例题味道，但仍未脱离"方法与思路"的框架。这里面有意重复了某些方面的内容，主要是为了兼顾只对某一章感兴趣的读者，同时也希望通读全册的朋友，能够对此加深印象。

　　本册子之能面世，是与国家自然科学基金委员会、中国科学院、分子科学中心以及有关部门对我们研究工作的大力支持分不开的。书中所引例子有许多来自国家杰出青年基金（No. 29825112）、国家基金委"九五"重点基金（No. 29575215）和面上基金（No. 29635020）、中国科学院"九五"重大（No. Kj951-A1-507）、中国科学院院长基金和青年基金（No. JQ-5-01、BH-28 等）、国家人事部择优支持、国家教育部回国基金项目等。在写作过程中，我的学生王志欣、王珍帮助查阅和核对了第一、五、十一章中的部分文献，王志欣还通读了全文，郭晴同志帮助复印了部分谱图。谨此一并致谢！

希望本册子对专业和非专业研究人员都有参考价值，但限于水平，书中的错误和不妥之处在所难免，敬希读者不吝指正。

陈 义

2000 年 2 月于北京

重新出版一个关于毛细管电泳方法的册子，有很多原因，其中主要的是想改正一些错误，比如第三章公式（3-4），在前一版的两次印刷中一直不太正确，希望不再流传下去。

在修改第一版原稿的过程中，发现有些章节不够充实，所以又补充了一点，比如关于电导检测、关于管壁处理、关于手性异构体分离、关于蛋白分离、关于 DNA 测序、关于细胞分析等。

看看改完，忽又觉得缺了几个重要内容：一是关于多维分离和阵列电泳，其惊人的通量，大大拉了人类基因组研究计划一把，而且还会再拉一把蛋白质组学研究也说不定，忘之不得；二是毛细管电泳与质谱等各种鉴定技术的联用，这可是个有用而又问题甚多的方法，玩其不易，弃之可惜；三是芯片电泳，或称微全分析系统（μ-TAS），或曰微流控系统，其中隐含有先进的思想，很值得玩味，不可不介绍。

可是，要把它们纳入第一版的框架内，还真不容易。几经思量，最后决定将一、二两部分合并，归为一章，称之为"联用技术"，而将芯片电泳独立成章。为了使全书看起来还不至于太离谱，便把这两章插入到第一版的第六章与第七章之间，分别成为第七、八章，而原来的第七至第十一章，顺延成第九至第十三章。如此一来，在新版里，第一至第八章就主要是处理方法学问题了，其后各章则为应用。希望这种安排不会给看过第一版的读者带来不便。

还是那句老话，感谢国家自然科学基金委员会（No. 20435030、20420130137、20375042、20175030、29825112）、国家科技部（2002CB713803）和中国科学院（KJCX2-SW-H06、KJ951-A1-507、JQ-5-01、BH-28）对书中所涉及项目的经费支持。还要特别感谢唐家族基金会美国加州大学伯克立分部的资助，使作者有机会到美国走一遭。书中大部分的新资料，除了本实验室的工作之外，都是访美期间收集的。

感谢戴东升博士帮助查阅核实第七章中的部分文献。特别感谢任惠敏老师认真细致和不辞劳苦地编辑校对。

最后要说的，就是敬请读者批评或来函指正，作者谨此预致谢忱！

陈　义

2005 年 8 月 15 日

目录

第四章　分离条件的选择与优化 　◀◀◀◀◀◀◀◀

第五章 毛细管柱制作技术 <<<<<<<<

第六章 电渗控制 <<<<<<<<

第九章　超常毛细管电泳

第十章　手性毛细管电泳

第十一章 蛋白质分析 ◄◄◄◄◄◄◄◄

第十四章　大颗粒与小离子样品 CE ◀◀◀◀◀◀◀◀

第十五章　常见问题解答 ◀◀◀◀◀◀◀◀

CHAPTER 1

绪 言

第一节 概 述

毛细管电泳（capillary electrophoresis，CE）又称高效毛细管电泳（high performance capillary electrophoresis，HPCE）或毛细管电分离法（capillary electroseparation method，CESM），其中以 CESM 为名最合理，而以 CE 最简练，因之颇受欢迎，广为流传。

毛细管电泳不同于传统电泳，不可望文生义。它其实兼用电泳、色谱、筛分等原理，是以毛细管为分离通道，以高压电场为驱动力，依据样品的电荷、大小、等电点、极性、亲和行为、相分配等特性而实施的一类液相分离分析方法和技术的统称。由于使用毛细管，使得 CE 成为了纳升级分离分析技术，并使单细胞、单分子分析成为可能。长期困扰我们的生物大分子如蛋白质的分离分析也因此有了新的机会。事实上，CE 的分析对象可以囊括从无机离子到细胞颗粒的一整个范围，实属罕见！

CE 的出现促成了芯片实验室（lab-on-a-chip）或微全分析系统（micro-total analysis system，μ-TAS）的研究和发展。要深刻领会和掌握芯片分析方法，就必须扎实学习毛细管电泳的理论和实验技巧。如此方能事半功倍。

一、历史回顾

毛细管电泳源远流长。以采用管式分离通道为起点，可以上溯至 1927 年前后，当时，电泳分析的开山祖师 Tiselius 发明了 U 形管移界电泳方法；而以等速电泳（ITP）为参考点，则可回溯到 20 世纪 40 年代甚至更远[1]。不过，多数学者认为，毛细管区带电泳（CZE）的发现和发展是现代 CE 的直接源头。即便如此，其历史亦可上溯到 20 世纪 60 年代中期[2,3]。当时，曾是 Tiselius 学生的 Hjerten 用内径为 3mm 的石英管来研究细胞的电泳分离。为锐化区带，他用甲基纤维素涂布管壁并令分离管绕轴旋转[4]。该法构思奇巧，唯操作麻烦，难以实用，不得推广。

1970 年，等速电泳研究先驱 Everaerts 等报道了他们关于 ITP 中的 CZE 效应研究[5]，所用方法可为现代 CE 雏形，可惜当时的分离效率低下，不足以引起关注。1974 年 Virtanen 认为使用孔径更小的毛细管可以提高分离效率[6]，并被 Mikkers 等于 1979 年报道的研究所证实[7]。Mikkers 等不仅从理论上揭示了电场对 CZE 分离效率有巨大的影响和聚焦潜力，还用 200μm 内径的聚四氟乙烯管做电泳，获得了小于 10μm 板高的高效分离结果[7]。这是 CZE 发展史中的第一个重大突破。

1981 年，Jorgenson 和 Lukacs 使用 75μm 内径的熔融石英毛细管做 CZE，用电迁移进样，由荧光检测，在 30kV 电压下产生了四十万理论板的空前分离效率[8]，被认为是毛细管电泳发展史上的一个里程碑。1983 年后，Hjerten 先后提出了毛细管凝胶电泳（CGE）[9] 和毛细管等电聚焦（CIEF）[10] 法，第一次扩大了毛细管电泳的分离模式。1984 年 Terabe 运用含 SDS 胶束的缓冲液"电泳"分离了中性组分[11]，遂成胶束电动毛细管色谱（MECC 或 MEKC）的源头。MECC 不仅进一步扩充了 CE 的分离模式，而且打破了电泳与色谱的界限。1986 年，Lauer 报道说，蛋白质 CZE 的效率竟然可高达 10^6 理论板[12]！一时间，关于 CE 的研究急速升温，许多大科学家和分析仪器厂商都先后卷入了 CE 研究。随着 CE 商品仪器在 1988 年的成功推出，CE 开始了迅猛的发展。1990 年后，随着人类基因组学宏大研究计划的推出，基于 CE 的 DNA 测序方法研究获得突破，并发展成了高通量的阵列毛细管 DNA 自动测序仪，促成了人类基因组测序计划的提前完成。该类 DNA 自动测序仪已成为目前 DNA 测序的主力工具。

国内的 CE 研究首先由竺安教授于 1980 年启动。他先后在中国科学院化学研究所和浙江大学建立了两个研究组，并从 1986 年起陆续在有关会议和杂志上发表研究结果。本书作者有幸从 1984 年开始跟随竺先生从事毛细管电泳研究，建立了红细胞 CZE[13~16]、扁形毛细管区带电泳[17~19]、低背景毛细管凝胶电泳和毛细管梯度凝胶电泳[20~23] 等方法。1992 年后，CE 在国内开始受到重视并进入快速发展阶段，但却比国际发展晚了将近 10 年。后来的微/纳流控研究亦相仿。

CE 可以是阳春白雪，又可以是下里巴人。基于 CE 的 DNA 自动测序已成为生命科学研究不可或缺的工具，已登大雅之堂；CE 目前已经成为一种相当普遍而经济的微量分离分析方法，并随着各相关标准方法的建立而推广应用，正在进入"寻常百姓"家，或谓之"俗"。雅俗共赏，此其高也！

二、发展动向

不可否认，除微/纳流控外，CE 的方法学发展已总体进入平稳阶段。CE 的成本低不仅符合可持续发展的准则，也可以给"贫穷"科学家提供廉价而有效的研究工具。CE 还有比其他方法更强大的分离分析复杂样品的能力，在诸如糖组学、蛋白质组学、代谢组学等组学研究中可发挥作用。大家公认，CE 在手性分离分析、（单）细胞与颗粒物分析等方面，有其独特的优势，继续研究和拓展应用的空间很大。

毛细管电泳在组学等研究中的优势，不仅在于其微量和高效，更在于其高通量。CE 容易利用毛细管阵列（CAE）提供批处理能力，易于实施多维联用，这种优势在芯片上或与芯片技术结合时，可以体现得更为突出。在联用方法中，CE 与检测和定性技术的串接是一个重要课题，已经发展的联用方法有 CE-MS（质谱）、CE-NMR（核磁共振）、CE-LR（激光拉曼）等，其中 CE-MS 已经进入实用阶段，其检测限可达数百个分子，能测定 5~10 个红细胞中的血红蛋白[24]。但 CE-MS 的问题仍然不少，比如电泳缓冲液中背景电解质的干扰始终未能获得理想解决，这极大地制约了 CE 优势的发挥。CE 与 NMR 的联用也已研究多年[25,26]，但如何能使 NMR 的测定速度与 CE 匹配，依然未有良策。CE 与拉曼光谱可以实现完美的联用，但检测灵敏度过低，虽有表面增强、紫外共振等技术，但还远远不够，且需要以离线测定为代价。所以，发展能与毛细管完美匹配的通用的高灵敏定性方法和检测手段，还是一挑战性的基础研究课题，正期待着新的突破。

CE 在药物、环境、临床医学和其他复杂样品体系分析中也有独特的优势，其应用研究依然还在发展之中。作者认为，发展超快 CE 是一个值得探讨的方向，还可能有新的突破并为其他复杂样品的分析提供新的思路。

CE 的手性分离具有操作简单、成本低、拆分度大等特点，但也存在拆分窗口窄、不易重现等问题。发展稳定、重现、拆分窗口宽的新方法，仍有研究价值和发展余地。

单细胞、单分子的 CE 分析研究目前看似已经停滞。单细胞、单分子研究很明显是一个难度极大的挑战性课题，在细小的毛细管内操控细胞亦非易事，所以该类研究虽吸引眼球，但却进展不快。以微流控芯片代替毛细管来方便操控，并缩短转移途径，可能是一种出路，研究也不少，但前途尚难预料。

CE 的有效推广与普及，使之成为日常分析方法，在很大程度上还取决于实用分析方法体系和工作条件的发展和标准化。此方面的工作很重要，但进展很慢。美国、欧盟、中国等已经在药典中逐步推荐 CE 的方法，这或许是一个好的开头，但最终结局要看所推荐的是否优秀。如若品质低劣，重复性和再现性差，则反而会败坏 CE 的名声，并不利于 CE 的推广。要系统地发展和建立优秀的 CE 标准方法和实用分离体系，并向有关部门推荐，这可能是一个长期的工作，并非只是一个科研问题，需要各相关部门以及商界的共同努力。

第二节　电泳和色谱[2]

电泳和色谱是两种基础分离原理，它们的本质是如此地不同，但形式却又惊人地相似！在 CE 中它们总是交缠不清，多有误解，很有必要进行一番比较分析。探讨它们的异同，不仅有趣，而且有助于对毛细管电泳和色谱的理解。

（1）双重词义　电泳（electrophoresis）亦称电迁移（electromigration），大家熟知的宏观表现就是介质能导电。电泳一词原指带电粒子在一定介质中因电场作用而发生移动的物理化学现象，后来被用于物质的分离分析，随之形成了一系列分离方法与技术，这些方法与技术通常也被简称为电泳。与此相仿，色谱（chromatography）一词不但指物质因在两相中分配（广义）并运动而发生分离的现象，而且更经常地是指运用这一现象进行物质分离分析的方法和技术手段。遵守惯例，本书的电泳、色谱两词在不同地方的含义可能是不同的，请读者多多留心。

（2）分离过程相类　电泳和色谱分离都是基于速度差异的物质传输过程，都可用物质传输理论来描述。

（3）分离模式相像　以分离后的区带特征为根据，电泳和色谱可分成对应的四类[1,2]，如表 1-1 所示，其中第一类是其他各类的基础。

（4）仪器构成相似　电泳和色谱仪器的基本构成通常都包括进样、分离、检测和数据处理四大部分。

（5）分离通道形状相同　有薄层、柱子、毛细管等。

电泳和色谱是如此地相似，以至于它们可以很容易地融成一体，正如在毛细管电泳中所体现的那样。电泳特别是毛细管电泳因而就采用了色谱中的一些概念或名词，比如分离效率（N）、理论板高（H）、保留时间（t_R）等。于是，电泳和色谱可以互为基础。有色谱基础的人，能轻易转入 CE 领域。反之亦然。

表 1-1　电泳与色谱的对应分类[1,2]

序号	电　泳	色　谱
I	移界电泳 (moving boundary electrophoresis, MBE)	前沿色谱 (frontal chromatography, FC)
II	等速电泳 (isotachophoresis, ITP)	置换色谱 (displacement chromatography, DC)
III	区带电泳 (zone electrophoresis, ZEP)	洗脱色谱 (elution chromatography, EC)
IV	等电聚焦 (isoelectric focusing, IEF)	色谱聚焦 (chromatofocusing, CF)

第三节　毛细管电泳模式与分类

在第一节中，已经触及了多种毛细管电泳模式，但尚不完整，表 1-2 罗列了较为完整的 CE 模式。显然，CE 的种类很多，且因分类方法不同而有不同的名字，比如按操作方式，可有手动、半自动及全自动 CE 三种类型，或按分离通道形状可有圆形、扁形、方形毛细管电泳等类型。通过对分配系数 k_p、电渗率 μ_{os}、淌度 μ 等的取舍，还可以对毛细管电泳进行系统分类，详见第二章第二节。但是，无论采用何种分类方法，毛细管电泳总不是纯粹的、单机制的分离分析方法；相反，它包含许多不同的机制和模式，是一个方法家族。毛细管电泳的这种特性，给样品分离提供了不同的选择机会，特别有利于复杂、微量样品的分析。

表 1-2　毛细管电泳类型

类　型		缩写	说　明
单管	**1. 空管（自由溶液）**		
	毛细管区带电泳	CZE	毛细管和电极槽灌有相同的缓冲液
	毛细管等速电泳	CITP	使用两种不同的 CZE 缓冲液①
	毛细管等电聚焦	CIEF	管内装 pH 梯度介质，相当于 pH 梯度 CZE
	胶束电动毛细管色谱	MECC,MEKC	在 CZE 缓冲液中加入一种或多种胶束
	微乳液毛细管电动色谱	MEEKC	CZE 缓冲液中含有微乳液
	高分子离子交换毛细管电动色谱	MICEC	在 CZE 缓冲液中含有高分子离子
	开管毛细管电色谱	OCEC②	毛细管内壁涂有色谱固定相
	亲和毛细管电泳	ACE③	向 CZE 缓冲液或管壁引入亲和试剂
	非胶毛细管电泳	NGCE	向 CZE 缓冲液中加入高分子以构成动态筛分网络
	2. 填充管		
	毛细管凝胶电泳	CGE	管内填充凝胶介质，用 CZE 缓冲液
	聚丙烯酰胺毛细管凝胶电泳	PA-CGE	管内填充聚丙烯酰胺凝胶
	琼脂糖毛细管凝胶电泳	Agar-CGE	管内填充琼脂糖凝胶
	填充毛细管电色谱	PCEC②,CEC	毛细管内填充色谱填料
多管	阵列毛细管电泳	CAE	利用一根以上的毛细管进行并行 CE 操作
	芯片式毛细管电泳	CCE	利用刻制在玻璃片等上的毛细通道进行电泳
联用	毛细管电泳-质谱	CE-MS	常用电喷雾接口，需挥发性缓冲液
	毛细管电泳-核磁共振	CE-NMR	需采用停顿式扫描样品峰测定方法
	毛细管电泳-激光诱导荧光	CE-LIF	免接口在线联用，具单细胞、单分子分析潜力
	毛细管电泳-激光拉曼	CE-LRS	免接口在线联用，灵敏度有待提高

① 分别称作前导和终结电解质，前导电解质同离子淌度需大于样品离子，而终结电解质同离子淌度则需小于样品离子。

② 还有次级分类，如正相、反相、离子交换等。

③ 也可用凝胶或其他模式做亲和分离。

第四节　毛细管电泳的特点

毛细管电泳通常使用内径为 $25\sim100\mu m$ 的弹性（聚酰亚胺）涂层熔融石英管，其孔径可向下缩减到数百纳米，向上扩展到 $300\sim500\mu m$。标准毛细管的外径为 $375\mu m$，其结构如图 1-1 所示。有些管的外径为 $360\mu m$ 或 $160\mu m$。

毛细管的特点如下：

① 容积小　一根 $100cm\times75\mu m$ 管子的容积仅 $4.4\mu L$（其他尺寸毛细管的容积请参见表 1-3）；

② 侧面积/截面积比大　散热快、可承受高电场（$100\sim1000V/cm$）；

③ 可填充　任何可填入管内的介质都可用于电泳，如自由溶液、凝胶、固体颗粒等；

④ 平头电渗　内充溶液时可产生平头电渗流。

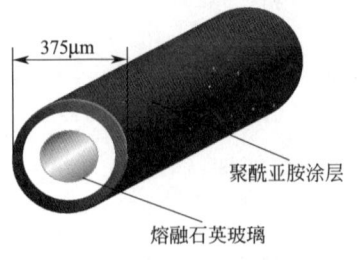

375μm

聚酰亚胺涂层

熔融石英玻璃

图 1-1　CE 中常用毛细管的结构

由此，可使毛细管电泳具备如下优点：

① 高效　自由溶液 CE 的效率可达 $10^5 \sim 10^6$ 理论板，而 CGE 效率可达或超过 10^7 理论板；

② 快速　分离时间从十几分钟到十几秒、数秒或更快；

③ 微量　进样所需体积可小到 $1\mu L$，消耗样品体积在 $1 \sim 50 nL$ 间，可称纳 CE（n-CE）；

④ 多模式　可在同一台仪器上根据需要选用不同的分离模式（表 1-2），有"万能"特点；

表 1-3　常用毛细管尺寸与容积

容积/μL[①]　　长度/cm 内径/μm	40	50	60	70	80	90	100
50	0.8	1.0	1.2	1.4	1.6	1.8	2.0
75	1.7	2.2	2.6	3.1	3.5	3.9	4.4
100	3.1	3.9	4.7	5.4	6.3	7.1	7.8

① $1 cm^3 = 1 mL$，$1 mm^3 = 1 \mu L$，$1 \mu m^3 = 1 pL = 10^6 nL$。

⑤ 样品对象广　从无机离子到整个细胞；

⑥ 经济　实验消耗不过几毫升缓冲溶液，维持费可用分人民币计算；

⑦ 自动　CE 是目前自动化程度最高的分离方法；

⑧ 洁净　通常使用水溶液，对人对环境无害，可视为绿色分析技术。

使用毛细管，也给 CE 带来问题，比如：

① 制备能力弱　仅可做微量制备或纯化工作；

② 光路短　需要高灵敏度的检测方法，最希望有与光路无关的检测方法；

③ 填充难度大　需要发展专门技术来制备由凝胶等不流动介质填充的毛细管；

④ 放大吸附作用　侧面积/截面积比大，增加了吸附机会，可导致蛋白质等样品分离效率大幅下降，严重时不出峰；

⑤ 电渗不稳　吸附会引起电渗发生变化，进而影响分离重复性等，造成控制难度加大。

CE 的优劣，可通过与传统双向电泳（2DE）和高效液相色谱（HPLC）的比较，来获得更清晰和更细致的了解。表 1-4 显示，CE 的分离效率、分析速度、费用、应用范围、定性定量功能等都远远优于 2DE，但峰容量和制备水平则有很大差距；CE 在应用面、效率、峰容量、费用、环境污染等方面优于 HPLC，但制备能力也同样差得多。有人还认为 CE 的重复性和再现性也比 HPLC 差，但这是一种误解或条件选择失当造成的，详见第十五章。

表 1-4　HPCE 与 2DE、 HPLC 的比较

项　　目	HPCE	2DE	HPLC	
			RP-HPLC[①]	SEC[②]
分离根据	电荷、大小、pI、分配	电荷、大小、pI	疏水性	大小
效率/(TP/s)	10^3	—	60	30
峰容量	$>10^2$	$>10^5$	8	7
分离对象	无机离子~细胞[③]	蛋白质[④]	小分子~蛋白质[④]	大分子[⑤]
典型分离时间/h	0.25	80	0.10	0.25
操作形式	高自动化	手工	自动	自动
操作费用	很低	高	高	高
定性定量效果	好	半定量	好	好
制备能力	低	高	高	高

① 反向高效液相色谱。
② 体积排斥色谱。
③ "分子量"约 10^{13}。
④ 分子量不大于 10^5。
⑤ 分子量约为 10^7。

参考文献

[1] 竺安，陈义．等速电泳//何忠效，张树政主编．电泳．北京：科学出版社，1990：179.
[2] 陈义．分析仪器，1991 (4)：40.
[3] 陈义，竺安．色谱，1990，8：154.
[4] Hjerten S. *Chromatogr Rev*，1967，9：122.
[5] Everaerts F M，et al. *Sci Tools*，1970，17：25.
[6] Virtanen R. *ActaPolytech Scand*，1974，123：1.
[7] Mikkers F E P，Everaerts F M，VerheggenTh P E M. *J Chromatogr*，1979，169：1 &11.
[8] Jorgenson J W，Lukacs K D. *Anal Chem*，1981，53：1298.
[9] Hjerten S. *J Chromatogr*，1983，270：1.
[10] Hjerten S，Zhu M D. *J Chromatogr*，1985，346：265.
[11] Terabe S，et al. *Anal Chem*，1984，56：111.
[12] Lauer H H，Mcmanigill D. *Anal Chem*，1986，58：166.
[13] 陈义，竺安．生物化学与生物物理进展．1990，17：390.
[14] Zhu A，Chen Y. *J Chromatogr*，1989，470：251.
[15] Zhu A，Chen Y. //*Proceedings of the 3rd China-Japan Joint Symposium on Analytical Chemistry*. Hefei：1988：250.
[16] Zhu A，Chen Y. //ITP 89，*Abstracts*. Vienna：1989：23.
[17] 陈义，竺安．扁形毛细管区带电泳//第七届全国色谱学术报告会文集．北京：1989：613.
[18] 陈义，竺安．中国科学：B 辑，1991 (6)：561.
[19] Chen Y，Zhu A. *Sci in China*，1992，35：649.
[20] 陈义．中国科学：B 辑，1996，26：529.

［21］　Chen Y，Wang F-L，SchwarzU. *J Chromatogr A*，1997，772：129.

［22］　Chen Y. *Sci in China*，1997，40：245.

［23］　Chen Y. *Talanta*，1998，46：727.

［24］　Hofstadler S A，et al. *Anal Chem*，1995，67：1477.

［25］　Gfrörer P，Pusecker K，Bayer E. *Anal Chem News & Features*，1999，315A.

［26］　Pusecker K，Schewitz J，Gfrörer P，Bayer E. *Anal Chem*，1998，70：3280.

CHAPTER 2

毛细管电泳理论基础

既然毛细管电泳有不同的分离模式，自然就会出现不同的描述方法，似乎有些混乱并造成了理解上的困难。本章拟通过对分离原理与操作形式的类比分析，提出一种系统的 CE 表述方法，以便于综观全局和整体把握。

第一节　分　离　过　程

一、一般过程

分离是研究物质组成乃至整体性能的一种常用且行之有效的分析化学战略和方法。将样品中的目标组分或全部化学物质拆解成纯物质的过程就是分离。

可用于分离的原理很多，对应的方法因而多样。大家耳熟能详的如萃取、过滤、离心、色谱、电泳等，皆可纳入分离战略的麾下。无论分离的具体原理和方法如何多样，均是混合的逆过程。混合和分离，就像一种特殊的化学反应（见图2-1），在一定条件下可以互相转化的。

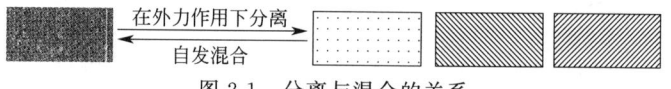

图 2-1　分离与混合的关系

但是，混合总是自发的，而分离则需要能量，需要外力的推动。在日常生活中，只要将糖、盐等不同的物质放入同一杯水中，它们便会自动溶解混合。然后，你就再也区分不了它们了，除非你施加某种作用力或影响，比如在压力下令其通过离子交换柱。在不受干扰的条件下，这种混合体系将始终保持稳定状态。

能对这种混合体系施加影响的外力很多，方法亦多。依据所加外力或影响的不同，可以对分离进行分类，详见表2-1。但无论分离的类型如何千差万别，都可以归结为一种差速运动过程，即可以利用速度理论来对分离进行统一的描述和讨论。毛细管电泳是一种典型的差速分离方法，当然也能利用速度理论来描述和探讨。

表 2-1　分离方法与对应的作用力

分离类型	施加的外力或影响	分离的主要根据	共同点
萃取	加入新相、机械混合等	溶解度、吸着(附)力	进入两相的速度不同
沉淀、结晶	改变浓度和温度等	溶解度	进出溶剂的速度不同
升华	加热、减压	固体直接汽化	汽化速度不同
蒸馏	加热、减压	沸点	汽化速度不同
过滤	正/负压力	体积或尺寸大小	过孔速度不同
降沉	重力	密度与降沉阻力	降沉速度不同
离心	离心力	密度与降沉阻力	降沉速度不同
色谱	正/负压力	分子间力、静电力或分配系数	进出分配相因而前进速度不同
电泳	电场力	淌度、电渗率等	前进速度不同
筛分	压力或电场力	穿插阻力或体积排阻	进出孔洞阻力因而前进速度不同
各原理的核心			速度差异

二、差速分离过程

差速分离犹如赛跑。马拉松会出现方阵，速度决定名次。分离会形成区带，速度决定出峰顺序，快者居前，慢者落后。时间或距离越长，方阵或区带越多、越小，即分离越好。如果在分离通道的"终点"安装一种检测器，把分子通过终点的情况记录下来，就得到可供进一步分析用的图形信号，如电泳谱图等。这一过程可用图 2-2 表示。

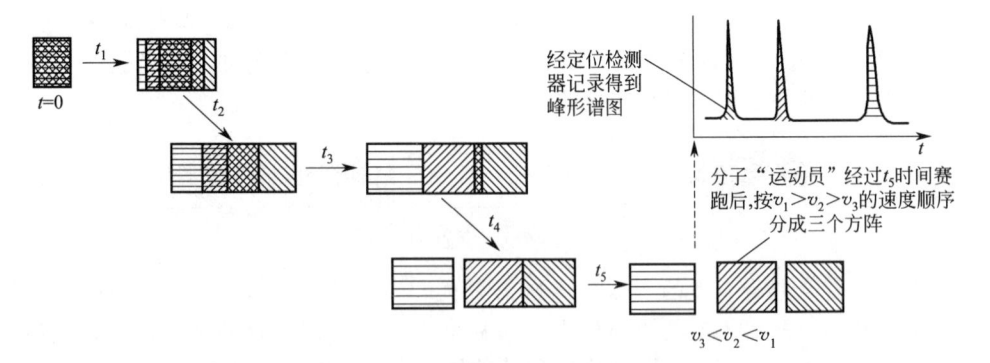

图 2-2　样品分子的赛跑式分离过程

由此可见，凡能影响组分移动速度的因素，都会影响分离过程和分离结果。这为控制与优化分离过程提供了根本依据，同时也为发展毛细管电泳分离新模式指示了一条明路。

三、数学描述[1~3]

以赛跑比拟分离，既形象又生动，但缺乏细节。为揭示分离过程的特征，还得借助数学物理方法。由物理学可知，速度是矢量，有大小，有方向，可度量分子沿特定方向移动的快慢；速率为标量，有大小没方向，可忽左忽右，其值再大，也可能只是原地踏步，无分离效果。所以分离需要的是速度而不是速率。在电泳中，带电粒子是在电场的作用下而前行的，所以要用电泳速度而不是速率来描述。

电泳速度和电场都是矢量。当它们互相平行时，成为平行矢量，可用标量方法运算。如若它们互相并不平行，一般要先分解成平行矢量后，再按标量方法运算。在 CE 中，电场总是沿着毛细管轴方向施加的，与样品的迁移速度共线，实为平行矢量，可直接运用标量数学进行表述和运算，所以在多数情况下，常常并不强调它们的矢量特征。但不能因此就忘记了电泳速度的矢量特征，它是有方向的，即有正负之分。在 CE 中，一般约定：组分向检测器行进的方向为正，反之为负。

设组分在时刻 t 沿毛细管轴向检测器行进的速度为 $v(t)$，则经过了一定的时间 t_R 后，其行进的有效距离 L 为：

$$L = \int_0^{t_R} v(t)\mathrm{d}t \tag{2-1}$$

若 $v(t)$ 随时间的变化可略，则可直接积分式(2-1)，得：

$$L = vt_R \tag{2-2}$$

或

$$t_R = L/v \tag{2-3}$$

式中，t_R 在 CE 中称为出峰时间，但也有人称其为流出时间或保留时间，这是考虑了 CE 中的色谱机制。式(2-2)描述的是固定时间的分离模式（简称为定时分离），式(2-3)描述的是固定长度的分离模式（简称定长分离）。前者对应于先分离、后扫描检出的方式，见于传统电泳（和薄层色谱），在 CE 中（如 CIEF）也有但比较少见；后者对应于各种在线（online）和离线（offline）的定点检测形式，CE（及柱色谱）主要采用这种形式。

设若有一样品含有 X_1、X_2 和 X_3 三个组分，其轴向正方向的平均速度分别为 v_1、v_2 和 v_3 且 $v_1 > v_2 > v_3$，则当它们独立迁移时，必定是快者趋前，慢者落后。在定时分离模式中有：

$$L_1 > L_2 > L_3$$

而在定长分离模式中则有：

$$t_{R1} < t_{R2} < t_{R3}$$

如果进一步考虑电泳介质的性质，还能获得更细致的区带与区带之间的关系。CE

所用的背景电解质大致可分为不连续和连续两大类，前者用于 CITP 等模式中，后者用于除 CITP 以外的大部分分离模式中。

CITP[1] 所用的背景电解质分前导电解质（leading electrolyte，LE）和终结电解质（terminating electrolyte，TE）两种，要求 $v_{LE} > v_{TE}$。在这种体系中，如果 $v_{LE} > v_{样品} > v_{TE}$，则样品离子在电泳稳态时将永远被夹在 LE 和 TE 之间，不能超前也不会落后。当样品各组分相互分开后，除按速度大小排列外，区带与区带、区带与 LE 和 TE 之间会紧密衔接 [见图 2-3(a)]，既不重叠也不脱节。假设有一区带停滞不前，则其前沿便缺少离子，于是电阻陡增、电场骤升，这会迫使该区带提速向前，直到与前一区带衔接；相反，若有一区带向前脱离而去，则区带后沿的脱离间隙也会缺少同号离子，使电阻增加，电场提升，以迫使后一区带加速向前。如此逐一递推，直至所有后续区带都一一跟上为止。一般地，前一区带以多大速度加速向前脱开，后一区带就得以多大速度跟上。很明显，由于 TE 速度最快，其后的所有区带（包括 TE）最终都得受它控制（事实上还轻微受制于各区带的离子浓度），按照它的速度等速前进，所以有"等速电泳"之说。

与此不同，在连续背景电解质中，无处不在的背景离子承担了导电任务，样品离子便可以自由迁移，因此能够相互拉开距离，形成独立的区带。连续背景电解质还可以再分为均匀浓度和梯度两大类。严格的均匀浓度背景电解质在电泳系统中是很难长久维持的，因为电泳引起的物质输运，必会导致沿电场方向形成逐渐变化的物质梯度。在梯度变化不明显的情况下，一般都不去纠缠梯度问题，而是通过更新背景电解质溶液来保持电泳的重复性。倘若梯度变化很明显，却会产生不重现或随时间变化的分离等问题，这是应该避免的。避免的方法依然还是更新电解质溶液，只不过更新频率要加快。有的电泳每次都换用新鲜的电解质溶液。如果更新电解质溶液还不能解决问题，就得改换背景电解质的类型了。

电泳中会特别使用 pH 梯度介质，使弱解离和两性电解质样品产生变速迁移。这时，宜用平均速度对弱解离样品进行分离预测，而用等电点 pI 对两性样品进行分离预测。两性样品在 pH=pI 处的净电荷为零，即 $v_{pI} = 0$，如果没有其他推动力，它最终会停止并聚焦在此点上。若区带向高 pH 方向移动，样品会因带上负电荷而被电场推回；反之，则因带正电荷而回迁。两性成分就只能这样被束缚在速度为零的等电点上！所以，在 CIEF 中，通常需要在聚焦过程或聚焦过后，加上辅助手段（如压力等）来驱使区带通过检测器，以检测记录分离开来的区带。

无论采用何种背景电解质，CE 分离在开始阶段，样品均会自由迁移，位置由各自的速度决定。区带逐渐分开后，将视介质的不同，或相互连接前进（CITP），或继续拉开距离直至经过检测器（CZE、MECC、CEC、ACE 等），或拉开一定距离后停止不动（CIEF），详见图 2-3（见下页）[3]。

第二节 基础概念

很清楚，速度决定分离效果，但受介质影响。因此，有必要对 CE 中的迁移速

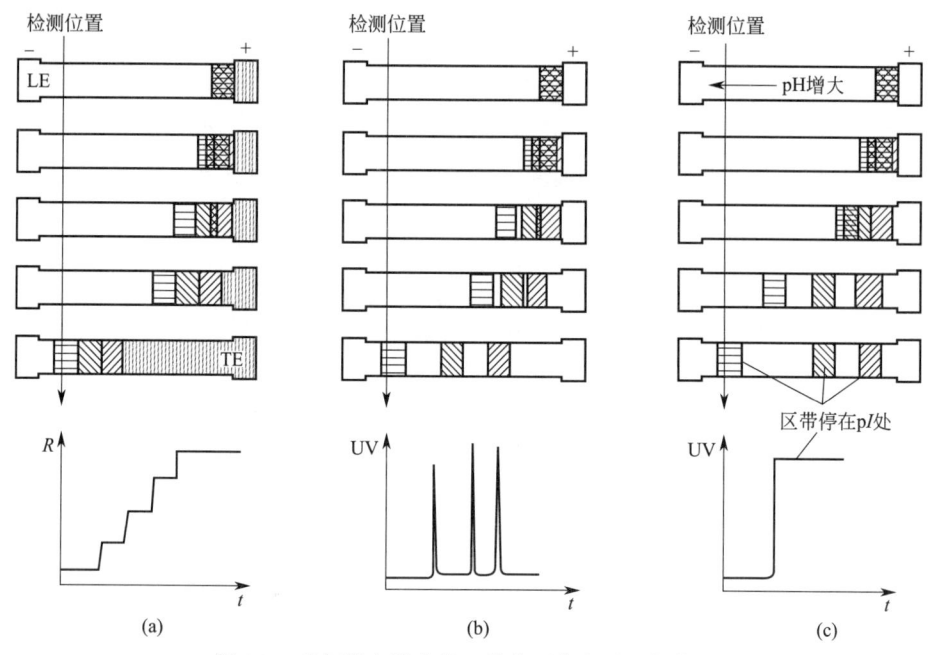

图 2-3　毛细管电泳中的三种典型分离过程与结果

（a）不连续介质；（b）连续介质；（c）pH 梯度介质

＝X₁；＝X₂；＝X₃

迁移速度：X₁＞X₂＞X₃

度进行专门的讨论，以揭示其基本特征。

　　本节将从淌度入手，结合介质与样品性质相互关系的分析，逐步得出普适性的速度表述公式。

一、电泳[2,4]

　　如前所述，电泳是指介质（如溶液）中的带电粒子在电场作用下所发生的定向运动，也称电迁移。其大小由电泳速度或电迁移速度 v 度量。若无特殊的控制，v 和电场矢量共线。在交流电下，离子虽然也会电泳，但电泳速度的方向交替变化，无净位移，不能用于分离。故以分离为目的的电泳，须采用直流电场或在某一方向有净剩值的电场来做电泳。（注意该定义与介电电泳的区别：介电电泳是指中性颗粒在电场诱导下发生极化并因此沿不均匀电场方向移动的现象。这种移动取决于电场强度变化的方向和大小，而与电源的交、直流特性无关。）

　　一般将迁移方向上单位电场下离子所获得的电泳速度叫作淌度或电迁移率，记作 μ_{em}。淌度实际上是迁移速度与电场共线矢量的比例系数，叫迁移率或许更好，但不够简洁。在无限稀释溶液中（稀溶液数据外推）测得的淌度称为绝对淌度，记作 μ_{em}^0。μ_{em}^0 是一特征量，主要由物质的性质决定。一些离子的 μ_{em}^0 可从物化手册等工具书中查到或可利用已知的电导数据来换算求得。

设想一个带电粒子在电场中运动的情形：它除受到电场力 F_E 的作用外，还会受到介质如溶剂的阻力 F_f 的作用。一定时间（$<10^{-11}$s）后，两种作用力就会达到平衡，即 $F_E = F_f$，此时离子作匀速运动，电泳进入稳态。根据电磁学理论，电场作用力是离子电荷 q 与电场强度 E 的乘积：$F_E = qE$；又根据流体力学，（球形）离子的流动阻力与离子有效半径 r、运动速度 v 和溶剂黏度 η 成正比：$F_f = 6\pi\eta rv = 6\pi\eta r\mu_{em}^0 E$。由此有：

$$6\pi\eta r\mu_{em}^0 E = qE$$

$$\text{或} \quad \mu_{em}^0 = \frac{q}{6\pi\eta r} = \frac{ze}{6\pi\eta r} = \frac{2}{3}\frac{\varepsilon}{\eta}\zeta^0 \tag{2-4}$$

式中，ε 和 ζ^0 分别为溶液的介电常数和离子在无限稀释时的电动电位。无限稀释只是一种理想状态。在现实的溶液中，离子不可能只有一个，而是在一定 pH 环境中，与许多同号、不同号离子"共处一室"，这会导致离子的活度发生变化。离子活度和酸碱度的不同，会引起解离度和实际电荷的变化，导致淌度随之变化。这种实际环境中测得的淌度就称为有效淌度，记作 μ_{em}。它与绝对淌度 μ_{em}^0 的关系是：

$$\mu_{em} = \sum_i \alpha_i \gamma_i \mu_{em}^0 \tag{2-5}$$

式中，α_i 为分子的第 i 级解离；γ_i 为活度系数或是由其他平衡决定的解离度。对于最简单的两性电解质，若忽略其他因素则有：

$$\mu_{em} = (\alpha^+ - \alpha^-)\mu_{em}^0$$

$$= \frac{[H^+]^2 - K_{a1}K_{a2}}{[H^+]^2 + [H^+]K_{a1} + K_{a1}K_{a2}}\mu_{em}^0$$

$$= \frac{[H^+]^2 - [I]^2}{[H^+]^2 + [H^+]K_{a1} + [I]^2}\mu_{em}^0 \tag{2-6}$$

式中，$[I] = 10^{-pI}$；K_{a1} 和 K_{a2} 为两性离子的两级解离常数；α^+ 和 α^- 分别为正、负离子的解离度；$[H^+]$ 为氢离子浓度。显然，当 $[H^+] = [I]$ 时，有效淌度 μ_{em} 为零。式(2-4)~式(2-6)表明，离子所带电荷越多、解离度越大、体积越小、溶液黏度越低，电泳速度就越快。这为电泳分离及其条件选择提供了理论依据。

二、电渗[2,4,5~8]

电渗是毛细管中的溶剂因电场作用而发生的整体的定向流动，缘起于管壁上的定域电荷。所谓定域电荷是被牢固结合在管壁上、在电场作用下无法迁移的离子或带电基团。根据电中性要求，定域电荷将吸引溶液中的反号离子，使其聚集在自己的周围，形成所谓的双电层。双电层的厚度可用 χ 或 κ_χ 表示：

$$\chi = \frac{1}{\kappa_\chi} \cong \sqrt{\frac{\varepsilon RT}{2cF^2}} \tag{2-7}$$

式中，R 为普适气体常数；T 为热力学温度；c 为离子的浓度，mol/L；F 为法拉第常数。由式（2-7）可以算出，如 c 取 $0.001 \sim 0.1 \text{mmol/L}$，则 χ 为 $10 \sim 1 \text{nm}$。相对于微米级的毛细管直径而言，双电层厚度是很薄的，可以忽略不计。

固-液界面形成双电层的结果是，在靠近固体表面的溶液层中会出现高出溶液本体的可移动的反号离子。它们在电泳过程中将通过碰撞等作用给溶剂分子施加推力，使之同向运动，并通过黏滞阻力带动周边的溶剂同向流动。在毛细管电泳中，因使用直流电场且与管壁平行，所以由定域电荷诱导的溶剂流动是同向的，可互相加强，结果形成了管内溶剂的总体同向流动，或曰电渗。显然，电渗是电泳的一种特殊形式，即定域离子的电泳被溶剂的反向运动所取代。若把坐标系建立在溶剂上并和溶剂一起同速运动，则从坐标系上看到的依然是定域离子在电泳。由此有以下结论：

① 电渗的方向与定域离子的电泳反向；

② 电渗的强度与定域电荷的表面浓度或管壁电动势 ζ_{os} 成正比而与溶剂黏度成反比。

理论显示，如果 $\chi < 10 \text{nm}$ 且毛细管两端开放，则毛细管内可以形成平头的塞状电渗流形，即流速在管截面方向上保持不变（管壁双电层附近除外，参见图 2-4）：

$$\mu_{os} = \frac{v_{os}}{E} = \frac{\varepsilon \zeta_{os}}{\eta} \tag{2-8}$$

式中，μ_{os} 为电渗率；v_{os} 为电渗速度；ζ_{os} 为管壁电动势，可表示为：

$$\zeta_{os} = \frac{\delta \Theta}{\varepsilon} \tag{2-9}$$

式中，δ 为比例系数；Θ 为管壁上定域电荷的面密度（或表面浓度）。合并式（2-7）～式（2-9）有：

$$\mu_{os} = \sqrt{\frac{\varepsilon R T}{2 c F^2}} \frac{\Theta}{\eta} = \frac{\Theta}{\kappa_{\chi} \eta} \tag{2-10}$$

当管内含有颗粒填充物时，如果流路孔径足够大，其平面流形可以维持不变。Knox 认为，流路孔径对平均电渗率的影响有表 2-2 的关系[6~8]。由此可知，毛细管中产生电渗的条件是：孔径与双电层厚度的比值大于 20；不能产生电渗的条件是：孔径与双电层厚度的比值小于 2。前者如色谱介质填充毛细管，后者如凝胶填充毛细管。利用平头电渗，可以克服机械泵推动所产生的抛物面流形对区带的加宽作用（见图 2-4）。

表 2-2 平均电渗率 $(\bar{\mu}_{os})$ 与流路孔径/双电层厚度 (d/χ) 比值的关系[8]

d/χ	2	5	10	20	50	100
$\bar{\mu}_{os}/\mu_{os}^{\infty}$ ①	0.10	0.39	0.64	0.81	0.92	0.98

① μ_{os}^{∞} 为 d/χ 趋于无穷大时 μ_{os} 的值。

在多数情况下，石英、玻璃等含硅材料表面会因硅羟基解离而产生负的定域电荷；许多有机材料如聚四氟乙烯、聚苯乙烯等也会因为残留的羧基而产生负的定域电荷。因此，由这些材料制成的毛细管都可以在电解质水溶液和极性有机溶剂溶液

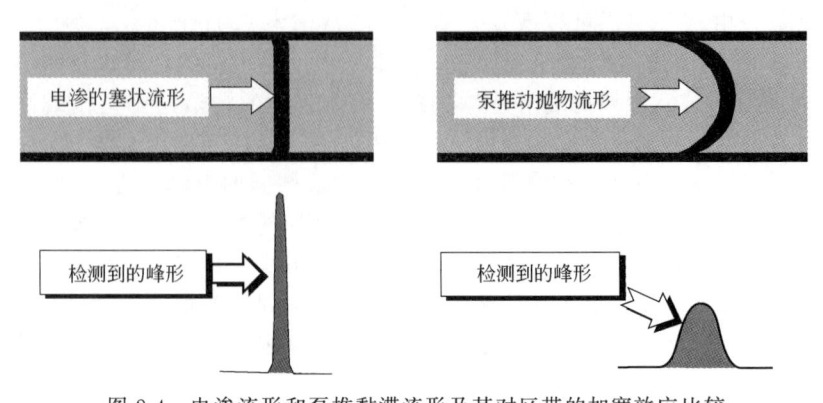

图 2-4　电渗流形和泵推黏滞流形及其对区带的加宽效应比较

中产生指向负极的电渗。当把样品从正极端注入由上述材料制备或填充的毛细管中时，不同符号的离子将按表 2-3 的速度向负极迁移。

表 2-3　在电渗中样品分子的迁移速度

组　分	和淌度	合速度
正离子	$\mu_h = \mu_{em} + \mu_{os}$	$v_h = v_{os} + v_{em}$
中性分子	$\mu_h = \mu_{os}$	$v_h = v_{os}$
负离子	$\mu_h = \mu_{os} - \mu_{em}$	$v_h = v_{os} - v_{em}$

　　考虑毛细管中的各类轴向速度均为共线矢量，则可以有统一表示形式：

$$v_h = v_{os} + v_{em} \tag{2-11}$$

　　式中，v_h 为合速度（注：国外文献称其为有效电泳速度，此称呼不妥，容易与因解离度等因素引起的速度变化相混淆）。与合速度相对应的淌度建议称为和淌度 μ_h，它是电渗率与有效淌度的数量和：

$$\mu_h = \mu_{os} \pm \mu_{em} \tag{2-12}$$

此处默认电渗的方向为正。（注：在以前的版本中，为方便统一表述，将淌度作为矢量处理，但容易引起误读，故本版取消此表述，改用标量表述。请读者多多注意！）

　　与传统电泳不同，在 CE 中，电渗速度可比电泳速度大一个数量级，能让所有样品组分同向迁移，实现正负离子的同时分离并按以下次序出峰：正离子＞中性分子＞负离子。当然，若无其他因素参与作用，则中性分子总与电渗同速，不会分开，只出单峰。据此，可测电渗的速度和位置。

　　电渗与 pH 有密切关系，有类似于滴定的曲线变化（图 2-5）。这说明定域电荷主要源自管壁上基团的解离。显然，任何

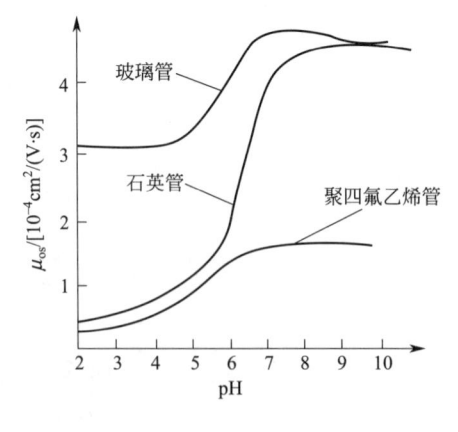

图 2-5　电渗与毛细管材料和 pH 的关系

会影响管壁荷电基团解离的因素，如毛细管的洗涤以及缓冲背景电解质溶液的组成、黏度、温度等，都会影响或改变电渗。电磁场以及许多能与毛细管表面基团作用的物质，如表面活性剂、蛋白质等，也能对电渗产生巨大的影响。事实上，这些因素可以用来控制电渗，详见第六章。请注意，这些因素自然也会影响分离过程。

三、相分配[2]

毛细管一旦灌入缓冲电解质溶液，就会形成固-液界面，所以 CE 包含了相分配机制。欲加强相分配作用，可在毛细管内特意引入另一个相 P（比如胶束、高分子团等准固定相或真的色谱固定相等）。如此，样品在电泳的过程中，就融合了相分配分离机制，其迁移的速度和淌度会随之改变。这种改变了的速度和淌度，我们称之为加权平均速度和加权平均淌度，简称为权均速度和权均淌度，分别以符号 v 和 μ 表示。假设相分配过程远快于分离过程，则有：

$$\begin{cases} \mu = \dfrac{1}{1+k_P}\mu_h + \dfrac{k_P}{1+k_P}\mu_P \\ k_P = n_P/n_s \end{cases} \qquad (2\text{-}13)$$

式中，k_P 为容量因子；n_P 和 n_s 分别为同一样品分子在 P 相和溶剂中的个数；μ_P 为 P 相的和淌度。注意，P 相在电场中是否会运动并无限制，可动可不动，运动方向亦可正可负。这与传统色谱并不相同。利用两相分配能使中性组分获得不同的权均淌度，因而可获得分离。这又与传统电泳不同。

四、分离速度与分离模式[2]

根据式(2-13)，由 k_P、μ_{os} 和 μ 取值，可重新分类 CE 的各种分离模式。表 2-4 列出了一些常见模式及相关的取值，以供参考。

表 2-4　毛细管电泳分离模式分类

类别	参数	相关参数取值①			备　注
		k_P	μ_{os}	μ	
电泳	CZE	0	$\geqslant 0$	μ_h	管内装均匀 pH 缓冲的电解质溶液
	CGE, NGCE	0	0	$k_G/(M)^n$	管内填充 pH 缓冲的凝胶或高分子溶液
	CIEF	0	0	$(\alpha^+ - \alpha^-)\mu_{em}$	管内装 pH 梯度电解质溶液
	CITP	0	0	$(\mu_{em})_L$	涂层管内预装前导和终结电解质溶液
电泳/色谱	ACE	>0	$\geqslant 0$	$(\mu_h + k_A\mu_A)/(1+k_A)$	管中背景电解质溶液含抗原或抗体
	MEKC, MEEKC	>0	>0	$(\mu_h + k_M\mu_M)/(1+k_M)$	裸管内装胶束溶液或微乳液
	CEC	>0	>0	$\mu_h/(1+k_P)$	颗粒物填充毛细管/pH 缓冲溶液

① 下标 G、A、M、P 分别表示凝胶、抗原或抗体、胶束或微乳液颗粒、色谱载体，M 为分子量，指数 n 多为分数如 1/3 等，α^+ 和 α^- 分别表示两性物质对应正、负形态离子的解离度。

第三节 分 析 窗 口

考虑匀速迁移，合并式(2-3)、式(2-11)～式(2-13)，有：

$$
\begin{cases}
t_R = \pm \dfrac{L}{|v|} = \pm \dfrac{L}{\mu|E|} = \pm \dfrac{(1+k_P)t_H t_P}{t_P + t_H k_P} \\[2mm]
t_H = \pm \dfrac{L}{|v_H|} = \pm \dfrac{t_{em} t_{os}}{t_{em} + t_{os}} \\[2mm]
t_P = \pm \dfrac{L}{|v_P|} \\[2mm]
t_{os} = \pm \dfrac{L}{|v_{os}|} \\[2mm]
t_{em} = \pm \dfrac{L}{|v_{em}|}
\end{cases}
\tag{2-14}
$$

上式表明，t_R 可正可负，但在实际工作中要求 t_R 必须为正。这就意味着不同的组分有不同的出峰时间段，即分析窗口。例如在 $k_P = 0$ 且当 v_{os} 指向负极并取正值时，若将样品从正极端注入毛细管、在负极端上检出，则有：

正离子分析窗口：$0 \sim t_{os}$

负离子分析窗口：$t_{os} \sim \infty$，当 $v_{os} + v_{em} \leqslant 0$ 时无峰

中性分子分析窗口：$t_{os} \sim t_{os}$，全部重叠在一起，只出单峰

其中负离子的窗口最大，正离子次之，中性组分最小（为零）。一般而言，分析窗口越大，越有利于分离。当分析窗口为零时，无分离可能，如上述的中性组分。

第四节 理 论 效 率

一、效率方程[2,9~18]

毛细管电泳借用色谱理论来描述分离过程，并用塔板高度 H 或塔板数 N 来描述分离效率：

$$
N = L^2/\sigma^2 = L/H
\tag{2-15}
$$

式中，σ^2 为分离区带的总方差。N 可以利用峰的参数直接测定：

$$
N = 16\left(\frac{t_R}{W}\right)^2 = 5.54\left(\frac{t_R}{W_{1/2}}\right)^2
\tag{2-16}
$$

式中，W 为峰底宽；$W_{1/2}$ 为峰的半高宽。有时，CE 的 N 很大但分离并不理想，此时最好用分离度 R_S 来衡量分离效果，它定义为[17,18]：

$$R_S = \frac{2(t_{R2} - t_{R1})}{W_2 + W_1} = \frac{t_{R2} - t_{R1}}{4\sigma} \tag{2-17}$$

式中，下标 1、2 表示相邻的两个峰。两种组分的分离度还可以用其速差与分离效率相关联：

$$R_S = \frac{1}{2}\left|\frac{v_2 - v_1}{v_2 + v_1}\right|\sqrt{N} = \frac{1}{2}\left|\frac{\mu_2 - \mu_1}{\mu_2 + \mu_1}\right|\sqrt{N} \tag{2-18}$$

二、峰展宽因素

毛细管电泳区带的加宽来自进样、分离和检测过程。用方差 σ^2 表示为[16]：

$$\sigma^2 = \sigma_{sep}^2 + \sigma_{in}^2 + \sigma_{det}^2$$
$$= \underbrace{\sigma_{DL}^2 + \sigma_{DR}^2 + \sigma_P^2}_{色谱} + \underbrace{\sigma_E^2}_{电泳} + \underbrace{\sigma_T^2 + \sigma_{in}^2 + \sigma_{det}^2}_{通项} \tag{2-19}$$

式中，下标 sep、in、det、DL、DR、P、T 和 E 分别指分离、进样、检测、轴向扩散、涡流或径向扩散、传质阻力（包括吸附）、温度梯度和电场畸变等加宽因素。若只考虑柱上检测（on-column detection）方式，则 σ_{det}^2 取决于检测、记录等系统电子线路的响应时间，容易使之小于 σ^2 的 1%。其余各项则不然，下面分别进行讨论。

1. 初始区带

毛细管电泳多采用虹吸、压力、电迁移等方法进样，所得到的初始区带可近似为塞状，其方差或称约化加宽可表示为[15]：

$$\sigma_{in}^2 = \frac{\delta^2}{12} \tag{2-20}$$

式中，δ 为进样时区带的长度。一般地，进样加宽必须不大于轴向扩散加宽。图 2-6 及表 2-5 表明，CE 的分离效率随初始区带长度增加而呈指数下降，下降速度随扩散系数变小［比较图 2-6(a) 与 (b)］和毛细管变短［比较图 2-6(a) 或

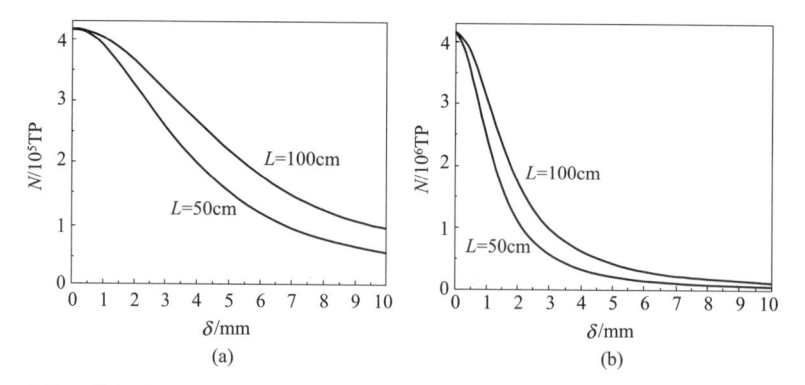

图 2-6　进样区带长度对毛细管电泳分离效率的影响及其与样品扩散系数和迁移长度的关系

(a) $D = 10^{-5}\,\text{cm}^2/\text{s}$；(b) $D = 10^{-6}\,\text{cm}^2/\text{s}$

（b）中的曲线〕而加快。如此，为使 CE 的分离效率高于 20 万理论板数，初始区带长度必须小于 1mm，最好不要超过 3mm〔见图 2-6（b）〕。多数情况下，当 $\delta <$ 0.2mm 时，其影响可忽略。

表 2-5　样品的初始区带宽度对具有不同扩散系数样品分离效率的影响

δ/cm	$N^{①}/10^6$			
	$t=20min, L=100cm$		$t=10min, L=50cm$	
	$D=10^{-5} cm^2/s$	$D=10^{-6} cm^2/s$	$D=10^{-5} cm^2/s$	$D=10^{-6} cm^2/s$
0.0	0.417	4.167	0.417	4.167
0.05	0.413	3.834	0.410	3.550
0.1	0.403	3.093	0.390	2.460
0.2	0.366	1.744	0.326	1.102
0.3	0.317	1.010	0.256	0.574
0.5	0.223	0.430	0.152	0.216
0.7	0.154	0.231	0.094	0.118
1.0	0.093	0.117	0.052	0.060

① $N=100L/[(\delta^2/12)+(2Dt)]$，为无单位纯数，可用任意长度毛细管测定，最后归一化为每米长度测得的塔板数，全书余同。

2. 分离加宽

如前所述，分离过程中的加宽包括轴向扩散、径向扩散、焦耳热、相分配（包括吸附等）、电场畸变等许多复杂因素：

$$\sigma_{sep}^2 = \sigma_{DL}^2 + \sigma_{DR}^2 + \sigma_P^2 + \sigma_T^2 + \sigma_E^2 + \cdots \tag{2-21}$$

其中各项又可分别表示为：

$$\begin{cases} \sigma_{DR}^2 = A_1 d_p \left(\dfrac{\mu d_p}{D}\right)^{1/3} \\[2mm] \sigma_{DL}^2 = A_2 2Dt \\[2mm] \sigma_P^2 = A_3 \dfrac{\mu d_p^2}{D} \\[2mm] \sigma_T^2 = f(\Delta T) = \dfrac{r^6 E^6 \kappa_1^2 \mu^2}{1536 D \kappa_1^2} \times \dfrac{\mu_{T_0} - \mu_{T_1}}{\mu_{T_1}} \times \dfrac{1}{T_0 - T_1} \\[2mm] \sigma_E^2 = f(E_s/E_b) = f(\mu_s/\mu_b) \end{cases} \tag{2-22}$$

式中，A_1、A_2、A_3 为常数；d_p 为填充物粒径；D 为扩散系数；t 为时间变量；E 为电场强度；μ 为淌度；下标 s 和 b 分别表示样品和缓冲背景电解质溶液；ΔT 为径向上离管中心 r 处的温度差；κ 为热导率，下标 0、1 分别表示管中心、管内壁。圆形毛细管径向温度变化可表示为[15,19]：

$$\Delta T = \frac{Q_{\mathrm{w}} r^2}{2} - \left[\frac{1}{2\kappa_1} + \frac{1}{\kappa_2}\ln\frac{r_2}{r_1} + \frac{1}{\kappa_3}\ln\frac{r_3}{r_2} + \frac{1}{q_{\mathrm{w}} r_3} \right] \tag{2-23}$$

式中，q_{w} 为热流速率；下标 2、3 表示毛细管外壁和聚酰亚胺外表面；Q_{w} 为单位体积电功率，有如下关系[9]：

$$Q_{\mathrm{w}} = E^2 c \Lambda d \tag{2-24}$$

式中，c 为离子的浓度，mol/L；Λ 为摩尔电导；d 为填充孔径或毛细管直径。管中心与管内壁的最大温差为：

$$\Delta T_{\max} = \frac{Q_{\mathrm{w}} r^2}{4\kappa_1} \tag{2-25}$$

3. 极限效率

方程（2-21）的前三项之和实际上就是色谱中经常使用的效率方程。在理想情况下，热加宽和电场畸变效应很小，相分配远快于迁移过程，所以 $\sigma^2 \approx \sigma_{\mathrm{D}}^2$。这种仅由轴向扩散控制的电泳效率称为极限电泳效率，用塔板数 N_{lm} 可表示成：

$$N_{\mathrm{lm}} = \frac{L^2}{\sigma_{\mathrm{D}}^2} = \frac{L}{2D} \times \frac{L}{t_{\mathrm{R}}} = \frac{L}{2D}|v| = \frac{L}{2L_{\mathrm{tot}}} \times \frac{\mu V}{D} \tag{2-26}$$

式中，L 和 L_{tot} 分别为毛细管的有效迁移长度和总长；V 为电压。式（2-26）表明，电压越高、样品越大（D 越小），则极限电泳效率越高。在许多情况下，毛细管电泳特别是 CZE 容易逼近极限效率，显示毛细管电泳比色谱更适合于大分子分析。这对蛋白质等难分离生物大分子尤其有意义。毛细管电泳之所以能在 20 世纪 80 年代后期迅速发展起来，与此有莫大的关系。与极限电泳效率对应的分离度 R_{S} 表示为：

$$R_{\mathrm{S}} = \frac{\mu_1 - \mu_2}{4\sqrt{2}} \sqrt{\frac{VL}{L_{\mathrm{tot}} D (\mu_{\mathrm{a}} + \mu_{\mathrm{b}})/2}} = \frac{\Delta\mu}{4\sqrt{2}} \sqrt{\frac{VL}{L_{\mathrm{tot}} D \bar{\mu}}} \tag{2-27}$$

式中，下标 a 和 b 表示任意两个相邻峰。由于 $\Delta\mu$ 和 $\bar{\mu}$ 是两峰的净淌度之差及平均值，会受多种因素制约，故可借此优化分离条件和调控 R_{S} 大小。利用分离度来评价毛细管电泳的分离效果或条件优化指标，要比简单地运用 N 来得合理和可靠。

虽然毛细管电泳借用了色谱理论，但在很多过程和具体参数的使用时，其含义是有变化的，比如迁移速度与流动速度的差别、迁移时间与保留时间的差别等，请读者多加注意。

第五节　电泳谱图表示方法

一、时间谱

式（2-1）、式（2-2）、式（2-3）显示，CE 可以通过出峰位置与出峰时间进行关联来表示谱图，就是用峰强度随电泳时间的二维变化曲线来表示，得到的是类似于色谱图的随时间变化的流出曲线或峰形谱图。这种谱图直观，容易与色谱比较。理想的时间流出曲线接近于正态分布。所以可以从峰形的变化来探讨分离过程的影响因素。但是，与色谱不尽相同，CE 流出曲线给出的峰位置，会随温度、电压、毛细管孔径等发生显著的变化，加上 CE 效率高、峰较窄，用其作为定性参数，可靠性明显降低，通常需要用标准添加等方法，以峰高有否变化来判定峰的性质。

二、电量谱

时间谱图虽然直观，但重复性和再现性均比较差，转换成电量曲线可绘制出高重现的谱图。由能斯特-爱因斯坦扩散公式（$\mu = qD/kT$）、溶液欧姆定律（$i = gE$）及式（2-11）等，结合考虑平行矢量，可得：

$$v_{\mathrm{h}} = \frac{\mathrm{d}x}{\mathrm{d}t} = \left(\frac{qD}{kT} + \mu_{\mathrm{os}}\right) E = \left(\frac{qD}{kT} + \mu_{\mathrm{os}}\right) \frac{i}{g} = \left(\frac{q}{kT} \times \frac{D}{g} + \frac{\mu_{\mathrm{os}}}{g}\right) \frac{I}{S} \tag{2-28}$$

式中，x 为迁移位置变量；q 为电荷；D 为分子扩散系数；k 为玻尔兹曼常数；i 为电流密度；g 为电导率；I 为电流强度；S 为毛细管横截面积。考虑 D、μ_{os} 与 g 有互相抵消效应，则可以在比较近似的条件下认为它们的比值相对恒定，由此积分得：

$$\begin{cases} L = \left(\dfrac{q}{kTS} \times \dfrac{D}{g} + \dfrac{1}{S} \times \dfrac{\mu_{\mathrm{os}}}{g}\right) Q_{\mathrm{R}} \\[2mm] Q_{\mathrm{R}} \equiv \displaystyle\int_0^{t_{\mathrm{R}}} I(t)\,\mathrm{d}t \end{cases} \tag{2-29}$$

式中，Q_{R} 就是电量。比较式（2-2）可见，出峰位置可以从 t_{R} 转换成 Q_{R}。图 2-7 显示，如果电流发生变化［见图 2-7(a)］，则时间谱图根本无法重现［见图 2-7(b)］，但电量谱图的出峰位置却可以维持基本不变［见图 2-7(c)］。这清楚地表明，电量谱图可以抗拒电流或电压等的大幅度变化，而保持出峰位置基本不变，非常有利于定性工作。如果以电量密度 $q_{\mathrm{R}} = Q_{\mathrm{R}}/S$ 作图，还能进一步消除毛细管孔径对谱峰位置的影响。显然这是一个很好的谱图表示法，但目前在 CE 中基本不用，其难度可能在于现有 CE 仪器都没有记录和处理电量信号的系统，必须自己来处理，比如实时记录电流、对时间积分并实时显示等。

仔细比较图 2-7(b) 和 (c) 可见，除峰位置外，两者的峰形并无明显变化。这说明，凡能利用时间谱图进行的研究工作，也都可以利用电量谱图来实现，比如：考察样品的吸附或其他区带扩展因素等。

三、扩散谱[20]

利用 CE 是可以测定扩散系数的。如果以扩散系数为横坐标、以峰强度为纵坐标，就可以做成类似于质谱的扩散系数谱图，简称其为扩散谱或 DS（diffusivity spectroscopy）。由式（2-28）结合考虑固定迁移长度 $L = vt_{\mathrm{R}}$，有：

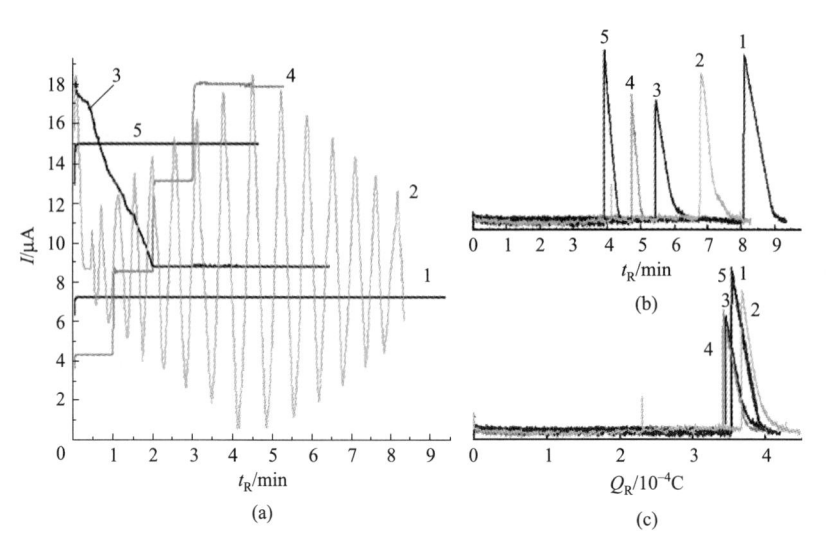

图 2-7 用不同电流强度电泳得到的时间谱图和电量谱图

(a) 电流强度；(b) 时间谱图；(c) 电量谱图

1—小的恒电流；2—三角交流载波电流；3—梯度下降再恒流；4—阶跃升梯度电流；5—高的恒电流

（数据均为作者实验室测得，首次公开）

$$Dq = \frac{kTL}{E}\left(\frac{1}{t_{\mathrm{R}}} - \frac{1}{t_{\mathrm{os}}}\right) \tag{2-30}$$

由此有：

$$\begin{cases} \dfrac{D_1 q_1}{D_2 q_2} = \dfrac{t_{\mathrm{os}} - t_1}{t_{\mathrm{os}} - t_2} \times \dfrac{t_2}{t_1} = \dfrac{t_{\mathrm{o}/1} - 1}{t_{\mathrm{o}/2} - 1} \\ t_{\mathrm{o}/i} = t_{\mathrm{os}} / t_i \quad (i = 1, 2) \end{cases} \tag{2-31}$$

式(2-31) 表明，只要利用一个已知扩散系数和有效电荷的样品作内标，一起电泳分离，就可以直接利用样品与内标的相对出峰时间，来计算样品的扩散系数与有效电荷的乘积。如果样品的有效电荷也已知，就可以求得扩散系数。已知，一种电解质的某一形态离子的有效电荷，一般由 pH 确定。而在 CE 中，背景电解质均有 pH 缓冲能力，可以求得有效电荷，故可进一步求得扩散系数并构建扩散谱。

如前所述，利用出峰时间计算的重复性不很理想，为了获得稳定的扩散谱，宜采用电量参数。由式(2-29)，考虑电中性组分没有电荷，可得：

$$\mu_{\mathrm{os}} = gS\frac{L}{Q_{\mathrm{os}}} \tag{2-32}$$

将式(2-32) 代入式(2-29) 整理得：

$$Dq = kTgSL\left(\frac{1}{Q_{\mathrm{R}}} - \frac{1}{Q_{\mathrm{os}}}\right) \tag{2-33}$$

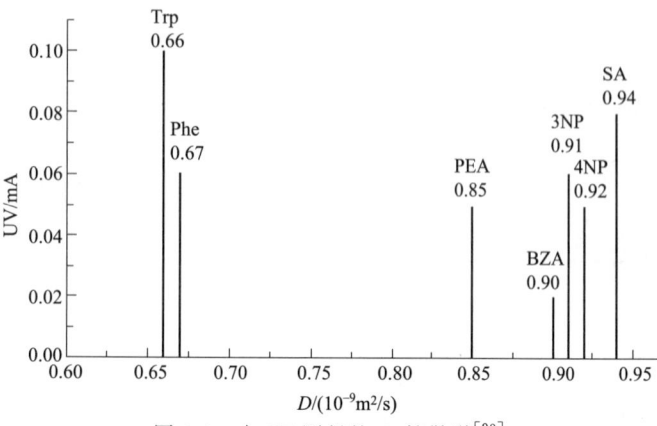

图 2-8 由 CE 测得的 Q-扩散谱[20]

背景电解质：10mmol/L CASP，pH 9 或 pH 11

样品浓度：1×10^{-4} mol/L

电泳电压：10kV

峰：Trp＝L-色氨酸，Phe＝L-苯丙氨酸，PEA＝苯乙酸，BZA＝苯甲酸，

3NP＝3-硝基苯酚，4NP＝4-硝基苯酚，SA＝水杨酸

考虑用内标标定时，式(2-33) 转化为：

$$\begin{cases} \dfrac{D_1 q_1}{D_2 q_2} = \dfrac{Q_{os} - Q_1}{Q_{os} - Q_2} \times \dfrac{Q_2}{Q_1} = \dfrac{Q_{o/1} - 1}{Q_{o/2} - 1} \\ Q_{o/i} = Q_{os}/Q_i \quad (i = 1, 2) \end{cases} \tag{2-34}$$

式(2-31) 与式(2-34) 在形式上是一样的，但效果有所不同，后者的重复性与再现性均更高。图 2-8 是基于电量测定的一个扩散谱，与质谱谱图颇为类似。该图显示，用 CE 测定的扩散系数，可以同时获得混合样品中各成分的扩散系数，有可能成为一种新的定性依据或方法。

参考文献

[1] 竺安，陈义 . 等速电泳//何忠效，张树政 . 电泳 . 北京：科学出版社，1990：179.

[2] 陈义 . 分析仪器，1992 (1)：38.

[3] 陈义 . 糖的电泳法//张维杰 . 糖复合物生化研究技术 . 杭州：浙江大学出版社，1994：105.

[4] 陈义 . 毛细管电泳仪//朱良漪等 . 分析仪器手册 . 北京：化学工业出版社，1997：611.

[5] 朱英，陈义 . 分析化学 . 1998，26：373.

[6] Knox J H, Grant I H. *Chromatographia*，1987，24：135.

[7] Knox J H, Grant I H. *Chromatographia*，1991，32：317.

[8] Knox J H. *J Chromatogr A*，1994，60：3.

[9] Knox J H, Grant I H. *Chromatographia*，1987，24：135.

[10] Knox J H. *Chromatographia*，1989，26：329.

[11] Geddings J C. *Sep Sci*，1969，4：181.

[12] Taylor Sir G. *Proc Roy Soc A*，1953，219：186；1954，223：446；1954，225：473.

[13] Lunney J，Chrambach A and Rodbard D. *Anal Biochem*，1971，40：158.

[14] 陈义，竺安. 毛细管区带电泳理论研究初步//第六次全国色谱学术报告会文集. 上海：1987.

[15] 陈义. 扁形毛细管区带电泳研究［D］. 北京：中国科学院化学研究所，1990.

[16] Terabe S，Otsuka K，Ando T. *Anal Chem*，1989，61：251.

[17] Cox H C，Hessels J K C，Teven J M. *J Chromatogr*，1972，66：19.

[18] Ghowsi K Foley J P，Gale R J. *Anal Chem*，1990，62：2714.

[19] 陈义，竺安. 中国科学：B辑，1991 (6)：561.

[20] Yang S，Zhang Y，Liao T，Guo Z，Chen Y. *Electrohporesis*，2010，31：2949.

CHAPTER 3

毛细管电泳仪器

第一节　仪器基本结构

毛细管电泳装置的基本结构如图 3-1 所示，主要是依照毛细管特点而设计的进样、灌洗、温控、检测、数据记录与处理等单元的合理组合，可以简化为由电源、金属导线和一段灌有电解质溶液的毛细管组成的闭合导电回路（见图 3-2）。

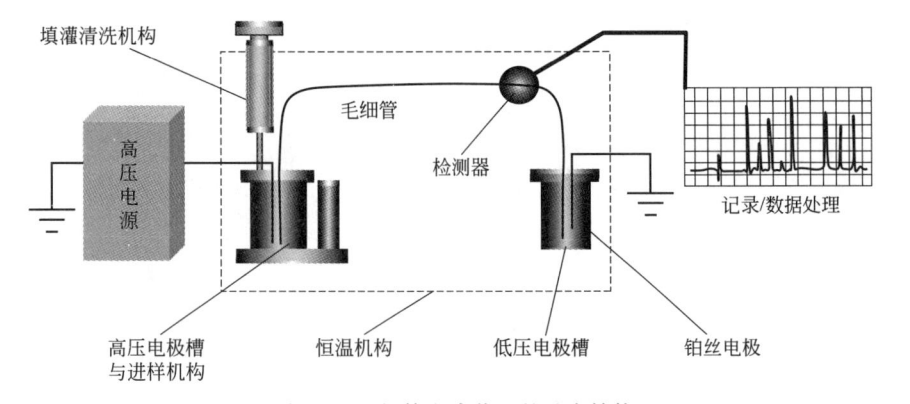

图 3-1　毛细管电泳装置的基本结构

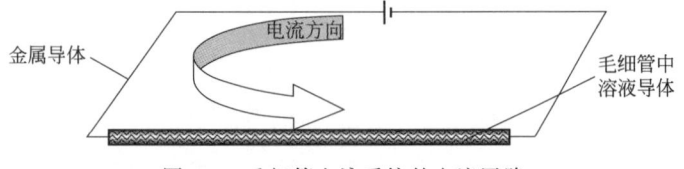

图 3-2　毛细管电泳系统的电流回路

一些关键单元的要求如下[1]：

（1）进样　毛细管容积有限，要求进样单元的死体积越小越好，最好为零。凡能令毛细管与样品直接接触的进样方法，皆可用之。

（2）灌洗 灌洗单元需结合考虑进样、毛细管清洗、分离加压等需求，一般设计成压力可调的多用机构。常用机械压、抽或电渗推动等原理。机械压、抽可用色谱泵（包括蠕动泵）、钢瓶气、重力、注射器、真空泵等实现，其中注射器可推可抽，任何实验室皆有，是构建简易 CE 装置之宜选方法。

（3）电极 可用金、银、铂、镍丝等材料制作，其中铂丝最常用，直径选在 0.5～1mm 之间，可向下或向上拓展，只要不过热、不引入对分离检测有影响的电化学反应即可。

（4）高压直流电源 能输出至少 $200\mu A \times 25kV$ 功率直流高压电源，以单端高压（另一端接地）为佳。

（5）检测 常用紫外吸收检测器和激光诱导荧光（LIF）检测器，以柱上检测为主，偶有柱后检测。为安全起见，检测器应安装在靠近接地的一端。

（6）控温 对毛细管控温是实现精密分离的重要前提之一。CE 最好装备恒温控制单元，能对毛细管、样品、电极槽等关键部分按需要分别调控温度。为了减少系统噪声，还可以对检测器甚至高压电源进行恒温或降温控制。

更为完善的 CE 仪器还应具备下列条件：

① 可任意或可编程输出梯度电压、梯度电流或梯度功率。

② 在不断电条件下，可对毛细管一端或两端施加正或负的机械压力。

③ 恒温性能优异，控温范围宽，上限最好能达到 70℃或更高，以便于做 DNA 杂交研究；下限应能达到 0℃甚至低于−20℃，以便于研究一些互变异构或提高某些手性成分的分离度。理想的控温系统还应能对分离过程实施程序变温操作。目前的商品 CE 仪器还不能达到这样宽的控温范围，但应能控制到 20～50℃区间内，控温精度应达到 ±0.1℃。理论和实验均表明，液冷恒温效果较好。

④ 配备有多种高灵敏低噪声的检测器，通用的紫外检测器至少应包括 280nm、254nm、214nm 和 206nm 或更短的可选波长。

⑤ 精密的进样控制，误差越小越好。

在上述各条件中，以检测器问题最多。高质量检测器的指标是：基线漂移小、信噪比高、线性范围宽。对于紫外检测器，要注意测试 0.01AU 以下挡位的信噪比和 200nm 的基线漂移情况。紫外检测器的灵敏度顺序是：固定波长＞可变波长＞（波长）扫描；光电倍增管＞光电管＞二极管。

第二节 进 样 单 元

一、进样机构

因为毛细管十分细小，耗样多在纳升级水平，故色谱中常见的那些微升级进样方法就不适用了。它们的死体积都可能达到纳升级，必然会破坏 CE 的分离。CE

需要无死体积的进样方法，最简单的莫过于让毛细管与样品直接接触，再经由重力、电场力或其他动力来驱动样品进入管中。该类方法的进样量可以通过改变驱动力的大小或时间的长短来控制。由此可知，所需的进样机构必须至少包含以下三个部分：

① 进样动力及其控制；

② 时间控制与计时器；

③ 毛细管的位置控制。

毛细管位置控制可包括电极槽移位、毛细管升降等动作及其组合。商品仪器主要通过转动和升降电极槽的方法来实现位置控制（类似于流分收集器）。自组装的简易的 CE 装置可通过直接移动毛细管进行位置变换。进样动力和计时控制与进样原理有关。

二、进样方法

至少有三种原理可以让样品直接进入毛细管，即电动法、压差法和扩散法[2,3]。

1. 电动进样法

当把毛细管的一端插入样品溶液中并加上电场时，组分就会经电泳进入管内。设毛细管的横截面积为 S，样品的浓度为 c_0，迁移速度为 $v_h = (\mu_{em} + \mu_{os})E$，那么在时间 τ 内样品进入毛细管的体积 Q_v 和进样量 Q_{in} 便是：

$$Q_v = S v_h \tau \tag{3-1}$$

$$Q_{in} = c_0 Q_v = c_0 S (\mu_{em} + \mu_{os}) E \tau \tag{3-2}$$

对于半径为 r 的圆毛细管，有：

$$Q_{in} = \pi r^2 c_0 (\mu_{em} + \mu_{os}) E \tau \tag{3-3}$$

式(3-2) 和式(3-3) 表明，电动进样的仪器控制参数是电场强度和进样时间，其中电场是进样动力，取值多在 $1\sim10kV/60cm$ 之间；进样时间的取值通常在 $1\sim10s$ 之间，但聚焦进样多数超过此限。

电动进样对毛细管内的填充介质没有特别要求，属普适性方法，能完全自动化操作，也是商品仪器必备的进样方法。不过电动进样对离子组分存在歧视效应，即 v_h 大者多进，小者少进或不进。这会降低测定结果的准确性和可靠性。

2. 压差进样法

压差进样要求毛细管中填充有流动性介质，比如溶液等。当将毛细管的两端置于不同的压力环境中时，管中溶液即能流动，并将样液带入。设毛细管的长度为 L_{tot}、两端的压力差为 ΔP、管中溶液的黏度为 η，则有：

$$Q_{in} = \frac{c_0 S r^2}{8 L_{tot} \eta} (\Delta P) \tau = \frac{c_0 \pi r^4}{8 L_{tot} \eta} (\Delta P) \tau \tag{3-4}$$

其中，ΔP 和 τ 是控制参数，其中 τ 的取值多在 $1\sim5s$ 之间，有时可超过 $60s$；ΔP

是进样动力，有正压、负压（管尾抽吸）或重力（虹吸）之分，取值一般在±3500Pa 附近。在重力场中进行虹吸进样时，因 ΔP 正比于毛细管进、出口液面的落差 ΔH，所以进样量也可由 ΔH 控制：

$$\Delta P = \rho g \Delta H \tag{3-5}$$

式中，ρ 为缓冲液的密度；g 为重力加速度。ΔH 的取值通常在 $5\sim20\text{cm}$ 之间，多数取 10cm，对应的 τ 多在 $5\sim10\text{s}$ 之间。ΔH 大，进样速度快，但毛细管上下移动幅度大，不利于精确控制，也不利于仪器的设计。

需要特别指出的是，从式（3-4）及式（3-5）可以看出，在相同压力下，进样量随毛细管长度增加而减少。商品仪器提供的通常是不变的进样压力，所以在使用不同长度毛细管进行电泳条件研究和比较时，要通过调整进样时间来保持进样量不变，切记！

利用压缩空气如钢瓶气可以实现正压进样，并能和毛细管清洗系统共享，多为商品仪器采用。负压进样需要特别精密的控制设计，容易因泄漏等原因出现不重复进样。正、负机械加压进样都需要密封技术。图 3-3（a）显示的是一种简单密封系统，图 3-3（b）是针对螺口瓶的密封方法。

机械压力进样没有组分歧视或偏向问题，但选择性差，样品及其背景都同时被引进管中，对后续分离可能产生影响。

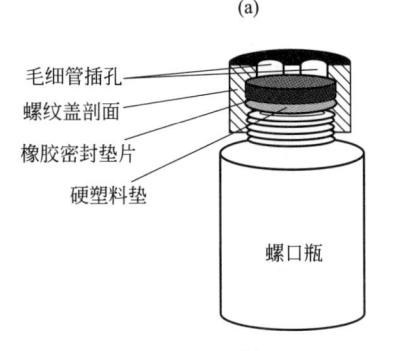

图 3-3　CE 密封清洗机构（a）和螺口瓶密封方法（b）

3. 扩散进样法

利用浓差扩散原理同样可令样品分子经扩散引入毛细管。当将毛细管插入一样品溶液时，样品分子因在管口出现浓差而向管内扩散，扩散量由下式决定[3]：

$$Q_{in} = 400Sc_0\sqrt{2D\tau} \tag{3-6}$$

式中，D 为样品分子的扩散系数；c_0 单位取 mol/L，其他量用 m、s、kg 单位制。扩散进样动力属不可控参数，进样量仅由扩散时间控制。在商品仪器上，利用电动或压力进样系统，取 $E=0$ 或 $\Delta P=0$（如果允许），就能实现扩散进样。扩散进样时间为 $10\sim60\text{s}$，用简单的定时器也可达到比较精密的控制。扩散进样对管内介质没有任何限制，属普适性进样方法。

扩散进样具有双向性，即在样品分子进入毛细管的同时，管中的背景物质也向管外扩散。由此可以得到畸变程度较小（和背景差别不大）的初始区带，故能抑制背景干扰，提高分离效率。扩散与电迁移速度和方向无关，故可抑制进样歧视，提高定性定量的可靠性。

三、进样误差

在通常情况下，进样误差主要来自进样动力的波动以及进样时间控制和读数不准。在运用电动和压力进样时，要特别注意对进样电场和压力上升与下降阶段的校正，如果上升和下降时间或斜率相同，则进样动力的时间曲线为正则梯形，可通过简单割补方法进行校正。由于扩散源于浓差，因此电动和压力进样也必然包含了扩散分量，在进行精密测试时，应该加入扩散分量。关于进样误差的理论分析，请阅读参考文献［36］。

第三节　毛细管灌洗单元

采用正、负机械压力助推流动是填灌或冲洗毛细管的基本方法，所需的机构与压力进样是一样的，包括位置控制、压力控制和计时控制等部分。商品仪器通常与进样共享压力控制，但两者的计时精度不同，进样以秒计，清洗以分钟计。

正、负压清洗都需要考虑系统的密闭性。图 3-3 示意两种简单的密封设计，其中负压可由水泵、小型蠕动泵或由注射器抽来产生，而正压则可用钢瓶气、空气压缩机或注射器来施加。注射器是实验室中最简便的加压和抽吸工具，将 10～50mL 注射针筒固定于槽形结构中，同时利用弹簧来推动或抽拉活塞，就能使之产生所需的压力。图 3-4 所示的是一种简单有效的注射器清洗器结构。利用这种方法还可以洗通许多堵塞的毛细管。

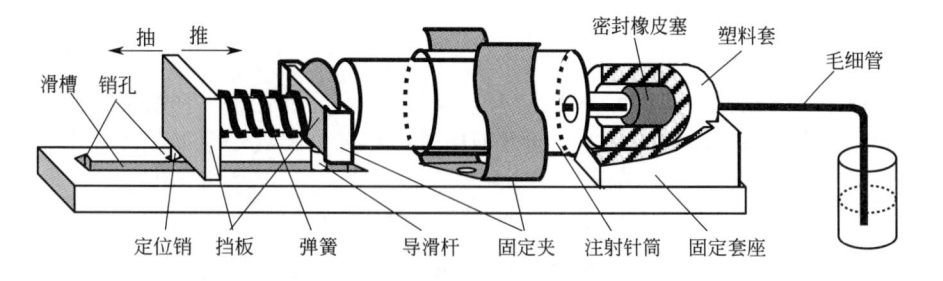

图 3-4　注射式毛细管填灌/清洗机构

第四节　电　流　回　路

CE 中的电流回路由电源、电极、电极槽、导线和电解质缓冲溶液等串接而成。

一、电源

CE 一般采用 0～±30kV 连续可调的直流高压电源。理想的电源应具备：
① 能输出单极（另一端接地）直流高压；
② 电压、电流、功率输出模式任意可选；
③ 能进行电压、电流或电功率的梯度控制；
④ 电压输出精度应高于 1%。

在仪器设计制造以及使用过程中，必须注意高压的安全保护问题。商品仪器通常有自锁机构，在漏电、放电、突发高电流或高电压等危险情况下，高压电源会自动关闭。高压容易放电，尤其是在高湿度环境。防止高压放电的方法包括：干燥、隔离或适当降低分离电压。我国南方的春天潮湿，可能不宜在 25kV 以上电泳。与高压接触的部件建议削去棱角，以免出现尖端放电现象。

二、电极槽与电极

前已述及，CE 的电极通常由直径 0.5～1mm 的铂丝制成，有时也可以用注射针头代替铂丝。电极槽通常是带螺口的小玻璃瓶或塑料瓶（1～5mL 不等），要便于密封。

三、导线

接地端使用普通导线便可，但高压端需使用专门的耐高压导线，中间最好不要有接头或仅有完美密封接头，否则容易出现放电现象并产生臭氧。

四、电解质溶液

CE 的支持电解质一般都采用具有 pH 缓冲能力的电解质溶液，因此常简称为缓冲液。支持电解质是分离室中的导体。它灌入电极槽和毛细管中后，需通过电极、导线才能与电源连通。关于缓冲液的详细讨论见第四章。

五、毛细管

毛细管既是分离的核心部件又是一段内充缓冲液的导体，所以必须是电绝缘的，否则灌入电解质溶液后就会漏电，无法用于分离。它当然也必须是紫外/可见光透明和富有弹性的，否则无法检测且容易折断，难以使用。目前可用的有塑料管、玻璃管、熔融石英管等，分圆形、（扁）方形、扁形等类型[36]，但 CE 中普遍采用的是圆形毛细管。其实扁或扁方形毛细管有利于提高进样容量和检测灵敏度。

塑料毛细管的优点是可以按需要随时拉制或改变其形状；缺点是硬度不足，紫外透过率不如熔融石英。由熔融石英、玻璃拉制得到的毛细管很脆，极易折断，需要外涂弹性保护涂层。商品弹性毛细管一般外涂聚酰亚胺，少数涂有铝或其他涂层。CE 应选用聚酰亚胺保护的弹性毛细管。

第五节 控温单元

在电泳过程中，毛细管内会因焦耳热效应而产生径向温度梯度，引起迁移速度分布，这会降低分离效率；另外，气温的变化还会导致分离不重现。为解决这些问题，需将毛细管置于温度可调的恒温环境中[6~8]。商品仪器大多有温度控制系统，主要采用风冷（强制空气对流）和液冷两种方式，其中液冷效果较好，但风冷控制系统的结构简单。

一、风冷

包括制冷单元、风扇和温度传感测定与显示等部分。制冷单元常用电堆，既可以制冷又可加热。风扇用于强制空气流动，以加速毛细管外壁的热交换。风冷控温系统容易制作，不影响分离操作，但控温效果不是十分理想。

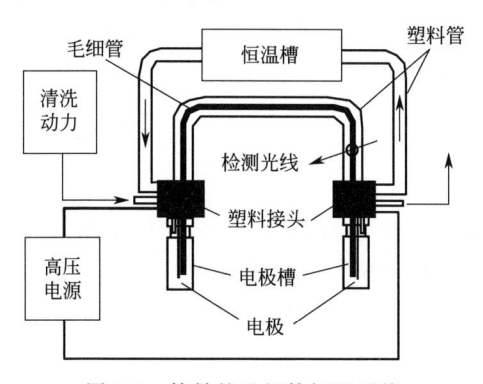

图 3-5　简易的毛细管恒温系统

二、液冷[6,7]

将毛细管置于一恒温的液体中，能实现比较精确的温度控制。在 20kV 以下电泳时，可以用水作为冷却介质；电压高于 20kV 时需用煤油或氟代烷烃为冷却介质。冷却介质一般由专门的制冷系统冷却或恒温，通过一定的流路进行循环。图 3-5 所示的是一以水为冷却介质的简易毛细管控温设计。液冷控温方法对毛细管和仪器设计有比较高的要求，需考虑密封防漏、电绝缘和安全保护等措施。

第六节 检测器

检测器是 CE 的核心单元之一，其结构和检测方式与所用检测原理与方法有关。CE 的潜在检测方法不少，有光吸收、电化学（包括电导）、化学发光、磷光、荧光、质谱等法，其中紫外吸收已经非常成熟，是商品仪器的主力检测手段[9]。有少数商品仪器（如 Dionex 公司过去出品的 CE）采用荧光检测方法。荧光属高灵敏检测方法但普适性差。若将普通荧光的激发光源换成激光，就变成了激光诱导荧光即 LIF，它非常灵敏，可用于单分子检测，但受激光光源限制，可选波长不足。化学发光也是一种高灵敏检测方法，但稳定性与重复性略差，且检测需要混合过程，目前还不宜用作常规方法。质谱作为检测手段已渐趋成熟，但尚无 CE 专用的检测器，目前均以联用方式来实施柱后检测。循环伏安等电化学检测方法也可以达到很高的灵敏度，唯重复性与再现性还不甚理想，且与操作者的技术积累和系统设计水平等因素相关。电化学中的电导检测方法灵敏度一般不高，但适用于高电导成分（如无机离子等）的检测，其中的非接触式电导检测属无损检测方法，有进一步的开发价值。

　　本小节先介绍检测窗口的制作方法，然后分别介绍紫外、LIF 和非接触式高频电导（hfCD）三种检测器的结构与性能。

一、检测窗口制作

　　紫外与 LIF 检测需要透明的检测窗口，所以由聚酰亚胺等不透明弹性涂层保护的毛细管，不能直接用于检测，要在检测部位开一个窗口，一般是把外涂层剥离除去 2～3mm。可用的剥离方法有硫酸腐蚀、灼烧、刀片刮除等。

1. 硫酸腐蚀

将外涂层与浓硫酸接触、过夜，再用水、甲醇或丙酮依次冲洗干净即成。

2. 灼烧

　　直接用小火焰灼烧毛细管外涂层，完全炭化后，再用丙酮清洗。此法的缺点是灼烧宽度很难控制。将毛细管放在一根拉直的电热丝或烧红的铁丝上转动，能控制灼烧宽度（见图 3-6）。灼烧法不能用于内有键合涂层或已填充的毛细管。

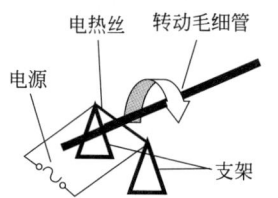

图 3-6　窗口涂层灼烧器

3. 刮除

　　利用锋利的刀片如手术刀等可以将外涂层刮除[4,5]。手动刮皮时，最好将欲刮除部位先涂黑，以便于定位和观察。实际操作前，建议先用一段废毛细管练习刮皮方法，待掌握要领后，再刮目标毛细管。本方法可自动化，适用于任何种类的毛细管。

二、紫外吸收检测器

　　紫外检测器适合用作柱上检测（on-column detection），也可用于柱后检测。柱上检测结构简单，操作方便，仅需在毛细管的出口端适当位置上除去不透明的弹性保护涂层、让透明部位对准光路即可。自己组装 CE 系统时，可采用液相色谱紫外检测器，只需将流通池固定架加以改造，使之适合于毛细管穿过并固定即可（见

图 3-7)。色谱用紫外检测器的灵敏度可能不够，在入射光方向加一高品质石英聚光球（见图 3-8）可以提高灵敏度一个数量级以上。增加（管轴方向）检测狭缝的长度（参见图 3-7）也是一种值得考虑的简单方法。据计算，狭缝长度可在 0.5～1.5mm 之间调整。将毛细管检测部分折成"Z"字形、加热吹成泡状（如 HP^{3D}）或通过拼接换成大管等方法，也是提高检测灵敏度的有效措施，不过这些方法均会损失一些分辨率。

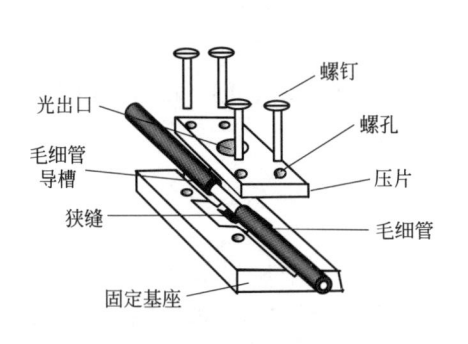

图 3-7　毛细管检测窗口固定方法

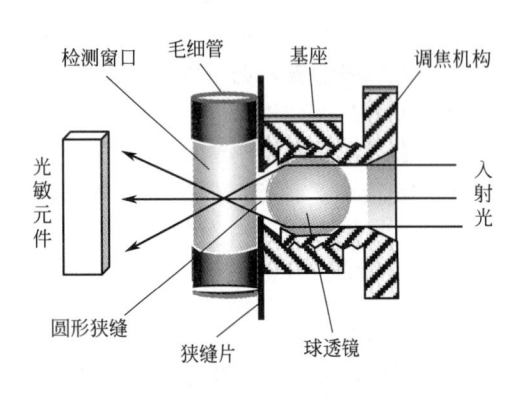

图 3-8　利用球镜聚焦增强紫外检测灵敏度

柱后检测适合于诸如 CEC 和 CGE 等采用填充管的分离模式以及需要进行柱后衍生才能检测的样品或特殊的检测器。柱后检测也有多种不同的方法，其中比较方便的方法是采用鞘流（sheath-flow）检测池[10]。图 3-9 是作者设计的一种鞘流池结构示意图，其横截面为矩形，液体流速由液面落差来调控。流速控制的目的是实现层流，对应的组成应与分离缓冲液相同。鞘流池可基本消除背景散射光的干扰，能有效提高信噪比，但鞘流调控较难。适合于紫外检测用的鞘流池一般由石英制成，适合荧光检测的可用普通光学玻璃制作。

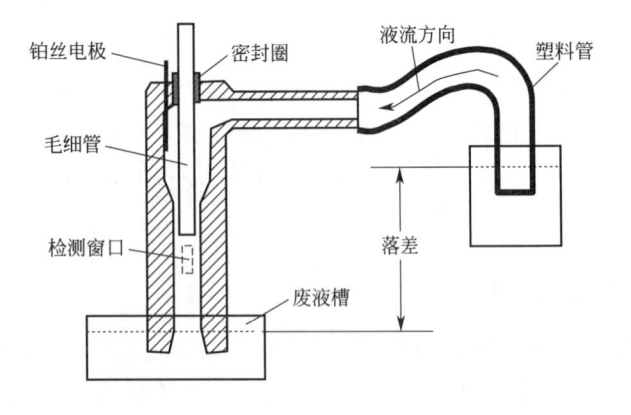

图 3-9　利用鞘流池进行柱后紫外吸收检测

三、激光诱导荧光检测器[11～17]

和紫外检测一样，LIF可采用柱上和柱后两种检测方式。LIF检测的光路结构与吸收型检测器有所不同。关键有两点：其一，为减少（四层）管壁的反射等干扰，要把激光准确聚焦到管中心，或采用小角衍射法即让入射光与毛细管夹角保持在30°附近；其二，信号收集要有很好的背景滤波设计。如果采用矩形鞘流检测池（见图3-9），则可以很好地克服背景杂散问题，容易获得高灵敏的检测效果，但鞘流池设计并无标准，需自己设计和优化加工。

LIF检测器主要由激光器、光路、检测池和光电转换器件等部分组成。按入射激光、毛细管和荧光采集方向的相对位置，CE的LIF系统可分为正交型和共线型两种。

正交结构：荧光采集透镜垂直于毛细管和入射激光所构成的平面［见图3-10（a）］。

共线/焦结构：光源、聚焦光和荧光共面，且入射光和发射荧光采用同一透镜聚焦［见图3-10(b)］。

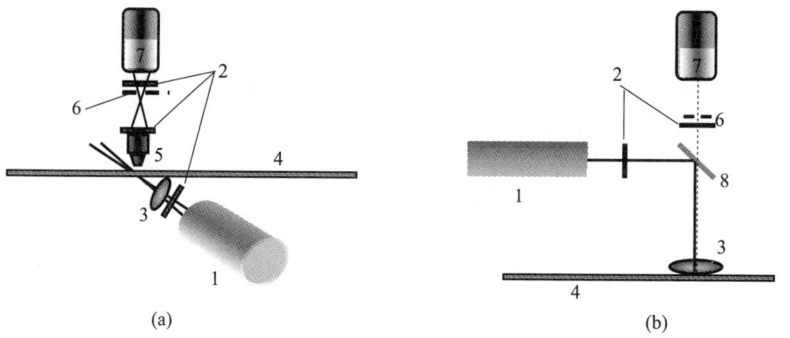

图3-10 正交型（a）和共线/焦型（b）LIF检测器结构示意图

1—激光器；2—干涉滤光片；3—聚焦透镜；4—毛细管；5—采光透镜；
6—狭缝；7—光电倍增管；8—双色镜

1. 激光器

激光的单色性和相干性好，光强高，能有效地提高信噪比，从而大幅度提高检测灵敏度。激光器的选择，除考虑成本及方便操作等问题外，应着重考虑以下要求：

① 输出谱线越多越好。单一谱线很难适合于复杂样品内所有组分的分析，丰富的谱线输出可以扩大衍生试剂的选择范围。最理想的是可变波长激光器。

② 输出的激光应具有良好的空间模式（spatial mode quality）。通常需要高斯分布的光束（TEM_{00}的空间模式），这种光经透镜聚焦后的斑点较小，可增加激发效率同时降低背景噪声，获得较高的检测灵敏度。

③ 输出功率可选且稳定。稳定的激光输出是实现高灵敏度检测的关键。在理

想即只有散粒噪声（shot-noise）条件下，荧光检测灵敏度或信噪比与激光功率的平方根成正比，所以激光功率必须可调。应当注意，过高的激光功率会导致荧光饱和、漂白过快、分析物光解及检测池发热等问题，需要优化选择。激光功率的优化范围在 $0.5\sim35\text{mW}$ 之间，多数在 $0.5\sim5\text{mW}$ 之间。

完全满足上述要求的激光器目前还没有。原则上可以选用的激光器包括脉冲激光器和连续（波长）激光器。连续激光器输出功率比较稳定，变动可小于 1%，光束可聚焦成直径约几微米的光斑。常用的连续激光器是氩离子激光器，主要输出谱线是 488nm 和 514nm。氦-镉（He-Cd）、氦-氖（He-Ne）、氮分子、YAG 等气体和固体激光器也在可选之列，但目前缺乏合适的标记试剂。具有很大发展潜力的是半导体激光器。近年来，半导体激光器的制造技术发展迅速，其最大输出功率可达数十毫瓦，倍频后可获得蓝、绿等波段的谱线，加之红外及远红外荧光标记试剂的研制开发，半导体激光器有望成为经济简便的激光光源。

脉冲激光器的空间模式和功率稳定性较差，如 Nd∶YLF 脉冲激光器的单个脉冲间能量相差可达 18%。脉冲激光的峰值功率通常都很高，容易导致荧光饱和、漂白、光解、毛细管损伤和检测灵敏度低等问题。但脉冲激光功率高，允许采用变频等非线性光学技术，由此可获得多波长激光，比如 YAG 可以输出 1064nm（基频）、532nm（倍频）、355nm（三倍频）、266nm（四倍频）谱线。利用脉冲激光还可获得时间分辨光谱。波长短于 300nm 的紫外激光用于 LIF 的报道正在逐渐增加[18~33]，但造价仍然比较高。

2. 光路

光路主要包括光的引导和分光两大部分。在 LIF 检测器中，主要通过反射、折射、透射聚焦等方法来引导激光和荧光，其中入射光的聚焦透镜和荧光采集透镜最为关键，通常采用高数值孔径（短焦距）透镜。一般地，焦距越短光斑越小，所以在空间允许的前提下，应尽量使用短焦距透镜。短焦距、大孔径透镜可以有效提高荧光的采集效率：

$$采光效率＝\sin^2[\text{arc sin}(N_a/n)/2] \tag{3-7}$$

式中，N_a 为数值孔径；n 为透镜周围介质折射率。在实际工作中，透镜的数值孔径选在 0.6 左右较为合适，孔径过大、焦距过短的采光透镜难以调试。经验表明，常规的无荧光显微物镜就能满足要求并能较好地消除像差。一种新的聚光方法是采用长光腰的贝塞尔棱镜。

采用光导纤维将激光引入毛细管中，令其进行全反射传播，能够有效地消除管壁散射、降低背景噪声，也是提高检测灵敏度的方法之一。但光纤本身的光损耗也比较大。

单色器是信号检测核心之一。可用的单色器有单色仪（光栅）和滤光片等。光栅单色仪的分光效果好，但系统结构复杂、荧光损失多，如 $f/4$ 单色仪的出射光强仅为入射光强度的 0.3%。滤光片的单色性不如单色仪，但光路结构简单、荧光的透光率高（$T>90\%$）、杂散光透过率低（$T<10^{-5}$），理想

组合的滤色系统总透光率可达 50％ 以上，所以目前 CE 中的 LIF 主要采用滤色方法而较少使用单色仪。滤光片可分为干涉滤光片、截止滤光片、负反滤光片（notch filter）和有色玻璃滤光片（colored glass filter）等类型。长波通及短波通滤光片通常由有色玻璃制作，带通滤光片（bandpass filter）通常由镀膜方法制作（干涉滤光片）。LIF 滤光片的选择主要考虑消除来自检测池的瑞利散射及溶剂的拉曼散射。

3. 检测池

和紫外检测一样，LIF 可以采用柱上检测方式，即在熔融石英毛细管合适部位除去外涂层并导入激光、引出荧光。LIF 亦可采用鞘流池（见图 3-9）进行柱后检测。鞘流池壁厚约 1mm，检测窗面积约 $200\mu m^2$。进行柱上检测时，入射激光的倾角应小于 45°，以降低背景杂散光的强度；使用鞘流池时，激光垂直聚焦于毛细管柱出口下端约 $200\sim300\mu m$ 的检测窗上，可获得较佳的检测灵敏度。

4. 光电转换器件

高灵敏的光电转换元件主要有光电倍增管（PMT）、电荷耦合器件（CCD）、雪崩光电管（avalanche photodiode）等，其中 PMT 具有较理想的性/价比，但不具备成像功能；CCD 具有较高的量子效率和信噪比，且具有成像及多道检测功能，但高灵敏 CCD 的价格昂贵且多需低温控制。雪崩光电管是一种较新的光电转换器件，具有很高的光电转换效率，对某些近红外荧光染料的检测限可达 4 个分子的水平[34,35]。

5. 提高检测灵敏度的方法

除了聚焦透镜、激光入射角度、检测池结构、单色器以及光电接收转换器件对检测灵敏度有重大影响外，光源的稳定性、光路的准直、检测窗口的清洁程度等对检测灵敏度也有重要的影响。需要特别注意的是，在国内普通实验室中做 LIF 时，检测窗口和其他光学镜片（头）必须经常清洗，检测窗口最好每天清洗一次。清洗方法如下：取光谱纯丙酮，滴于干净镜头纸上至湿润，沿同一方向在检测窗口（或光学镜片）上轻轻拖动镜头纸 1～3 遍。要求丙酮干后不留痕迹。

总之，消除背景散射光、增加透光度、提高荧光采集效率是提高 LIF 检测灵敏度的关键所在。

四、高频电导检测器

无机类离子多数没有吸光或发光性质，虽用间接紫外或配位紫外检测，但可用范围比较有限，特别是间接紫外检测的重复性和定量效果也不理想。因此，CE 在小离子分离中，虽然速度很快、效率很高，但推广应用总有困难。为此，很早就有人研究电导检测方法，但也同样没有得到推广。早期的电导检测方法采用接触式设计，并需要采取电场隔离措施，其安装和使用均有很大的难度。与样品等溶液直接接触的检测电极容易被污染，重复性差且难以克服，所以现多改用非接触式的高频电导检测方法（hfCD）。hfCD 原用于等速电泳，但在 CZE 等模式中，抗高电导背景的能力低即检测灵敏度低。近些年该类检测方法有了进步，灵敏度得到了较大的提高。因关于 hfCD 的介绍偏少，这里特予以较为详细的介绍。

1. 结构

用于 CE 的高频电导检测器，通常采用管状或半管状电极，直接套在毛细管的检测部位上，如图 3-11 所示。高频电导检测需要激励电极和检测电极，它们都可以由不锈钢等便宜材料制成，管长一般取 4mm，两电极相距 1mm，该间距确定检测池的体积[37~40]。双筒电极之间通过极间电容来耦合。为了突出区带的电导，需将耦合尽可能局限到毛细管内，即要设法大幅减少毛细管以外空间中电容耦合的比例。在两电极之间插入接地的屏蔽隔板即法拉第隔板，可以较好地抑制管外电容的耦合。

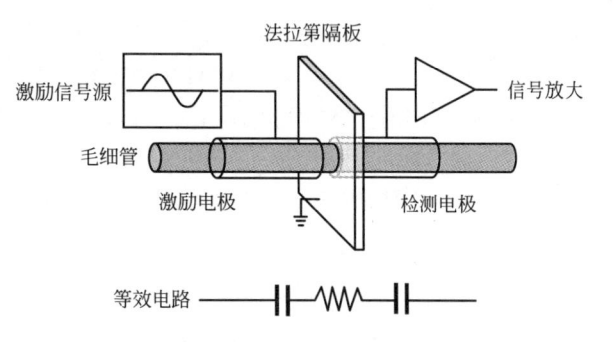

图 3-11　毛细管电泳高频电导检测器
结构示意及其等效电路

为方便使用，可以将两电极及中间的屏蔽隔离板设计成整体结构，令其可以套到毛细管上并可以根据需要滑动[41]。滑动式 hfCD 不仅可以用于定位检测，还可以跟随监视某一分离过程。有些离子的淌度很大，不能被电渗带动，通常必须改变电压或采用涂层技术等来实现分析。利用滑动式 hfCD，则可以采用两端进样中间检测的方式，来实现各种离子的同时分离检测。Unterholzner 等利用此法，实现了水中正负离子的同时快速测定[42]，Kuban 等实现了雨水和地表水中离子的同时测定[43] 及 21 种离子快速测定[44]。

2. 原理

如前所述，hfCD 利用极间电容耦合，其依据必是交流电。设若将一高频电压施加在其中的一个电极（激励电极）上，从另一电极输出，则两根电极及电极间的毛细管、管内溶液就构成了一个电容导通结构，对应的等效电路如图 3-11 下部所示，其阻抗 Z 为：

$$Z = \frac{1}{G} - i\,\frac{1}{\pi f C} \tag{3-8}$$

式中，G 为两电极之间毛细管中溶液的电导；f 为激励频率；C 为毛细管溶液与外电极之间的耦合电容，主要的介电介质是毛细管壁。当在两电极之间施加正弦激励电压 V 时，如果激励频率足够高，因：

$$f = \frac{G}{\pi C} \tag{3-9}$$

所有电抗趋于零，即电导池的阻抗仅取决于溶液的电阻（$=1/G$），于是，管内溶液的高频交流电流 I 与激励电压的关系为：

$$I = GV \tag{3-10}$$

就是溶液的高频电流信号与溶液的电导成线性关系。已知管内溶液的电导是其中离子浓度的函数，故可通过检测高频电流来测定离子的浓度。将高频电流转换为电压信号，便能与普通的信号采集系统连接，进行数据采集。

3. 影响因素

高频电导检测的理论影响因素包括电极的结构、距离、激励电压幅值与频率、检测电路等。电极长度和间隔对检测池的阻抗及其频率特性有直接的影响[45]。较长电极和较宽的间距比较容易制作，且可降低工作频率，提高检测电路的性能，但间距过大却会降低区带的分辨率。电极内径或电极与毛细管间的缝隙，对检测器的性能也偶有影响，但没有预想的大[46]。

激励频率和检测电路结构是影响检测器性能的关键因素[47~49]。已知电容耦合效率随激励电压频率增高（20～650kHz）而增大，但检测电路的设计难度也随之加大，原因在于放大器有一定的频带宽度，带宽之外的灵敏度下降。为此应尽量采用宽带运算放大器如 OPA655 等，并选用与放大器相宜的激励频率（多在 50～100Hz 间）。采用锁相放大技术可显著提高检测器的性能[50]。

影响检测器性能的另一因素是激励电压幅值，一般在 20～500V 之间变化。Fracassi da Silva 等采用 2V 的低幅值激励电压，可在无屏蔽下获得很好的检测结果[51]。相反，Tanyanyiwa 与 Hauser 则采用高幅值激励电压来提高信噪比[52]。一般地，激励电压影响频率特性，不同激励电压的最大输出信号频率并不一定相同，如幅值为 100V 的激励电压的最大输出信号频率是 200kHz，而幅值为 200V 的最大输出频率则可以是 200kHz 或 50kHz。

优化后，hfCD 既可以检测小离子又可以检测大离子如蛋白质等，检测限已达到 μg/L 水平，且重复性也不错（见图 3-12），可以用于免疫分析，如图 3-13 所示。

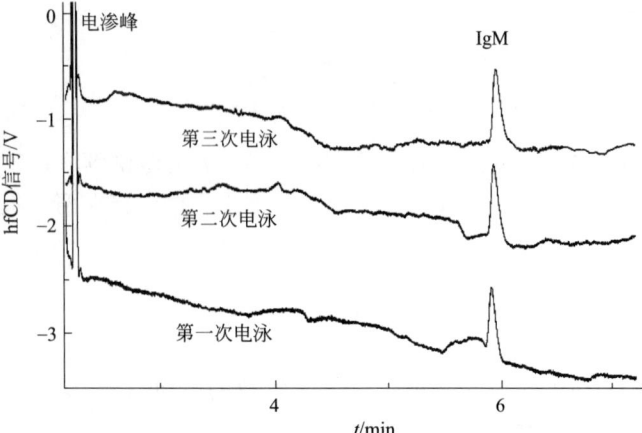

图 3-12　0.05µg/L IgM 连续 CE 的高频电导检测图
电泳缓冲液：20mmol/L TAPS/AMPD，0.01% Tween-20
进样：5.7kV-5s
激励电压：300V（峰-峰值）
激励频率：100kHz
电泳电压：20kV
毛细管：50µm ID×50cm

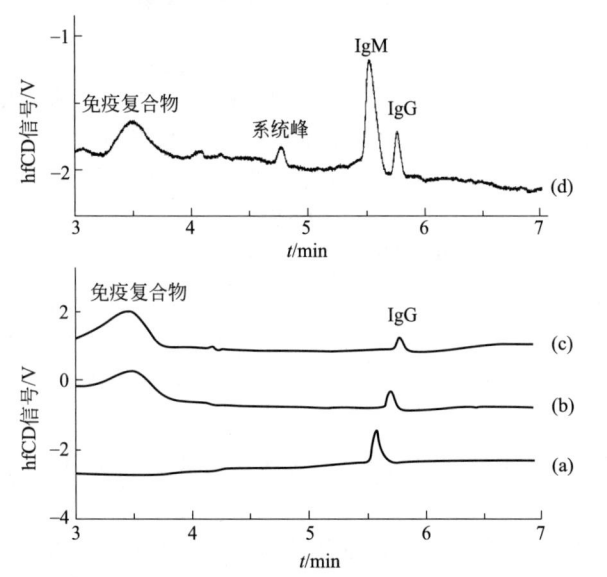

图 3-13　IgG 与 IgM 免疫 CE-hfCD 谱图
(a) 10µg/mL IgG；(b) 10µg/mL IgG+0.5µg/mL IgM；(c) 10µg/mL IgG+2µg/mL IgM；
(d) 10µg/mL IgG+10µg/mL IgM
免疫实验方法：将 IgG 与 IgM 在 pH 7.4 的 Tris 缓冲液中温培 15min，然后进样
电泳缓冲液：20mmol/L TAPS/AMPD，0.01% Tween-20
进样：5.7kV-5s
激励电压：300V（峰-峰值）
激励频率：100kHz
电泳电压：20kV
毛细管：50µm ID×50cm
注意：高浓度免疫反应（d）与低浓度免疫反应的电泳结果不同。在高浓度反应中，IgM 的峰可以记录到，
而在 2µg/mL IgM 以下，IgM 峰记录不到，且免疫复合物和 IgG 峰面积随 IgM 浓度增加而增加

第七节　数据记录与处理

CE 数据的记录、处理和谱图显示方法，与色谱类似，目前主要采用计算机等数字化手段。定性定量的数据测定和运用方法，也与色谱相同，但请注意以下四点差异。

（1）峰数据测定要求不同　CE 的峰比较窄，手工测峰面积的误差大，应尽量采用自动计算程序来处理数据。原则上峰高和峰面积都可作为定量参数，但精密度不同，以峰面积定量为上策。

（2）基线处理要求不同　紫外 CE 谱图基线的噪声往往比色谱图大，有条件时可结合滤波技术，如傅里叶变换、小波变换等，以提高信噪比。一种比较勉强的方法是对基线进行平均或取中值。

（3）定性方法有所差别　CE 的峰间距也可能很窄，用标准比较定性比较容易出错，宜采用添加法或内标法来提高峰鉴定的可靠性，还可结合测定峰的紫外吸收光谱或荧光发射光谱来进一步确认峰。更好的选择是与质谱等技术联用。

（4）记录参数不完全一样　CE 需要在检测电泳谱图的同时记录电泳电压、电流、电功或电量数据，它们可能是时间函数。这与色谱明显不同。色谱中没有这些参数及其变化，只有压力、流速、淋洗梯度等参数。加压电色谱也还会有色谱的这些参数，也要予以记录。色谱和电泳都有温度、时空等参数需要记录。

参考文献

［1］ 陈义 . 毛细管电泳仪//朱良漪等 . 分析仪器手册 . 北京：化学工业出版社，1997：611.

［2］ Rose D J Jr, et al. *Anal Chem*，1988，60：642.

［3］ 陈义，竺安 . 色谱，1991，9：353.

［4］ 陈义 . 中国科学：B 辑，1996，26：529.

［5］ Chen Y, Höltje J-V, Schwarz U. *J Chromatogr A*，1994，680：63.

［6］ 陈义，竺安 . 生物化学与生物物理进展，1990，17：390.

［7］ Zhu A, Chen Y. *J Chromatogr*，1989，470：251.

［8］ 陈义，竺安 . 中国科学：B 辑，1991（6）：561.

［9］ 陈义 . 仪器分析，1992（2）：42.

［10］ Cheng T-F, Dovichi N J. *Science*，1988，242：562.

［11］ Gasman E, Kuo J E, Zare R N. *Science*，1985，230：813.

［12］ Richmond M D, Yeung E S. *Anal Biochem*，1993，210：245.

［13］ Fuchigami T, Imasaka T. *Anal Chim Acta*，1994，291：183.

［14］ Xue Q F, Yeung E S. *J Chromatogr A*，1994，661：287.

［15］ Desbene P L, et al. *J Chromatogr A*，1995，689：135.

［16］ Desbene P L, Morin C J. *J Spectra Anal*，1996，25：15.

［17］ Ward V L, Khaledi M G. *J Chromatogr B*，1998，718：15.

［18］ Lee T T, Yeung E S. *J Chromatogr*，1992，595：319.

［19］ Lee T T, Yeung E S. *Anal Chem*，1992，64：3045.

［20］ Nie S，Dadoo R，Zare R N. *Anal Chem*，1993，65：3571.

［21］ Chang H T，Yeung E S. *Anal Chem*，1993，65：2947.

［22］ Chan K C，et al. *J Chromatogr*，1993，653：93.

［23］ Chan K C，et al. *J Liq Chromatogr*，1993，16：1877.

［24］ Engstrom A，Andersson P E，Josefsson B. *Anal Chem*，1995，67：3018.

［25］ Shippy S A，Jankowski J A，Sweedler J V. *Analytica Chimica Acta*，1995，307：163.

［26］ Chang H T，Yeung E S. *Anal Chem*，1995，67：1709.

［27］ Miller K J，Lytle F E. *J Chromatogr*，1993，648：245.

［28］ Nunnally B K，et al. *Anal Chem*，1997，69：2392.

［29］ Timperman A T，Oldenburg K E，Sweedler J V. *Anal Chem*，1995，67：3421.

［30］ Wong K S，Yeung E S. *Microchim Acta*，1995，120：321.

［31］ Kok S J，et al. *J Chromatogr A*，1997，771：331.

［32］ Hempel G，Blaschke G. *J Chromatogr B*，1996，657：131.

［33］ Hempel G，Blaschke G. *J Chromatogr B*，1996，675：139.

［34］ Legendre B L，et al. *J Chromatogr A*，1997，779：185.

［35］ Daneshvar M I，et al. *J Fluoresc*，1996，6：69.

［36］ 陈义. 毛细管电泳理论探索. 北京：华文出版社，2001.

［37］ Fracassi da Silva J A，do Lago C L. *Anal Chem*，1998，70：4339.

［38］ Zemann A J，Schnell E，Volgger D，et al. *Anal Chem*，1998，70：563.

［39］ Tuma P，Opeker F，Jelinek I. *Electrophoresis*，2001，13：989.

［40］ Tuma P，Opeker F，Jelinek I. *Electrophoresis*，2002，23：3718.

［41］ Macka M，Hutchinson J，Zemann A，et al. *Electrophoresis*，2003，24：2144.

［42］ Unterholzner V，Macka M，Haddad P R，Zemann A. *Analyst*，2002，127：715.

［43］ Kuban P，Karlberg B，Kuban P，Kuban V. *J Chromatogr A*，2002，964：227.

［44］ Kuban P，Kuban P，Kuban V. *Electrophoresis*，2002，23：3725.

［45］ Tuma P，Opeker F，Jelinek I. *Electrophoresis*，2002，23：3718.

［46］ Kuban P，Hauser P C. *Electrophoresis*，2004，25：3387.

［47］ Fracassi da Silva J A，do Lago C L. *Anal Chem*，1998，70：4339.

［48］ Fracassi da Silva J A，Guzman N，do Lago C L. *J Chromatogr A*，2002，942：249.

［49］ Chvojka T，Jelinek I，Opekar F，et al. *Anal Chim Acta*，2001，433：13.

［50］ Baltussen E，Guijt R M，van der Steen G，et al. *Electrophoresis*，2002，23：2888.

［51］ Fracassi da Silva J A，Guzman N，do Lago C L. *J Chromatogr A*，2002，942：249.

［52］ Tanyanyiwa J，Hauser P C. *Electrophoresis*，2002，23：3781.

第四章

分离条件的选择与优化

　　分离条件的选择与优化是两个不同的概念，但易被混淆。条件选择多关注独立的单因素实验结果，预设因素更多凭借主观臆断；而条件优化则立足于多因素实验结果，考虑了不同因素之间的相互作用，相对比较客观。不少人把单因素取极值（如果有的话）的过程称为优化，这是不对的，应叫单因素极值搜索。它是在其他因素固定不变的前提下进行的，搜索变量的选定多是任意的。事实上，各单因素搜索获得的极值组合，并非就是最佳实验条件。多因素条件寻优才比较合理，但这需要利用合适的数学工具来设计寻优实验过程。这看起来很复杂，但却是一种快速、经济的方法。

　　CE 条件选择的内容很多，且与样品、分离模式、检测方式、进样方法乃至仪器系统结构等相关，它们之间多数会互相影响，最宜采用优化策略。但重要的条件常有共性，本章将首先予以梳理，比如：CE 模式确定、仪器条件设置、介质与参数搜索等。最后，再概要介绍优化策略。

第一节　毛细管电泳模式选择

　　如何选择一种 CE 模式来分离样品，看似简单，实则不易，但也有一些原则可用。归纳而言，可依据的原则有：方法的简单性、普适性，对样品的选择性或特异性，分析的目的性等。所谓简单性是指所选分离模式的条件优化、分离控制等是最简单和最容易的，而且富于后续变化。据此，应首先选用自由溶液分离模式。若该模式的分离效果不佳或需要附加过于复杂的条件和控制，即违背了简单性原则，就应该考虑换一种模式，如换用非自由溶液或填充类分离模式等。图 4-1 示意了一种选择路径，以资参照。

　　在分离生物样品时，可以根据分离目的来选择分离模式，如：欲测定样品的尺

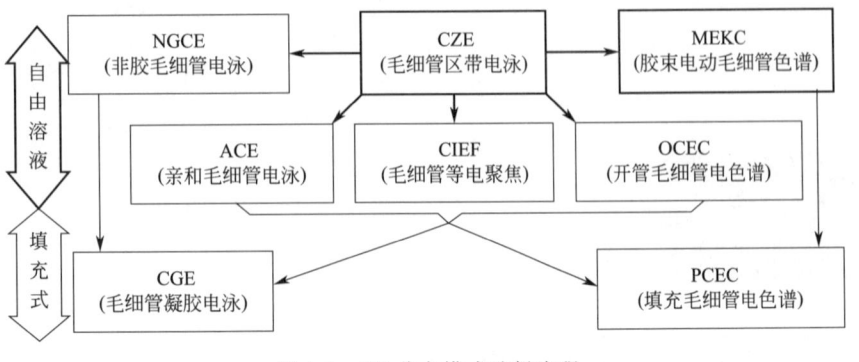

图 4-1　CE 分离模式选择流程

寸时就选 NGCE 或 CGE，偶可选用 CZE 或 MEKC；要测定样品的等电点时则应选用 CIEF；想进行亲和作用研究时则当选用 ACE。

若分析目的难以专一，则要尽量选用普适性的分离模式，如 CZE、MEKC 或 CEC 等；结合考虑简单性原则，则宜优先选用 CZE 或 MEKC。注意，目前非填充毛细管并不适合于颗粒样品的分析，甚至也可能不适合于大分子的分离分析。

有时会特别注重分离的选择性，只希望把有限个目标组分分离出来。这时就应优先考虑选用 ACE 等高选择性的分离模式。如果已知样品的某些特性，也可以据此选择分离模式，比如：在分离蛋白质、多肽、氨基酸等两性样品时，可优先选用 CIEF；在分离中性分子时，应该先选 MEKC 模式；而在分离水难溶组分时，则当首选非水毛细管电泳模式。如此等等，不一而足。

实际样品五花八门，性质各异，分离模式的选择也是可变和灵活的。这种灵活性恰好与毛细管电泳模式容易更换的特点契合。

第二节　基本操作条件选择[1～4]

所谓的基本操作条件至少包括电压、温度、毛细管尺寸、进样方法、检测条件等，现予以分别讨论。

一、电压[3]

CE 效率并非电压的单调函数，而是存在极大值的。极值电压通常也是首选的工作电压。在实际分离中，如果所用的毛细管很细或背景电解质缓冲溶液的电导很低，则极值电压可能会超出仪器的控制范围，此时可选仪器允许的最大输出电压。若毛细管较粗或背景电解质缓冲溶液电导较高，则极值电压可能会很小，但若分离度很大，也可选用大于极值的电压做 CE，以缩短分离时间。

极值电压可由理论算得或由实验测得。理论求法就是由效率方程求电压极值，但偏差较大，实用性较小。实验测定依据的是欧姆定律，即电流与电压呈线性关系。只要测定电压与电流的关系曲线就能确定工作电压或电流。方法如下：

① 在电泳条件下，改变电压或电流，测定对应的电流或电压；

② 作电压-主电流曲线；

③ 选取线性范围内的最大电压或电流即可。

线性以上的电压会产生越来越大的焦耳热效应，除非分离效率很高，一般不宜选用。在做 CGE 时，电场强度一般控制在 $150\sim400\text{V/cm}$ 之间，以免凝胶遭受破坏。也有人施加到 1000V/cm 或更高，但估计胶管的使用寿命不会很长。

电压的施加方式也很重要。常规 CE 主要采用瞬间升压的恒电压电泳方式。这种方式操控简单，但效果略差。还可以考虑瞬时恒流、恒功率，或梯度升、降压等方式。恒流或恒功率电泳有利于提高分离的重复性与再现性；而梯度电泳则能在一定程度上调控峰形、分离度和分离时间，可多加采用。为制备收集，应考虑先高电压（提高效率）后降压的电泳方式。该方式适合于检测器响应时间不足的情况。

二、温度

电泳伴生的焦耳热会提升毛细管内的温度，除展宽效应外，温度漂移还会造成分离不重现。毛细管的热耗散必然会形成径向温度梯度，出现迁移不一致即区带展宽因而降低电泳效率[3,4]。过热时甚至会引起管内溶液产生气泡或沸腾，致使分离无法进行。为此需对毛细管进行降温或恒温控制。

现有仪器是通过调节毛细管外温度来间接控制管内溶液温度的。若无特别要求，常将温度恒定在室温附近，多在 $20\sim30℃$ 之间。毛细管控温还要考虑管内介质的性质，比如凝胶管不宜恒温过高，也不宜频繁变换温度；而一些非水溶剂常常容易产生气泡，应尽量降温，多在室温或以下温度电泳。

温度选择也与分离对象有关。不少糖类样品需要高于室温的分离环境，而有些样品如蛋白等则可能需要低于室温的分离条件。有些特殊物质如 DNA 的变性和复性需大范围调变温度。对于手性、位置或互变异构体的分离，采用低温是比较合理的选择。

CE 温度的选择还要看仪器，目前多数 CE 仪器能在 $20\sim50℃$ 之间调控，但还无法实施温度梯度控制，需要对其进行改造方才可能。

一般而言，合宜的电泳温度需要搜索。一般做法多从室温开始，向上搜寻；若无结果，再向下搜寻。搜索温度时，要注意给 CE 系统以足够的平衡时间，因为温度变化相对缓慢，不能像电压等参数那样可以瞬时达到。

三、毛细管[2,3]

1. 毛细管尺寸

毛细管尺寸的选择，与分离模式、散热情况、样品性质等因素有关。自由溶液电泳多选用 $50\mu m$ 或 $75\mu m$ 等细内径毛细管，有效分离长度多在 $40\sim60\text{cm}$ 之间，也有长达 1m 或短至数厘米者；但若进行细胞等大颗粒样品分离，则宜选用大内径

（可＞300μm）毛细管[5,6]。OCEC 的毛细管内径应＜20μm，多在 5～10μm 之间，可下达 2μm 甚至数百纳米，以充分利用管壁的分配效应，但须有高灵敏的检测手段。CGE 的毛细管内径多为 75μm，也有 50μm、100μm 或更大者；CEC 管的内径可以大到 320μm。CGE 或 CEC 的分离长度一般控制在 20cm 上下。标准毛细管的外径是 375μm，有些商品毛细管的外径为 360μm、160μm 或 165μm。薄壁毛细管有利于散热，也比较柔软，容易盘曲在更小的空间中，但手感不好。

2. 毛细管内壁涂层

毛细管内壁需根据分离模式和样品性质做不同的处理。在分离大分子时，常需惰化，以抑制吸附。在做 CIEF 或 CGE 时，则需有抑制电渗的涂层。其他模式有时会需要加强电渗或改变其方向的涂层。

3. 毛细管的清洗

毛细管的清洗方式需视管内有无填充物和涂层而定。无涂层空管通常用 0.1～1mol/L NaOH、水和缓冲液顺序冲洗 1～5min。如果怀疑管内壁吸附有蛋白质或其他有机分子而欲除去，则可用 0.1～1mol/L 的 HNO₃ 泡洗 5～10min，然后再用水、NaOH、水和缓冲液顺序冲洗。当使用相同背景电解质缓冲液进行重复分离时，除非样品有吸附性或出峰不重现，否则各分离之间只用背景电解质缓冲液冲洗 1～2min 便可。涂层毛细管通常采用中性或电泳缓冲液清洗，可以结合加热或络合等方法来提高清洗能力。换用有机溶剂则能清除脂溶性吸附组分。新的凝胶毛细管或色谱介质填充毛细管，应该用背景电解质缓冲液在不进样条件下进行空白（正向或反向）电泳，直至电流和检测基线稳定后再进样分离。后续各分离之间，填充管通常不再进行空白电泳。但若电流和检测基线变化严重，则可进行反向空白电泳至电流和检测基线稳定。毛细管是否已经洁净，并无统一标准，一般以基线、效率、峰形等是否稳定或重现来衡量。

四、进样与聚焦进样[1,7]

进样方法的选择比较简单，比如电动和扩散进样方法有通用性，而流体力学方法只适用于自由溶液 CE。注意电动进样有歧视效应，若不利于定量，就应换用别的方法，如扩散进样法等。

在进样过程中，还可以引入聚焦或浓缩机制，用以提高分离效率和检测灵敏度。现有三类可选方法，它们是电场聚焦、pH 聚焦和色谱浓缩[1]。下面分别予以介绍。

1. 电场聚焦进样[8]

当离子从高电场区突然进入低电场区时，会因减速而堆集在电场交界处。这不仅会提高组分的浓度还会缩短区带的长度，故可同时提高检测灵敏度和电泳效率。电场聚焦进样要有一个电场突变台阶或梯度。利用温度、黏度（CGE）、电解质浓度等梯度都能诱导出电场梯度。其中以电解质浓度梯度最简便易用。亦有简单电场聚焦、增强电场聚焦和整管进样聚焦三法。

（1）简单电场聚焦　设样品中电解质的浓度比电泳背景电解质低很多，若以电动进样，则电场会主要加在样品与管口之间，而很少加到毛细管上。如此，样品组分便会快速迁移到管口并因突然减速而堆积。仅需把样品配制在纯溶剂中即可操作，能提高检测灵敏度 2～10 倍。

用溶剂如水来配制样品，再由压力进样，也可在电泳初期产生聚焦现象。但此法的聚焦时间很短，提高检测灵敏度的幅度不大，约 2 倍。

（2）增强电场聚焦　利用压力法先进一段纯溶剂区带，然后用电迁移法正常进样，可以增强聚焦效果。纯溶剂区带的电导趋于零，在电动进样时将承受几乎全部电场，即管内其他部位的电场趋于零，因而电渗也几乎为零（没有产生电渗的第一个条件），此时仅有一种符号的离子［取决于电场方向，参见式(2-3)］可迁入管中并迅速穿过溶剂区带浓集于它的前沿。如想同时分离正负离子，则需用正、负电场顺序进样各一次。

该法需控制溶剂区带和样品区带的长度比，可由实验确定。当以水为溶剂时，其长度多控制在 2mm 附近，电迁移进样约 1min。一般能提高检测灵敏度约 100 倍而不损失分离效率。

一种简化的操作是：用压力顺序引入溶剂、样品、溶剂和电泳缓冲溶液区带，然后加电压分离。在分离初期，正负离子各自聚焦在溶剂区带的前沿和后沿。该法能提高检测灵敏度 1 倍以上。

（3）整管进样聚焦[9,10]　　如果样品溶液过稀，则可将其灌满整根毛细管，并施加反向分离电压［见图 4-2(a)、(b)］至电流上升到正常值的 95%，然后改变电压方向进行正常电泳分离［见图 4-2(c)、(d)］。其机制是：在反向电压下，电渗将背景电解质从毛细管的（正常）出口泵入并引起此部位电场突降；这时，逆电渗而动的离子，在逾越突降面时就会减速堆积，同时又被快速的电渗推回。这种行进聚焦过程持续进行，直至背景电解质到达毛细管的进口［见图 4-2(b)］时才被强行停止。此法也称推扫（sweeping）进样。

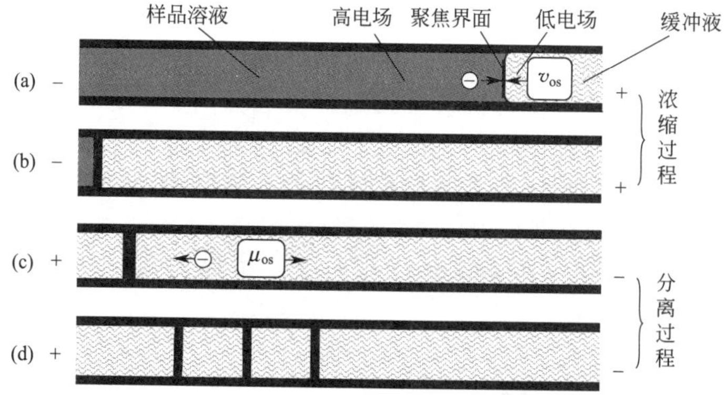

图 4-2　整管进样及其区带堆积过程和分离过程

（a）样品在反向电压下开始堆积；（b）样品堆积完成，可以改变电场方向进行正常分离；

（c）分离初期；（d）分离过程中的某时刻区带分布

本聚焦方法具有方向性。若毛细管的电渗从正到负，浓集的是负离子；而若电渗从负到正，则浓集的是正离子。

2. pH 聚焦进样

（1）普通 pH 聚焦进样　该法实际上是电场聚焦的特例，适用于弱解离样品，尤其适用于两性样品。这类样品在经过 pH 突变界面时，会因解离度变化而发生迁移速度乃至迁移方向的突变，于是产生堆积现象。设电渗流向负极，若从正极进样且样品区带的 pH 高于背景，则酸性样品会高速向后迁移并在区带后沿减速和集结，而碱性样品则向前加速，不能聚焦。如果样品区带 pH 低于背景，则酸性样品不聚焦而碱性样品向前减速，集结于区带前沿。但是，有一种情况比较特别，叫作移动 pH 界面，它能通过 OH^- 与 H^+ 的中和反应，从区带的一端移到区带的另一端，或说扫过区带，并引起区带聚焦，一般用于聚焦弱酸性或两性样品，比如：当利用 pH 10～10.5 的硼酸盐缓冲液来分离酸性氨基酸时，将样品配制在 pH 约为 8 的缓冲溶液中，可实现长时间的（大进样量）聚焦操作。此法的聚焦效率可达一百倍甚或一千倍。

对于两性组分，设样品区带的 pH>pI、背景的 pH<pI，则组分在区带中为负离子，它们向后（正极）迁移，进入背景后又变成正离子，再往回（负极）迁移；如此循环往复迁移，最后便会紧密聚焦在区带后沿。若样品区带 pH 低而背景高，则样品离子向前迁移，聚集在区带前沿。

凡向后聚焦的操作，最好在进样后跟着再进一段背景缓冲液，以免区带跑出管口。利用 pH 聚焦可使两性组分的检测灵敏度提高两个数量级以上而保持效率不变。

（2）酸坝抗盐聚焦进样　在毛细管电泳中，经常会碰到高盐生物样品或环境样品。在多数情况下，需要对样品进行脱盐处理，而后才能进样电泳。脱盐对 CE-MS 是必需步骤，否则可能会检测不到样品峰。脱盐处理必然会造成样品损失，这对来源丰富的样品不是问题，但对来源十分有限的样品却是个难题，这时可考虑采用酸坝抗盐聚焦进样方法。其做法是：在样品区带的前方和后方分别引入一段有一定缓冲能力的酸或碱区带。当电泳开始时，弱解离的样品成分会被酸或碱坝拦住并聚集，而无机盐等强电解质成分则不受影响，仍按自己的高淌度迅速迁移出区带，直至走出毛细管外。在这些快速离子走失后，堆积的样品离子会随着酸或碱坝的解体而开始电泳分离。研究表明，该方法的检测灵敏度和分离效率，会随样品中盐浓度的增大不降反升！其耐盐浓度不低于 500mmol/L NaCl，可用于生物体液样品的直接进样电泳，是一种在线除盐增效、增敏的好方法。

3. 色谱浓缩进样[11~14]

在毛细管头装上色谱固定相，用来吸附和浓缩目标样品，可大幅度提高毛细管电泳的进样体积（至微升级）和提高检测灵敏度。有以下三类柱头浓集方法。

（1）涂层法　该法需在毛细管的进样端键合一段色谱固定相［见图 4-3(a)］，

用于浓集目标组分。用选择性涂层则可在有效浓集目标组分的同时除掉非目标成分。目标组分吸附浓缩后被原位洗脱，直接进入电泳分离，没有转移损失。此法流动阻力小、操作容易，但浓缩容量一般较小。

（2）**填充法** 此法是在管头内填充一小段色谱填料［见图4-3（b）］，先进行柱头吸附再原位洗脱做电泳分离。该法的优劣与涂层法相反。注意：填充头一旦被堵就会严重影响后续分离，就需切去重装再用。

（3）**拼接法** 该法是预先装填一段独立的色谱小柱，再串接到毛细管头上［见图4-3（c）］。样品既可以离线也可以在线吸附浓缩，最后在线洗脱并分离。此法的进样量可达到 $10\mu L$ 或更多。

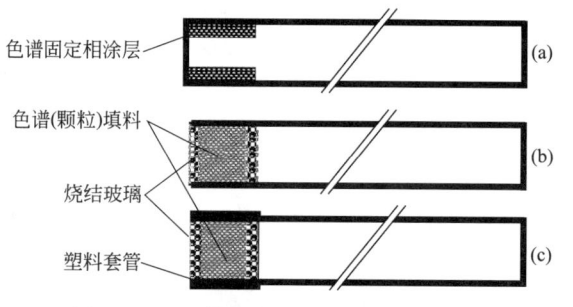

色谱固定相涂层

色谱(颗粒)填料

烧结玻璃

塑料套管

图 4-3　毛细管头色谱浓缩进样结构举例

拼接法亦有多种，建议将色谱固定相充填在内径等于分离管外径的塑料管中，这样只需将分离管插入填好的小柱中即可［见图4-3（c）］，且便于随时更换。

五、检测[2]

CE 的潜在检测方法很多，但商品仪器可选的检测方法一般却只有紫外吸收、荧光或激光诱导荧光、质谱等少数几种。紫外和荧光等多采用柱上检测方式，而质谱需通过接口做柱后检测。

检测方式实际上是由检测原理决定的。紫外-可见吸收光谱、红外光谱、拉曼光谱、荧光光谱、高频电导等检测宜采用柱上方式，而多数电化学、质谱、化学发光检测等多采用柱后方式。

紫外吸收光谱是一种成熟、通用的检测方法，有单波长、多波长、可变波长和波长扫描或二极管阵列等形式。二极管阵列或波长扫描可测出样品成分的紫外吸收光谱，便于组分定性或纯度鉴定，但检测灵敏度普遍较低；可变波长检测器可根据需要选择检测波长，但检测光线一般较弱，灵敏度居中；单波长或多波长检测器可选检测波长少，但检测灵敏度则相对较高。

在做自由溶液 CE 时，建议首先选用 200nm 或 205nm 的检测波长；但在做凝胶毛细管电泳时，则应选用 ≥210nm 的检测波长[14]。若组分无或仅有微弱的光吸收特性，则需结合化学衍生或标记技术来实现检测。也可以采用间接检测方式，但其灵敏度和重复性并不理想，不利于定量测定。一些无机离子还可以通过形成强紫外吸收配合物来检测。表 4-1 是关于紫外波长选择的若干建议汇总，可资参考。

表 4-1　紫外吸收检测波长选择建议

样品种类	可用紫外波长/nm	备　　注
蛋白质、多肽	185、195、200、205	通用波长，常选 200nm 和 205nm
	214、220、230、254、280	特征吸收
DNA、RNA、核苷酸及其寡聚物	254、260、270 等	特征吸收
芳香烃、抗生素、染料、药物等	200、205	通用波长
	214、254	苯环特征吸收
维生素类	200、205	通用波长
糖类、离子与无吸收成分	185、200	测不出时需衍生或选间接检测法

第三节　分离介质选择[1,2]

分离介质包括电解质、缓冲试剂、添加剂、溶剂、筛分剂、（准）固定相以及 pH 缓冲试剂等，它们的种类、浓度、酸度等需要选择或优化，并与分离模式相关。下面先以 CZE 为例介绍其介质的选择，然后扩充到其他各模式上。

一、CZE 介质选择

CZE 是 CE 的基础，其介质的选择也是其他分离模式的起点。

CZE 的介质其实就是一种具有 pH 缓冲能力的均匀的自由电解质溶液，通常称为背景电解质缓冲溶液（buffered background electrolyte solution）或背景电解质溶液（background electrolyte solution 或 BGE），常简称为运行缓冲液（running buffer）或缓冲液（buffer），主要由电解质、缓冲试剂、pH 调节剂、添加剂和溶剂等组成。

1. 电解质

加电解质是为支持溶液的导电。凡电解质，无论强弱，均有导电能力，故皆可选用。但需注意，所选电解质的浓度和淌度，会影响分离，需依据样品选用。

电解质浓度对样品区带既有电场压缩效应又有热加宽效应。倘若热效应可忽略，则提高电解质浓度（1～2mol/L 或更高）不仅会有明显的压缩区带效果，还能抑制蛋白质等成分在管壁上的吸附；但若产热过大，其热加宽效应就会凸显出来，效率迅速降低，此时需降低电压，结果是分离时间延长。很明显，电解质浓度对效率存在极值。为提高极值应尽可能选用低电导率的电解质。另一种理论上更合理、实际上也可行的方案是换用两性电解质。其在等电点处的电导为零，再高浓度也不会过热，但过高浓度会加深背景紫外吸收，不利于紫外检测。大量的两性电解质也会严重干扰质谱测定。

电解质的淌度会影响样品区带中同离子的分布，产生淌度匹配效应。只有与样品离子淌度相同或相近的电解质同离子才会维持区带的对称性，获得高效分离。早期 CE 之所以效率不高，其中的一个重要原因是采用 KCl、NaCl 等无机强电解质作支持背景。它们不仅易过热，淌度也不与样品匹配，现已基本不用，代之以弱电解质。

一般地，为有效利用电解质的正面效应，在淌度匹配允许的范围内，应尽可能选择高浓度的弱电解质作支持背景。弱电解质多数具有 pH 缓冲能力，可承担双重任务。如无特殊需要，一般就直接使用缓冲溶液做电泳，不再外加电解质或缓冲试剂了。

2. 缓冲溶液与 pH

缓冲溶液的选用主要由 pH 决定，而 pH 又可由理论计算或实验搜索获得。若样品的解离常数已知，则最佳 pH_m 可经式（2-5）计算求得，依据是组分间的 μ_{em} 差别最大。理论计算方法诱人，但因实际样品的解离常数大多未知，计算法多无法进行；另外，pH 还会影响电渗以及样品在管壁上的吸附水平，计算难度非常大。所以，pH_m 主要是通过实验测得的。

在进行实验搜寻时，建议先用宽范围的 pH 缓冲试剂如磷酸盐等做实验。探明 pH_m 的大致位置后，再换用更好的缓冲试剂进行细化研究。磷酸盐是毛细管电泳中常用的缓冲体系之一，它的紫外吸收背景低，pH 缓冲范围宽（pH 1.5～13），用于 pH_m 的搜寻很合适，但并非理想的电泳缓冲体系。磷酸盐溶液的电导高，且与石英管壁存在慢吸附平衡，有时间累积效应，最好少用。

一旦 pH_m 确定，就可根据 $pK_a = pH_m \pm 1$ 原则，选用无紫外吸收、μ_{em} 与样品接近的电解质做实验，选择其中检测最灵敏、分离效率最高的试剂配制缓冲液。CE 中常用的缓冲体系还有硼酸或硼砂、Good 或生物缓冲试剂等，详见表 4-2。

pH_m 的选择还可以根据样品的性质来确定。蛋白质、肽和氨基酸等两性样品，在强酸（pH≈2）或碱性（pH＞9）条件下分离，有利于抑制非特异性吸附，可能会得到较好的分离结果；糖类样品通常能在 pH 9～11 的硼酸缓冲溶液中获得良好分离；羧酸或其他样品多在 pH 5～9 之间进行分离。

pH 的选择也和所用毛细管的内壁及涂层性质有关。无涂层毛细管本身对 pH 没有任何限制，但涂层管多数只能工作于一定的 pH 范围内，例如由 Si—O—C 键合得到聚丙烯酰胺涂层毛细管，在 pH＞9 以后，其涂层就非常容易迅速水解脱落。

在相同的 pH 下，不同缓冲体系的分离效果不尽相同，有的可能相去甚远。我们的经验是，凡能与样品发生相互作用的试剂，不是最好就是最坏的试剂。一个很好的例子，是用硼酸缓冲液分离糖或多羟基类样品，它因能与邻位顺式羟基形成配位负离子而促进分离，且几乎没有背景吸收，故为 CE 中常用的缓冲试剂。

pH 调节剂也会显著影响 CE 的分离。由于多数缓冲试剂是酸，所以 pH 调节主要用碱，如 KOH、NaOH、Tris 等。如果这些碱给不出好的分离结果，可尝试换用其他有机胺或醇胺类试剂，它们有些也可用作缓冲试剂（见表 4-3）。若用碱为缓冲试剂，则 pH 得用酸调节，建议尽量采用弱酸，以形成双缓冲体系。

缓冲试剂的浓度一般控制在 10～200mmol/L 之间。电导率高的缓冲试剂如磷酸盐和硼砂等，其浓度多控制在 20mmol/L 附近，而电导小的试剂如硼酸及 HEPES 等，其浓度可高达 100mmol/L 或更高。关于缓冲试剂浓度的选择，可参考关于电解质浓度选择的讨论，这里不再赘述。一旦缓冲剂浓度确定，pH 调节剂的浓度也就随之确定了。

表 4-2　CE 中常用的缓冲试剂

试剂[①]	pK_a(25℃)	$\mu_e/10^{-8}m^2/(V \cdot s)$[②]	试剂[①]	pK_a(25℃)	$\mu_e/10^{-8}m^2/(V \cdot s)$[②]
磷酸	2.14, 7.10, 13.3	—	TAPSO	7.56	—
柠檬酸	3.06, 4.74, 5.40	—	HEPPSO	7.9	−2.19
甲酸	3.75	—	EPPS	7.9	—
琥珀酸	4.19, 5.57	—	POPSO	7.9	—
乙酸	4.75	—	Tricine	8.05	—
MES	6.13	−2.70	Tris	8.1	—
ACES	6.75	−3.12	GlyGly	8.2	—
MOPSO	6.79	−2.35	Bicine	8.25	—
BES	7.16	−2.40	TAPS	8.4	−2.48
MOPS	7.2	−2.45	硼酸	9.14	—
DIPSO	7.5	—	CHES	9.55	—
HEPES	7.51	−2.20	CAPS	10.4	—

① MES—2-(N-吗啡啉)乙磺酸；ACES—2-[(2-氨基-2-氧代乙基)氨基]乙磺酸；MOPSO—3-(N-吗啡啉)丙磺酸；BES—2-[N,N-二(2-羟乙基)氨基]乙磺酸；MOPS—3-(N-吗啡啉)丙磺酸；DIPSO—2-羟基-3-[N,N-二(2-羟乙基)氨基]丙磺酸；HEPES—N-(2-羟乙基)哌嗪-N'-(乙磺酸)；TAPSO—2-羟基-3-[N-三(羟甲基)甲氨基]丙磺酸；HEPPSO—N-(2-羟乙基)哌嗪-N'-(2-羟丙磺酸)；EPPS—N-(2-羟乙基)哌嗪-N'-(丙磺酸)；POPSO—哌嗪-N,N'-二(乙磺酸)；Tricine—N-三(羟甲基)甲基甘氨酸；Tris—缓血酸胺；GlyGly—二聚甘氨酸；Bicine—N,N-二(2-羟乙基)甘氨酸；TAPS—3-[N-三(羟甲基)甲氨基]丙磺酸；CHES—2-(环己氨基)乙磺酸；CAPS—3-(环己氨基)丙磺酸。

② 测定于 25℃，以 5mmol/L 磷酸钠为缓冲液，以甲醇为电渗标记物。

表 4-3　可用作缓冲试剂的某些有机碱

名　称	缩　写	pK_a	名　称	缩　写	pK_a
乙醇胺	EA	9.5	二亚乙基三胺	DETA	4.43, 9.13, 9.94
二乙醇胺	DEA	9.0	三亚乙基四胺	TETA	3.32, 6.61, 9.20, 9.92
三乙醇胺	TEA	7.9	四亚乙基五胺	TEPA	2.65, 4.25, 7.86, 9.08, 9.92
乙二胺	EDA	6.86, 9.90			

3. 添加剂

若缓冲体系无法经多参数优化获得确定，则可考虑使用添加剂。最简单的添加剂其实就是支持电解质，如 NaCl、KCl 等。为了充分利用其高浓度电解质压缩区带和抑制吸附等效应，而又不会过热，则可考虑用两性有机电解质。在电解质之外，还有其他三类添加剂：一是非电解质高分子如纤维素、聚乙烯醇、多糖、Triton X-100 等；二是荷电表面活性剂如十二烷基硫酸钠、十二烷基季铵盐等；三是功能性添加剂如手性冠醚、环糊精、杯芳烃、配位剂、胺、动态网络形成剂等。这三类添加剂是通过分子间的相互作用来影响样品的权均淌度的。

在功能性添加剂中，环糊精及其衍生物主要用于手性拆分（在第十章中有专门讨论），还能与 SDS 等联用。环糊精能破坏神经节苷脂等已形成的混合胶束，从而提高 CE 对神经节苷脂的分离度。环糊精和杯芳烃等可作超分子配体，与一些样品分子形成临时或稳定的超分子化合物，从而改变样品的权均淌度。配位剂能和金属离子形成配合物，这不仅能改变金属离子的淌度，还可能解决金属离子的检测问题。

胺类添加剂常用于控制电渗或抑制碱性蛋白质的吸附。为控制电渗，多使用二胺（铵）类物质或阳离子表面活性剂等动态涂层。聚胺类添加剂能在熔融石英毛细管壁上形成非常稳固的吸附涂层。表面活性剂具有吸附、增溶、形成胶束等功能。低浓度的阳离子表面活性剂，如十六烷基季铵盐，能在玻璃毛细管表面形成单层或双层吸附，可用于控制电渗或抑制蛋白质在管壁上的吸附。阴离子表面活性剂如 SDS 等能使蛋白质变性，并增加蛋白质分子的负电荷含量，在蛋白质分子量测定时很常用。高浓度的表面活性剂能形成胶束，可作为色谱准固定相，将在 MEKC 一节中再予以讨论。

高分子添加剂可在溶液中形成分子团或特殊的局部结构，从而影响样品的迁移过程，改善分离，可用于构建各种电动色谱。高分子也可以强烈吸附在毛细管壁上，影响电渗以及分离过程。此类添加剂种类繁多，可选余地大，但也最难以掌握。

动态网络形成剂如纤维素、聚氧乙烯等能产生筛分效果，稍后再来讨论。

4. 溶剂

CE 缓冲液一般用水配制，但可加入少量的有机溶剂（可看成添加剂），以改善分离或分离选择性，并使许多水难溶的样品得以用毛细管电泳分析。常用的有机溶剂添加剂主要是挥发性较小的极性有机物，如甲醇、乙醇、乙腈、丙酮、甲酰胺、DMSO 等。对于非水 CE，情况正好相反，完全使用有机溶剂，或以水为添加剂，用以调节分离。非水溶剂选择的余地并不是很大，需要考虑电解质溶解能力和紫外吸收问题。目前常用的有机溶剂有甲醇、甲酰胺和乙腈等。

二、CGE 与 NGCE 介质选择[15,16]

毛细管凝胶电泳实际上是一增加了凝胶支持介质的区带电泳，因而包含了缓冲液和凝胶介质两项选择。CGE 所用的凝胶主要是聚丙烯酰胺和琼脂糖凝胶，包括各种修饰和改性胶。凝胶支持介质主要依据样品的尺寸来选择，在分离小片断 DNA 或进行 DNA 测序时，通常使用 $5\%T \sim 10\%T$ 之间的交联或线性聚丙烯酰胺凝胶。在分离大片断 DNA、双链 DNA 或某些蛋白质时，可采用琼脂糖凝胶。表 4-4 列出了对应于不同样品种类和分子量范围的凝胶选择参考方案。

表 4-4 不同分子量范围的凝胶支持介质选择

样品与大小	凝胶种类	浓度	备注
线状 DNA 分子/kb			
5~60	琼脂糖	0.3g/100mL	
1~20		0.6g/100mL	
0.8~10		0.7g/100mL	
0.5~7		0.9g/100mL	
0.4~6		1.2g/100mL	
0.2~3		1.5g/100mL	
0.1~2		2.0g/100mL	
碎片 DNA/bp			
1000~2000	聚丙烯酰胺	$T=3.5\%,C=3\%~5\%$	用线性胶时浓度应提高
0~500	（含 7~8mol/L 尿素）	$T=5.0\%,C=3\%~5\%$	2%以上。可以甲酰胺为变
0~400		$T=8.0\%,C=3\%~5\%$	性添加剂
0~200		$T=12.0\%,C=3\%~5\%$	
寡糖	聚丙烯酰胺	$T>15.0\%,C=3\%~5\%$	
线性蛋白质/kD			
57~212	SDS 聚丙烯酰胺	$T=5.0\%,C=0~3.5\%$	
36~94		$T=7.5\%,C=0~3.5\%$	
16~68		$T=10\%,C=0~3.5\%$	
12~43		$T=15\%,C=0~3.5\%$	
同聚氨基酸	聚丙烯酰胺	$T=5\%~15\%,C=5\%$	分离度与 pH 和样品有关

　　凝胶毛细管的制备难度极大，故目前大家多使用非胶筛分介质，主要是些亲水线性或枝状的高分子，比如线性聚丙烯酰胺（PA）、甲基纤维素（MC）、羟丙基甲基纤维素（HPMC）、羟乙基纤维素（HEC）、聚乙烯醇等（请参见第十一章的表 11-3）。这些物质溶解于水中后，当浓度大到一定值时会自动形成动态网络[17]。将不同聚合度的聚乙烯醇或聚环氧乙烷进行组合，能够构建出适合于 DNA 测序用的非胶介质。结合使用 SDS，利用不同浓度的纤维素组合，可以进行蛋白质分子量的测定。关于非胶体系的选择，目前尚无明确的规律，只能通过对不同种类、浓度和配比效果的研究比较，才能确定。

　　CGE 缓冲液的选择，要考虑凝胶对 pH 的耐受性，其范围远小于 CZE。典型的缓冲液种类及其组成请参见表 4-5。NGCE 缓冲液的选择与 CZE 相同，此时的筛分网络实际上就是 CZE 的添加剂。

表 4-5 CGE 常用缓冲液组成

名称或缩写	组 成	分析对象
TBE	50~200mmol/L Tris 100~300mmol/L 硼酸 0~1mmol/L EDTA, pH 7.0~8.0	DNA 糖 蛋白质,聚氨基酸
TPE	20~100mmol/L Tris-磷酸 2mmol/L EDTA, pH 8.0	DNA

续表

名称或缩写	组　　成	分析对象
TAE	20～100mmol/L Tris-乙酸 1mmol/L EDTA，pH 4.0～8.0	DNA
TTE	50～200mol/L Tricine-Tris 1～2mmol/L EDTA，pH 7.5～8.5	蛋白质

三、MEKC 介质选择[17,18]

此模式是 CZE 的缓冲液被高于胶束临界浓度的表面活性剂所修饰的结果。长链烷烃阴阳离子表面活性剂易在水中形成胶束，电荷朝外，烷基藏于内部。其作用类似于色谱固定相，称为准固定相。显然，表面活性剂的种类、性质及浓度是 MEKC 条件选择的一大类关键因素。

1. 表面活性剂选择原则

表面活性剂可分为阴离子、阳离子、两性离子和中性分子等不同类型（参见表 4-6）。原则上凡能在水或极性有机溶剂中形成胶束的物质，都可用于 MEKC。但是在实际工作中，由于受毛细管电泳分离效率及检测要求等方面的限制，可供选择的表面活性剂种类其实并不多。比较常用的几种表面活性剂罗列于表 4-6 中。选用表面活性剂时应考虑以下要点：

表 4-6　MEKC 中常用的表面活性剂

表面活性剂		缩写符号	cmc①	分子聚集数目	Kraft温度/℃
中文名称	英文名称				
阴离子					
癸烷磺酸钠	sodium decanesulfonate	—	40	40	—
十二烷基硫酸钠	sodium dodecylsulfate	SDS	8.2	62	16
十二烷基磺酸钠	sodium dodecanesulfonate	SDS	7.2	54	37.5
十四烷基硫酸钠	sodium tetradecylsulfate	STS	2.1②	138③	32
聚氧乙烯十二烷醚硫酸钠	sodium polyoxyyethylene dodecyl ether sulfate	—	2.8	66	
N-月桂酰-N-甲基牛磺酸钠	sodium N-lauroyl-N-methyl-taurate	SLMT	8.7	—	<0
N-十二烷基-L-缬氨酸钠	sodium N-dodecyl-L-valinate	SDVal	5.7④	—	
胆酸	cholic acid	ChA	14	2～4	
脱氧胆酸	deoxylcholic acid	DChA	5	4～10	
牛磺胆酸	taurocholic acid	TChA	10～15	4	
全氟庚酸钾	potassium perfluoroheptanoate	PPH	26		25.6
阳离子					
十二烷基三(甲基)氯化铵	dodecyltrimethylammonium chloride	DTAC	16⑤		
十二烷基三(甲基)溴化铵	dodecyltrimethylammonium bromide	DTAB	14	50	
十四烷基三(甲基)溴化铵	tetradecyltrimethylammonium bromide	TTAB	3.5	75	
十六烷基三(甲基)溴化铵	cetyltrimethylammonium bromide	CTAB	1.3	78	

续表

表面活性剂		缩写符号	cmc①	分子聚集数目	Kraft温度/℃
中文名称	英文名称				
两性离子					
胆酰胺丙基二（甲基）氨基丙磺酸	3-[（3-cholamidopropyl）-dimethylammonio] propanesulfonate	CHAPS	8	10	—
胆酰胺丙基二（甲基）氨基-2-羟基丙磺酸	3-[（3-cholamidopropyl）-dimethylammonio]-2-hydroxy-1-propanesulfonate	CHAPSO	8	11	—
中性分子					
辛基葡萄糖苷	octylglucoside	OGS	—	—	—
十二烷基-β-D-麦芽糖苷	dodecyl-β-D-maltoside	DMS	0.16	—	—
Triton X-100	Triton X-100	—	0.24	—	140

① cmc 为临界胶束浓度（mmol/L）。

② 50℃。

③ 在 0.10mol/L NaCl 溶液中。

④ 40℃。

⑤ 30℃。

① 易溶于所选溶剂；

② 经济易得；

③ 紫外吸收弱或无；

④ 能形成稳定的胶束且胶束临界浓度低；

⑤ 不与样品发生不利的作用；

⑥ 中性样品需选择离子型表面活性剂，而离子型样品可以选用所有种类的表面活性剂。

2. 表面活性剂搜寻策略

根据上述原则，就水溶液而言，碳链较短的阴离子表面活性剂为优先选择对象。在实际工作中，由于 SDS 容易获得且紫外吸收较低，故为首选。当其效果不好时，再换用具有不同碳链长度或结构的其他阴离子表面活性剂。若还得不到好的结果，就应该考虑使用其他类型的表面活性剂了，如图 4-4 所示。

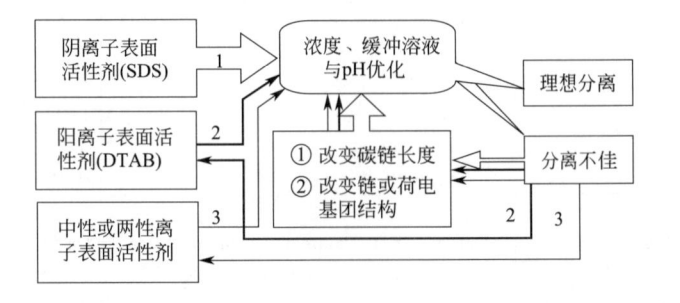

图 4-4　MEKC 中表面活性剂搜寻策略示意框图

必须注意，阳离子表面活性剂可能会改变电渗方向。如若电渗变向，就需要反向进样电泳，在正极一端检测。测得的出峰顺序也与常规分离相反。

3. 胶束修饰及其他

通过添加重金属离子，可以改变胶束表面的电荷数量，进而改变分离的选择性；使用混合表面活性剂，可以调节分离度或峰的分布；在表面活性剂中引入手性中心，则可对手性分子进行选择分离。除表面活性剂所形成的胶束相外，还可以设法增加其他的作用相，比如另一种胶束（不同于由混合表面活性剂所形成的单相胶束）。MEKC中常采用水-胶束-环糊精多相体系，这一体系容纳了相分配和超分子化学原理，在分离光学异构体以及两亲性分子时颇有效果。MEKC缓冲液的选择原理和方法同CZE。

四、其他模式介质选择

1. 微乳液毛细管电动色谱（MEEKC）[19~22]

MEEKC所用的微乳液主要是一种光学透明和热力学稳定的水包油（O/W）型分散体系，通常由缓冲溶液、不溶于水的油（有机液体）和乳化剂构成。缓冲液的选择原理同CZE。丁烷、戊烷等常被作为油相使用。乳化剂有表面活性剂和助表面活性剂等。通过改变油和乳化剂的组成，可以改变峰容量、分离效率和分离选择性。

2. 毛细管电色谱（CEC）[1,23]

CEC可以看成是CZE中的空管被色谱固定相涂布或填充的结果，也可以看成是微色谱中的机械泵被"电渗泵"所取代的结果。由此可知，CEC的介质选择是CZE和液相色谱的综合。CEC应首先考虑固定相和柱子的选择，然后才考虑流动相或缓冲液的选择。根据固定相的特性（正相、反相等），缓冲溶液可以是水溶液或有机溶液。固定相的选择主要依据HPLC的理论和经验。目前，反相毛细管电色谱研究最多，可利用表4-7的起点条件开展研究。

表 4-7　毛细管电色谱研究的起点条件

项目＼样品	中性组分	中性组分及负离子
毛细管尺寸	20cm 填充长度	20cm 填充长度
填料	C_8 或 C_{18}，$3\mu m$ 粒径	C_6 或 C_{18}/SCX，$3\mu m$ 粒径
流动相	70%乙腈＋30% 10mmol/L Tris，pH 9.0	70%乙腈＋30% 10mmol/L NaH_2PO_4，pH 3.0
温度/℃	30	30
电压/kV	30	30
检测	200nm UV	200nm UV

由于毛细管填充柱的制备需要专门的技术，频繁更换固定相的机会比较小，所以主要考虑流动相（或淋洗液）的选择。流动相的选择因素包括淋洗强度、电导、pH、散热能力、背景吸收等，因此原则上也是CZE和HPLC的结合或融合。必须

特别注意的是填充毛细管很容易出气泡，要对此采取合适的措施以消除或预防气泡的产生和干扰。现有两类消泡办法：一是在毛细管两端施加压力（＞6kgf，1kgf≈9.80665N），二是用氦气等置换缓冲液中的溶解气体。

开管电色谱模式与 CZE 类同，其差别主要在于毛细管内壁带有固定相涂层，且毛细管内径必须小至 $10\mu m$ 甚或更小才能突出色谱的分离机制。通过在管壁连接上各种微纳米粒子也可以扩展比表面，提高固定相比例，增强色谱机制，从而可以使用较粗（如 $50\mu m$ ID）的管子。

实际上，与 CZE 几乎一样的模式是自由溶液离子交换毛细管电色谱。该法采用在电泳缓冲液中加入离子化高聚物来引入离子交换机制。离子型高聚物的选用有两条基本原则：一是与欲分离样品带相反电荷，二是分子量尽可能大。为提高检测灵敏度，离子交换剂应该没有紫外吸收，所以离子化的糖类是优选对象。此外还必须注意，为了增强离子交换效果，要选择一 pH，使样品和离子交换剂都能带上足够的反号电荷。

3. 亲和毛细管电泳（ACE）[24,25]

当在 CZE 缓冲液或凝胶或色谱固定相中引入亲和配基（包括免疫反应的抗原或抗体）时，便可以用于选择性地研究和分析混合或单组分样品，也可以利用这种方法对电泳峰进行特异性的鉴定。亲和试剂的选择与亲和色谱相同，而做法略有不同，既可以添加到缓冲液中，也可以涂布到毛细管壁或其他固定载体上。与空管电色谱一样，做空管 ACE 时，管径宜小不宜大。

4. 毛细管等电聚焦（CIEF）[26]

毛细管等电聚焦实际上是一种 pH 梯度 CZE。正是因为要构建 pH 梯度，所以电泳时正极和负极的缓冲液便不同，毛细管中的介质也和电极槽的不完全一样。分离之前，毛细管中通常先灌入含有样品和两性电解质的分离样液，正极电极槽要灌入酸性电解质溶液，负极槽则灌入碱性电解质溶液。当加上电压后，管内很快就会在两性电解质作用下建立起 pH 梯度，样品按等电点迁移到各自的位置上。在 CIEF 中，正极溶液通常是 20～50mmol/L 的磷酸，负极溶液是 10～50mmol/L 的 NaOH，两性电解质和传统的等电聚焦相同。在做宽范围 pI 样品分离时，要选宽范围的 pH 梯度（pH 3～9）介质。但如要进行精细分离，则需选用更窄的 pH 梯度介质。

一般地，为了不使形成的 pH 梯度被电渗泵出毛细管，需要使用能抑制电渗的涂层（详见第六章）毛细管。没有电渗时，聚焦后的区带就需要通过压力或别的方法来推过检测窗口，以实现检测。

第四节　条件选择流程

分离条件的选择是 CE 中最重要但也是最难的部分，常得不到预期的效果，有时候重复性也不好。这应该是条件选择出现了问题，或选择错误，或指标设置有偏差。为了得到比较有效的选择，建议参考以下的九步选择流程：

第一步，尽可能多地了解欲分离样品的类型、来源、组成及其性质；

第二步，依样品可能性质和来源，确定检测方式，尽可能先选直接紫外吸收检测方式；

第三步，设计样品的预处理方法，包括考虑是否需要衍生；

第四步，依据样品电荷性质和溶解能力，选择分离模式，尽可能先选用 CZE 模式；

第五步，根据样品解离常数计算分离的最佳 pH，或由磷酸缓冲体系确定 pH 取值范围；

第六步，根据初选 pH 配制缓冲液，包括进一步细化或优化 pH 取值、缓冲试剂组成和浓度等；

第七步，选择其他操作参数，如毛细管尺寸、电压、温度等，可从 25℃、150V/cm 开始搜寻；

第八步，由标样测试分离度，确定是否需要使用添加剂和使用非水溶剂；

第九步，由优化分离度，确定是否需要换用其他分离模式。

在毛细管电泳条件选择中，还应充分注意下列事项：

① 最好对样品和缓冲液进行过滤或离心处理，这对 CGE 和 CEC 尤其重要。

② 毛细管的洗涤或平衡，与背景电解质缓冲体系、pH 以及柱子的特性有关。磷酸根与石英和玻璃之间存在慢的相互作用，需要延长平衡或冲洗时间，具体应由分离的重复性决定。填充毛细管最好采用空白电泳方式进行平衡。

③ 欲降低缓冲液的电导，应尽量使用所谓的"生物缓冲试剂"。

④ 欲降低检测背景，则应尽量使用无机缓冲试剂。

⑤ 欲保持分离重复性，要选变化平缓的操作参数，特别是缓冲液浓度、pH、温度、电压等。

⑥ 在做电色谱时，采用混合型固定相有利于在低 pH 下也能产生足够的电渗。

第五节　条件优化与寻优实验设计

经过上述条件选择程序之后，一般应该可以实现良好的分离了。但是，如果对方法各参数进行综合优化，可能会使所建方法的优势更明显、更重现、更好用。实际上，在构建方法的初期就直接采用优化策略进行试验，可以更迅速地找到合适的实验条件，是省钱、省力、快速的策略。

这里所谓的优化，是指把数学上的优化理论和技术应用于实验研究的方法。它致力于更科学地安排实验，减少盲目性。一般地，优化效果需要用一种指标来衡量。常用的指标有分离度、重复性与再现性、分离速度或时间等。指标的选择有一定的主观性，所以优化的方法也并非绝对客观，而是相对客观的。同理，经优化后获得的条件也并非是最优，但一定是更合理或更适宜的。

目前至少有两大类优化策略。它们是回归分析和实验设计，均以数理统计和概率论为依据。回归分析先把指标函数化，再进行计算机建模及数字化运算，然后求解函数，获取极值。为此，需将各因素先进行编码和无量纲化，然后在编码空间中进行方案编制、系数计算、回归方程统计检验等。而实验设计则是通过科学地安排和执行实验，以及数据分析等过程来寻找合适的实验条件。该方法对于实验性科学研究更为直接和有效，所以本小节将对实验设计方法进行简要的介绍。

一、实验设计概述

实验设计以随机、重复、分区组为基本原则，通过考察输入控制来获得输出结果，进而了解各影响因素的作用及其影响规律，然后对其进行排序，实现对实验研究的稳健控制。对各参数进行随机安排可以减少人为干扰。对每一独立单元进行重复或组合，可统计出分析误差。分区组则通过比较不同因素的重要性来提高精度，可减少或消除隐蔽或常被忽略因素的干扰。实验设计的基本步骤如下：

① 明确拟研究的问题，确定响应变量或指标函数；
② 选择试验因素及其范围和水平；
③ 选择合适的选优方法来设计试验；
④ 按设计方案进行试验；
⑤ 对测定数据进行统计分析，总结出规律，以结束本次试验或展开下一次试验。

优化实验设计有离散和序贯化设计之分，前者包括正交、均匀、信噪比设计等；后者包括黄金分割（0.618）、斐波那契（Fibonacci）分割、单纯形、梯度、渐进分式、连贯设计等法。常用的实验设计有单因素或多因素方差分析、正交设计、调优设计等。本处择要介绍若干宜用和易用的方法。

二、常用实验设计方法

1. 单因素试验

单因素试验是大家自觉和不自觉都在运用的方法。它固定所有其他因素，只对关心的一个因素进行测试，看其变化对指标的影响，找出规律，选出最适宜的水平和范围。如此逐次搜索各因素，再把各因素中的最佳或最适宜水平进行组合，便得出了整个实验的条件。

单因素试验设计还可以有均分法、对分或中点法、黄金分割法、分数法等多种不同的操作技术，都是针对单峰函数的一种取极值的操作。均分法就是在取值范围内均分几点进行测试，取其中效果较好的两点，再做试验，以逐步逼近极值点。常用于对目标函数了解不多的情况，其精度与试验点数成正比。

对分法就是先取因素范围的中值点进行试验，再对该中值点两侧取中点试验，比较大小，舍去取值小的那一段（端点到二次中点的那一段），由取值大的一侧构成新的端点，重复上述操作，直至逼近极值。黄金分割法就是在上下端点之间的 0.618 处设置两个试验点，取试验值大的那一段，舍去不好那一端到 0.618 点的那一段，如此重复操作，以逼近极值点。分数法类似，只是分段长度为总测定点数的倒数，故需预先知道试验总数。

单因素法对有限且互相独立的因素的搜索效率比较高，但它有隐含的限制条件，即各因素对指标的影响存在极值且无交互作用。这不一定符合实际情况，须加注意。单因素法看似简单，但其实不然，如要遍历所有因素，总试验次数将会很大。该法也难以对因素进行排序，易迷失在众多因素之中而找不到出路。

2. 全面试验

把单因素试验推广到所有的因素和水平，就变成了全面试验。顾名思义，该法须遍历所有因素及其水平，然后对试验数据进行分析，找出其中影响最大、次大、再次大，直到影响最小的因素。假设有 N 个因素，每个因素有 $t_i (i = 1, 2, \cdots, N)$ 个水平，则全面试验需要做 $\Pi_i^N (t_i)$ 个试验。设若 $t_1 = t_2 = \cdots = t_N$，则试验总次数为 $(t_i)^N$。

若因素很少，水平也不多，则可选用全面试验，以获得比较完整全面的数据，有利于精确分析。但是，若因素和水平较多，就不宜选用，例如一个 7 因素 4 水平的全面试验设计，会有高达 $4^7 = 16384$ 个试验，这很难完成，或费时太长，成本太高。

3. 正交法

所谓正交法就是用正交实验设计（orthogonal experimental design）法来研究多因素、多水平的一种实验条件寻优方法，其数学基础是拉丁方理论和群论，事实上是一种遗传算法，但只进化了一代。它的初始种群固定，仅用定向变异算子进行操作，因此效果不如完整的遗传算法，对交互作用的处理能力也不足。但它以正交性为依据构建正交表，实现了只从全部试验组合中挑选出"均匀分散、齐整可比"（使试验点有代表性和便于数据分析比较）的一部分组合进行实测，简化了测试过程和步骤，是一种经济、快速、高效的实验参数寻优方法。它还能解决一般遗传算法中的最小欺骗问题。

正交设计主要利用正交表来安排试验。正交表以因素（N）为列，以水平（t）为行构建而成，用 L 标记，形如 $L_n(t^N)$，其中 n 指明了需做的试验次数。例如 $L_9(3^4)$ 表示有 4 因素 3 水平共需做 9 次试验的正交表。注意，正交表各因素列的水平是可以不相等的，这叫混合型正交表，格式为 $L_n(t_a^{N_a} \times t_b^{N_b})$，其中前 N_a 列因素的水平为 t_a，后 N_b 列的水平为 t_b。因素如有交互作用，可把某一交互作用对看成是一个"因素"进行安排。

正交设计按因素和水平去寻找合适的正交表，并按表安排试验。它会比全面试验节省大量的测试次数。比如欲做一个 $N = t = 3$ 的试验，其全面测试共有至少 $3^3 = 27$ 种组合且未考虑各组合的重复测试；如若选 $L_9(3)$ 或 $L_{18}(3)$ 正交表安排正交试验，则只需分别做 9 或 18 次试验。

正交设计的一般步骤是：

① 确定测试因素 N、因素水平 t 和交互作用对 M。

② 确定试验次数 n，它与自由度 f 或混合水平 L、交互作用对 M 有关：

$$n \geqslant f = \sum_{i=1}^{L} N_i(t_i-1) + \sum_{i \neq j}^{M}(t_i-1)(t_j-1) + 1 \tag{4-1}$$

式中，右边第一项表示混合水平，无混合水平时 $L=1$；第二项表示各种交互作用对。

③ 依据 n 选择合适的正交表，据此安排实验表，把交互作用安排在尽可能靠近的相关因素的后面，见表 4-8。

表 4-8　正交实验设计表

列号	1	2	3	4	5	6	7[①]
因素	A	B	C	B×C	D	E	空白
试验 1 ……							

① 列 7 一般安排做空白。

④ 执行试验，收集和分析数据，包括标准方差和极差分析等，以确定因素影响的大小并排序，舍去影响可忽略的因素后，就形成了实用的实验方案。所谓极差是指最大与最小方差的差值。极差最大者就是主因素，然后顺序排布，结合成本、时间等其他因素，就可以组合出最适宜的实验方案，即不同因素和水平组合。方差法是将总体方差分解成各因素（包括交互作用）方差之和，构造出 F 统计量，检验各因素对指标的显著性影响。按方差大小对因素进行排序，确定合适的实验方案。

注意：在做正交实验设计时，须先确定条件范围。若未知，可先用单因素试验初筛，然后再做正交设计。正交设计的关键在于因素安排。若不考虑交互作用，则可将因素自由安排于正交表的列中，只要在同一列中不安排多个因素就行。如要考虑交互作用，对应因素就不能再任意安排了，以免交互效应与其他效应混杂，一般是安排交互因素对于两独立因素的后边。

4. 信噪比试验

信噪比是正交设计的一种发展，主要是数据处理改用了信噪比分析，由日本的田口玄一首先引入。信噪比的概念最早来自于通信，指信号的功率与噪声功率的比值；而在仪器分析中则指信号强度与噪声强度之比，越大越好。在试验设计中，其定义与随机变量对称性及期望值等静态特性有关。一般有三种情况。

（1）望目性　随机变量 x 呈对称分布，且期望值 M 不为零，即 $0 < M < \infty$，如电压、温度、pH 等。它们的信噪比定义为：

$$\eta' = \frac{M^2}{\sigma^2} \tag{4-2}$$

式中，σ^2 为总体标准方差。式(4-2)实际上是变异系数 CV 平方的倒数。为使变量更接近正态分布，须将信噪比取对数，乘 10 后可转化为分贝数 η：

$$\eta = 10\lg\eta' = 10\lg\frac{M^2}{\sigma^2} \tag{4-3}$$

在实际测量中，M 与 σ^2 均未知，常用它们的 N 次测量统计值来代替：

$$\begin{cases} \eta = 10\lg\left(\dfrac{1}{N} \times \dfrac{S_m^2 - \sigma_x^2}{\sigma_x^2}\right) \\[2mm] S_m^2 = \dfrac{1}{N}\left(\displaystyle\sum_{i=1}^{N} x_i\right)^2 \\[2mm] \sigma_x^2 = \dfrac{1}{N-1}\displaystyle\sum_{i=1}^{N}(x_i - x_m)^2 \end{cases} \tag{4-4}$$

式中，σ_x^2 为对应于 x 的测量方差，x_m 为平均值。

（2）望小性　$x \geqslant 0$ 但 $M = 0$，CV 趋于 0。常见量如偶然误差等。因希望 x_m 和 σ_x^2 或 $(x_m^2 + \sigma_x^2)$ 越小越好，也就是其倒数越大越好，由此得其信噪比定义为：

$$\begin{cases} \eta' = \dfrac{1}{x_m^2 + \sigma_x^2} = \dfrac{1}{\sigma_x^2} \\[2mm] \eta = 10\lg\dfrac{1}{x_m^2 + \sigma_x^2} = -10\lg\sigma_x^2 = -10\lg\left(\dfrac{1}{N}\displaystyle\sum_{i=1}^{N} x_i^2\right) \end{cases} \tag{4-5}$$

注意，$(x_m^2 + \sigma_x^2)$ 实际上是随机变量 y 的二阶原点矩。

（3）望大性　目标值 M 趋于 ∞，CV 趋于 0，如仪器寿命等。对于该种变量，只要将望小性中的变量换成倒数即可，即

$$\eta = -10\lg\left(\frac{1}{N}\sum_{i=1}^{N}\frac{1}{x_i^2}\right) \tag{4-6}$$

信噪比设计也可以理解成以信噪比为指标的一种正交设计方案，主要步骤如下：

① 按确定因素和水平，安排正交实验并考虑每一试验重复做 N 次测定，以便方差、平均值等计算。

② 依照静态特性和试验重复数计算各次试验的信噪比 η'_c，并求其平方和的平均值 CT：

$$CT = \frac{1}{n}\left(\sum_{c=1}^{n}\eta'_c\right)^2 \tag{4-7}$$

式中，n 为正交表中的试验行数。

③ 通过不同水平信噪比的累计值，求得各因素信噪比的方差：

$$\sigma_{\eta_N} = \frac{1}{k}\sum_{c=1}^{t}\sum_{j=1}^{k}\eta'_{c,j} - CT \tag{4-8}$$

式中，k 为相同水平重复次数；t 为水平数。

④ 取最小信噪比若干个方差，加空白信噪比方差，平均后得 $\sigma_{\min}$ 并计算 $F_{测} = \sigma_{\eta_N}/\sigma_{\min}$。

⑤ 按置信度、η_N 自由度（＝因素的水平－1）、σ_{min} 自由度（＝小信号数＋空白值数－1）查表得 F。

⑥ 按（$F_{测}－F$）对因素影响的显著性进行排序，确定最佳组合因素。

5. 均匀设计

正交法已经有效减少了试验次数，节省了成本和时间，但对一些珍贵或来源受限的样品，其试验次数依然太多，无法使用。实际上，正交设计至少需要做 t^2 个试验，比较适用于水平数少的实验设计，而不太适合于水平数较多者，比如 10 水平就需要做 100 次试验。此时可考虑均匀设计等其他方法。

均匀设计是我国科学家方开泰提出的一种寻优实验设计方法，类似于正交设计但能进一步降低试验次数。该方法也利用一套均匀设计表，有点类似于正交表，但用 $U_n(t^N)$ 表示，其中 n 表明试验次数，有 N 个因素或列和 t 个水平。每个均匀设计表都附有对应的使用表，它指示从设计表中挑选合适的列和由这些列所构成试验方案的均匀程度，其最后一列 D 用于标识均匀度的偏差。偏差越小，均匀度也越好。当有多个均匀表可选时，应选 D 小的表来安排试验。

均匀设计有以下几个重要特点：

① 每一因素的每一水平做且仅做一次试验，对应于表上的试验点，每行每列出现且仅出现一次；

② 设计表任意两列组成的方案一般并不相等；

③ 试验数随水平数的一次方线性增加。

均匀设计的要点是试验点的分布均匀，属于伪蒙特卡罗范畴。所谓蒙特卡罗方法就是 Ulam 和 von Neumann 在 20 世纪 40 年代提出的一种统计模拟方法。其中心思想是将一个分析问题化为一个有同样解答的概率问题，然后用统计模拟方法去处理。其关键在于寻找一组随机数作为模拟之用。最终精度在于随机数的独立性与均匀性。

均匀设计常用回归分析处理数据，有一元回归、多元回归和一元或多元多次回归等法，用 F 检验可靠性。所得回归方程既可用以优化试验，又可用以显示因素的影响规律，一举两得。

6. 其他方法

寻优设计还有很多方法，比如前面提到过的蒙特卡罗方法，还有没提到的单纯形法（simplex method）、响应面分析（response surface analysis，RSA）等等。单纯形法是由 George Dantzig 发明的线性规划问题的数值求解技术。目的是寻找能使指标函数达到极值的解。在线性规划中，决策变量 x_1、x_2、$\cdots$、x_n 的值称为一个解，而满足所有约束条件的解则称为可行解。凡能使指标函数达到极值的可行解便是最优解。1953 年美国数学家丹齐克为了改进单纯形法算法每次迭代积累起来的进位误差，提出了改进单纯形法，它在逐次迭代中不用高斯消去法，而用旧基阵的逆来直接计算新基阵的逆，再由此确定检验数，可提高计算精度并减少计算空间的占用。1954 年，美国数学家莱姆基提出对偶单纯形法（dual simplex method）。它从满足对偶可行性条件出发，通过迭代逐步搜索原始问题的最优解。在迭代过程中始终保持基解的对偶可行性，使不可行性逐步消失。

所谓响应面分析，就是将观测体系的某种指标 y，看成是一些因素（x_i）的函数，$y = f(x_1, x_2, \cdots, x_n)$，然后利用图形技术将函数变化展示成图形，以从中直观地找到极值位置，确定最优参数。该法能比较精确地确定因素的影响和交互作用。

在此之外还有很多改进的和新的方法，限于篇幅，这里不再介绍。

最后，需要提醒的是，优化设计能够将试验次数控制在尽可能少的范围内，以得到尽可能好的因素水平组合，是一种值得提倡的策略。但因为试验次数被大量削减，寻优过程只能得到尽可能接近最优的因素水平组合，通常不会是最优的组合。由此，我们可以说对实验进行了优化，但不可以说找到的就是最优组合。

参考文献

[1] 陈义. 毛细管电泳仪//朱良漪等. 分析仪器手册. 北京：化学工业出版社，1997：611.

[2] 陈义. 仪器分析，1992（2）：42.

[3] 陈义. 扁形毛细管区带电泳研究. 北京：中国科学院化学研究所，1990.

[4] 陈义，竺安. 中国科学：B辑，1991（6）：561.

[5] 陈义，竺安. 生物化学与生物物理进展，1990，17：390.

[6] Zhu A, Chen Y. *J Chromatogr*，1989，470：251.

[7] 陈义，竺安. 色谱，1991，9：353.

[8] Chien RL, Burgi DS. *Anal Chem*，1992，64：489A；*J Chromatogr*，1991，559：141 & 153.

[9] Burgi DS, Chien RL. *Anal Chem*，1992，64：1046.

[10] Barroso M B, de Jong Ad P. *J Cap Elec*，1998，5：1.

[11] Beattie JH, Self R, Richards MP. *Electrophoresis*，1995，16：322.

[12] Strausbauch M A, et al. *J Chromatogr*，1995，717：279.

[13] Strausbauch M A, Landers J P, Wettstein P J. *Anal Chem*，1996，68：306.

[14] Swartz M E, Merion M. *J Chromatogr*，1993，632：209.

[15] ChenY，Höltje J-V, SchwarzU. *J Chromatogr A*，1994，685：121.

[16] Chen Y. *Talanta*，1998，46：727.

[17] Grossman P D, Colburn J C. *Capillary Electrophoresis：Theory and Practice*. New York：Academic Press，1992：133.

[18] Terabe S, Otsuka K, Ichikawa K, Tsuchiya A, Ando T. *Anal Chem*，1984，56：111.

[19] Watarai H. *Chem Lett*，1991（3）：391.

[20] Terabe S, Matsubara N, Ishihama Y, Okada Y. *J Chromatogr*，1992，608：23.

[21] Song L，Qu Q, Yu W, Li G. *J Chromatogr A*，1995，699：371.

[22] Fu X, Lu J, Zhu A. *J Chromatogr A*，1996，735：353.

[23] Knox J H, Grant I H. *Chromatographia*，1987，24：135.

[24] Kuhn R, Frei R, Christen M. *Anal Biochem*，1994，218：131.

[25] Rrndlett L, et al. *J Chromatogr*，1996，721：173.

[26] Hjerten S, Zhu M D. *J Chromatogr*，1985，346：265.

CHAPTER 5

毛细管柱制作技术

制管技术是毛细管电泳中非常重要的部分。毛细管电色谱就是制管技术发展的一种结果。一般地讲，所谓的毛细管制备，至少包括涂层、填充和特殊处理等三大部分，以下分别讨论之。

第一节　涂　层　技　术

给毛细管内壁涂上某种材料，比如亲水疏水物质或色谱固定相等，可以达到抑制样品吸附、改善分离、改变分离机制、控制电渗等目的，所以涂层技术是毛细管制作中的关键技术之一。

现有多种不同的毛细管涂层制备方法（详见表 5-1），根据其机制，可大致分为四种基本类型，即动态吸着（附）、物理涂布、化学键合、物理-化学法等。用不同涂布方法制备得到的涂层会有不同的稳定性，其中化学键合涂层大多比物理涂层稳定。动态吸着涂层是一种平衡过程，属动力学稳定涂层。化学和物理涂层均存在寿命问题，其性能会随使用次数的增加而变差。动态吸着涂层可以随时更换，没有寿命问题，但不容易找到理想的涂层材料。

表 5-1　毛细管涂层技术汇总

方法类型		试剂种类	作用机理	备　注
动态吸着	pH 法	H$^+$ 或 OH$^-$	改变硅羟基解离度	影响电渗，改善分离
	静电吸引	金属离子	改变管壁电荷量	影响电渗，改善分离，增加电热
		二胺或有机铵盐等离子液体等	改变电荷量与符号	控制电渗大小与方向，抑制碱性样品吸附
	分子间力	纤维素、葡聚糖、聚丙烯酰胺等	掩盖电荷，增加表面黏度	抑制电渗或抑制样品吸附
	静电与表面张力	表面活性剂如 CTAB、DTAB 等	改变电荷量与符号	控制电渗大小及方向，改善分离

方法类型		试剂种类	作用机理	备 注
化学键合	桥连过渡	聚丙烯酰胺、五氟芳基、氨基酸或蛋白质、麦芽糖、PEG、PEO、聚乙烯吡咯烷酮、C_6、C_8、C_{18} 等	改变电荷量与符号或改变管壁其他物化性质	成键类型为 Si—O—Si—R,制备比较容易,在 pH 4～7(某些 9)稳定,疏水涂层会强化蛋白质吸附
	直接键合			成键类型为 Si—C—R,pH 稳定范围宽
	溶胶-凝胶	多种硅烷化试剂		涂层稳定,可耐极端 pH
物理-化学	吸附-交联	聚乙烯亚胺、环氧树脂	改变电荷符号,掩盖电荷	适合碱性物质分离,减小吸附,pH 稳定范围较宽
	吸附-桥连	聚多巴胺+氨基或巯基化合物等		通用涂层制备方法,功能视后接涂层分子而定
物理涂布	吸附	纤维素及其衍生物、PEG、PEO、蛋白质等	掩盖或改变电荷量和符号	稳定性较差,能改善分离

以难易而论,动态吸着最简单,物理涂布次之,化学键合最麻烦但也是最常用的方法。各种方法均有发展余地,很难说哪一种涂层不好,比如化学键合中的溶胶-凝胶法就很有前途。

一、动态吸着

该方法十分简单,操作过程就如同 CZE 中的添加剂法,只需向电泳缓冲液中加入微量欲涂布的物质,并让缓冲液与毛细管充分平衡即可。胺类、季铵盐、蛋白质、表面活性剂、一些高分子、某些金属离子、两亲性分子等[1～6] 以及多种离子液体等,都比较容易在石英和玻璃表面上吸着。电渗控制中使用丁二胺、十六烷基溴化铵等,利用的就是这种吸着原理。极端 pH 本质上就是 H^+ 或 OH^- 的动态吸着。其优点是,涂层被缓冲液中的涂布试剂连续更新,在动力学上是稳定的,不必考虑热力学稳定性问题;缺点是涂布试剂可能影响样品和缓冲液性质,也可能影响后续的质谱检测或酶学测定。有些涂层试剂需要对毛细管进行长时间的平衡,否则难以获得重现的分离结果。

二、物理涂布

1. 基本过程

(1)预处理 先用 NaOH 泡洗 2h 以上或用硝酸、硫酸乃至低浓度的氢氟酸刻蚀毛细管内壁 0.5～5min,接着用水和甲醇(或乙腈)顺序清洗各 10min,再用氮气加热吹干或置于 P_2O_5 真空干燥器中过夜。

(2)涂布 将涂布(试剂)溶液吸入已清洗和干燥过的毛细管中,放置 30min 左右,用氮气加热吹干或置于真空干燥器中过夜。此过程可重复进行,以增加涂层厚度。

(3)后处理 涂布过的毛细管,在进样电泳前,应在电场下平衡至检测基线和电流平稳。为缩短平衡时间,可先用缓冲液进行适当冲洗,然后再加电压。

当样品的迁移时间变化大于 5％时，毛细管必须重新涂布。为延长涂层寿命，可借用动态涂层原理，在缓冲液中加入适量的涂层试剂，以免涂层过快流失。

2. 涂层试剂

本方法适合于涂布吸附性强、黏性大的试剂，比如聚乙烯醇、聚乙烯亚胺、聚谷氨酸甲酯、蛋白质、纤维素等[7~10]。此法可用在水相电泳中制备疏水涂层，而在非水电泳中制备亲水涂层。

三、化学涂布[6,11~24]

化学涂布技术的核心是利用毛细管内表面上硅羟基的化学性质，使之与涂层材料分子化合成键。从成键类型来看，可分 Si—O—Si—R 和 Si—C—R 两种。前者利用硅烷化试剂进行桥连，后者需利用格氏反应。Si-C 涂层比较稳定，但由于格氏反应本身对水分高度敏感，反应条件较难掌握，不如硅烷化方法好用。一种改进的硅烷化方法是溶胶-凝胶技术，该方法不仅简单而且可以制备出耐极端 pH 的涂层管。

原则上，毛细管的化学涂布过程包括毛细管预处理、活性基团引入、目标涂层试剂接入三步。毛细管预处理方法基本同物理涂布法，除非指明，不再讨论。下面首先介绍活性基团的引入技术，然后再举例介绍涂层试剂的连接方法。

（一）活性基团引入

1. 硅烷化技术

许多不太大的分子，可以直接做成硅烷化试剂，令其与玻璃表面的硅羟基反应就可以形成所需涂层。但大部分试剂尤其是高聚物，很难做成硅烷化试剂，需要用含有成键基团的其他硅烷化试剂进行桥连。通过变换硅烷化桥连试剂，可以引入烯、环氧、氨基等不同的桥接基团，详见表 5-2。

表 5-2　CE 中常用的几种桥连硅烷化试剂

名　　称	缩写	分子（结构）式	活性基团
γ-甲基丙烯酰氧丙基三甲氧基硅烷	γ-MPS	$CH_3CH =\!\!= CHCOO(CH_2)_3Si(OCH_3)_3$	烯
γ-缩水甘油氧丙基三甲氧基硅烷	γ-GPS	$H_2C\!\!-\!\!-\!\!CHCH_2O(CH_2)_3Si(OCH_3)_3$ 中O	环氧
聚甲基丙烯基硅二醇	PMVS	$CH_2\!\!=\!\!CH\quad CH\!\!=\!\!CH_2\ CH\!\!=\!\!CH_2$ $HO\!-\!Si\!-\!O\!-\![Si\!-\!O]_n\!-\!Si\!-\!OH$ $CH_3\quad CH_3\quad CH_3$	烯
3-氨丙基三甲氧基硅烷	3-APS	$NH_2CH_2CH_2CH_2Si(OCH_3)_3$	氨基

（1）引入烯键

［方法一］

① 毛细管清洗：用 1mol/L NaOH 泡洗 1～2h、水洗 20min、pH 3.5 的水洗 10min。

② 溶胶-凝胶制备：取 6μL γ-MPS 加入 1mL 由乙酸调至 pH 3.5 的水中，搅拌 30min。

③ 涂层制备：将所得溶胶-凝胶灌入洗好的毛细管中保持反应 1h，水洗 10min，120℃烘干。

[方法二]

① 毛细管清洗：用 1mol/L NaOH 泡洗 2h、水洗 20min、1mol/L HCl 清洗 15min，再用水洗 2min。

② 溶胶-凝胶制备：取 575μL γ-MPS 与 100μL 0.12mol/L HCl 混合，搅拌 30min 即得。该溶胶-凝胶可在冰箱中保存 1 个月左右。

③ 涂层形成：将溶胶-凝胶灌入清洗好的毛细管中，保持 30min 以上，水洗 10min，于 120℃烘干 1h。

[方法三]

① 预处理过的毛细管。

② 灌入 5～10mL/L γ-MPS 和 5mL/L 乙酸的二氯甲烷混合溶液，室温放置 30～120min。

③ 用甲醇和水顺序冲洗各 10min。

[方法四]

① 用 5 倍于通道体积的丙酮清洗毛细管。

② 分别用 0.2mol/L NaOH 和 HCl 各泡洗 30min，水洗（5 倍于通道体积）。

③ 将 300mL/L γ-MPS 的丙酮溶液灌入通道，封管后于 150℃加热 1h。

④ 顺序用丙酮和水冲洗干净即可。

[方法五][23]

① 将 50mg 的 PMVS 和适量硅烷交联剂溶于新蒸无水乙醚中，迅速吸入毛细管中。

② 将毛细管的一端插入橡皮中密封，另一端插入负压装置中抽干溶剂。

③ 放置过夜完成反应。

（2）引入环氧基

[方法一]

① 将 10% γ-GPS 的甲苯（干燥）溶液吸入毛细管中。

② 96℃反应 40min。

③ 重复 4 次。

[方法二]

① 取 100μL γ-GPS 和 50μL 二（异丙基）胺或 60μL 三乙胺，溶于 5mL 干燥的甲苯中，混匀后吸入毛细管。

② 100℃反应 12h 以上。

（3）引入羟基　在 95℃下，环氧基团用 0.1mo/L HCl 水解 40min 即可。

（4）引入氨基

[方法一]

将（2）中的 γ-GPS 换成 3-APS 处理毛细管可以引入氨基。

［方法二］

① 毛细管用 1∶1 的 HCl-MeOH 泡洗 30min、浓硫酸泡洗 30min、热水冲洗 3min 以上。

② 配制硅烷化试剂溶液：用 1mmol/L 乙酸水溶液配制 1% 的氨基硅烷（如 DETA 或 EDA 等），或用 95∶5 的甲醇-乙酸配制 1% 的芳类氨基硅烷［如 PEDA、m,p-(aminoethyl-aminomethyl)-phenethyl-trimethoxylsilane］。

③ 毛细管灌入硅烷化试剂溶液反应 20min。

④ 水洗 3 次（PEDA 需用 MeOH 洗），氮气吹干后在 120℃ 中烘干 3～4min。

［方法三］

① 清洗毛细管。

② 灌入配制于 95% 乙腈的 1%APS 溶液，反应 2min。

③ 用丙酮冲洗 10 次，每次 5min。

④ 于 110℃ 中干燥 45min。

（5）引入巯基

① 毛细管顺序用 1∶1 的甲醇-HCl 冲洗 30min、水洗 2 次、浓硫酸泡洗 30min、水洗 10min，氮气吹干。

② 将所有试剂与器皿置于氮气保护环境中，配制 2%MCPS（3-巯丙基三甲氧基硅烷，3-mercaptopropyltrimethoxysilane）的干燥的甲苯溶液。

③ 将新配巯基硅烷溶液灌入毛细管，室温反应 30～45min。

④ 用甲苯冲洗 2 次，氮气吹干。

⑤ 两端封闭或置于氮气中备用。

备注：巯基硅烷易被氧化、水解和聚合，需要于用前新配并置于氮气保护中，不要与水和空气接触。巯基硅烷化的毛细管同样容易失效，通常都是临用前制作，也需要很好地保护。

2. 格氏反应技术

此技术需要先对管壁进行卤化（通常是氯化）处理，然后再利用格氏试剂进行连接反应，下面以引入烯键为例进行说明。

（1）氯化 将装有 2mL 亚硫酰二氯的小瓶置于压力容器中，通氮脱氧 30min；将毛细管插入容器，通氮若干分钟后，插入亚硫酰二氯中，利用氮气压力将溶液推入毛细管中，待溶液流出管口数滴后，用丙烷焰将靠近压力容器一端的毛细管迅速熔封，另一端接入真空系统中，抽空约 20min 使压力降至约 60mTorr（1Torr＝133.322Pa，全书余同），熔封此端毛细管；最后，将整根毛细管置于 70℃ 中过夜。

（2）引入烯键 取 5mL 干燥的 THF（四氢呋喃）置于 10mL 的瓶子中，盖上带橡皮可密封的盖，接入氮气鼓泡除氧若干分钟；用干燥的注射器吸取 1mL 的 $H_2C═CHMgBr$，通过橡皮注入 THF 中（如果瓶内出现云雾状，说明水未除尽，需从头做起）；将氯化过的毛细管的一端，用毛细管切割器或刀片横拉一划痕，插入干燥的 THF 中，轻压毛细管使其从划痕处断开，THF 即流入管中，平衡后将

毛细管迅速移插到 $H_2C\!=\!CHMgBr$ 的 THF 溶液中，同时打开另一端毛细管并接负压使反应试剂充满毛细管；熔封入口，在 50℃ 下抽空 30min 至压力降为约 60mTorr，再熔封毛细管另一端；将此两端封闭的毛细管置于 70℃ 中反应 12h；开封毛细管两端，顺序用 THF 和水冲洗各 5～10min，备用。

此方法还可直接用于制备分子较小的疏水性涂层，比如 C_2、C_4、C_6、C_8 等。其对应的格氏试剂，可按下法制备：在无水无氧的条件下，将金属镁和少量卤代烷烃置于无水乙醚或四氢呋喃中，反应开始后，在搅拌和保持微沸状态下，逐滴滴入其余的卤代物。如果反应过于激烈则需要冷却，或相反，反应不发生时需加热或加入少许碘粒引发反应。

警告：格氏反应怕水，需有严格的除水措施并要与空气隔离；格氏反应有爆炸危险，应当在通风橱中进行反应操作。

（二）引入目标涂层试剂

虽然利用硅烷化技术或格氏反应也可以直接引入碳链较短的涂层，但长链的涂层还需要利用其他反应，才能顺利引入，下面举几个例子进行说明。

1. 聚丙烯酰胺涂层的制备[12,20～22]

聚丙烯酰胺通常是通过自由基引发丙烯酰胺双键聚合来制备的。毛细管上的双键基团可和丙烯酰胺反应并形成涂层（参见图 5-1）。具体涂布过程如下：

① 配制 0.5～1mL 的 $(1\%～3\%)T+0\%C$（线性）或 $(1\%～1.5\%)T+5\%C$（交联）的单体溶液；

② 用氩气置换其中的空气，约 30min 后加入 100g/L（10%）APS（过硫酸铵）和 100mL/L（10%）TEMED 各 5～10μL，混匀并迅速吸入已引入烯键的毛细管中；

③ 室温反应 30min 以上，水洗 5～10min，用热空气吹 2h 以上或于 100～150℃ 中过夜即可。

聚丙烯酰胺特别是线性聚丙烯酰胺涂层可利用甲醛进一步进行交联，方法是：在涂布后接着吸入（用 NaOH 调至）pH10 的 30% 甲醛水溶液，室温反应 3h。注意，此操作仅适用于利用格氏反应或利用 PMVS 引入烯键的毛细管，否则，涂层将被水解破坏。

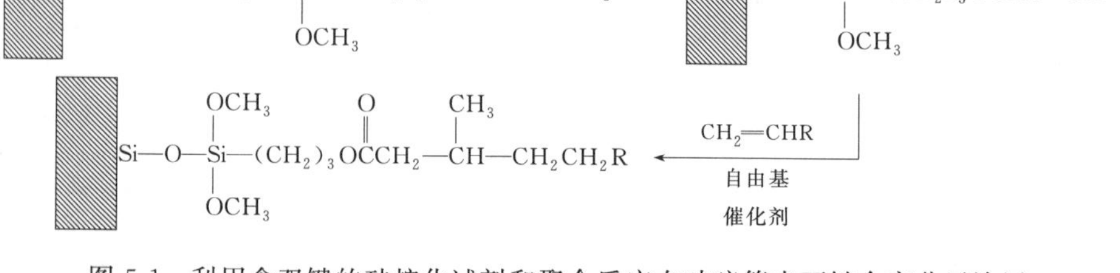

图 5-1 利用含双键的硅烷化试剂和聚合反应在玻璃等表面键合高分子涂层

R—高聚物，R 之间亦可进一步交联

2. PVP 涂层的制备[15]

过程如下：

① 配制 3% 的 1-烯-2-吡咯烷酮水溶液 1mL，调节 pH 至 6.2；

② 向所得溶液加入 1mg 的 APS 和 1μL 的 TEMED，迅速灌入已引入烯键的毛细管中；

③ 室温下反应 100min，水洗备用。

3. 聚乙烯醇涂层的制备

键合聚乙烯醇等含羟基的涂层，需借助环氧基团进行桥接。线性涂层的制作步骤如下[24]：

① 用甲苯和二氧六环冲洗 γ-GPS 处理过的毛细管各 10min；

② 吸入含有 2% $(C_2H_5)_2OBF_3$ 和 20% 聚乙二醇 600 的二氧六环溶液；

③ 100℃ 下反应 1h；

④ 水洗备用。

交联涂层可按下列步骤进行：

① 取 γ-GMS 处理过的毛细管，用 10mmol/L HCl 于 95℃ 下水解其中的环氧基团 40min；

② 用水和二氧六环冲洗各 10min；

③ 用 1% BF_3 的二氧六环溶液泡洗毛细管；

④ 吸入等摩尔比的聚乙二醇 600（或 2000）和聚乙二醇二缩甘油醚（M_r 600，polyethyleneglycoldiglycidylether）的二氧六环混合溶液；

⑤ 反应 1h 后用甲醇冲洗并用甲醇保护储存。

4. 蛋白质涂层的制备

蛋白质通常不能直接接到硅羟基上，需要通过双功能试剂进行桥接。利用还原氨化或利用生物素、琥珀酰亚胺、异硫氰酸、酰胺酯、碳二亚胺等基团可以构建许多不同类型的桥接试剂，表 5-3 列举若干有用的桥接试剂，以便参考。

表 5-3 用于蛋白与氨基桥接的双功能试剂

名　　称	缩写	分子（结构）式	备注
琥珀酰亚胺基-4-（p-失水苹果酸酰胺基苯基）丁酸酯 succinimidyl-4-（p-maleimido-phenyl）butyrate	GMBS		溶于吡啶、无水乙醇等，用于连接巯基与氨基
N-[（γ-马来酰亚胺）丁酸]琥珀酰亚胺酯 N-（γ-maleimidobutyryloxy）succinimide ester	MBtS		溶于吡啶、DMF、DMSO等，用于氨基与巯基的连接

续表

名　称	缩写	分子（结构）式	备注
N-[(间马来酰亚胺)苯甲酸]琥珀酰亚胺酯　N-(m-maleimidobenzoxy) succinimide ester	MBS	(结构式)	溶于吡啶、DMF、DMSO 等，用于氨基与巯基的连接
N-[(3-马来酰亚胺)丙酸]琥珀酰亚胺酯　3-maileimidopropionic acid-N-hydroxysuccinimide ester	MPS	N—OOC(CH₂)₂—N (结构式)	
[4-(N-马来酰亚胺)甲基]环己基甲酸琥珀酰亚胺酯　succinimidyl-4-(N-maleimido-methyl)cyclohexanecarboxylate	SMCC	N—OOC—CH₂—N (结构式)	
生物素马来酰亚胺酯　biotin-maleimide	BiotM	(CH₂)₄CONHNHCO(CH₂)₅—N (结构式)	用于巯基与氨基的连接
对苯二异硫氰酸酯　1,4-phenylene-diisothiocyanate	PDIC	S=C=N—〇—N=C=S	用于氨基连接

下面介绍几种常用的方法。

（1）二醛桥接法　二醛能够分两步与柱子和蛋白质上的氨基反应，形成 Schiff 碱，由此产生桥连。该方法的关键是，第一步反应时二醛必须过量，否则它两端都会与柱上的氨基反应。步骤如下：

① 取氨基修饰的毛细管柱，吸入 5％戊二醛溶液（pH 7.0，大过量）室温中反应 5h。

② 用 pH 7.0 的磷酸盐缓冲液冲洗若干分钟后，吸入 5％乳清白蛋白（配于 pH 7.0 的 100mmol/L 磷酸盐溶液中），过夜反应。

③ 最后用 PBS 冲洗，备用。

注意，该方法没有将 Schiff 碱还原，所以不是很稳定。要获得更稳定的蛋白质涂层柱，可利用硼氢氰化钠或硼氰化钠（该类试剂有剧毒，需采取保护措施并在通风橱中操作）进行还原，具体还原操作见下面第（4）法第②步。

（2）氨基桥接法　蛋白质易与异硫氰酸酯反应。现以 PDIC 为例，介绍基于氨基柱的蛋白质涂层制作方法。

① 毛细管活化。用 1∶9 的吡啶/DMF 配制 0.2％PDIC 溶液，灌入 110℃新干燥过的氨基硅烷化毛细管，置室温反应 2h，顺序用甲醇、丙酮清洗即得活化毛细管。该管可在 4℃下于真空干燥器中保存或直接与蛋白质反应。

注：PDIC 可用 1mmol/L 的 MBtS、MBS、MPS、SMCC 等的 DMF、DMSO

溶液代替。

② 桥接蛋白质。用 pH 9 的 100mmol/L Na_2CO_3 配制 2mmol/L 的蛋白质溶液，灌入活化过的毛细管中，室温反应 2h，随后用 $1\%NH_4OH$ 冲洗 2min，水洗 3min，最后用空气吹干。

（3）**巯基桥接法** 同类双功能桥连试剂容易引起自我交联，采用异类双功能试剂可以避免此类问题。比如利用巯基柱易与琥珀酰亚胺的烯键进行加成反应，而氨基能与马来酰亚胺酯进行酯交换反应，可以建立两步桥接蛋白质涂层制备方法。下面以 GMBS 为例进行介绍，对应的反应如图 5-2 所示，具体操作步骤如下：

① 取新制备或于氮气中保存的巯基柱，用干燥甲苯冲洗两次，氮气吹干。

② 取 2mmol/L GMBS 的无水乙醇溶液，灌入毛细管中，室温反应 1h，用 PBS 冲洗两次。

注意：GMBS 不能直接溶于乙醇中，所以在配制溶液时不要一开始就加满乙醇，而应先加一半的乙醇，滴几滴 DMF 助溶，然后再用乙醇稀释至刻度。

③ 灌入新配于 PBS（pH 7.4）中的 1mg/mL 蛋白质溶液，室温反应 1h。

④ 用 PBS 冲洗并灌满，于 4℃下可保存约 1 星期。

（4）**高碘酸辅助还原氨化** 该方法适用于糖蛋白固定。大部分多克隆抗体是糖蛋白（但大部分单抗不含糖！）。糖蛋白中糖上的邻位顺式羟基可被高碘酸氧化成醛，因而可以利用还原氨化反应来锚接蛋白质，步骤如下[25,26]：

① 糖蛋白的醛基化。用 PBS（0.1mol/L 磷酸氢二钠，0.15mol/L NaCl，pH 7.2）配制 5mg/mL 的蛋白质溶液；称取 5mg 高碘酸置于棕色瓶中，加入 1mL 蛋白质溶液，轻摇至固体溶解完全，室温下避光反应 30min。反应产物可利用凝胶柱或对 PBS 透析等方法提纯。最后配于 PBS 中。

② 还原氨化。取已氨基化的毛细管，在通风橱中灌满醛基化蛋白质的 PBS 溶液，在室温下进行反应。同时，用 10mmol/L NaOH 配制 50～65mg/mL 的硼氢氰化钠溶液，放置 1h 后取 10mL 加入到蛋白质溶液中，混合后灌入毛细管中，接着反应 1～2h。反应后的柱子用 PBS 冲洗 30min，吹干后保存于冰箱中备用。

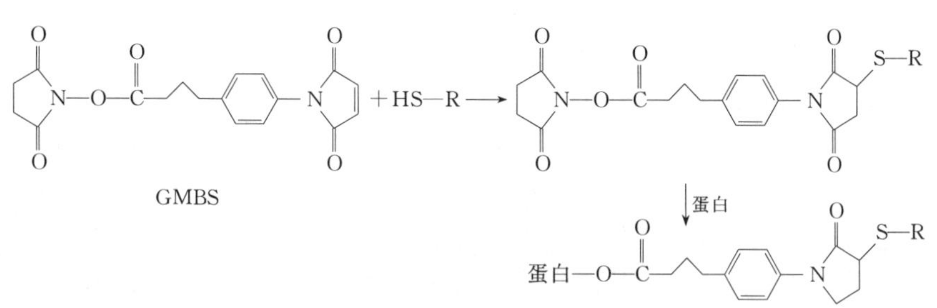

图 5-2 蛋白质与巯基的桥接

四、溶胶-凝胶涂布

溶胶-凝胶技术原本用于材料制备[27～31]，前面曾利用它向毛细管壁引入烯键。

其实，溶胶-凝胶技术也是一种很好的涂层方法。利用这种方法可以形成牢固的 Si—O—Si—O 网络，能将所需的涂层材料键合、裹夹其中，适用于制备在广泛 pH 范围内稳定的毛细管涂层[32～37]。因此，有必要对其进行专门的讨论。

1. 基本原理

令无机或醇盐等金属化合物，在某种含水溶剂中进行逐步的水解和缩合反应，可以使溶液经历溶胶转化成凝胶。将凝胶进行干燥甚至烧结，就能得到组成分布均匀的坚固物质。这实际上是通过溶液中的化学反应来形成无定形网络结构并令溶剂蒸发来固定无定形结构的过程。如果在反应过程中，加入有机单体或聚合物，并与无机物发生化学反应，就可以形成均匀的无机-有机杂化结构。利用这种原理可以制备出各种不同的涂层。

2. 主要步骤[32～37]

（1）毛细管预处理　用 1mol/L NaOH 泡洗过夜，然后分别用水和甲醇清洗各 5min，在氮气吹扫下加热干燥。该步骤通常可以简化或用其他方法替代，请参见前面的物理涂布部分。

（2）溶胶溶液制备　将硅烷溶于有机溶剂中，加入计算量的水，混合均匀并调节 pH 至（弱）酸性，在室温中搅拌水解 2～7h，使之成为溶胶溶液，置于 4℃ 中保存备用。改进的快速方法是将硅烷试剂加入到 pH3.5 的乙酸溶液中或加入到 0.12mol/L 的盐酸溶液中，搅拌 30min 即得。

注意：配制溶胶的有机溶剂必须能与硅烷和水互溶，多用醇类等极性溶剂。醇的用量应控制在 3～4 摩尔比范围内，而加水量则应控制在 2.5 摩尔比附近。最好采用酸而不是碱来催化水解，否则难以得到致密的涂层。溶胶形成的速度随 pH 下降而提升，当 pH<2 时，反应可快速完成。

（3）涂布　将溶胶吸入预处理过的毛细管中，室温放置 15min，用氮气冲出多余的溶液，在保持氮气流动的情况下，于 140～150℃ 烘干 5h 以上。该步骤可重复，以制备更厚的涂层。如果只需很薄的涂层，可在涂层反应 30min 后，用甲醇或丙酮冲洗毛细管，再于 120℃ 烘干 1～2h。

（4）后期修饰　如果所用的硅烷含有烯键，可以利用双键聚合反应进行修饰，参见聚丙烯酰胺涂层制备方法。

五、吸附与化学交联联用

先利用物理方法将涂层材料涂布到毛细管壁上，再利用各种化学反应使涂层分子之间交联起来，可以在毛细管内覆盖上一层稳定的涂层（可以想象成极薄的毛细管）。这种方法对那些具有强吸附能力或黏附力的试剂，如聚胺类、碱性蛋白、环氧树脂、聚多巴胺等，是很有效的。其中特别值得一提的是聚多巴胺（PDA），它不仅具有强黏附性，可以在有机和无机材料上牢固吸附，形成不同厚度的涂层；还能通过迈克尔加成反应、希夫碱反应与巯基、氨基化合物进一步发生反应，接上新的涂层。因此，有很大的通用性和广泛的用途。

下面对基于聚多巴胺的涂层技术进行简要介绍。

1. 聚多巴胺涂层制备

多巴胺是一种典型的神经递质，可用于帕金森、阿尔茨海默等病的治疗。它易在碱性条件中被氧气氧化而发生自聚，形成强黏附性 PDA。这是在研究蚌类分泌物时发现的。蚌类能分泌一种黏性的蛋白使自己牢固黏附在岩石、船壳等上面。这种黏性蛋白就含有 PDA 结构。这种结构还出现在了变质香蕉中。由此观之，使用 PDA 实际上是一种仿生技术。

多巴胺形成 PDA 的步骤比较多，其实际机制目前还不是很清楚。根据已有的文献资料，其反应大致可分为以下几个步骤（见图5-3）：首先是多巴胺苯环上的邻羟基去质子化并被氧气氧化成邻苯二醌，在碱性水溶液中，该反应平衡向生成醌的方向移动（**1**）；接着是醌对位上的氨乙基进行分子内环化（**2**），经多巴胺色素前体迅速转化成多巴胺色素，该色素显粉红色，易观察；然后是多巴胺色素经氧化重排转化成 5,6-二羟基吲哚（**3**）；最后是 5,6-二羟基吲哚通过分子内和分子间重排，交联形成在 pH 1～12 稳定的深褐色 PDA（**4**）。

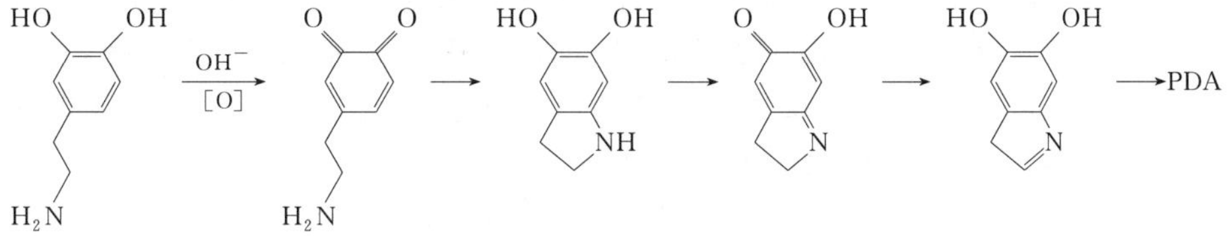

图 5-3　多巴胺在氧气作用下形成聚多巴胺的过程

PDA 在 pH≥13 时易从表面上被除去，但在其他条件下能强力吸附在各种材料上，如聚乙烯、聚四氟乙烯、聚偏二氟乙烯、纤维素、聚乙二醇、透明质酸、蛋白质（胰岛素、BSA 等）、肝素、金属（如铜、银、金、铂、钯、钢或不锈钢等）、氧化物（如 TiO_2、SiO_2、Al_2O_3、Nb_2O_5、Fe_3O_4 等）、碳管以及半导体、陶瓷、盐或岩石（如 $CaCO_3$）、玻璃等有机和无机物表面。PDA 容易涂覆在熔融石英毛细管表面上，用以抑制生长素等样品的吸附，或改善电渗和分离效率；还可以桥接其他各种涂层，是一种近乎万能的涂层用工具材料。

需要注意的是，PDA 涂层虽有很强的吸附力，但其中存在不同的聚合度和交联结构，其中非网状化链接的部分成分会在不同条件下逐渐脱落。采用高过硫酸铵或碘酸氧化可以加速小片段涂层的脱落并加固其他网络涂层结构。

（1）PDA 制备方法　称取 0.1g 多巴胺盐酸盐，溶解于 50mL、pH 8.5 的 10mmol/L Tris 溶液中即得具有反应性的单体溶液。该溶液在避光下用氮气饱和，不会发生可观察的反应。但若与空气接触，反应随即开始。随暴露时间不同，可得不同聚合度（或厚度）的 PDA。室温下于空气中聚合 20h，可得到 15～20mg 的产物。在聚合过程中，溶液颜色会从透明转变成深褐色，可作反应进行与否及其程度的判据。

（2）PDA 涂层制备方法   PDA 涂层的常规制备方法是将目标材料浸泡到上述的多巴胺溶液中。浸泡时间取决于所需的涂层厚度，可在十几分钟到 24h 之间变化。准确的涂层厚度需在制备后表征确定。如果只为桥接其他涂层材料，一般控制浸泡时间为 3～4h。PDA 涂层厚度还受氧气含量控制，如果连续对体系输送空气，则可将反应时间缩短到约 15min。

如果要涂布毛细管内壁，则需将多巴胺溶液灌入毛细管。此时，管内部的反应会随溶解氧的消耗而快速降低，直至停止。为此，需多次或连续更换管内溶液，以补充氧气和维持反应。如此反应约 30min，即可令 PDA 覆盖全部内表面。

（3）分子印迹 PDA（MIP-PDA）涂层制备   多巴胺中的羟基、氨基等基团能与模板分子中的氧、氮等原子形成氢键，能用于制备分子印迹聚合物。主要步骤是：将模板分子与碱性多巴胺溶液混合，按上述方法（2）操作，获得涂层后，洗去模板分子，即得能特异识别和吸附模板分子的 MIP-PDA 涂层。

2. 由 PDA 桥接其他涂层

利用 PDA 的强吸附力，能够把平时难以修饰的表面接上所需的涂层。基本策略是：先在欲涂表面上涂覆一层 PDA，然后再利用 PDA 的反应特性，通过氨基、巯基等加成反应，接上其他涂层化合物。这是一种两步操作的策略。

基本步骤：在毛细管内壁按前面的步骤，首先涂覆一层 PDA，但厚度需要通过后续实验来确定；然后向新涂覆有 PDA 的毛细管内灌入能与 PDA 反应的物质溶液，如：胺或氨基化合物、巯基化合物（浓度需由实验确定）的弱碱性水溶液等，室温反应数小时即可。若这些化合物中含有双键或其他官能团，还可以进一步聚合或通过其他反应，交联成更加稳定的涂层。下面举几个例子，以供参考。

（1）PDA-蛋白质涂层的制备与更新   该涂层的制备步骤是：

① 在毛细管中涂布 PDA；

② 向毛细管中灌入 pH 7.8～8.4 的蛋白质水溶液，反应 2～4h；

③ 水洗或生理缓冲液清洗后即可。

若想进一步稳定蛋白质涂层，可利用醛交联固定技术。方法是：在涂布蛋白质涂层后，随即灌入 4% 甲醛或 2.5% 戊二醛中性即 pH 7.2～7.4 的磷酸盐缓冲液，室温下反应 15～30min，之后用水连续清洗半小时以上，即可用于分离。

若涂层已经损坏，可重新涂布。有两法：一是覆盖法，即利用 PDA 强吸附特点，在坏管上再涂一层 PDA，后接蛋白质涂层；二是重涂法，即用 2mol/L（或更浓一点）的硝酸氧化除掉管壁上的原有涂层，水洗后再用强碱洗掉残余的 PDA（这两步操作可以颠倒），然后按上述步骤再重新涂上蛋白质涂层。

其他胺类有机物可以仿照上述步骤进行涂布。

需要提请注意的是，胺类化合物在空气和光环境中多数是不稳定的，其分解或氧化产物非常复杂，会影响后续使用效果，所以最好使用新鲜溶液。若所用物质是存货，最好提纯后再用。另外如用氮气保护，则可以避免或减少所配溶液被空气氧化的可能性。

（2）PDA-巯基化合物涂层的制备　用巯基化合物替换上述制备中的胺或氨基化合物，就可以制得所需涂层。需要提请注意：巯基化合物比胺类化合物更不稳定，特别容易被氧化，所以要注意用惰性气体保护巯基化合物及其溶液。

（3）PDA-金镀膜的制备　PDA上的邻苯二酚与金属原子有良好的亲和力，可以借此涂覆上金属膜，用于制作毛细管末端的原位金属电极。将毛细管末端插入多巴胺碱性溶液，一定时间后，再插入到 $HAuCl_4$ 溶液中，一段时间后就能再镀上一层纳米金粒子层。

第二节　凝胶毛细管制备[20,22,38~40]

一、基本问题

在 CGE 中，经常会遇到这样或那样的问题，比如进样问题、分离问题、检测问题、制管问题等，其中制管和检测问题是 CGE 的关键。当在比较大的空间中制备凝胶时，一般不会出现什么问题，但当在毛细管这么细小的空间中灌制凝胶时，由于凝胶活动困难，因此会出现如下问题：

① 单体溶液在聚合成胶过程中，会因体积缩小而引起毛细管内凝胶的断裂或留下空泡。毛细管越细，收缩越困难，出现的空泡就会越多。这种含空泡的胶管是不能用的。

② 毛细管中的凝胶，会因为电渗、电场以及缓冲液的作用而滑出或膨胀伸出毛细管。

③ 如果凝胶中出现哪怕极小的气泡，也可能在高电场下出现局部放电现象，造成凝胶的突然毁坏（表现为电流的突然下降且不能恢复）。此问题常出现在进样端和高压端。如果管头出现问题，将问题端切掉，胶管仍可以继续使用。但如损坏部位在管的深处，就无法修复了。

④ 凝胶紫外吸收强，会大幅降低紫外检测灵敏度，为此常需提高进样量，这又会造成柱子过载，进而降低分离效率。

此外，凝胶容易水解，不能在 pH>9 的条件下长时间使用。凝胶中的筛分孔道还会被某些大颗粒样品堵塞。水解、堵塞以及放电、滑移等问题决定了凝胶毛细管会有难以预测的使用寿命和期限。

二、解决策略

目前还不可能完全解决上述问题，但如采用以下策略则能得到高性能和可反复使用的凝胶管：

① 将凝胶键合固定在毛细管壁上或两头加塞，可防止凝胶滑出毛细管。

② 采用高压或逐步聚合等方法可防止凝胶出现空泡。

③ 为解决检测问题，可设法发展低背景的凝胶，或对样品进行衍生（非制管方法）。还有一种更简单的方法是将检测部位的凝胶除掉，代之以无胶缓冲液。

④ 合理使用和储存凝胶管可以大大延长胶管的寿命。

三、琼脂糖凝胶毛细管制备

琼脂糖孔径大且透光性好，是分离大分子的良好介质。琼脂糖特别容易成胶，所以胶管的制备也比较容易，方法如下：

① 称取适量的琼脂糖，置于 5～10mL 的玻璃瓶中，加入适当体积的电泳缓冲液，加热并搅拌，使其成为透明、均匀的溶液；

② 在保温条件下将溶液吸入不带电荷（不产生电渗）的涂层毛细管中，于 4℃中放置 30～60min 即成可用胶管。

注意：琼脂糖凝胶比较难以键合固定到毛细管壁上，电泳时容易滑动；琼脂糖凝胶加热就会重新液化，如果电泳温度过高，会产生液化流失现象，因此胶管使用几次后就应重新灌制。利用加热液化、冷却胶化现象，容易将所需凝胶灌入和吸出毛细管。含有尿素的琼脂糖凝胶，在可见光下具有极好的透明度。

四、聚丙烯酰胺凝胶毛细管制备[38～40]

1. 基础

根据引发聚合的技术形式，可将成胶方法分为 γ 射线引发聚合法、光引发聚合法、热引发聚合法、化学聚合法等。γ 射线能够使丙烯酰胺双键断裂产生自由基，引起链式聚合反应。光聚合反应就是利用光照，使加在单体溶液中的引发剂如核黄素等产生自由基，进而引起自由基聚合反应。热引发聚合法，就是通过提高温度，使加入到反应体系中的自由基引发剂如偶氮异丁腈（AIBN）等产生自由基，通过自由基转移，引起单体聚合成高分子。化学聚合法利用某些化学试剂如过硫酸铵等能自发产生自由基的特点来引发反应。化学自由基需要通过胺类化合物，才能将自由基转移给丙烯酰胺，进而引发聚合反应。这类自由基传递试剂，叫作催化剂。化学聚合方法易于在普通实验室中操作，是广泛采用的方法。

按照聚合反应在毛细管中进行的顺序，也可以将灌胶方法分为一步聚合法和逐步聚合法[38]。一步聚合法就是使聚合反应在全管内同时开始，只要不加干扰，单体灌入毛细管后都按这种方式成胶。逐步聚合法，就是通过控制毛细管轴向方向上自由基出现的时间顺序，使反应按照要求，从毛细管的一端向另一端发展。这种方法可以比较有效地排除凝胶中因体积收缩而产生的空泡。原因在于，已聚合部位因体积收缩而产生的空缺，容易被未聚合处的溶液所填补。理论上，γ 射线引发聚合、光引发聚合、热引发聚合和化学引发聚合都能实现轴向的逐步凝胶化过程。

另外，还可以根据反应中施加压力的大小，将聚合分为高压、低压和常压等法。在高压下不容易实现逐步聚合控制。丙烯酰胺的聚合速率随温度、压力、自由基浓度、单体浓度等的增加而上升，可据此对起始聚合时间进行调控。

聚丙烯酰胺凝胶毛细管的灌制，一般包括如下过程：

① 凝胶管结构设计；

② 凝胶化反应与凝胶种类选择，单体溶液配制；

③ 毛细管预处理，包括活化、引入桥接功能基团（如烯键等）；

④ 单体溶液灌入毛细管；

⑤ 聚合方法、方向与速度控制；

⑥ 后续处理。

相关设计所要考虑的因素很多，其中凝胶种类、浓度、梯度、网孔尺寸、添加剂（如 SDS、尿素、环糊精等，多由分离对象决定）、毛细管尺寸以及是否要键合固定凝胶等都是非常关键的。

丙烯酰胺单体溶液一般由储备液稀释而成。常用储备液是浓度为 $T=40\%$、$C=0\sim5\%$（简写为 $x\%T+y\%C$）的单体丙烯酰胺溶液，其中 T 代表单体的总浓度，C 表示交联剂亚甲基双丙烯酰胺在单体中所占的质量分数：

$$\%T=100(G_{acry}+G_{bis})/V_{sol} \tag{5-1}$$

$$\%C=100G_{bis}/(G_{acry}+G_{bis}) \tag{5-2}$$

式中，G_{acry} 为丙烯酰胺的质量；G_{bis} 为亚甲基双丙烯酰胺的质量；V_{sol} 为溶液的体积。

常用储备液的配制方法如下：称取 $0\sim1g$ 亚甲基双丙烯酰胺和 $[20-(0\sim1)]g$ 丙烯酰胺，溶于水中，待温度恢复到室温后，再定容到 $50mL$。该溶液应在 $4{}^{\circ}\!C$ 中避光保存，可用 6 个月。

丙烯酰胺溶于水时会吸热，对溶液的体积有较大的影响，所以要在溶液温度到达室温后再定容，否则不能得到准确的浓度。同样，利用此储备液稀释成低浓度溶液时，也应充分考虑温度对体积的影响。

注意：丙烯酰胺是潜在的神经毒素，不要直接接触皮肤或吸入体内；废液不能随便倒掉，必须经反应成胶后再丢弃。

单体反应液的配制方法如下：用移液管移取合适体积的储备液，用 2 倍的电泳缓冲液稀释至所需体积；临灌制前加入 $0.1mL/mL$ TEMED 和 $0.1g/mL$ APS，使其最终浓度落在 0.05% 附近。

加有 APS 和 TEMED 的单体溶液，必须在胶化反应开始前灌入毛细管，灌入时间控制在 $2min$ 之内，越短越好。下面介绍三种具体制管方法。

2. 高压灌胶

欲制备没有空泡且稳定（与管壁键合固定）的聚丙烯酰胺凝胶毛细管，最容易想到的方法，是在毛细管刚灌入单体丙烯酰胺反应溶液后，就置于高压环境中，预先将反应溶液压缩至成胶后的体积，然后开始聚合反应，操作方法如下：

① 制备内壁含有烯键的涂层毛细管；

② 配制所需凝胶单体反应液并迅速吸入涂层毛细管中；

③ 将毛细管插入灌满缓冲液的小钢管中，连接钢管到压力系统；

④ 保持压力反应 5～10h；

⑤ 缓慢释放压力后取出毛细管；

⑥ 将管两端插入缓冲液中 12h 以上或在此状态下储存备用；

⑦ 临用前刮去检测窗口部位的外涂层；

⑧ 管两端切去 1～5cm 即可装入电泳系统；

⑨ 利用电泳缓冲液进行空白电泳至电流和检测基线平稳，就可进样分离。

此方法所施加的压力要大于 20kgf/cm^2（1kgf/cm^2＝98.0665kPa），否则不能完全消除空泡[38,41]。150kgf/cm^2 以内的压力可以由钢瓶气体产生，更高的压力可由高压液相色谱泵施加。凝胶毛细管的检测窗口在临用前开制，其目的在于防止毛细管折断。开有检测窗口的凝胶毛细管，不用时需套在内径为 0.5～1mm 的毛细管中，且两端插入缓冲液中。凝胶毛细管端口在空气中暴露的时间最好不要超过 10s，否则口内凝胶可能干缩，产生电流下降或无峰等现象。万一出现这种现象，需将端口切去若干毫米。切断凝胶毛细管要干脆迅速，不能将口内的凝胶带出。特别重要的一点是，在取用新的凝胶毛细管时一定要仔细检查，凡有空泡或凝胶缺损的管不可使用。检查的方法有两种。

［方法一］

用上侧逆光照射毛细管，沿轴向方向用眼睛从一端向另一端查看，反复若干次。无缺陷凝胶毛细管，会看到内部均匀透明的凝胶柱。

［方法二］

将毛细管置于 5～10 倍的体视显微镜视野中，缓慢拖动毛细管并观察之。

3. 等速电泳灌胶[42,43]

这是一种逐步聚合灌胶方法，基本操作如下：

① 制备不带表面电荷但含有烯键的涂层毛细管；

② 配制含有 TEMED、0.1mol/L Cl$^-$ 和丙烯酰胺单体的前导电解质（leading electrolyte）溶液；

③ 配制含有 0.1mol/L S$_2$O$_8^{2-}$ 和丙烯酰胺单体的终结电解质（terminating electrolyte）溶液；

④ 将前导电解质溶液灌入毛细管中以及正极电极槽中；

⑤ 将终结电解质溶液加入负电极槽中；

⑥ 加上低电压（＜1000V）反应 30h 以上（详见图 5-4）；

⑦ 用 CE 的电泳缓冲液低电压平衡 12h，每 2h 更换缓冲液一次；

⑧ 将毛细管置于 CE 系统中继

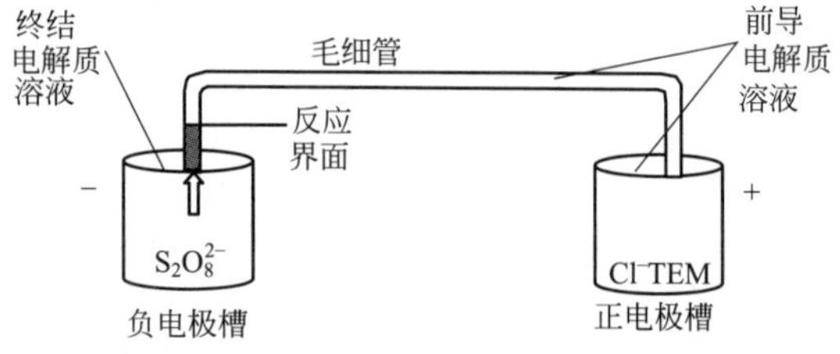

图 5-4　等速电泳灌胶装置示意图

续与缓冲液平衡，每 4h 更换缓冲液一次，平衡电压从 1kV 开始，每 2h 增加 500V，直至电场达 100V/cm；

⑨ 在 100V/cm 下平衡到电流稳定，转 150V/cm 平衡到电流稳定，再转 200V/cm 平衡直到电流稳定。

前导和终结电解质溶液必须使用电泳纯试剂配制。由于等速电泳使用不连续的高浓度缓冲体系，所以成胶以后还必须用 CE 缓冲液平衡。为了避免焦耳热对凝胶的破坏，平衡需从低电压开始，逐步提升。如在提升电压的过程中出现电流突降且不能恢复，说明胶管已坏，制管失败。利用此法制备的胶管，可能出现没有筛分能力或筛分效率低下等现象，前者是因为聚合没有发生或凝胶已在平衡过程中流失，后者则是因为聚合不完全所致。

4. 低压控温悬挂聚合灌胶[38~40]

无论是高压聚合还是等速电泳控制聚合，制管的周期都比较长，而且不保证一定能制得完美可用的凝胶管。为了加快制管速度和提高成功率，可以采用低压温控聚合方法，此法可在 5h 内制出胶管，具体过程如下：

① 制备含有烯键的涂层毛细管；

② 配制所需的单体凝胶溶液，加入 TEMED 和 $S_2O_8^{2-}$；

③ 将单体反应溶液吸入毛细管中；

④ 将毛细管两端迅速插入 5mL 可密封的瓶中 [图 5-5(a)、(b)]；

⑤ 密封后向瓶内注入约 4.5mL 用冰冷却过的缓冲液或水，加压并冷却毛细管两端；

⑥ 将瓶和毛细管倒挂于室温中 4~5h [图 5-5(c)] 使聚合完成；

⑦ 制作出检测窗口后两端各切去约 1cm；

⑧ 装入 CE 系统并在 150~200V/cm 下平衡至电流稳定（约 1h），即可进样电泳。

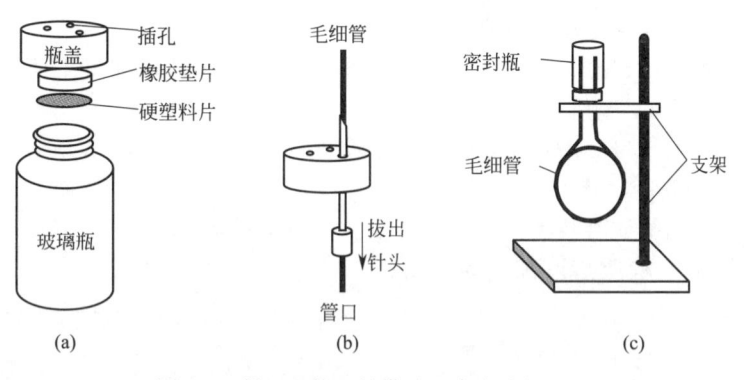

图 5-5 低压温控悬挂灌胶基本方法与工具

(a) 密封瓶及其结构；(b) 毛细管插穿瓶盖的方法；(c) 悬挂聚合方法

如非急用，建议将毛细管插入缓冲液中室温下放置 3 天，这种处理可提高胶管的筛分效率和稳定性。任何凝胶毛细管在进样前都应在电泳电压下平衡至电流稳定。利用本法制备 $10\% T + 5\% C$ 以下的凝胶毛细管，基本没有问题；制备 $(10\%\sim15\%)T + 5\% C$ 的胶管，成功率会下降到 $80\%\sim90\%$；制备更高浓度的凝胶管时，不能全管键合固定凝胶，否则难以消除空泡。一种较好的能比较有效抑制空泡且能制作稳定凝胶管的方法，是将凝胶的两端固定住或两端加塞。仅需在毛细管两端（或单端）引入烯键，就可以实现凝胶的两端（或单端）固定。

在毛细管末端引入烯键的方法如下：

① 取一新的毛细管，在需要引入烯键的位置标上黑记号；

② 将标记端口插入 $0.5\%\sim1\%$（体积分数）γ-MPS + 0.5%（体积分数）乙酸的二氯甲烷溶液中，液面即因表面张力或毛细现象而自动上升；

③ 待管中液面到达黑色标记时取出（见图 5-6），水平放置约 30min；

④ 从毛细管的另一端吸入甲醇冲洗约 5min，再吸入水冲洗 2min，热空气吹扫 5min；

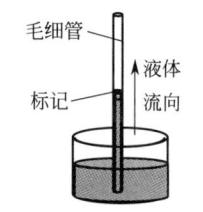

图 5-6　利用毛细现象填充毛细管

⑤ 另一端如需要，可重复上述过程。

注意：单端硅烷化后的毛细管，一定要从另一端吸入清洗剂进行清洗，否则会使剩余试剂流入不需要处理的部位，导致硅烷化位置失控。第一端处理之后，毛细管必须充分干燥后才能再硅烷化另一端，否则硅烷化溶液的流速控制不住：或者不能自动流入毛细管，或者很快流入并越过标记边界。

五、梯度聚丙烯酰胺凝胶毛细管制备[20,40,44]

利用梯度凝胶可以使平常难以分离的组分获得良好分离。同时，利用梯度技术可以制作出低背景凝胶毛细管，用以实现高灵敏度检测。

梯度胶管制造的全部秘密，就在于如何将所需要的梯度凝胶单体准确无误地引入到毛细管中的指定位置上。理论上，在将单体溶液灌入毛细管的过程中，逐渐改变浓度（增加或减少），就可以获得梯度凝胶毛细管。这种方法看似简单，实则不然。稍不小心，就会使梯度错位，一般不能获得重现的结果。这里介绍一种可以按需要填入凝胶的方法。

1. 基本原理

将不同浓度的凝胶单体，顺序灌入毛细管中，控制灌入长度，聚合后可成分段（台形）梯度凝胶管。如果缩小各段长度同时增加段数，则梯度就向连续变化方向靠近，最终成为连续梯度。

不同浓度单体溶液的界面是不稳定的，会因浓差扩散而随时间加宽，形成一定范围的浓度梯度。如果将高浓度的单体溶液首先灌入毛细管，随后逐步灌入更稀的溶液，则扩散作用就会被进一步加强。理由在于，后续区段前沿外周能够洗脱前一区段在管壁上黏附的浓溶液，形成向中心递减的浓度梯度并产生径向扩散，并且因为径向距离短，扩散可以快速完成。这种径向扩散在灌液过程中始终存在，充分加以利用，可以"放大"浓度梯度尺寸。实验表明，同时利用轴向和径向扩散原理，区段长度在 1.5cm 左右，就可形成连续梯度凝胶。

2. 基本步骤

（1）单体溶液配制　设需要配制 N_{gel} 种单体溶液，各单体溶液的浓度为 c_i，有：

$$N_{gel} = L_{gel}/1.5 \text{cm} \tag{5-3}$$

$$c_i = c_1 + (i-1)(c_n - c_1)/N_{gel} \tag{5-4}$$

式中，L_{gel} 为凝胶长度；c_n 和 c_1 分别为凝胶浓度的上限和下限。按式(5-4)配制 N_{gel} 个不含 APS 的单体溶液各 0.5~1mL，临用前加入 TEMED。

（2）毛细管处理　包括硅烷化和标记两步。硅烷化即指用 γ-MPS 处理毛细管内表面。通常需全管处理。当采用胶塞时，则只处理毛细管的两端，对应的处理长度分别为 5cm 和 L_{out}+2cm，其中 L_{out} 是检测窗到出口的毛细管长度。

标记毛细管一般从离管口 L_{out}+2cm 处开始，每隔 1.5cm 做一黑色记号。若采用两端处理的毛细管，标记需从 5cm 那一端开始。为方便叙述，称此端为起始端，另一端为检测端。

（3）灌制　将单体溶液按浓度从高到低（$c_n \rightarrow c_i$）排序，在 c_n 的前面放置一缓冲液，各溶液分别加入 TEMED，迅速摇匀；将毛细管的起始端插入缓冲液中，观察管中液面，当其上升至第一标记时，迅速将毛细管移插到 c_n 溶液中，待液面上升至第二标记时再移插到下一个单体溶液中，如此操作，直至 c_1，等到管中液面到达端口时，取出进行聚合处理。

注意：在灌液过程中，尽量少用手指碰触毛细管，以免单体溶液还未灌完就开始聚合反应。为推迟反应，可以将单体溶液配制于聚苯乙烯塑料瓶中，用 96 孔板或类似的细胞培养板配制单体溶液，操作起来很方便。在灌液时，如果管内液体流速较慢，只需降低另一端口就能加速。毛细管从一种溶液转移到另一种溶液的时间间隔越短越好，端口在空气中的暴露时间最好控制在 2s 以内。

（4）聚合与后处理　聚合方法与低压温控悬挂聚合灌胶法相同，后处理也一样，但检测窗口应设在检测端离凝胶（理论界面）2cm 或更远处，否则检测背景可能不够低。

利用此法的好处是：不仅能制备低背景凝胶毛细管，还可以随意控制凝胶梯度的变化方式。

第三节　电色谱毛细管柱制备

1981 年 Jorgenson 等采用 $10\mu m$ ODS 的填充柱（$170\mu m$ID×$650\mu m$OD，Pyrex 玻璃），分离 9-甲基蒽等化合物[45]，引发了现代毛细管电色谱的研究。20 世纪 90 年代后，电色谱开始引起国际性的重视[46]，发展迅速，其原因是毛细管填充技术取得了新的突破。在 CEC 中，毛细管制备包括开管柱[47]、填充柱和整体柱[54] 三大类技术。开管柱亦即键合色谱涂层毛细管柱，制备方法请参见第二节。本节讨论填充柱和整体柱的制备。

一、填充柱制备

毛细管填充柱可用高压（匀浆）填充[48～50]、电动填充[51,52]、拉制、干法填充[53] 等方法制备。拉制法不能用于制备键合填料柱。干法填充比较简单，但可能会残留难以排除的气泡。高压法需要高压（泵等）系统，基本结构与高压液相色谱柱填充系统相同，虽填充的重复性与再现性通常较差，但装置易得。电动填充法类似于电泳或电动进样，系统结构比较简单，且能制备出高效率的填充柱，包括光子晶体柱。高压法和电动法是目前比较普遍采用的方法，下面将对此进行介绍。

1. 柱塞制作方法[54～57]

填充柱的制备，关键有两步：一是柱塞的制作，二是柱的填充，其中柱塞的制作有很多技巧。理论上，塞子的强度越大、对流动相的阻力越小，其效果就越好。下面介绍几种实用方法。

（1）烧结法　与凝胶毛细管的柱塞制作类似，可以用一段烧结的填料作为柱塞。烧结的方法较多，但目前主要的还是以硅胶填料为主体、以水玻璃为烧结剂来制作塞子。烧结塞子的均匀性可能不好或重复性较差，但制作方法简单，因而被多数人所接受。直接烧结色谱填料也可以制得比较理想的柱塞。根据烧结的次序，可以将制塞方法分为预烧结和后烧结两种，预烧结法就是将大颗粒色谱填料预先放置到塞子的位置上，烧结后再填入细颗粒填料。后烧结法是先把色谱填料填入毛细管中，然后在适当部位上高温烧结。

【例一】　水玻璃烧结

配制水玻璃，用水稀释至原浓度的 80%，灌入毛细管中；用烧红的电阻丝接触需要柱塞的部位 $1\sim2s$，随后，用粗毛细管套住烧结部位（以免折断）；将毛细管与高压泵连接，用水清洗毛细管至流出液体无黏腻感。

毛细管一旦灌入水玻璃，就必须即刻进行烧结和清洗工作，否则水玻璃有可能会堵塞毛细管。毛细管清洗需要采用高压方法，但水玻璃洗出后，仅用 $10\mathrm{kgf/cm}^2$ 的压力就可推动水流。在高压下，流出水为滴状者属正常，为细长者说明塞子没有形成或已经被推出。这时需要重烧柱塞。一个好的柱塞必须能够承受 $100\mathrm{kgf/cm}^2$ 的压力。

【例二】　色谱填料烧结

取 $10\mu m$ 或 $20\mu m$ 色谱硅胶填料颗粒，混悬于用甲酰胺稀释的水玻璃中，灌入毛细管中约 $2cm$；用水将填料颗粒推到所需的位置，然后用烧红的电阻丝灼烧填料位置 $1\sim2s$；灼烧处用套管保护后再用水冲洗，以清除多余的填料。冲洗如需要高压，可利用液相色谱泵加压。

（2）溶胶化法　纯硅胶颗粒在水特别是碱性水溶液中，其表层会逐渐溶解，形成一层溶胶。该溶解反应随温度升高而加深，降温后部分溶胶又会重新固化，使相邻颗粒黏在一起。可借此制作湿性柱塞。具体操作是：将浓硅胶颗粒的水悬浮液灌满毛细管，在需要塞子的位置加温到 70~95℃，冷却到室温，放置一段时间后，对毛细管分别施加正、负电场，可将未固定颗粒迁移出毛细管。

2. 填柱

（1）压力填充法　以乙醇为溶剂，配制浓度约 50mg/mL 的色谱填料悬液，加入微量的四氯化碳或三氯甲烷，超声振荡 10min 左右；用注射器或其他方法将匀浆加入到一与液相色谱高压泵相连的连接管中，将连接管另一端与毛细管（管内已有一塞子）连接，置毛细管于超声振荡器中并启动振荡（见图 5-7）；设定泵的最高压力为 100kgf/cm²，流量为 0.1mL/min，然后启动高压泵，利用水将匀浆压入一毛细管中；毛细管填满后即关闭超声振荡，约 2min 后再关闭高压泵，静置泄压，至常压后取下毛细管，将毛细管进口端与水玻璃（可用甲酰胺稀释）接触，然后用烧红的电炉丝灼烧 1s 即可。

临用前，填充毛细管需与脱气电泳缓冲液平衡，可用色谱泵淋洗，也可以用电泳方法置换。利用色谱泵时，必须泄压；而利用电压时，开始电压可小些，最好采用线性升压或线性升流的方式来平衡。

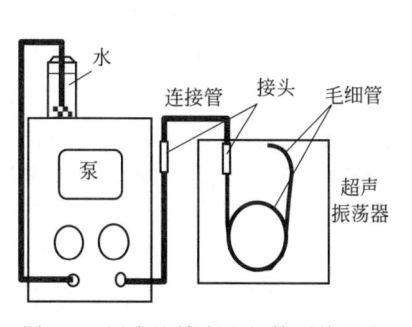

图 5-7　压力法填充毛细管系统示意

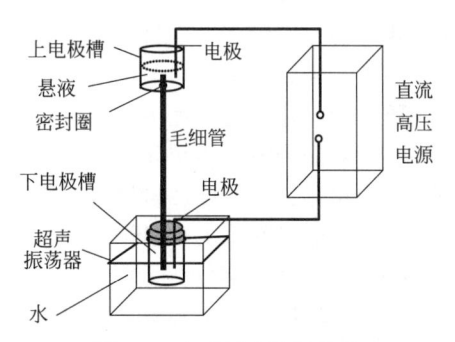

图 5-8　电动填充装置示意

（2）电动填充法　以水或醇为溶剂，配制色谱填料的悬液；按图 5-8 连接好毛细管（检测窗口之前预定位置已有柱塞）以及有关系统；将缓冲液加入到下电极槽并注入毛细管中，将悬液加入到上电极槽中；启动超声振荡后，施加高压电场，至毛细管填满。其余处理同压力填充法。

本填充法简单、高效，是有用的填充方法之一。

二、整体柱制备

1. 概述

整体柱可通过颗粒交联和原位聚合两种方法制作[58,59]。颗粒交联柱接近于填充柱，现已少用，这里不再介绍。原位聚合是目前柱技术发展的前沿，而且可以和分子印迹聚合技术联用。原位聚合方法也很多，但归纳起来，大致可分为热引发聚合和光引发聚合两类。其中光引发聚合更有利于分子印迹的保持，容易制得高选择性的柱子，如手性分子印迹整体柱等。这两类方法都不再需要制备塞子，所得整体柱都具有高稳定性。

整体柱制备材料包括无机（硅胶）和有机聚合物两大类。在 CE 中，有机整体柱研究多于硅胶，这和液相色谱整体柱研究情况有所不同。有机整体柱的制备一般需要以下试剂：

（1）单体　如丙烯酰胺、甲基丙烯酸酯及其衍生物等，是一类含有烯键的化合物。

（2）交联剂　多用亚甲基双丙烯酰胺或丙烯酸酯等。

（3）致孔剂　是一类低介电常数的溶剂，如甲苯、二氯甲烷等。致孔剂的极性越高，聚合物中的大孔比例也越高。

（4）引发剂　烯烃类化合物常采用自由基来引发聚合。

自由基既可以通过加入自由基试剂来引入，也可以利用高能粒子如 γ 射线轰击单体直接产生。由于高能射线的来源受条件限制，所以普通实验室更愿意使用自由基试剂。自由基试剂可以自发解离或通过加热、光照等方法来产生出自由基。光引发自由基多数不需要催化剂，但需有合适的光源，多为 300～450nm 的紫外线，也有用可见光的，可参见表 5-4。溶液中自发断裂产生的自由基通常需要胺等催化剂才能传递给单体。溶液类自由基引发剂可分为水溶性和脂溶性两大类，大都包含有叠氮、偶氮等基团。常用的热引发剂如 AIBN 等，也可以作为光引发剂使用。

表 5-4　若干光引发自由基试剂

名称	缩写	结构式	感光波段/nm	备注
偶氮异丁腈	AIBN	$CN(CH_3)_2C\!-\!N\!=\!N\!-\!C(CH_3)_2CN$	320～360	加热分解出自由基
二苯甲酮	BPO	$H_5C_6\!-\!CO\!-\!C_6H_5$	320～360 <300	白片状，溶于甲苯、丙酮、甲醇等，能被季铵催化
2-羟基-2-甲基-1-苯基-1-丙酮	HMPP	$H_5C_6\!-\!COCOH(CH_3)_2$	320～340 <300	熔点 4℃
1-羟基-环己基苯甲酮	HCHBO	$H_5C_6\!-\!CO\!-\!C_6H_{11}OH$	320～340 <300	溶于甲苯、丙酮、甲醇等
2,2-二甲氧基-1,2-二苯基-1-乙酮	DMDPO	$H_5C_6\!-\!COC(OCH_3)_2C_6H_5$	320～360 <300	溶于甲苯、丙酮、甲醇等
1-[4-(2-羟乙氧基)-苯基]-2-羟基-2-甲基-1-丙酮	HEP-HMPO	$HOCH_2CH_2O\!-\!C_6H_4COCOH(CH_3)_2$	240～300 <230	易溶于甲醇，略溶于乙醇和丙酮，几乎不溶于甲苯
二(1-环戊二烯基)-二[2,6-二氟-3-(1H-1-吡咯基)-苯基]合钛	[BCP-BDFP]Ti	$(C_5H_5)_2Ti(C_6H_2F_2\!-\!NC_4H_4)_2$	<500	溶于丙酮、丁酮，略溶于甲苯，氧会抑制反应

续表

名称	缩写	结构式	感光波段 /nm	备注
核黄素	VB$_2$		250～270 220～230	微溶于水,极易溶于稀酸、强碱溶液,易受光、碱、重金属的破坏,在酸性环境中稳定,耐热,并在空气中稳定
黄素单核苷酸	FMN-Na		250～270 220～230	易溶于水,余同核黄素

2. 光引发聚合法

光照引发聚合,就是将聚合单体、自由基引发剂及相关物质配成溶液,然后灌入毛细管,在光照下引发单体在毛细管中聚合并形成整块聚合物的方法。光引发聚合可以在低温条件下操作,有利于"冻住"模板分子与单体所形成的结构,能提高分子印迹聚合物的选择性。

制作分子印迹聚合物时需要模板分子。所谓模板分子,就是指欲分析或捕捉的目标样品分子。如果在单体溶液中预先加入模板分子,且单体能与模板分子发生作用形成一种包围结构,那么这种结构就可能经过聚合而被固定下来。聚合后设法除掉模板分子,就会在聚合物体上留下相应的空缺,亦即留下印迹。这种印迹当然可以重新认识并捕捉该模板分子。显然,如果在聚合时,模板分子不能安定下来,而是不停地运动,则所得的印迹空间就会模糊松动,这会降低选择性。采用低温光照聚合术,更有利于"冻住"模板分子,从而制得比较清晰、选择性比较高的印迹,更适合于制备手性分子印迹柱等。

注意,为了使溶剂能够流过所得聚合物,需要事先加入致孔剂,使聚合物内部能形成合理的通透孔。一般来讲,不加致孔剂时,所得整体柱密度太大,无法使用;但如果致孔剂加入过多,则聚合物可能不成形或者变成柔软的胶状物,或者强度太小经不起使用。

整体柱的制备,一般包括毛细管预处理、聚合溶液配制、灌管聚合、后处理等步骤,其中毛细管处理的目标是引入双键,方法与前面相同。下面以 C$_{18}$ 或 C$_4$ 毛细管整体柱的制备为例,说明制柱过程的要点。

（1）毛细管选择与处理　由于自由基引发剂多需要紫外线（250～380nm）照射（见表 5-4）,所以需要能透紫外线的毛细管。常用的弹性石英毛细管因涂有聚酰亚胺，是不透紫外线的，所以在光照前，需要沿轴向削去一线涂层。采用透明的毛细管操作比较方便。美国的 Polymicro Technologies 公司出售有透明弹性涂层保护的石英毛细管[60]，如 TSU075375（75μm ID×375μm OD）等。无论选用何种毛细管，其内表面都应引入烯键，以便于在聚合时成键。

在灌入聚合溶液前，检测窗口部位需用黑纸或铝膜包上挡光，以免此处形成聚合物，降低检测灵敏度。

（2）聚合溶液配制 聚合溶液一般包括模板分子、功能单体、交联剂、光引发剂、致孔剂、溶剂等部分，多临用前配制。模板分子当然是欲分析的物质，亦可以是手性分子。功能单体多选用能与模板分子形成氢键的甲基丙烯酸及其衍生物、带烯基的含氮杂环化合物等。交联剂是含双烯键的物质如 ED-MA（甲基丙烯酸乙二醇酯）等。为增强印迹效果，交联剂也应包含一些能与样品分子作用的极性基团。光引发剂可参见表 5-4。致孔剂可选异辛烷等具有分散作用的溶剂。溶剂的选择取决于聚合单体等的溶解性质，甲苯是制备反相柱最常用的溶剂。

注意，配方设计主要取决于模板分子，但有几个通用参数需要优化，它们是：单体与模板分子、单体与交联剂、溶剂与致孔剂的比例。单体与模板分子的比例主要影响选择性，单体与交联剂及溶剂与致孔剂的比例主要影响成柱的穿透孔径或流动阻力。

（3）灌管与聚合 将配好的聚合溶液吸入毛细管中，两端插入密封橡胶块中，用紫外线（AIBN 需 350nm 的紫外线）照射毛细管引发聚合。照射时间短则数秒，长则数分、数小时乃至过夜，取决于光照能量密度和光引发剂种类，可根据厂家提供的说明进行设计和控制。

（4）后处理 聚合后的毛细管，一般先由色谱泵推动，顺次用乙腈、甲醇、流动相置换管内液体；然后两端密封起来，于室温保存。

3. 热聚合法

将光引发体系中的自由基试剂换成热敏试剂，就可实现热引发聚合。有些光敏自由基试剂同时也是热敏试剂，如 AIBN 等。有些试剂如过硫酸铵，在室温就能产生足量的自由基并引发反应，这样就可以在较低的温度下制备柱子。下面以 C_{18} 或 C_4 毛细管整体柱的制备为例[61]，说明其制柱过程。

取 0.12g 1,4-二（丙烯酰）哌嗪、0.075g 异丁烯酰胺、150μL 乙烯基磺酸、0.065g 硫酸铵，顺序溶于 1mL pH 8.5 的 0.015mol/L Tris-HCl 中。在室温下，取 400μL 溶液，加入 50mg 异丁烯酸十八烷酯（C_{18} 柱）或 20μL 异丁烯酸正丁酯（C_4 柱）鼓氮 2min 后补加 15μL Triton X-100，于 65℃水浴中加热 5min，室温超声 2min，再加入 5μL 0.1g/mL 过硫酸铵水溶液。该溶液混匀后，即加入 4μL TEMED 并迅速灌入已引入烯键的毛细管中，室温反应过夜。（注意：如使用偶氮类自由基引发剂制备丙烯酸及其酯类聚合柱，通常需要加温至 60～70℃，反应数小时不等。）所得毛细管经色谱泵，顺序由水、乙腈和色谱流动相清洗置换。清洗所需压力与毛细管粗细有关，对于 $25\mu m$、$75\mu m$、$100\mu m$ 内径毛细管，分别需要约 15MPa、10MPa、6MPa 的压力。

第四节 特 殊 技 术

在 CE 中，除了上述提到的制管技术外，还有一些其他技术，比如扁毛细管制作、圆毛细管吹泡或刻泡、毛细管拼接、弯折等，下面作简要介绍。

一、塑料扁毛细管制作[62]

利用扁毛细管可以提高 CE 的进样量，能在不降低分离效率的条件下，提高检测灵敏度。目前尚无商品扁毛细管出售，将塑料毛细管经过加热、压扁、冷却定型等步骤，可以得到比较理想的扁管，具体操作如下：

① 截取 $0.5 \sim 1.0mm\ ID \times 50 \sim 100cm$ 的聚四氟乙烯管或乙烯丙烯共聚塑料管；

② 将塑料管夹于两块平整光滑的不锈钢板之间，压到预计高度，固定住（见图 5-9）；

③ 均匀加热不锈钢条至塑料管软化；

④ 室温放置或用自来水冷却后即得。

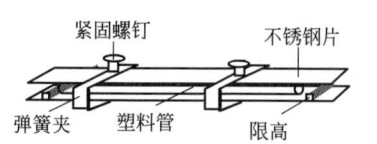

图 5-9 扁塑料毛细管
制作装置示意

二、毛细管吹泡与弯折

毛细管吹泡是为了增加紫外检测光路。加热毛细管局部，同时向管内吹入氮气或干净空气，仔细调节气压和毛细管与火焰的距离，可以使加热部位扩展成球状。如果气体压力调小至不能成泡（与大气压相等），轻压毛细管即可将管从加热处压弯，由此可以制备出 Z 或 U 形毛细管，同样能加长检测光路。

三、化学刻蚀

利用氢氟酸可以刻蚀熔融石英或玻璃毛细管，由此可以扩展毛细管内径或在毛细管壁上打孔。以下举两个例子。

【例一】 扩孔或刻泡

取一毛细管，顺序用 2mol/L HCl 和 2mol/L NaOH 冲洗各 15min。将欲刻蚀部位加热至 90℃后，负压吸入 10% 的 HF，反应一定时间后，用水冲洗即可。加热部位的反应快速，刻蚀厚度多于其他部位，可等价于吹泡，故曰刻泡。注意：刻蚀速度与加温之间并无确切的定量关系，所刻位置的尺寸，必须刻后标定。

【例二】 毛细管壁刻孔

在不少情况下需要对毛细管打孔，除了利用脉冲激光、牙钻打孔技术外，还可利用氢氟酸刻蚀方法进行打孔。方法是：取一毛细管，将欲打孔部位的外保护涂层刮掉，然后将该部位浸入氢氟酸溶液中，直到刻穿。

管壁是否刻穿，可通过测量电导确定，具体操作是：向毛细管通入稀电解质溶液，令其连续流动，接通氢氟酸与毛细管流出液体之间的电压，观测电流。刻蚀过程中电流应该十分平稳，当观测到电流突然变化（一般是增大）时，表明管壁已被刻穿。利用该法，在电流刚要上升时停止刻蚀，可以得到管壁没有刻穿但存在纳米级镂孔的超薄管壁，以用于电化学检测或电喷雾接口制作。

四、毛细管拼接[39]

毛细管拼接技术可用于填充柱制备、柱中或柱后衍生、柱头进样浓缩、扩展检测光路、（电化学检测中的）电流隔离、二维电泳、与质谱联用等。毛细管拼接的关键是接头设计。在进行交叉式拼接时，通常需要使用 T 或 Y 形接头，但接头多存在严重的死体积问题，且毛细管越细，问题越严重。比较精细的方法是利用上述的化学刻蚀、激光或牙钻打孔后，再将另一毛细管插入孔中或紧接在孔口。

同轴拼接相对容易且有多种技术可用，其中套接［见图 5-10(a) 和 (b)］和对接［见图 5-10(c)］是常见的方法。套接管接头，如果需要，可以使用环氧树脂、502 胶等进行密封，也可使用热缩性塑料管套封。对接的方法也很多，这里介绍一种简单的：先用 U 形塑料片将毛细管夹紧或用 502 等胶固定住，再用刀片在管上划一刀，然后轻轻掰断，使断面恢复同轴即得。

在进行电流隔离或除盐等工作中，接头不能封死；而在进行柱中衍生、扩展检测光路等操作中，接头必须密封，且接头处的死体积越小越好。

关于特殊结构毛细管的制作，本节不作全面的归纳。在以后相关章节中还会有更针对性的介绍。

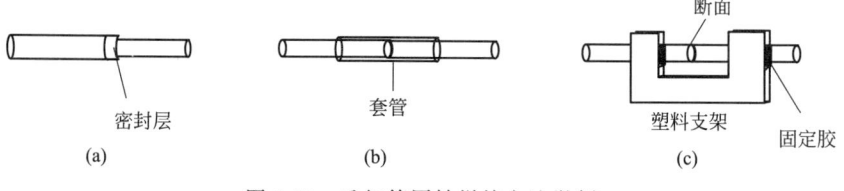

断面

密封层　　　　　　　套管　　　　　　　塑料支架　　　固定胶

(a)　　　　　　　　　　(b)　　　　　　　　　(c)

图 5-10　毛细管同轴拼接方法举例

（a）套接；（b）对套；（c）对接

参考文献

［1］　陈义，竺安. 生物化学与生物物理进展，1990，17：390.

［2］　Stover F S，Haymore B L，McBeth R J. *J Chromatogr*，1989，470：241.

［3］　Yao Y J，Li S Y F. *J Chromatogr A*，1994，663：97.

［4］　Huang X，Luckey J A，Gordon M J，Zare R N. *Anal Chem*，1989，61：766.

［5］　Emmer A，Jansson M，Roeraade J. *J Chromatogr*，1991，547：544.

［6］ Yao X W，Wu D，Regnier F E. *J Chromatogr A*，1993，636：21.

［7］ Liu Y，Fu R，Gu J. *J Chromatogr A*，1995，694：498.

［8］ Herrin B，Shater S，van Alstine J，Harris J，Snyder R. *J Colloid Interface Sci*，1987，115：46.

［9］ Towns J K，Regnier F E. *J Chromatogr*，1990，516：69.

［10］ Bentrop D，Kohr J，Engelhardt H. *Chromatographia*，1991，32：171.

［11］ Hjerten S. *Chromatogr Rev*，1967，9：122.

［12］ Hjerten S. *J Chromatogr*，1985，347：191.

［13］ Huang M，Vorkink W P，Lee M L. *J Microcolumn Sep*，1992，4：233.

［14］ Cobb K，Dolnik V，Novotny M. *Anal Chem*，1990，62：2478.

［15］ McCormick R M. *Anal Chem*，1988，60：2322.

［16］ Daugherty A M，et al. *J Liq Chromatogr*，1991，14：907.

［17］ Swedberg S A. *Anal Biochem*，1990，185：51.

［18］ Bruin G J M，Huisden R，Kraak J C，Poppe H. *J Chromatogr*，1989，480：339.

［19］ Maa Y F，Hyver K J，Swedberg S A. *J High Resolut Chromatogr*，1991，14：65.

［20］ Chen Y. *Talanta*，1998，46：727.

［21］ Chen Y. *J Chromatogr A*，1997，768：39.

［22］ Chen Y，Höltje J-V，Schwarz U. *J Chromatogr A*，1994，680：63.

［23］ Schmalzing D，Piggee C A，Foret F，Carrilho E，Karger B L. *J Chromatogr A*，1993，652：149.

［24］ Nashabeh W，Rassi Z. *J Chromatogr*，1991，559：367.

［25］ Dottavio-MartinD，RavelJM. *Anal Biochem*，1978，87：562.

［26］ Peng L，Calton G J，Burnett J W. *Applied Biochem Biotech*，1987，14：91.

［27］ 蒲敏，金志浩. 材料科学与工程，1997，15：32.

［28］ 余锡宾，王华林，訾振军. 材料导报，1997，11：49.

［29］ 赵文珍. 材料导报，1996，10：12.

［30］ 刘海斌，周根树，郑茂盛. 材料导报，1996，10：76.

［31］ 井新利，周根树，刘海斌，郑茂盛. 功能材料，1995，26：510.

［32］ Guo Y，Colón L A. *Anal Chem*，1995，67：2511.

［33］ Guo Y，Colón L A. *J Microcol Sep*，1995，7：485.

［34］ Guo Y，Imahori G A，Coln L A. *J Chromatogr*，1996，744：17.

［35］ Li F，Jin H，Fu R N，Gu J L，Guang J L. *Chinese Chem Lett*，1997，8：793.

［36］ Narang P，Colón L A. *J Chromatogr*，1997，773：65.

［37］ Wu J T，et al. *Anal Chem*，1997，69：320.

［38］ Chen Y，Höltje J-V，Schwarz U. *J Chromatogr A*，1994，685：121.

［39］ Chen Y，Höltje J-V，Schwarz U. *J Chromatogr A*，1994，700：35.

［40］ 陈义. 中国科学：B 辑，1996，26：529.

［41］ Bente P F，Myertso J. EP，272925. 1988；US，4810456. 1989.

［42］ Dolnik V，Novotny M. *Anal Chem*，1993，65：563.

［43］ Dolnik V，Cobb K A，Novotny M. *J Microcol Sep*，1991，3：155.

［44］ Chen Y，Wang F-L，Schwarz U. *J Chromatogr*，1997，772：129.

［45］ Jorgenson J，Lukacs K D. *J Chromatogr*，1981，218：209.

［46］ Tsuda T. *LC-GC*，1992，5：26.

［47］ Tsuda T，Nomura K，Nakagawa G. *Anal Chem*，1984，56：614.

［48］ Knox J H，Grant I H. *Chromatographia*，1987，24：135.

［49］ Knox J H. *Chromatographia*，1988，26：329.

［50］ Knox J H，McCormack K A. *J Liq Chromatogr*，1989，12：2435.

[51]　Yan C，Dadoo R，Zhao H，Zar R N，Rakestraw D J. *Anal Chem*，1995，67：2026.

[52]　Yan C. US，5453186. 1995.

[53]　Crescentini G，Bruner F，Mangani F，Yafeng G. *Anal Chem*，1988，60：1659.

[54]　Ericson C，Liao J-L，Nakaato K，Hjerten S. *J Chromatogr*，1997，767：33.

[55]　Boughtfolwer R J，Underwood T，Paterson C J. *Chromatographia*，1995，40：329.

[56]　Kitagawa S，Ingaki M，Tsuda T. *Kuromatogurafi*，1993，14：39R.

[57]　Behnke B，Grom E，Bayer E. *J Chromatogr*，1995，716：207.

[58]　Fujimoto C. *Chromatography*，2001，22：19.

[59]　Fujimoto C. *Anal Sci*，2002，18：19.

[60]　Schweitz L，Andersson LI，Nilsson S. *J Chromatogr A*，1997，792：401.

[61]　Liao J-L，Chen N，Ericson C，Hjerten. *Anal Chem*，1996，68：3468.

[62]　陈义，竺安. 中国科学：B 辑，1991（6）：561.

CHAPTER 6

电渗控制

电渗是一种电动现象，也是推动 CE 分离的一种基本动力。电渗能控制组分的迁移速度和方向，进而影响 CE 的分离效率、重复性和再现性。所以电渗控制在 CE 中至关重要。

凡能影响电渗的因素都有可能用于电渗的控制，但能理想调控电渗而又不影响分离过程的方法目前还不多见。理想的电渗控制方法必须不仅能稳定电渗，而且能改变其方向和随时调节大小。稳定电渗是提高分离重复性的重要因素。改变电渗则可以调节分离度和分离时间[1]。

第一节　理论控制方法[1]

影响电渗的因素很多，可分为直接和间接因素两类。直接因素有：轴向电场、黏度 η、介电常数 ε 和电动电位 ζ 等；间接因素有：温度、缓冲液的组成和 pH、管壁的性质、径向电场、磁场等。温度和缓冲液的组成是通过影响黏度、介电常数和管壁的 ζ 等来影响电渗的。径向电场和磁场则通过改变管壁表面的电荷数量及其分布来改变电渗。一般地，所有能改变 ζ、ε 和 η 的直接或间接的因素都可能用来控制电渗。

（1）温度　升高温度可导致缓冲液黏度的下降和管壁硅羟基解离度的增加，进而加速电渗；相反，降低温度可减缓电渗。但温度只能在小范围内改变电渗的大小，不改变电渗的方向。在实际操作中，温度参数不宜用于电渗控制，而主要用于分离控制。有些样品如某些糖类可能需要高温电泳条件，而另一些样品如手性分子可能需要低温条件。大多数生化样品则希望能在室温或更低温度下分离，以保持其活性。

（2）电场强度　增大电场强度可以加快电渗速度，但不改变电渗率。实用中，电场强度主要依据分离效率和分析速度来选择或设置。

（3）pH 电泳缓冲液的 pH 控制样品和管壁定位基团的解离程度，同时影响分离和电渗速度。就熔融石英毛细管而言，其硅羟基在 pH＜2.5 时基本不解离，电渗接近于零；而当 pH＞10 时，硅羟基解离基本完全，电渗变化很小；pH 在 4～10 之间，硅羟基的解离度随 pH 上升而迅速增大，电渗亦迅速增强，类似于滴定曲线。pH 同样影响样品的解离能力，不同的样品需要不同的分离 pH，所以利用 pH 来控制电渗的自由度比较小。pH 本身通常只能改变电渗的大小。

（4）缓冲液溶剂 CE 一般使用水配制溶液，但可添加有机溶剂以改变电渗[2]，其中醇类特别是甲醇等可明显抑制电渗。不同溶剂的黏度、介电常数等不同，对应的电渗也不一样，比如用 D_2O 代替 H_2O 时，溶液的黏度增大，电渗降低[3]。利用溶剂变化来控制电渗，有一定的可能性，但也不是理想和定量的方法。

（5）简单离子 缓冲液中的离子主要起导电作用并影响分离效率，是电泳条件选择的关键因素之一。离子可通过影响双电层及其厚度来影响电渗：离子浓度上升，双电层厚度减小，电渗变小。离子还可通过与管壁作用以及影响溶液的黏度、介电常数、离子活度等因素来影响电渗[4,5]。但是，简单的离子对电渗影响的幅度有限，而且过高或过低的离子强度，对提高分离效率不利。有些易在毛细管壁上吸附的高价态离子可强烈影响电渗的大小和方向，多数不能用于电渗的控制，还会严重影响分离，需要多加注意。

（6）毛细管孔径 改变毛细管的孔径，会改变电渗的大小。早期的 CITP 正是通过使用大孔径管（500μm）来抑制电渗的。相反，选用细孔毛细管可加强电渗。

（7）添加剂 广义地讲，电泳缓冲液中所有的化学物质都可视作添加剂，比如电解质、溶剂等。狭义地讲，添加剂多指为某种特殊目的而额外添加到缓冲液中去的物质，其含量一般较低。为清楚起见，我们这里所说的添加剂主要是指做简单 CZE 分离所需电泳缓冲液组成以外的组分。即使如此，添加剂的种类也十分众多，且性质各异。它们可通过在管壁上的可逆和不可逆吸附，来影响管壁上电荷的数量及其分布，甚至改变电荷的符号。利用添加剂来调控电渗，仍有很大的研究和发展空间。

（8）管壁涂层 涂层技术是控制电渗的一种重要方法。包括动态涂层在内的各种涂层技术，为电渗控制提供了多种的选择可能。

（9）径向电场 径向电场具有随机调节电渗的潜力，但一般只在低 pH 范围具有调控电渗大小和方向的能力。

（10）磁场 磁场也可以和电场一样影响电渗（以及分离），但调控幅度小。

第二节 常用控制方法

一、添加剂法

添加剂可直接改变溶液的黏度，也可通过动态涂布如吸附等来改变管壁的电荷性质、双电层中的黏度等，能对电渗产生重大影响。

添加剂的种类很多，就电渗控制而言，可按功能分为增黏剂和非增黏剂两类。增黏剂常见的有纤维素及其衍生物等；非增黏剂包括有机阳离子、两性离子和中性分子等。

1. 增黏剂

常见易得的增黏剂是纤维素，它可大幅度增加溶液的黏度，从而阻止溶液的流动。作者曾在红细胞分析中，使用羟丙基甲基纤维素来增加缓冲液的黏度以抑制电渗，并防止细胞的吸附、降沉、溶血和叠连等，使实验获得成功[6]。Hjerten 在早期毛细管区带电泳研究中，使用纤维素物理涂渍管壁，通过增加管壁附近液层的黏度和屏蔽硅羟基的作用来减小电渗[7]。

纤维素水溶液的黏度与其含量（质量分数）间存在对数线性关系，由此可以计算不同添加剂浓度下的黏度。但需注意，不同纤维素，虽浓度相同但黏度不一定相同。一般地讲，分子量越大，黏度也越大。

除纤维素及其衍生物外，还有多糖和其他亲水高分子等，但一般效果不如纤维素。其中还有一种常温离子液体，也具有很高的黏度，但用其黏度控制电渗并不理想。

一般地，黏度调节仅能改变电渗的大小，不改变其方向。黏度与电渗的关系也比较复杂，与管径、电压、有机溶剂含量、电解质浓度、温度等因素相关。定性而言，管径和黏度越大，电渗就越小。

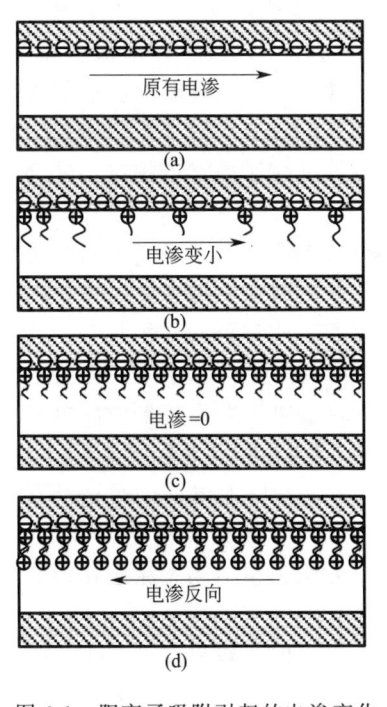

图 6-1　阳离子吸附引起的电渗变化

（a）无涂层管电渗；（b）部分吸附电渗；

（c）单层吸附电渗；（d）双层吸附电渗

2. 阳离子

阳离子有有机和无机之分，它们均易与玻璃管壁上的解离硅羟基产生强烈静电作用，易吸附在管壁上，由此引起电渗发生改变。

（1）有机阳离子　二胺[8]、糖胺[9]、季铵[10]、氟化阳离子表面活性剂[11] 等，极易在玻璃表面上吸附，且吸附量随其在溶液中浓度的增加而逐渐增大，直到铺满所有带负电荷的表面，即形成单分子吸附层。在吸附过程中，管壁上的负电荷密度将逐渐减小直至消失。对应地，电渗也将逐渐减小直到为零［见图 6-1(a)～(c)］。此后，再增加阳离子的浓度，添加剂将通过疏水或其他作用形成第二吸附层，结果得到带正电荷的表面，致使电渗反向［见图 6-1(d)］。第二层吸附量亦随添加剂浓度增加而增加，由此得以改变电渗方向并调节大小。

有机阳离子疏水端碳数特别是碳链的增加，会增强其吸附性能和电渗的控制能力。十二烷基（或以下）季铵通常可以减小石英毛细管的电渗但不能使其反向。与此不同，十六烷基季铵则不仅能减小电渗，而且当其浓度达到 0.05mmol/L 附近时，电渗即反向 $[-4.7\times10^{-4}\mathrm{cm}^2/(\mathrm{V}\cdot\mathrm{s})]$，浓度增加到 0.2mmol/L 时，电渗基本稳定，详见图 6-2。

二胺（铵）的正电荷密度比单胺（铵）的高，理论上更容易使电渗反向。但目前对此类添加剂的研究还很零碎，没有定量的数据规则可供参照。二胺含量变化对电渗的影响与图 6-2 具有相同的形状，但不同二胺的电渗反向敏感浓度各不相同，必须由实测才能确定。我们的研究表明，己二胺不能使电渗反向[48]。

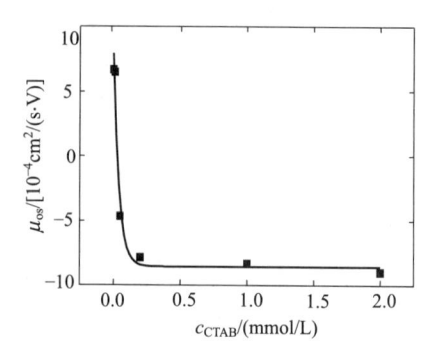

图 6-2　十六烷基三甲基
溴化铵（CTAB）对电渗的影响
缓冲体系：0.01mol/L 四硼酸钠，pH 9.5
电场强度：150V/cm
毛细管：75μm ID×46cm

能够强烈影响电渗的有机胺类添加剂是聚胺和聚铵。我们利用图 6-3 所示的聚铵分子（分子量分别为 5.9 万、9.0 万和 18 万）研究表明，它们的浓度在千分之一以下就能稳定改变电渗方向，并能形成难以洗脱的吸附层，可长期维持反向的电渗。这是一类很好的电渗调控添加剂。

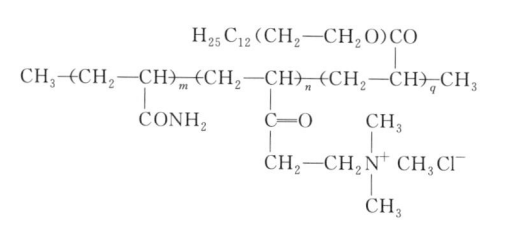

图 6-3　聚铵分子结构$(m,n,q\geqslant1)$

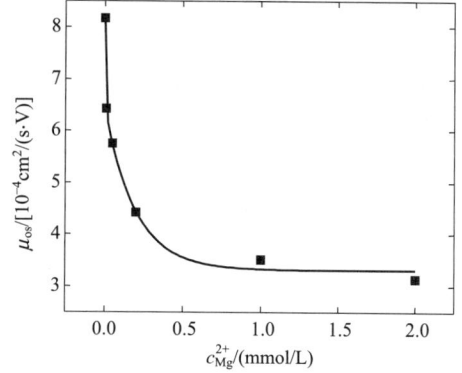

图 6-4　镁离子对电渗的影响
缓冲体系：0.01mol/L 磷酸盐，pH 8.5
毛细管：75μm ID ×46cm
电场强度：150V/cm

（2）无机阳离子　玻璃毛细管表面的硅羟基具有阳离子交换的性能[49]，缓冲液中的无机阳离子会通过置换作用而吸附在管壁表面上，从而中和其表面负电荷，抑制电渗的产生。Jorgenson 等曾报道过利用碱金属离子降低电渗的例子[50]。

能在石英或玻璃表面上产生明显而稳固吸附的离子通常是像镁、铁、锌等一类高价阳离子。它们影响电渗的行为与有机阳离子有些相像，但仅能使电渗减小，并有饱和现象（见图 6-4）[48]。

用阳离子添加剂来控制电渗具有效果明显、变化方向明确的特点，且有不少类型的阳离子能够轻易改变电渗的方向，所以是电渗控制的最简单、最有效的方法。但本法缺乏细致和系统的研究，其定量控制水平和重复性还不能令人满意。此外，吸附的阳离子可能会对负离子样品组分的分离引入新的分离机制，如离子交换等；还可能出现峰拖尾、降低分离效率等不利现象。

3. 两性有机离子

两性离子能通过静电作用吸附在毛细管内壁上，导致电渗的大小及 pH 响应行为发生变化。两性离子吸附层不改变表面电荷的性质，所以不改变电渗的方向。利用这种特性，选择适当的两性基团可使电渗加速或减慢。在使用普通的熔融石英毛细管的情况下，选用含磺酸、羧酸等基团的两性添加剂通常能加速并稳定电渗。

4. 中性有机物

目前可用于电渗控制的中性分子不多，但有研究显示，聚氧乙烯型高分子能在很宽的 pH 范围内稳定电渗[12]。其他中性有机分子用于控制电渗的情况不明，目前资料不多，如要使用，必须自己通过实验来确定。

二、涂层法

添加剂法简单，但可能干扰分离过程。为排除此类干扰，须采用涂层法。它有物理和化学涂层之分。使用环氧树脂[13] 等有黏合力的高分子，可以在毛细管内壁形成相当稳定的物理涂层。使用聚乙烯醇[14]、聚乙烯亚胺（可改变电渗的方向）[1] 等高分子也能形成物理涂层，但稳定性一般较差。表 6-1 列举了若干物理涂层试剂及其性能，以供参考。

表 6-1　若干吸附涂层及性能

涂层类型	pH 范围	原始应用目标	电渗控制能力	参考文献
环氧树脂	2～11	蛋白质分离	减小、恒定电渗	[13]
聚乙烯醇	3.5～7	蛋白质分离	减小电渗	[14]
聚乙烯亚胺	3～11	碱性蛋白质分离	可改变电渗方向	[15]
聚谷氨酸甲酯	2～9	蛋白质分离	电渗有所下降	[16]

更稳定的一般是化学涂层。Hjerten 最早采用共价键合方法制作纤维素涂层[7]，后来又提出聚丙烯酰胺化学键合方法[17]。化学键合涂层种类甚多，比较常见的罗列于表 6-2。

表 6-2　若干键合涂层及性能

涂层类型	pH 范围	原始应用目标	电渗控制能力	参考文献
线性聚丙烯酰胺	2～9	蛋白质分离	基本消除电渗	[17]
交联聚丙烯酰胺	2～10	蛋白质、DNA 分离	基本消除电渗	[18,19]
聚乙烯吡咯烷酮	2～6	蛋白质分离	基本消除电渗	[20]

续表

涂层类型	pH 范围	原始应用目标	电渗控制能力	参考文献
烷基(硅烷)	7	蛋白质分离	减小、恒定电渗	[12,21]
五氟苯	7	蛋白质分离	抑制电渗	[22]
麦芽糖(胺)	3～7	蛋白质分离	(可改变电渗方向)	[23]
乳清蛋白	2～8	蛋白质分离	可改变电渗方向	[24]

聚乙烯亚胺[15]、麦芽糖胺[23]、乳清蛋白[24] 等涂层可以改变电渗的大小乃至方向，烷基（硅烷）[12,21] 和环氧树脂[13] 涂层可以恒定电渗，聚丙烯酰胺[17~19] 和聚乙烯吡咯烷酮[20] 涂层可在 pH9 或 6 以内基本消除电渗（见表 6-1 和表 6-2）。其他涂层对电渗的影响需由实验确定。

通过改换键合方法以及增加交联程度，还可以进一步提高键合涂层的稳定性。以聚丙烯酰胺为例，它一般通过 Si—O—C 键连接到管壁上[17]，不能耐受高 pH 条件；如果利用格氏试剂，变换成 Si—C 键[18]，则涂层稳定性可大为提高。线性聚丙烯酰胺涂层的稳定性弱于交联涂层[19]。Yao 等把烷基键合涂层法与 Tween、Brji 等非离子表面活性剂的动态吸附涂层相结合，使烷基涂层的 pH 稳定范围得到了加宽（pH 4～11）[12]。

所有涂层均有寿命问题，键合涂层的制作也比较麻烦。涂层技术也不具备动态调节电渗的能力，但还比较常用，有发展空间。管壁涂层并不只是为了控制电渗，还更多地用于抑制蛋白质等样品在管壁上的吸附。

第三节 电磁场控制法[1]

通过施加磁场或与双电层方向垂直的电场，可以改变管壁表面定域电荷的性质和分布，进而控制电渗的大小和方向。Razee 等首先研究了磁场对电渗及分离效率的影响[25]，发现磁场对淌度和电渗率的影响类似而程度不同，但后续研究工作太少，无法对磁场控制技术给出合理的评价。

与磁控法不同，电场控制法得到较多的研究，并取得一批结果[1,26~49]。它的特点是能在一定范围内动态调控电渗的大小乃至方向，所以 Ghowsi 等曾对这种控制给以极高的评价和期望[26]。

根据径向电场施加和调制方式的不同，可以有不同的控制方法和控制系统设计，下面介绍几种典型的电场控制方法及其优缺点。

一、双电源套管法

图 6-5(a) 所示为 Lee 等最先提出的一种电场控制实验系统[27]：将外涂层剥离后的分离毛细管插入一根大孔毛细管，再将缓冲溶液灌入环套层和分离毛细管，分别独立施加轴向电场，即在轴向上的任意一点处产生径向电位差 [记作 $V_r(x)$]。

根据电容充电原理，改变 $V_r(x)$ 的大小或方向，管壁上（或双电层中）的电荷数量乃至符号将随之改变，进而导致电渗的大小与方向随之改变。

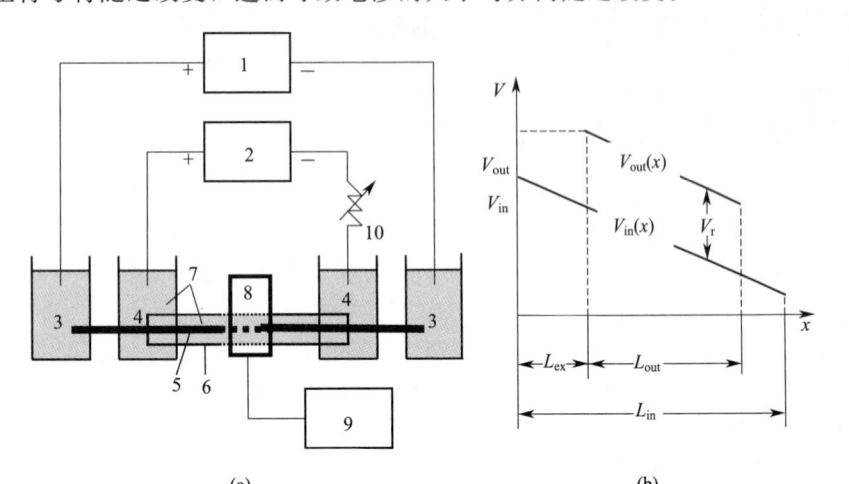

(a)   (b)

图 6-5　双管双电源四电极电渗控制装置示意图及其径向电位差分布图解

（a）控制装置示意图；（b）径向电位差分布图解

1,2—高压电源；3,4—电极槽；5—分离用毛细管（分离通道）；6—外套管；7—缓冲液；

8—检测器；9—记录仪；10—变位器；V—电位变量；V_{out}—外套管进样端电位；

V_{in}—分离管进样端电位；V_r—径向电位差；$V_{out}(x)$—分离管外电位；$V_{in}(x)$—分离管内电位；

x—管长变量；L_{out}—外套管总长；L_{in}—分离管总长；L_{ex}—分离管进样端未套长度

假设分离毛细管内、外壁上的轴向电场强度分别为 $E_{in}(x)$ 和 $E_{out}(x)$，则由图 6-5(b) 有：

$$E_{in}(x) = dV_{in}(x)/dx \tag{6-1}$$

$$E_{out}(x) = dV_{out}(x)/dx \tag{6-2}$$

式中，V 表示电位，下标 in 和 out 分别表示分离毛细管的内、外两侧；x 为轴向位置坐标变量。设电场沿轴向的变化可忽略，即 $E(x)$ 可以看成常数 E，则有：

$$V_{out}(x) = V_{out} - (x - L_{ex})E_{out} \tag{6-3}$$

$$V_{in}(x) = V_{in} - xE_{in} \tag{6-4}$$

由式(6-4) 减去式(6-3) 得：

$$V_r(x) = (V_{out} - V_{in}) + x(E_{out} - E_{in}) - L_{ex}E_{in} \tag{6-5}$$

式(6-5) 表明，径向跨管壁电位差由内、外轴向电场强度和距离共同决定，但如果内、外电场强度相等即 $E_{out} = E_{in} = E$，则为常数：

$$V_r(x) = V_{out} - V_{in} + L_{ex}E = V_r = 常数 \tag{6-6}$$

维持套管轴向上的径向电位差处处相等，是电渗率 μ_{os} 在轴向上保持不变的一个钳制因素，同时也容易控制，即只要保持轴向内、外电场平行就行，这就是径向电场调节控制的原理。Lee 等利用这种控制原理，以磷酸盐（pH≈6）为缓冲体系进行的实验研究表明，随径向电位差从 $-5kV$ 变动到 6kV，μ_{os} 也从 $(2.72 \pm 0.13) \times 10^{-4} cm^2/(V \cdot s)$ 变至 $(-0.53 \pm 0.01) \times 10^{-4} cm^2/(V \cdot s)$。在 $V_r = 5kV$ 时，电渗接近于零。

套管控制系统的优点是原理简单，缺点是毛细管没有弹性保护涂层，很容易折断，进样和检测亦非常困难，实难推广使用。另外，采用两个高压电源也会提高装置成本。

二、电离气室法

利用封闭于箱子中的电离空气代替环形空腔内的电解质溶液导体，可免用外套管，简化系统和降低操作难度[31]。此设想精巧，但需要高能射线不断轰击气体以产生并维持气体离子，所以实验难度和成本均会提升，主要是存在射线污染问题。

三、导电外涂层法

Hayes 等采用涂有 Nafion 膜（作为导体）的毛细管，同样不需外套管[33]，但存在 Nafion 膜的高压绝缘问题。涂膜工艺会影响导电的均匀性。

四、恒电位控制法

在毛细管外壁直接镀上金属膜或置于不锈钢垫片上，再施加某一电位（包括接地）也能产生 $V_r(x)$，达到控制电渗的目的[35]。这种方法非常简单，但 $V_r(x)$ 随轴向变动，可出现电渗回流等问题，进而造成区带展宽或畸变，因此不适用于高效分离的电渗控制。

五、四电极控制法[1,44,48]

1. 控制原理与方式

为了克服上述诸问题，我们设计了一种单电源四电极电渗控制系统，如图 6-6 所示。利用这种四电极系统，可以实施多种不同的电极连接和控制，详见表 6-3。为简便，以（+1，-3）（即 1 接正电极、3 接负电极）的连接方式为例进行讨论，其对应的模拟电路如图 6-7 所示。

设图 6-7 中的 A 为零点，则毛细管轴向上任意一点 x 处的径向电位差为：

$$V_r(x) = V_{out}(x) - V_{in}(x) \tag{6-7}$$

根据欧姆定律有：

$$V_{out}(x) = I_o R_4 + x I_o \rho_{oe} / S_{oe} = I_o R_4 + x I_o R_{oe} / L_{out} \tag{6-8}$$

$$V_{in}(x) = I_i R_1 + x I_i \rho_{se} / S_{se} = I_i R_1 + x I_i R_{se} / L_{out} \tag{6-9}$$

式中，L_{out} 为外套管的长度；ρ_{se} 和 S_{se} 分别为分离管中缓冲液的电阻率和管的横截面积；ρ_{oe} 和 S_{oe} 分别为环形空间中的相应值。合并式(6-7)、式(6-8) 和式(6-9) 得：

$$V_r(x) = I_o R_4 - I_i R_1 + \frac{I_o R_{oe} - I_i R_{se}}{L_{out}} x \tag{6-10}$$

显然当 $I_o R_{oe} - I_i R_{se} = 0$ 时，$V_r(x)$ 与 x 无关。由于

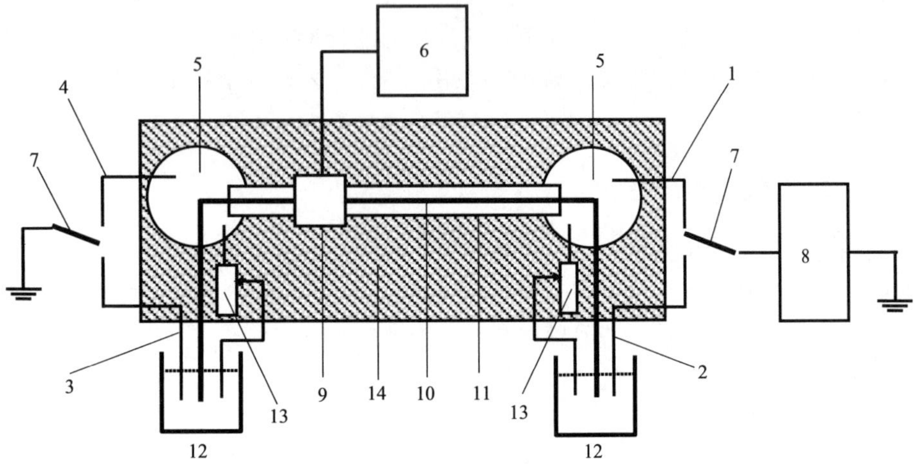

图 6-6　单电源四电极电渗控制系统结构

1～4—电极；5—内电极槽；6—记录仪；7—极性转换开关；8—高压电源；9—紫外检测器；

10—分离用毛细管；11—外套管；12—电极槽；13—可变电阻；14—管盒

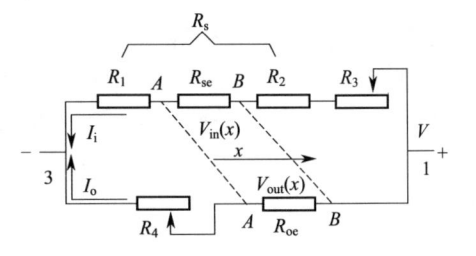

图 6-7　电极（＋1，−3）连接模拟电路图

V—电源电压；R_s—分离管电阻；R_{se}—分离管中受径向电场控制部分的电阻；

R_1，R_2—分离管两端不受径向电场控制部分的电阻；R_{oe}—环形空间的电阻；

R_3，R_4—可变电阻；I_i—电泳电流；I_o—管外电流

$$I_o = V/(R_4 + R_{oe}) \tag{6-11}$$

$$I_i = V/(R_1 + R_2 + R_3 + R_{se}) \tag{6-12}$$

所以满足 $V_r(x)$ 与 x 无关的条件是 $R_{se}/(R_1 + R_2 + R_3 + R_{se}) = R_{oe}/(R_4 + R_{oe})$，于是得：

$$V_r(x) = I_o R_4 - I_i R_1 = \left(\frac{R_4}{R_4 + R_{oe}} - \frac{R_1}{R_1 + R_2 + R_3 + R_{se}} \right) V = V_r = 常数 \tag{6-13}$$

设 $R_1 + R_2 = \alpha R_{se}$ 且 $R_{oe}/R_{se} = \gamma$，则 $R_{se}/[R_3 + (1+\alpha)R_{se}] = R_{oe}/(R_4 + R_{oe})$ 或 $R_4 = \gamma R_3 + \alpha R_{oe}$，由此得：

$$V_r = \frac{R_2 + R_3}{R_3 + (1+\alpha)R_{se}} V \tag{6-14}$$

类似地，可以推导出其他电极连接方式下的 $V_r(x)$ 和 V_r，结果列于表 6-3。

表 6-3 显示，影响径向电场的主要因素包括：电极连接方式、可变电阻 R_3 和 R_4、电源电压 V、分离管中受径向电场控制部分的电阻 R_{se}、分离管两端不受径向电场控制部分的电阻 R_1 和 R_2、环形空间的电阻 R_{oe} 等。理论上，这些因素都是可用的，但实际上有些因素不能利用，如 V 不能作为独立变量，它同时改变 V_r 的大小、方向以及样品的分离效率和速度；R_1 和 R_2 正比于未受径向电场控制的毛细管长度（越短越好）；R_{se} 对于给定系统通常不便调节；R_{oe} 反比于环形空间的横截面积，亦不适合作控制变量。所以，改变电极连接方式和调节可变电阻是实现控制的有用因素。

表 6-3　不同电极连接方式下径向电位差的表达式

电极连接方式	$V_r(x)$	$V_r(x)=V_r$ 的条件	V_r
$(\pm1, \mp3)$	$\pm[I_oR_4 - I_iR_1 + x(I_oR_{oe} - I_iR_{se})/L_{out}]$	$R_4 = \gamma R_3 + \alpha R_{oe}$	$\pm\dfrac{(R_2+R_3)V}{R_3+(1+\alpha)R_{se}}$
$(\pm2, \mp4)$	$\pm[-I_iR_4 - I_iR_1 + x(I_oR_{oe} - I_iR_{se})/L_{out}]$	$R_3 = \gamma R_4 + \alpha R_{oe}$	$\pm\dfrac{(\gamma R_2 - R_3)V}{R_3 + R_{oe}}$
$(\pm2, \mp3)$	$\pm[I_oR_4 - I_iR_1 + x(I_oR_{oe} - I_iR_{se})/L_{out}]$	$R_4 = \alpha R_{oe} - R_3$	$\pm\dfrac{(\gamma R_2 - R_3)V}{(1+\alpha)R_{oe}}$
$(\pm1, \mp4)$	$\pm[-I_iR_4 - I_iR_1 + x(I_oR_{oe} - I_iR_{se})/L_{out}]$	—	—

可变电阻是控制 V_r 的关键变量。实验中，最便于操作的可变电阻是灌有缓冲液的毛细管。通过改变毛细管的长度、管径和管中缓冲液的浓度（或离子强度）等方法，可以改变其电阻值。其中，离子强度和阻值间没有可预测的定量关系，难以利用；管径对阻值的影响很大，但由于商品化毛细管的管径变化非常有限，误差亦较大，也不便利用。管长与阻值间有正比关系，而且易于改变，是最实用的控制方法。注意，可变电阻通常只能改变 V_r 的大小而不改变其方向。变换 V_r 方向的首选方法是改变电极连接方式，共有四类八种电极连接方式，其中（+1，−3）连接的 V_r 恒为正值；（+2，−4）连接因通常 $\gamma R_2 < R_3$，V_r 为负值；（+2，−3）连接时，若 $\gamma R_2 > R_3$，则 V_r 为正，反之 V_r 为负，此方式中 V_r 的变化幅度相对小些。要在大范围内改变 V_r 应配合使用一种以上的电极连接方式。

2. 控制效果

采用商品化弹性石英毛细管构造分离通道的研究结果表明，电场对电渗确有调控能力（见图 6-8），但其调节能力随 pH 升高而下降：当 pH>6 时，V_r 不再影响电渗。这和 Lee 等用无涂层管所做的研究结果[27] 类似但不完全

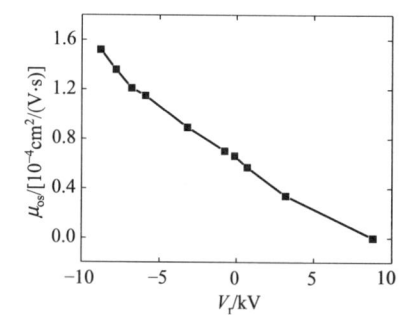

图 6-8　在 0.01mol/L 磷酸盐（pH 3.2）缓冲体系中径向电位差对电渗率的影响

相同。Lee 系统在 pH 6 时仍能使电渗反向，而四电极系统需在 pH<4 后才能使电渗反向。这两个系统的最大差别是，Lee 系统中的毛细管没有聚酰亚胺保护涂层而

四电极系统有保护涂层。为了探讨保护涂层是否会屏蔽径向电场的作用，我们比较研究了涂层管和裸管的电渗控制情况，发现：虽然在不加径向电场时，随着涂层剥离程度的增加，电渗率会有所增加，但在施加径向电场后，涂层对径向电场几乎没有影响或影响可忽略（见表 6-4）。

表 6-4　聚酰亚胺外保护涂层对电渗控制的影响[①]

径向电位差/kV	电渗率/[$10^{-4}\,cm^2/(V \cdot s)$]		
	有完整涂层	有部分涂层	完全没有涂层
不加	0.9 ± 0.0	1.6 ± 0.1	2.1 ± 0.0
-5.2	2.0 ± 0.1	2.2 ± 0.1	2.2 ± 0.1
-6.2	2.4 ± 0.1	2.5 ± 0.1	2.5 ± 0.0
-7.2	2.8 ± 0.1	2.9 ± 0.1	3.0 ± 0.1

① 分离电场：150V/cm；缓冲体系：0.01mol/L 柠檬酸，pH 2.6。

　　进一步的理论研究表明，在 pH 5 以上要使电渗反向，其径向电场强度将超过石英材料的击穿电压。从另一个角度考察，即计算弹性涂层所引起的损失程度，可以得到相同的结论。利用图 6-9 所示的电容-电阻并联模型，就可以进行解析和计算。

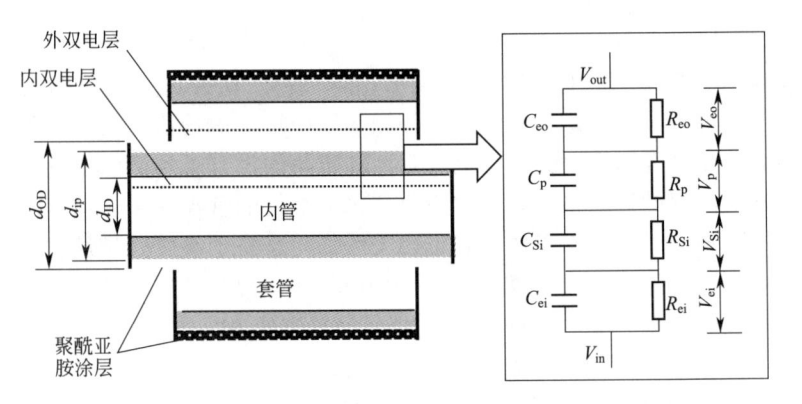

图 6-9　套叠石英毛细管径向电容-电阻并联模型示意

V_{in}—分离管内电位；V_{out}—分离管外电位；C—电容；R—电阻；

下标：p 表示聚酰亚胺涂层，Si 表示石英管，eo 表示外双电层，ei 表示内双电层

　　假设施加在毛细管径向上的内外直流电场相互平行，由图 6-9 知：

$$V_r = V_{out} - V_{in} = V_{eo} + V_p + V_{Si} + V_{ei} \tag{6-15}$$

因

$$V_{eo} = V_r R_{eo} / \sum R \tag{6-16}$$

$$V_p = V_r R_p / \sum R \tag{6-17}$$

$$V_{Si} = V_r R_{Si} / \sum R \tag{6-18}$$

$$V_{ei} = V_r R_{ei} / \sum R \tag{6-19}$$

其中，$\sum R = R_{eo} + R_p + R_{Si} + R_{ei}$。已知 $R_{eo} \ll R_p$，$R_{ei} \ll R_{Si}$，即 $V_{eo} \ll V_p$，$V_{ei} \ll V_{Si}$，故有：

$$V_r = V_p + V_{Si} \tag{6-20}$$

又
$$R_p = \frac{\rho_p}{2\pi L_{in}} \ln \frac{d_{OD}}{d_{ip}} \tag{6-21}$$

$$R_{Si} = \frac{\rho_p}{2\pi L_{in}} \ln \frac{d_{ip}}{d_{ID}} \tag{6-22}$$

式中，ρ_{Si} 和 ρ_p 分别为石英和聚酰亚胺的电阻率；L_{in} 为内管长度；d_{OD}、d_{ID} 和 d_{ip} 分别为内管外径（保护涂层外表面）、内径和涂层内径（石英玻璃外表直径）。由式(6-17)、式(6-18)、式(6-21) 和式(6-22) 等得：

$$\frac{V_p}{V_{Si}} = \frac{R_p}{R_{Si}} = \frac{\rho_p \ln(d_{OD}/d_{ip})}{\rho_{Si} \ln(d_{ip}/d_{ID})} \tag{6-23}$$

式(6-23) 表明毛细管内径越小，或外径越大，或涂层越薄，聚酰亚胺涂层对 V_r 的影响就越小。假设 $d_{OD} = 375\mu m$，$d_{ID} = 75\mu m$，已知多数涂层厚度在 $20 \sim 30\mu m$ 之间，若取 $25\mu m$，则 $d_{ip} = 350\mu m$；聚酰亚胺的电阻率 ρ_p 在 $10^{17} \sim 10^{18}\Omega \cdot cm$ 之间[51]，可取 $5 \times 10^{17}\Omega \cdot cm$；石英的电阻率 ρ_{Si} 约为 $10^{18}\Omega \cdot cm$[52]。将各参数代入式(6-23) 中，得 $V_p/V_{Si} = 0.02$，即聚酰亚胺涂层对电场的抑制率仅在 2% 左右。利用同样的假设和条件，可以计算出其他毛细管聚酰亚胺涂层的影响，详见表 6-5。由此可见，弹性涂层所引起的径向电位损失率通常不大于 5%，因此涂层对 μ_{eo} 的影响亦可忽略。

显然，直接采用商品化弹性石英毛细管，理论上是合理和可信的，实际上是可行的，特别是解决了分离管易被折断的问题。利用 Lee 等报道的装置进行研究并与单电源四电极系统进行比较，结论相同，详见表 6-6，两者差别并不明显。

表 6-5 聚酰亚胺涂层对径向电位差的影响[①]

毛细管尺寸（$d_{ID}/d_{ip}/d_{OD}$）/μm	V_r 百分损失率[$= 100V_p/(V_p+V_{Si})$]
25/350/375	1.3
50/350/375	1.8
75/350/375	2.2
100/350/375	2.8
50/225/250	3.5

① 符号说明见图 6-9。

表 6-6 不同装置电渗控制结果[①]

V_r/kV	μ_{os}/[$10^{-4}cm^2/(V \cdot s)$]	
	单电源四电极系统	Lee 氏双电源系统
−3.5	2.5±0.1	2.5±0.0
−4.1	3.0±0.1	2.8±0.1
−4.8	3.3±0.1	3.1±0.1

① 分离电场：100V/cm；缓冲体系：0.01mol/L 磷酸盐，pH 3.0。

六、电渗的电场控制理论

用电场控制电渗的理论基础是电磁场对固-液界面双电层的作用。径向电场的方向与强度会直接影响双电层上的离子数量和电荷分布方向，结果造成电渗的大小乃至方向的改变。其具体影响方式和效果，随理论模型的不同而有明显不同。

Ghowsi 等人利用金属－绝缘体－电解质的场效应器件模型，研究了径向电场对电渗的影响情况[26]，该模型比较简单但没有推导出径向电场与 μ_{eo} 或其他因素间关系的具体表达式。

与此不同，Lee 等采用电容模型，推导出了缓冲液浓度、pH、毛细管尺寸等与电渗电场控制间的关系[28]。该模型也非常简单但只是一种宏观模型，没有考虑毛细管壁上基团解离和紧密双电层的影响，所得关系式只能判断电渗的变化趋势。为了获得更定量的结果，他们利用 Gouy-Chapman-Stern-Grahame（GCSG）模型，进行了计算机模拟计算，较好解释了吸附离子及涂层对电渗的影响[37]，但此法计算量大，理论性不强。

Ewing 等根据表面电荷密度和界面电位的关系式，结合 Debye-Hückel 理论，解释了 pH 对径向电场控制的影响[30,33]，但理论预测值低于实验结果。

Poppe 等则利用 GCSG 模型和 Gauss 静电理论，通过引入初始电渗率（即不施加径向电场时的 μ_{os}）和 χ（分散层至 ζ 电位面距离）两个参数，推导出 μ_{os} 与径向电场的比较简单的关系式，发现若初始电渗率已经很大，则径向电场对电渗控制的能力会降低[43]。该关系式与实测结果的吻合程度，取决于初始电渗率的准确度。

我们在上述工作的基础上，利用 GCSG 模型和电容效应，经合理简化推导出了一组新的 μ_{os} 与径向电场的关系式，其中亦包含两个未知参数，可以通过自恰方法解得。利用这些公式，我们系统地考察了缓冲液 pH、离子强度、添加剂、涂层及毛细管内、外管径等对电场控制能力的影响，发现其与实验数据的吻合程度优于其他理论[47]。

1. pH 与定域电荷限制

利用径向电场控制电渗的一个前提条件是 pH＜6。比较理想的控制发生在 pH 5 以下。如想改变电渗的方向，则 pH 应小于 4，最好小于 3（见图 6-10）。这说明，管壁上的定域电荷越多，对径向电场的抗拒力就越大；反之电荷越少抗拒力越小。

2. 电解质浓度限制

缓冲液中电解质浓度越低，电场控制越有效（见图 6-11），但不应低于 1mmol/L，否则会产生低效或无效分离。一般地，电解质浓度可以控制在 5～50mmol/L 之间，常用者为 10mmol/L。

由此可知，弱电解质比强电解质更有利于发挥电场控制的威力。实验证实，柠檬酸缓冲体系对径向电场的响应远大于磷酸盐缓冲体系。当然，电解质种类的选择，还要与分离选择性和效率挂钩。

3. 管径影响

毛细管越细，电场控制的效果就越好（见图 6-12）。在检测灵敏度许可的前提下，应首先选用细内径毛细管。以紫外检测为例，可以优先考虑 $25\mu m$ ID 管，然后考虑 $50\mu m$ ID 管。

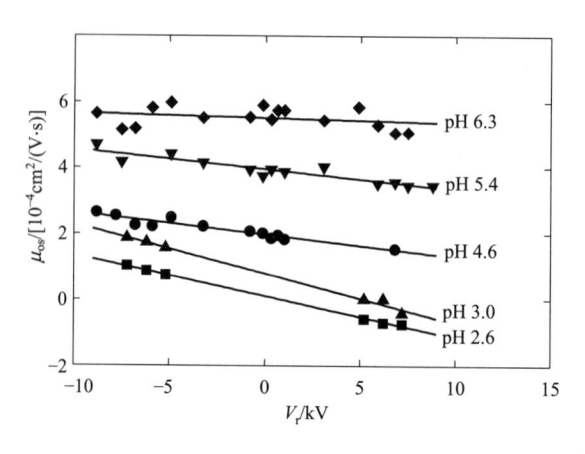

图 6-10 pH 对径向电场控制电渗能力的影响

缓冲液：0.01mol/L 磷酸盐

电泳电压：150V/cm

毛细管：75μm ID×46cm

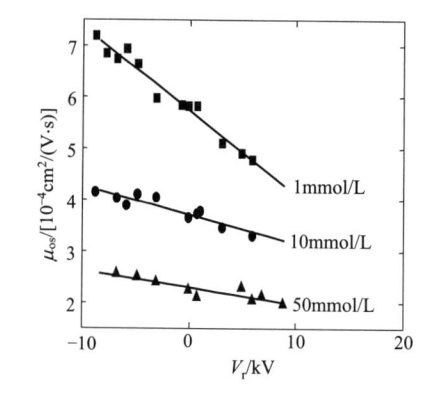

图 6-11 缓冲液浓度对 $V_r \sim \mu_{os}$ 关系的影响

缓冲液：磷酸盐，pH 5.0

其余条件同图 6-10

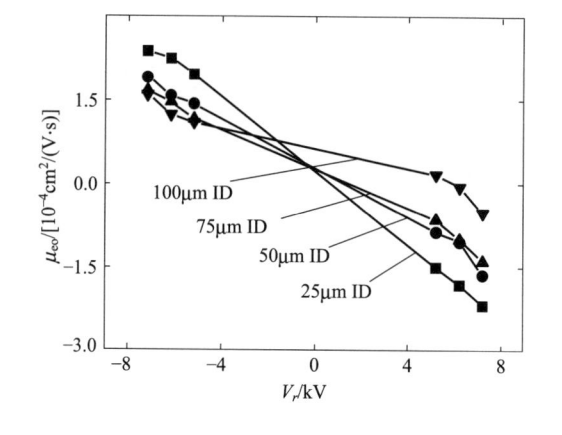

图 6-12 毛细管内径对径向电场控制电渗能力的影响

缓冲体系：0.01mol/L 的磷酸盐，pH 3.1

分离电场：150V/cm

毛细管：25～100mm ID×46cm

4. 径向电场强度

若其他条件（pH、电解质和毛细管）不变，则电渗的大小取决于径向电场强度。在达到石英击穿电压之前，电渗随径向电场的升高而向负值方向发展（见图 6-10 或图 6-11）。

5. 添加剂与键合涂层

理论指出，添加剂会影响径向电场对电渗的控制能力，但没有得到实验结果的支持。添加剂虽可直接改变电渗却并不与径向电场产生正或负的协同作用，或者说，不直接触及定域电荷的因素可能不会扩大电场的作用。我们的研究还发现，许多化学涂层也不与径向电场产生协同作用，唯杯芳烃涂层除外。图 6-13 显示，在pH5 附近，裸管与硅烷化涂层管的 μ_{os}-V_r 曲线斜率（绝对值）很小且相互平行，而对应于杯芳烃涂层的曲线斜率却较大且随涂层试剂修饰程度增加而变大。这暗示了增强径向电场控制能力的一条新路。

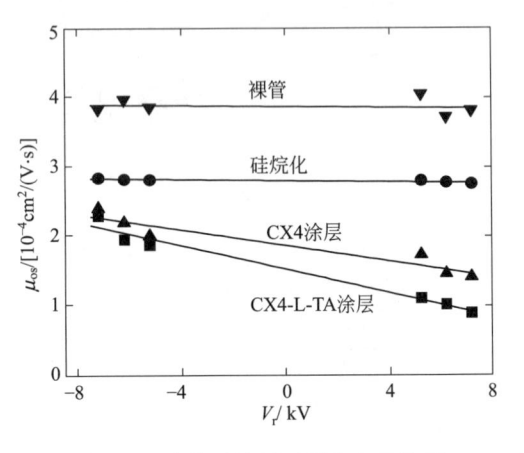

图 6-13　内管壁涂层对径向电场控制
电渗能力的影响

缓冲体系：0.01mol/L 磷酸盐，pH 4.9

内管：75μmID×46cm

CX4：杯［4］芳烃

L-TA：L-酒石酸

6. 其他

电泳电压、分离温度、溶液黏度、管壁厚度等对电场的控制能力也有影响，但通常比较微小，没有达到可以利用的水平。

第四节　电渗控制在分离中的应用

电渗控制在分离中有三个主要应用：一是控制电泳速度，二是抑制吸附、改善分离，三是构造电渗泵。

一、调节电泳速度

电泳分离的速度控制可以通过调节电泳电压、改变毛细管长度或改变电渗速度来实现。一般地，电泳电压越高，迁移速度越快，分析时间就越短，但电压过高会产生大量焦耳热，引起分离效率下降乃至电泳不能进行。另外，由于受仪器和环境条件的限制，通常也难以施加 30kV 以上的高压。在许多潮湿的地方，电压达到

20kV 后就容易产生放电现象。

毛细管的长短直接与分析速度相关，加长毛细管有利于提高分离度，但不利于提高分析速度。过长的毛细管还会使分离电场达不到要求，结果反而降低分离效率。采用短毛细管可以实现快速分析，但会损失分离效率。更换毛细管的操作也比较麻烦，轻易不去考虑。

通过调节电渗来控制分析速度看来是比较理想的方案。它既不用更换毛细管，也不影响电泳电压的选择。根据式(2-14)，电渗速度越大分离时间就越短，分析速度也越快。相反，电渗越小分析速度就越慢（但分离效率会越大）。当电渗与离子迁移反向且速度大于或等于离子电迁移速度时，离子便反向流出或静止不动。

已知利用涂层、添加剂或径向电场都可以控制电渗，其中添加剂法最简单但会引入不可知因素，涂层法有制作和寿命问题，而电场控制技术最具机动性。Ewing 等研究了径向电场控制电渗对肽混合物分离的影响，发现施加负的径向电场，不仅能有效地缩短分离时间，还可提高信噪比[33]，可能有某种聚焦效应。

二、改善分离度

电渗控制方法都有可能改善分离，无论是涂层法、添加剂法，还是径向电场控制法。改善分离的主要途径有三：一是通过减缓电渗来延长分离过程；二是通过电渗反向来改变出峰顺序和改变峰形；三是抑制组分在管壁上的吸附。这三种方法有时是交缠着的，是难以区分的。涂层和添加剂调节电渗和抑制吸附的机制相对比较简单明确，本节不去讨论（关于吸附问题可参见第十一章第二节），而只考察径向电场的情形。径向电场除改变电渗的大小和方向外，也有明显的抑制吸附的能力，原理如下：

设径向电场为正，则毛细管内壁正电荷将增加，这会使正离子受到排斥作用，从而避免其接近管壁，免遭吸附［见图 6-14(a)］；相反，负离子则更易接近管壁，吸附可能增强。要抑制负离子吸附，则需施加负的径向电场［见图 6-14(b)］。Lee 等人利用径向电场控制法研究了肽或蛋白质混合物的分离[31]，结果表明，径向电场的确可以减弱肽或蛋白质在毛细管壁上的吸附，提高了分离效率。在此基础上，他们又把径向电场控制法的应用范围扩展至手性药物的分离，亦取得了满意的结果[41]。图 6-15 显示，利用径向电场可以很容易控制蛋白质的分离度[4~48]。

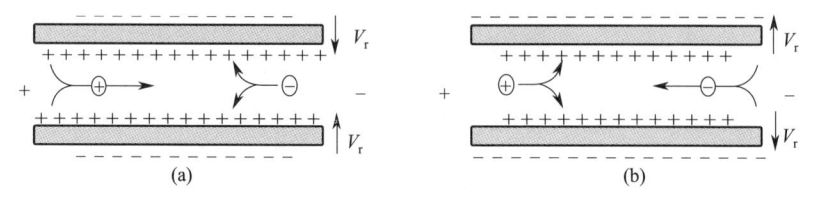

图 6-14　径向电位差 V_r 对离子的静电吸引与排斥

（a）正向（从外到里）；（b）反向（从里到外）

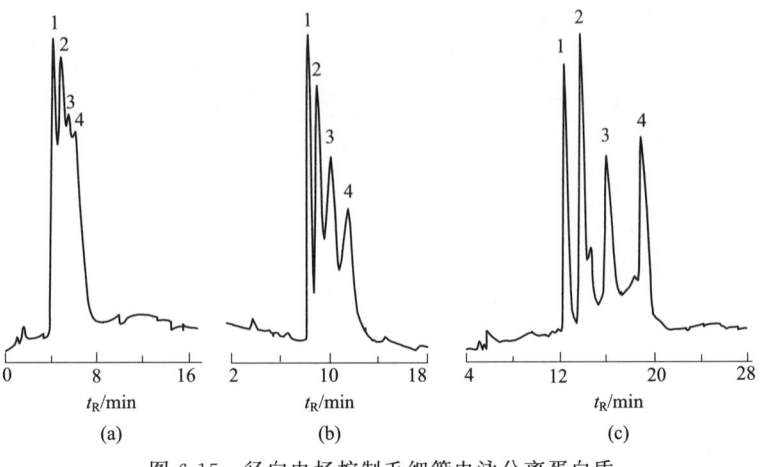

图 6-15　径向电场控制毛细管电泳分离蛋白质

(a) $V_r = -7.2\text{kV}$；(b) 无 V_r；(c) $V_r = +7.2\text{kV}$

缓冲液：0.01mol/L 柠檬酸，pH 2.6

紫外检测：206nm

电迁移进样：7kV-15s

电泳电压：6.9kV

径向电压（V_r）：如图所示

峰：1—溶菌酶；2—细胞色素 C；3—α-胰凝乳蛋白酶原 A；4—肌红蛋白

三、调控电渗流量

CEC 和 MEKC 主要利用电渗来推动溶液流动，但流量随 pH 变化，这就需要流量控制技术。原则上，较宽 pH 范围内的电渗调节可采用涂层法或添加剂法，而低 pH 条件则可采用电场控制法。在低 pH 下，电渗很小或干脆没有，这时很难实现色谱分离，恰恰此处的电场控制敏感有效，正可利用。Lee 等成功利用了电场控制电渗的技术，实现了中性氨基酸衍生物在低 pH 下的 MEKC 分离[40,53]。

第五节　电渗测定方法

电渗测定在 CE 中会经常遇到。最常用的电渗测定方法是加标指示法，其理论根据是式(2-11) 和表 2-3。假设组分与管壁和其他色谱固定相的作用可以忽略，则其合速度必为电泳和电渗速度之和；若组分不带电荷即电泳速度为零，则其迁移速度就等于电渗速度。据此，既可选用离子又可选用中性组分作为指示剂进行电泳，测定其出峰时间，扣除电泳速度后即得电渗速度。因为离子的淌度通常未知，故多使用中性组分指示电渗。常用的中性物质有：苯酚（酸性条件）、吡啶（碱性条件）、甲醇、乙醇、丙酮、甲酰胺、二甲亚砜以及水等，测定操作如下：

① 将电渗指示剂配成合适的水溶液或直接以三蒸水为样品；

② 利用压力进样，然后电泳并记录紫外吸收电泳谱图；

③ 测定出峰时间，计算电渗值；

④ 测定 5 次，取平均结果。

测定电渗时，紫外检测波长短者（190～220nm）为优。以有机物为电渗指示剂时，其浓度可＞0.1％，但须＜10％。许多有机溶剂会抑制电渗，过高指示浓度会测不准电渗。以水也能指示电渗并能消除有机物的不利影响，但可出正峰、负峰或正负峰：有机缓冲液通常出负峰，硼酸盐等无机缓冲液可能出不太明显的负峰、正-负峰或负-正峰。当无机缓冲液浓度较低或检测波长较长（如 254nm）时，水指示法有可能测不到电渗峰。欲获准确电渗值，最好采用三种或三种以上的指示试剂进行测定，最后取平均。

通过测定电导变化、毛细管中液面升高等，也能测定电渗。这些方法原理简单，但实用性较差，所以本节不作介绍。

参考文献

［1］ 朱英，陈义，竺安. 化学通报，1996（10）：29.

［2］ Schwer C，Kenndler E. *Anal Chem*，1991，63：1801.

［3］ Camilleri P，Okato G N. *J Chem Soc Chem Commun*，1991，3：196.

［4］ Issaq H J，Atamna I Z，Muschik G M，Janini G M. *Chromatographia*，1991，32：155.

［5］ Atamna I Z，Issaq H J. *J Liq Chromatogr*，1990，13：3201.

［6］ 陈义，竺安. 生物化学与生物物理进展，1990，17：390.

［7］ Hjerten S. *Chromatogr Rev*，1967，9：122.

［8］ Stover F S，Haymore B L，McBeth R J. *J Chromatogr*，1989，470：241.

［9］ Yao Y J，Li S Y F. *J Chromatogr A*，1994，663：97.

［10］ Huang X，Luckey J A，Gordon M J，Zare R N. *Anal Chem*，1989，61：766.

［11］ Emmer A，Jansson M，Roeraade J. *J Chromatogr*，1991，547：544.

［12］ Yao X W，Wu D，Regnier F E. *J Chromatogr A*，1993，636：21.

［13］ Liu Y，Fu R，Gu J. *J Chromatogr A*，1995，694：498.

［14］ Herrin B，et al. *J Colloid Interface Sci*，1987，115：46.

［15］ Towns J K，Regnier F E. *J Chromatogr*，1990，516：69.

［16］ Bentrop D，Kohr J，Engelhardt H. *Chromatographia*，1991，32：171.

［17］ Hjerten S. *J Chromatogr*，1985，347：191.

［18］ Huang M，Vorkink W P，Lee M L. *J Microcolumn Sep*，1992，4：233.

［19］ Cobb K，Dolnik V，Novotny M. *Anal Chem*，1990，62：2478.

［20］ McCormick R M. *Anal Chem*，1988，60：2322.

［21］ Daugherty A M，et al. *J Liq Chromatogr*，1991，14：907.

［22］ Swedberg S A. *Anal Biochem*，1990，185：51.

［23］ Bruin G J M，Huisden R，Kraak J C，Poppe H. *J Chromatogr*，1989，480：339.

［24］ Ma Y F，Hyver K J，Swedberg S A. *J High Resolut Chromatogr*，1991，14：65.

［25］ Razee S，Tamura A，Masujima T. *Chem Pharm Bull*，1994，42：2376.

［26］ Ghowsi K，Gale R J. *J Chromatogr*，1991，559：95.

［27］ Lee C S，Blanchard W C，Wu C. *Anal Chem*，1990，62：1550.

［28］ Lee C S，McManigill D，Wu C，Patel B. *Anal Chem*，1991，63：1519.

［29］ Lee C S，Wu C，Lopes T，Patel B. *J Chromatogr*，1991，559：133.

［30］ Hayes M A，Ewing A G. *Anal Chem*，1992，64：512.

［31］ Wu C，Lopes T，Patel B，Lee C S. *Anal Chem*，1992，64：886.

［32］ Wu C，Lee C S，Miller C J. *Anal Chem*，1992，64：2310.

［33］ Hayes M A，Kheterpal I，Ewing A G. *Anal Chem*，1993，65：27.

［34］ Wu C，Huang T，Lee C S，Miller C J. *Anal Chem*，1993，65：568.

［35］ Tsai P，Patel B，Lee C S. *Anal Chem*，1993，65：1439.

［36］ Hayes M A，Kheterpal T，Ewing A G. *Anal Chem*，1993，65：2010.

［37］ Huang T，Tsai P，Wu C，Lee C S. *Anal Chem*，1993，65：2887.

［38］ Wu C，Huang T，Lee C S. *J Chromatogr A*，1993，652：277.

［39］ Keely C A，et al. *J Chromatogr A*，1993，652：283.

［40］ Tsai P，Patel B，Lee C S. *Electrophoresis*，1994，15：1229.

［41］ Hong S，Lee C S. *Electrophoresis*，1995，16：2132.

［42］ Chang H，Yeung E S. *Electrophoresis*，1995，16：2069.

［43］ Poppe H，Cifuentes A，Kok W Th. *Anal Chem*，1996，68：888.

［44］ 朱英，陈义. 分析化学，1998，4：373.

［45］ Chen Y，Zhu Y. *Chinese Chem Let*，1999，10：777.

［46］ 朱英，陈义. 高等学校化学学报，1999，20：1533.

［47］ Chen Y，Zhu Y. *Electrophoresis*，1999，20：1817.

［48］ 朱英，陈义. 色谱，1999，17：525.

［49］ Unger K K，Porous Silica. *Its Properties and Use as Support in Column LC*. Amsterdam：Elsevier，1977.

［50］ Green J S，Jorgenson J W. *J Chromatogr*，1989，478：63.

［51］ 杨世英，陈栋传，鲍靖. 工程塑料手册. 北京：中国纺织出版社，1994.

［52］ 张向宇，等. 实用化学手册. 北京：国防工业出版社，1986.

［53］ Tsai P，Patel B，Lee C S. *Anal Chem*，1993，65：1439.

CHAPTER 7

联用技术

本章介绍与 CE 相关的联用方法。这里所谓的联用，是一个相对广义的概念，可以涉及不同的组合，比如：样品处理-分离、分离-分离、分离-检测、分离-鉴定、样品处理-分离-检测等。虽然这样的组合看起来颇为类似，但实际上内容丰富，差异也非常明显，很难能在一章之中介绍清楚。所以本章不准备对它们进行全面的介绍，而是比较集中地讨论两种关键性的联用方法，即分离-分离及分离-鉴定。对于样品处理、一般的检测技术，因在不同的章节中已有相应的介绍，这里从略。

第一节 二维毛细管电泳

分离-分离联用的常规叫法是二维（包括多维）分离。它们源自二维电泳（2DE）。现已成为提高峰容量和分析通量的关键策略。由于历史以及技术发展上的阶段性限制等原因，目前此类分析方法研究的重点还是二维 CE（2DCE）。虽然在色谱中非常容易建立多维技术[1]，但在 CE 中因其速度较快，特别是进样量少，要发展高维分离技术并不是很容易的事。当然，将 CE 或 2DCE 作为 HPLC 等其他分离方法的第二维、第三维技术，是比较实用的策略。

考虑 2DCE 是多维分离的基础，本节将集中予以介绍，焦点则是接口技术。

一、二维电泳的特点

传统 2DE 是蛋白质复杂样品分离的常选方法。其第一维通常按等电点分离，称为等电聚焦；第二维则依据尺寸进行分离，主要是 SDS 变性凝胶电泳[2,3]。2DE 的分离容量大，可以将细胞溶解产物、组织匀浆等样品分离出成千上万个组分。但 2DE 的劳动强度也大，分离速度慢，样品用量多或样品代价高。还有，传统方法对分子量也有限制，不能过大或过小；不能很好地分离碱性蛋白；不适合于分离膜蛋白等一类脂溶性组分[4]。

2DCE 有望改观这种局面。它的需样量少，采用在线检测，能自动化操作[5]，可有效提升蛋白和多肽的分离效率和分析速度[5,6]，是一种微量、高效、高通量的方法。

二、二维接口

实现 2DCE 的关键是接口。可能的接口有微型阀门、断口对接、套接、同管动态连接等，下面予以分别介绍。

1. 同管动态连接

在同一根毛细管中顺序填充不同的介质，可实现二维 CE，此乃同管动态连接法，也可以称作不连续介质 CE。在此系统中，样品先在第一介质段中按一种机理分离，而在第二介质段中按另一种（正交）机理分离，例子有动态等电聚焦（tCIEF)-CZE、动态等速电泳（tITP)-CZE[7] 等。在第四章中介绍的聚焦进样，其实也是一种短暂的动态二维方法。

tCIEF-CZE 的做法是，先将一段缓冲液灌入毛细管，然后灌入一段含有两性 pH 梯度介质以及样品的混合物，再将毛细管两端浸入两种不同 pH 的缓冲液中。一旦加电压电泳，两性样品组分将首先在 pH 梯度介质中进行聚焦分离，然后再迁入均一 pH 的背景缓冲液中进行区带电泳分离。此方法的改进操作是：先引入一段铵或胺，然后引入样品，将毛细管两端插入 pH 较低的缓冲液中进行电泳。tCIEF-CZE 的分辨率其实并不很高，因为样品无论在哪一维中，都不能获得比较完整的分离。

tCITP-CZE 的做法是，在进样之前，先引入一段含高淌度离子的溶液，然后进样，将毛细管两端插入淌度比样品还小的缓冲溶液中进行电泳。当电泳启动时，样品组分因被夹在高淌度和低淌度的两个不连续的背景区带之间，故按等速电泳机制分离。待高淌度的前导区带消失之后，等速电泳条件即被破坏，样品随之进入独立的区带电泳过程。与 tCIEF-CZE 类似，tITP-CZE 也不能大幅度提高峰容量，但是却能够浓缩样品组分，是一种能提高检测灵敏度的有用技术。

注意：动态 2DCE 中的不连续溶液电解质在电泳过程中会逐渐消失，是不完全的二维过程。如果改用固体填充介质或分段修饰毛细管，则可以实现稳定的分段式二维分离。但这时就不再是动态方法了。

2. 阀门接口

阀门接口是从色谱直接移植过来的。设想将两根毛细管接入一个微量的阀门，就可以通过变换阀门的连接通路，先让某一段毛细管执行一种电泳分离机制，而让另一段毛细管在随后执行另一种电泳分离机制。其优点是，毛细管配接和换维容易，且若两维速度不匹配还可利用多通阀和储样环对分离区带进行排队收集以等待下一轮分离。其缺点是，接口中的死体积对分离和样品转移有重大影响[8]。对于像 CE 等一类纳升级分离方法，除非有无死体积的纳升级连接阀门，否则其前景并不看好。

3. 毛细管对接

两毛细管对接，可大幅减少死体积，对接缝隙既可隔离两边的介质，又可导通电流和转移区带。有多种对接方案：

（1）同轴套接　将毛细管对插到一根内径与它们外径接近的一段套管中即可。留下的对口和套缝不封闭，用于导电，如图 5-10(b) 和图 7-1(a) 所示。

（2）微透套接　将上述套管换成多孔陶瓷管、纤维素管、透析管等即可，如图 7-1(b) 所示。

（3）T 形套接　利用 T 形接头〔见图 7-1(c)〕，可以直接将两根毛细管和电极槽组合起来。

（4）端口对接　一种更为简洁的方法，是将同一根毛细管黏到一片 U 形板上或槽中，然后将毛细管在 U 口中央划断〔见图 5-10(c) 和图 7-1(d)〕，这样既可以形成裂缝用于导电，又可以使接口两端毛细管严格同轴，减少样品转移损失。

（5）钻/刻孔　将毛细管接口部位保护涂层剥离，用氢氟酸进行限制性刻蚀，可以制得多孔状管壁。由此充当接口，可以实现无死体积连接。也可以对毛细管先钻孔，再用氢氟酸进行限制性刻蚀，可参见图 7-8(a)。

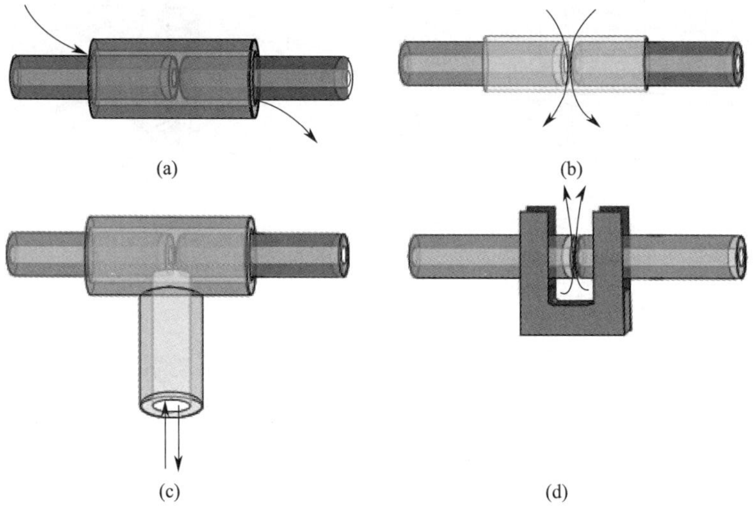

(a)

(b)

(c)

(d)

图 7-1　毛细管的若干连接方法
（箭头示意液体流动的一种方向）

三、LC-CE

毛细管电泳与液相色谱可以构造正交的二维分离方法。色谱的分离时间比较长，而 CE 的分离时间很短，故多以 LC 为第一维、以 CE 为第二维[9]，由此实现对一维分离峰的全二维分离，可获得最高峰容量。实际操作时，常常有意降低 LC

的分离速度，并适当加快 CE 分离速度，以实现对所有峰的实时全扫描式分离。

LC 的进样量和流量通常都比较大，所以在 LC-CE 中，CE 的耗样影响多可忽略不计。需要注意的问题是死体积，特别是 CE 与 LC 间的电场隔离等问题。电场隔离的简单方案，是将 LC 的出口和 CE 的进口接地（见图 7-2）。当 CE 入口接地时，其出口就需接正或负的高压方能电泳，此时需对置于出口附近的检测器增加防高压漏电的保护设施。

（1）出口正高压接法　在毛细管出口施加正高压的条件下，如毛细管内壁没有修饰，则存在流向负极的电渗，仅淌度高于电渗的负离子能进入 CE 分离系统获得分离，其他组分进不了 CE 系统；如管壁经修饰抑制了电渗，则全部负离子都可进入 CE 系统，而正离子和中性分子则仍然无法进入 CE 系统；若管壁经修饰使电渗指向了正极，则所有组分都可能进入 CE 系统，但仅离子可获分离而中性分子不能。中性组分需向毛细管中引入色谱介质方可获得分离。

（2）出口负高压接法　此时电渗流向负极，与常规 CE 无异，各种成分均可进入 CE 系统经电泳分离。若电渗被抑制则仅分离正离子；若电渗反向则仅分离淌度大于电渗的正离子。中性组分的分离依然还需借助色谱机制。

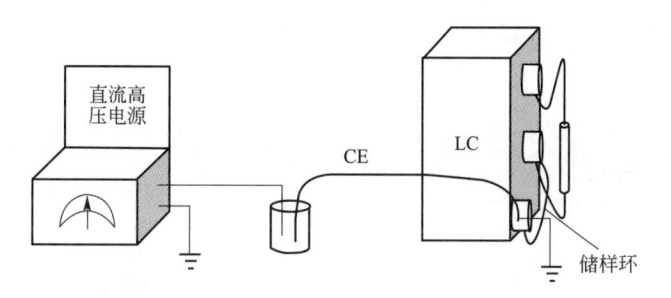

图 7-2　液相色谱与毛细管电泳联用系统

四、NGCE-MEKC

毛细管电泳不同模式之间也有正交机制，可以联用构成二维分离方法，比如 CIEF-CZE[10]、NGCE-MEKC、CIEF-CGE 等，其中 CIEF-CZE 或 CGE 研究较多。考虑 CIEF-CE 与传统 2DE 有一定的相似性，这里略去而以 NGCE-MEKC 为例作介绍，以突出 CE 特色。

1. 基本结构

可选 U 形片固定技术来构建 NGCE-MEKC 系统，如图 7-3（a）所示。为获得更多的分离信息，要对两维分离区带都予以检测，即在两段毛细管的合适位置上分别安装 LIF［见图 7-3（b）～（e）］或紫外检测器等。为抑制电渗，毛细管可键合聚丙烯酰胺涂层，或动态涂布合适的分子[5,11]。

2. 操作方法

利用图 7-3 所示的 2DCE 系统，在各开口或断口处安置电极槽和电极并与直流高压电源连接，当对系统施加程序控制电压后，便可做二维分离了。具体操作方法如下：

（1）毛细管清洗与灌填　首先对毛细管进行清洗是 CE 不可缺少的步骤，但不同毛细管的清洗方法有所区别。无涂层毛细管可经受任何强冲洗条件，包括使用硝酸等氧化剂以及强酸、强碱冲洗，最后才用水、缓冲液顺次冲洗，冲洗时间多数控制在 5min 左右，但可变，长者可达半小时或以上，短者少到约 1min。对于动态涂布的毛细管，可按无涂层管处理，但中间要加一步涂层步骤，如动态涂布有 Ultra-Trol^{TM} LN 的毛细管，一般先用 0.5mol/L NaOH 冲洗 5min，再用水冲洗 2min，然后用 UltraTrol^{TM} LN 水溶液冲洗或涂布一定时间，最后再用缓冲液冲洗 2min。聚丙烯酰胺等涂层毛细管，一般只用水和缓冲液顺序冲洗 5min 即可，有时候还需要做空白电泳 5～10min。对于非常稳定的（如化学键合）涂层管，可以用更强的冲洗方案，包括使用有机溶剂乃至强酸、强碱溶液清洗，最后再顺序用水和缓冲液冲洗。

在清洗时，清洗剂最好从毛细管端口吸进，从接口流出。将接口与真空系统连通，或将毛细管的进出口与氮气压力钢瓶连通，就可以实现对两毛细管的同时清洗并防止两管之间溶液的相互干扰。

清洗完后，利用中间断口，将尺寸分离缓冲溶液从第一维毛细管的进口吸入，同时将含 SDS 胶束的缓冲液从第二维毛细管的出口吸入。吸满后，将中间接口电极槽的缓冲液用第一维分离介质置换，即可准备进样分离。

（2）进样　将第一维毛细管入口插入样品溶液，加上电压就可以利用电动进样技术将样品引入毛细管。所加电压与毛细管状态和样品的电荷性质有关。当用无电渗的涂层管分离负离子样品时，可在 -8～-4kV 下进样 2～5s〔见图 7-3(b)〕，负离子组分于是进入 NGCE 毛细管的负极端，等待分离。

（3）第一维分离与区带转移　进样后，将进样端的电压降低（涂层管）或升高（正常模式），同时将第二维毛细管的出口端接地，两管的接口接到略高于出口的电压〔以保证第二维毛细管中的介质不会反流，见图 7-3(c)〕，第一维的尺寸分离即行开始。分离完成后，将接口处的电压降低（涂层管）或升高（正常模式），使第二维毛细管中的缓冲液加快流动；同时，减小第一维的电场强度，将第一维分离出的一个（最好的状况）或多个区带转移到第二维分离管上〔见图 7-3(d)〕。

（4）第二维分离　转移区带后，将接口电极槽中的缓冲液更换成与出口相同的溶液（如果需要），然后在保持第一维毛细管电场为零的条件下，进行第二维分离〔见图 7-3(e)〕。如此重复，直至第一维分离出的所有区带都一一顺序转移并实现二维分离为止。

3. 制样方法

欲实施有效的 2DCE，除了操作步骤正确之外，还需注意样品的制备，这对蛋白分离尤为重要。若 2DCE 的第一维通常是等电聚焦，则蛋白质须配制在两性电解质溶液中；若做尺寸分离，则应制成 SDS 变性溶液。下面是针对尺寸分离全细胞

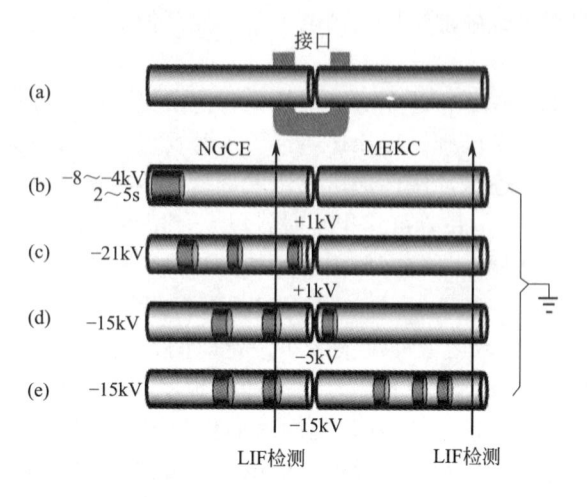

图 7-3　利用动态涂层和裂口拼接技术进行 NGCE-MEKC 二维电泳分离

（a）基本结构；（b）进样；（c）第一维分离；（d）区带转移；（e）第二维分离

（第一维分离时间可长一些，第二维分离时间应尽可能短一点，以便迅速完成对第一维峰的分离。
2DCE 的自动操作需要对电压进行程序化切换）

变性蛋白的样品制备方法。

　　将目标细胞或组织匀浆，与 1‰ SDS 溶液混合，在 95℃ 下做变性反应 4min，然后离心或过滤除去非溶液物质即可。为检测需要，需将提取蛋白与 100nmol FQ［一种荧光试剂，名叫 3-(2-呋喃甲酰)喹啉-2-羰基醛］和 2.5mmol/L KCN 混合，于 65℃ 下进行还原胺化反应 5min。标记好的样品，如需要可用 100mmol/L CHES＋100mmol/L Tris＋3.5mmol/L SDS 的溶液稀释。

4. 分离效果

　　影响蛋白 2DCE 分离效果的因素不少。除了样品制备、毛细管清洗以及分离电压的程序控制之外，还要特别考虑抑制蛋白质的吸附问题[12,13]。可采用动态涂层[13] 和键合涂层[14,15] 来抑制吸附。键合涂层比较常用，但存在寿命问题和覆盖不全现象。管壁未被覆盖或涂层损坏留下的位点，更容易吸附蛋白质分子。动态涂层可以随时更新，不存在寿命问题，也可以得到很好的分离结果[16]。图 7-4(b) 显示，UltraTrol[TM] LN 动态涂层管对癌细胞培养物之 NGCE-MEKC（反向电压）分离结果优于聚丙烯酰胺键合涂层管［见图 7-4(a)］。

五、芯片二维技术

　　芯片电泳可用于蛋白的快速分析和 DNA 的高速测序中[17]，能提升分析速度 100 倍而保持效率基本不变，分离时间可缩短至数秒或更短[18,19]，属高速、高通量 2DCE 范畴。借助芯片的设计与加工原理，还可以构建交叉或连通管路的二维分离系统，接好程序控制电压，可有效控制区带转移，实现更完美的二维分离。Manz 等已设计出了包含一维单通道、二维多通道（500 道亚微米级平行通道，大

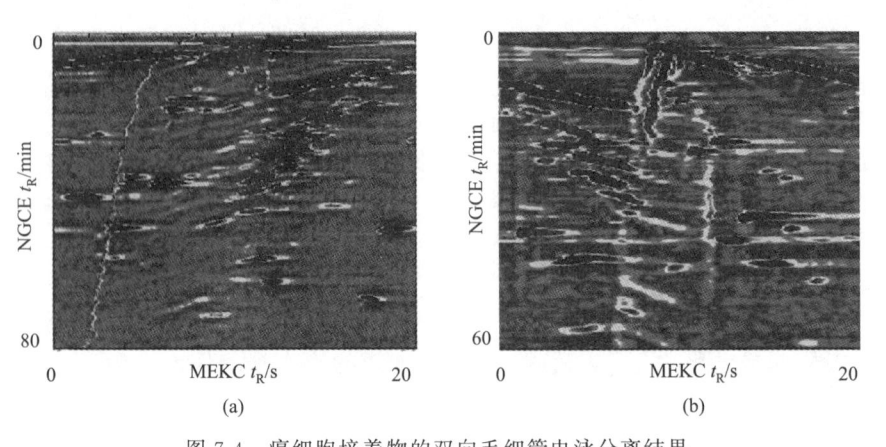

图 7-4 癌细胞培养物的双向毛细管电泳分离结果

缓冲液：NGCE，5%右旋糖苷＋3.5mmol/L SDS＋100mmol/L CHES/Tris；

MEKC，15mmol/L SDS＋50mmol/L CHES/Tris

进 样：(a) −5kV-5s；(b) −8kV-2s

分 离：(a) −20kV(NGCE)/+20kV(MEKC)；(b) −20kV(NGCE)/−15kV(MEKC)

毛细管：(a) 30cm×30μm 聚丙烯酰胺键合（NGCE），27cm×30μm 无涂层（MEKC）；

(b) 20cm×30μm（NGCE），22cm×30μm（MEKC），均有 UltraTrol™ LN 动态涂层

致与 900 nm 的凝胶孔径等价）的芯片，但没有见到分离谱图。Chen 等利用 PDMS 制作了 2DCE 芯片[20]，Herr 等研制了 CIEF 与其他自由溶液电泳联用芯片方法[21]。关于芯片技术，将在第八章中进行专门的讨论，这里不作赘述。

第二节 毛细管电泳与质谱联用

一、概况

CE 与质谱（MS）联用最早出现在 1987 年[22]。现已进入应用发展阶段。研究已从过去的分散对象，汇聚到蛋白质组学等重大研究项目中。

原则上，所有 CE 模式都可能和任何 MS 方法联用。但在实际上，目前已经探索过的 CE 模式仅包括 CZE[22]、CITP[23]、CEC[24~26]、CGE[27,28]、MEKC[29]、CIEF[30]、ACE[31] 和 NACE[32] 等，而质谱则包括磁质谱[33,34]、四极杆与离子阱[35~38]、飞行时间质谱（TOF 或 TOF-MS）[39~43]、激光辅助基质解析质谱（MALDI-MS）[44,45]、傅里叶变换离子回旋共振（FT-MS）[30,34,44,46~49] 等。其中 CZE 与三重四极杆质谱的联用工作最多，它们两者的结构和操作都比较简单。CE-MS 的检测灵敏度，已达到 amol 或更灵敏[50,51] 的水平。但如何解决蛋白质组学的分析问题，这对 CE-MS 还依然是一个挑战性课题[17,52,53]。

二、联用类型

CE-MS 可分为在线和离线联用两类。离线联用的核心在于样品分离区带的有

效收集和随后引入 MS。在线联用需要对硬件重新进行排布，并对操作有新的要求。

考虑样品处理、分离维数、检测方法、管路形状等的不同，CE-MS 还可以有更细致的分类。以样品处理技术而言，有在线衍生、在线分解、在线浓缩等变化，其中在线浓缩[24,54~56] 包括固相微萃取（SPME）[57,58]、动态等电聚焦、动态等速电泳等形式。以分离维数而言，可以有一维、二维、三维甚至更高维的分离形式，其中二维如 LC-CE-MS、2DCE-MS[59] 等还比较常见。以检测方法论，常见的是 CE-UV/LIF-MS，还有在喷口附近直接引入光纤来进行紫外检测的[60]，也有结合粒子计数[61] 或电化学[62] 方法的。以分离通道的构造形式而言，还可以有毛细管和芯片[8,63~72] 之分。

三、在线 CE-MS

在线 CE-MS 可以一般地表示成图 7-5 所示的结构，其中的差异仅在接口处，而接口的不同又与离子化方法有关。目前已经研究过的离子化方法有电喷雾（ESI）或纳喷雾、热喷雾、声（高速气流）喷雾[39]、连续流动快原子轰击[73,74]、基质辅助激光解析离子化、紫外激光蒸发离子化[75~78]、快原子轰击[79,80] 等，其中 MALDI 和 ESI 都可以在大气环境下操作，是一种软离子源。相对而言，ESI 更适合于 CE，其联用有鞘流和无鞘流两大类型。

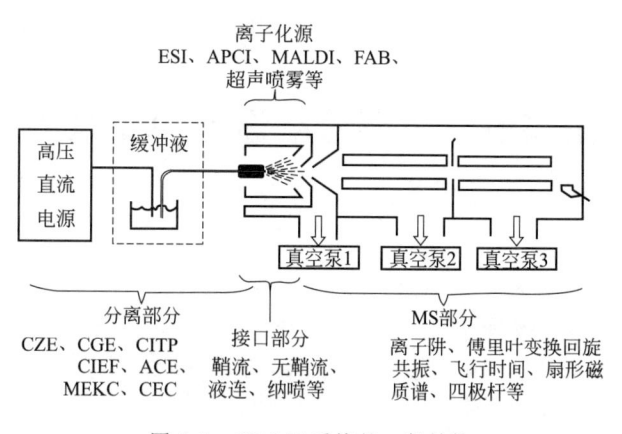

图 7-5　CE-MS 系统的一般结构

1. 无鞘流式 ESI 接口

（1）离子化原理　所谓电喷雾，就是将液体样品泵过一个加有高电压的针孔，使其喷成微米级雾滴的方法。雾滴在空气中穿行或经热的（氮）气流蒸发后会干缩，并留下电荷给不挥发的样品分子，形成能被质谱测定的多电荷离子。适合 ESI 工作的流体流速在 nL/min～mL/min 之间，扩展性和适应性较好。ESI 一般没有离子碎片[81]，属软电离方法，比较适合于与 CE 联用[82]。

电喷雾现象实际上早已为人所知[83]，并被用于诸如喷漆、喷气推进、等离子体解析[83,84] 等许多领域。Abbé Nollet 早在 18 世纪就已发现：当一个人与高电压接触时，其刀口处的血流会喷射出来，说明这种喷雾的动力来自于静电效应。与质谱相关的电喷雾实验也可以上溯到质谱研究的早期，Thomson 在 1910 年、Zeleni 在 1917 年先后发现：对灌有溶剂的毛细管施加电场，会使溶剂喷成细线状的小液滴。但是电喷雾现象并没有在质谱分析中得到很好的应用，直到 20 世纪 80 年代才重新被开发利用起来。Fenn 等因在电喷雾方面的杰出研究而获得诺贝尔化学奖。

电喷雾之所以没有在 MS 中被很好地利用，主要原因可能是它非常复杂，对应的机制至今还不甚清楚。根据已有的研究，ESI 的过程大致可分解为以下几个阶段：

① 当毛细管中的液体带上静电且静电排斥大于表面张力时，管口处出现液体膨胀，逐渐变成锥形（Taylor 锥），而锥尖不稳定，向对电极拉长出液丝[85]；

② 液丝因库仑斥力而爆裂成带电的液珠，并穿过气流向电极飞去[86]；

③ 液珠在（热）气流中穿行时，溶剂被蒸发，体积缩小，表面电荷密度增大；

④ 溶剂继续蒸发会使雾滴干缩并因电荷密度过高而爆炸瓦解，形成多电荷的单分子离子液滴；

⑤ 单分子液滴再蒸发，电荷排斥会使其原有的空间结构解体，变性形成舒展的一级结构；

⑥ 最后，分子离子也可能因为电荷太多而发生共价断裂。

这种气相离子化的过程可用离子蒸发模型（IEM）或电荷残余模型（CRM）进行描述，其中 CRM 模型还有争议[87,88]。依据 IEM 模型，电喷雾滴要从微米量级向纳米量级转化，其过程如图 7-6 所示。容易理解，如果溶剂蒸发不完全，将会

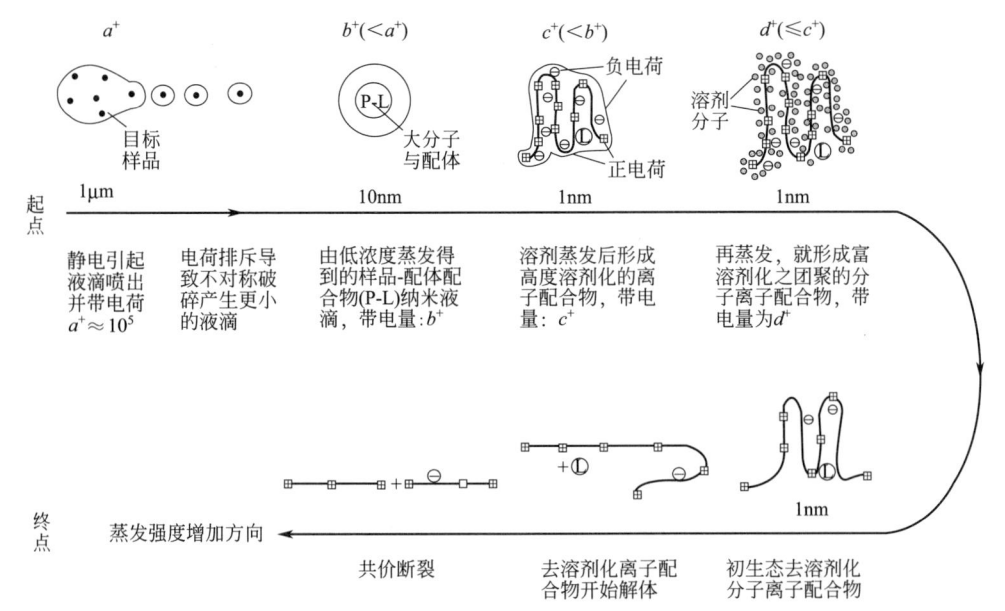

图 7-6 电喷雾离子化过程的几个重要阶段

影响测定的准确度和灵敏度，但溶剂如果蒸发过头却又会引起电荷复合物的分解，给出错误的结果。另外，增加样品分子的浓度，可能会增加纳米雾滴中的分子数或降低雾滴的电荷密度，所以简单地提高样品浓度并不是提高灵敏度的有效方法。太浓的样品还会产生非特异性的聚结[89]。

电喷雾滴解体之前所能承载的最大电荷，叫作瑞利稳定极限，可以通过下式考察：

$$Q = 8\pi(\varepsilon_0 \sigma q^3)^{1/2} \tag{7-1}$$

式中，Q 为液滴上的过量电荷；q 为液珠电荷；σ 为表面张力；ε_0 为真空介电常数。由此可知，从泰勒锥引出的喷射半径将随电导率的减小而增大，且大致与 $v^{2/3}$（v 为液流速率）成正比[90]，亦即流速越低、电导越高，产生的雾滴就越小。喷雾构成不连续的导电现象，即在喷口与对电极之间，存在对应于每个雾滴的脉冲电流：

$$I = HsvE \tag{7-2}$$

式中，H 为由介电常数和表面张力决定的常数；s 为比电导率；E 为所施加的电场强度，喷雾口的电场强度用下式求得：

$$E = \frac{V}{r\ln\left(\frac{4d}{r}\right)} \tag{7-3}$$

式中，V 为喷口到对电极之间的电压降，对应的距离为 d；r 为喷雾毛细管的内半径。显然，毛细管越细，所需的电压也越低，因此在无鞘流的 ESI（纳喷）中，必须非常小心地调节所加的电压，否则不能形成喷雾。由上述电流公式，可以定量评估雾滴获得的电荷和气相离子的数目。

（2）无鞘流 ESI 接口总体设计与构造　如何设计和制作方便有效的接口，一直是 CE-MS 研究的主题。就本质而言，ESI 接口的核心是如何保证在不干扰电泳的条件下，向喷嘴施加喷雾电压。电泳出口和喷雾共用同一个电极，是目前设计的共同理念。据此可以设计出鞘流和无鞘流两类接口（见图 7-7）。

无鞘流接口又可分为液体和非液体导通两类技术。非液体导通接口对应于前面所说的纳喷，主要是通过在喷口及附近的导电涂层（金属和导电高分子）来施加电压。变通方法是接一小段金属毛细管喷嘴，或在管内直接安置电极。显然，该类接口不存在任何稀释效应，而且喷头的结构简单，制作容易，但存在寿命问题。在 CE 的毛细管出口端简单地贴上电极或用铅笔涂抹之，也可以实现喷雾。这种方法更加简单经济，寿命短也不再是一个问题。

液体导通技术就是在 CE 的基础上，让其出口的一部分出现漏洞，形成导电通路的方法。这种方法一般也没有寿命问题，或可以设计成容易更换且经济的结构，即和 2DCE 或电导检测类同的结构，如对接［见图 7-7(a)］、T 形拼接［见图 7-7(b)］、用微透析管套接[60]［见图 7-7(c)］或电极直接插入管中［见图 7-7(d)］等。其中特别值得注意的是，微透析连接能用于电泳缓冲液的脱盐等工作，可提高 MS 的检测灵敏度或提升 CE 的分离能力。比如在透析管外放置乙酸铵，在流动下可以与管内电解质进行扩散交换，用以清洁电喷样品。实验表明，一段长 10cm 的微透析管就可以相当有效地除去电泳背景中的盐分。利用这种透析交换的机制，还可以修饰样品基质，从而减弱电喷之前的非特异相互作用。

还有一种导通技术，叫作分流导通接口，它利用 CE 管口附近的开口，来分流出一点背景电解质溶液，用于导电[91]。做法是，将含有开口的一端毛细管插入到 ESI 的金属喷雾针头中，使从开口流出的液体与针头接触，形成接触导电通路。该法可检测到 amol 以下的组分[92]。但需要注意的是，控制该接口的分流比很有难度，所以重复性并不好。

上述的这些接口都或多或少存在死体积问题，而死体积不仅会降低 MS 的灵敏度和分辨率，还会出现记忆效应[8]，所以有必要发展无死体积

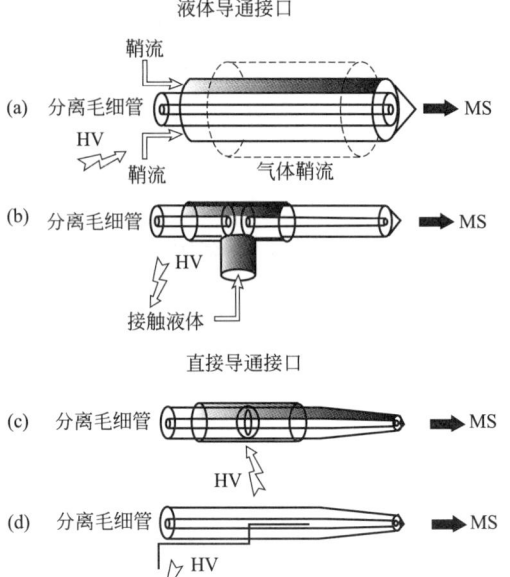

图 7-7　ESI 两类典型的接口结构示意

的接口。目前有两种无死体积接口技术，即毛细管的环形化学腐蚀多孔结构和局部腐蚀多孔结构[93,94]。该类多孔结构仅用于离子而不是溶剂的进出，故能获得优良的喷雾效果，而且灵敏度也高，主要是因为没有助流液体，不存在稀释效应。相对而言，局部多孔结构，在制作上的难度要大于环形多孔结构，但制作速度快（约10min，环刻需时约 60min）；接头比较结实，对电泳的干扰更小。

（3）毛细管局部多孔结构的化学刻蚀方法　取一毛细管，将其一端用塑料胶布贴在一块干燥的 Teflon 板（5cm×5cm）上，于显微镜下，在离管口 2～3cm 的位置上，用牙医电钻对管壁钻孔[91]，直到留下 10～20μm 的壁厚（不要钻通了！向管内注入液体，可帮助判断钻口是否通透。冒出液滴说明已钻通，需要切了重钻）。将毛细管移到通风橱中，在钻口及毛细管出口安上铂丝电极，然后滴几滴 49% HF（戴塑料手套操作）到钻口上，向管内注入缓冲液，测定两电极之间的电阻［见图7-8(a)］。透钻孔未通的电阻极大或测不出来（>199GΩ）。一旦在刻蚀下形成多孔结构，电阻就会突然降低。当电阻降到一定值后，就应该马上用饱和的 Na_2CO_3溶液中和 HF，以终止刻蚀，然后再用大量的水洗涤刻口。

观测数据表明，两电极之间的电阻在 HF 刻透管壁之前几乎保持不变。电阻的突降表明管内外已经通透。很明显，这种通透不能过了头。但是通透到什么程度才算合适，目前并无确切的判断指标或方法。对于 30μm ID、150μm OD 的毛细管而言，若管长 2～3cm，且内充 0.1% 的乙酸溶液，则刻成海绵状多孔结构时的电阻大概在 4～8GΩ 之间，刻孔所需的时间大约 10min。

刻蚀好后，将毛细管插入到长 6cm、装有背景缓冲液的不锈钢套管中，就可构

成喷雾接口［见图 7-8（b）］，其中的钢套管起到保护刻孔的作用并充当外电极，所以不需要特别的电极槽。刻孔接口的效果如图 7-9 所示，总体不错，但个别峰有明显的展宽现象，这可能是 HF 的刻蚀破坏了管内涂层造成了吸附引起的。

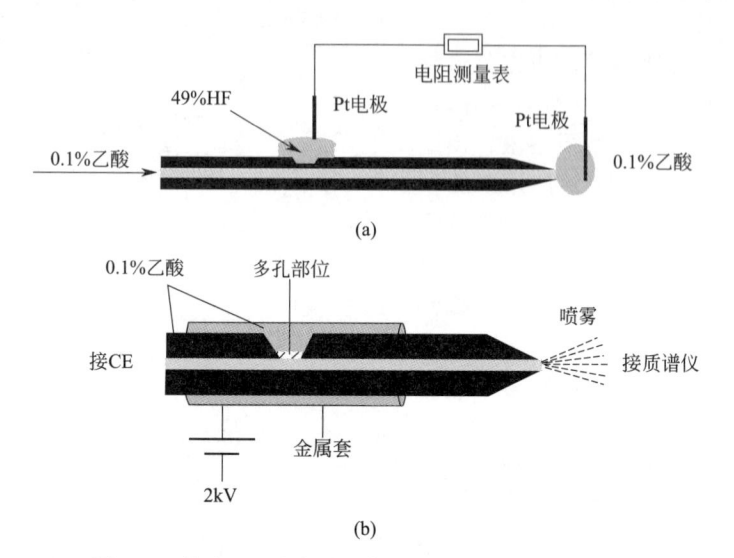

图 7-8　利用 HF 对熔融石英毛细管局部进行刻蚀（a）
以形成能与质谱连接的电喷导电接口（b）

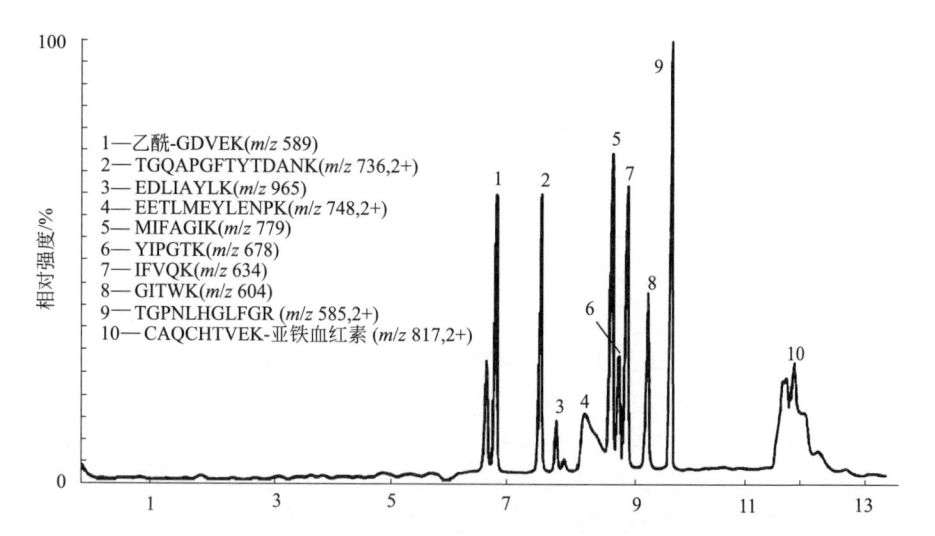

1—乙酰-GDVEK(m/z 589)
2—TGQAPGFTYTDANK(m/z 736,2+)
3—EDLIAYLK(m/z 965)
4—EETLMEYLENPK(m/z 748,2+)
5—MIFAGIK(m/z 779)
6—YIPGTK(m/z 678)
7—IFVQK(m/z 634)
8—GITWK(m/z 604)
9—TGPNLHGLFGR(m/z 585,2+)
10—CAQCHTVEK-亚铁血红素(m/z 817,2+)

图 7-9　局部多孔接口用于细胞色素 C 胰蛋白酶解产物之 CZE/ESI-MS 的总离子流图
毛细管：110cm×30μm ID（150μm OD），内涂氨丙基三甲基硅烷
进样：8nL 细胞色素 c 酶解产物（各肽片断约 320fmol）
电压：CE 进口－30kV，多孔口 1～1.5kV
电泳介质：0.1%乙酸。

（4）**尖头喷嘴制作**　多数情况下，直接利用毛细管断口就可以喷雾［图 7-10

(d) 中间图］，但尖头喷口［图 7-10 中余下者[95~98]］有利于提高电渗和喷雾的稳定性。通过拉制、电抛光、旋转打磨或采用微加工技术，都可以制得比较尖锐的喷口。另外，用 49% 的 HF 也可以蚀尖毛细管出口。注意：在刻蚀时，要向管中连续通入 N_2，否则 HF 会进入管内，将其腐蚀成喇叭形，这对形成稳定的喷雾是不利的。

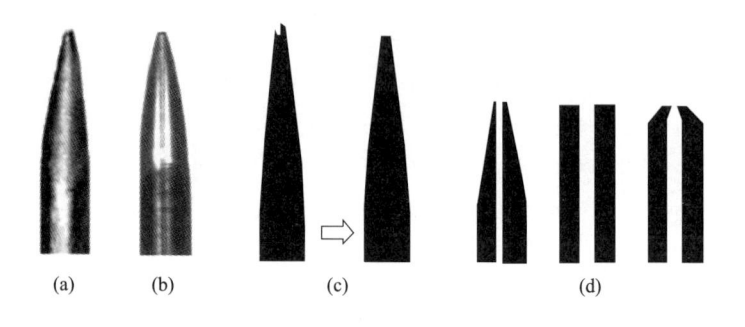

(a)   (b)   (c)   (d)

图 7-10   几种喷头结构

(a) 镀有铬/金石英毛细管喷口（25μm ID、360μm OD，尖头外径约 30μm）；
(b) 手工磨制的 SiO_2 毛细管喷口（25μm ID、360μm OD）；
(c) 不锈钢喷口（50μm ID、300μm OD），电抛光后加细砂纸抛光；
(d) 具有不同出口结构的不锈钢喷头

(5) **接口距离**   无鞘流电喷的接口可以有很多变化，但与质谱的连接结构大体相同，如图 7-11 所示。其中的关键，是要调节喷口与 MS 入口的距离以及喷雾电压的大小。不同接口结构所需的距离和电压值是各自不同的。

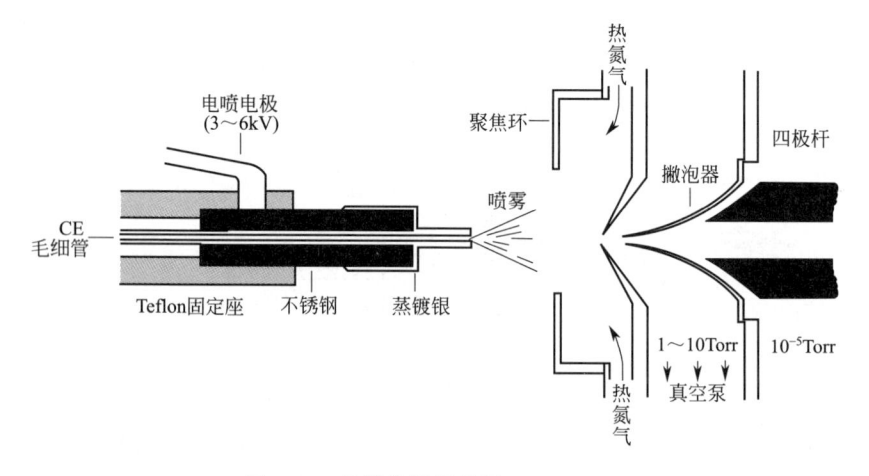

图 7-11   无鞘流镀银导通 CE-ESI-MS

(1Torr=133.322Pa)

有一些新的无鞘流接口，采用的是交流而非直流电场来诱发喷雾，但稳定性还有问题，待研究成熟后再作介绍。

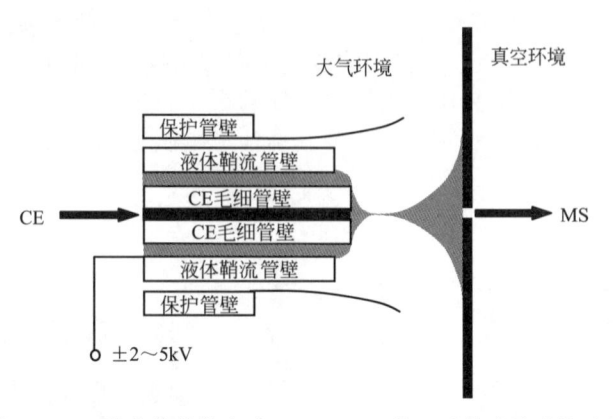

图 7-12　一种完整的鞘流式 CE-ESI-MS 接口及其喷雾形状示意

2. 鞘流式 ESI 接口

鞘流式 ESI 原理与无鞘流的一样，只是接口设计有所变化，主要是利用了管套管的结构。在管与管之间注入液体即成鞘流，它将分离毛细管及其流出物包覆起来，并在管口泰勒锥处混合并喷射出去（见图 7-12）。为了稳定喷雾，还可以再套一层管并注入气体，形成气体鞘流。鞘流接口的喷雾比较稳定，但对样品有严重的稀释效应，会引起灵敏度的明显下降。与无鞘流接口类似，为了获得稳定的喷雾，需要注意调节毛细管喷口的位置和喷雾的电压。此外，还要仔细调节鞘流液体的组成和流速，以及气体鞘流（如果有的话）的流速等[99]。文献通常并不报道这些实验条件[46]，要自己去摸索。

鞘流喷头的结构虽有较大的变化，但核心都在于如何能实现导电以及如何能喷出比较细而均匀的雾滴。图 7-13 显示了含液、气鞘流套层的接口结构及其喷雾照片。图 7-14、图 7-15 展示了另外两种气液鞘流喷头结构，其中图 7-14 的结构比较简单，图 7-15 的结构略微复杂一些，但两者均采用 T 形连接结构。

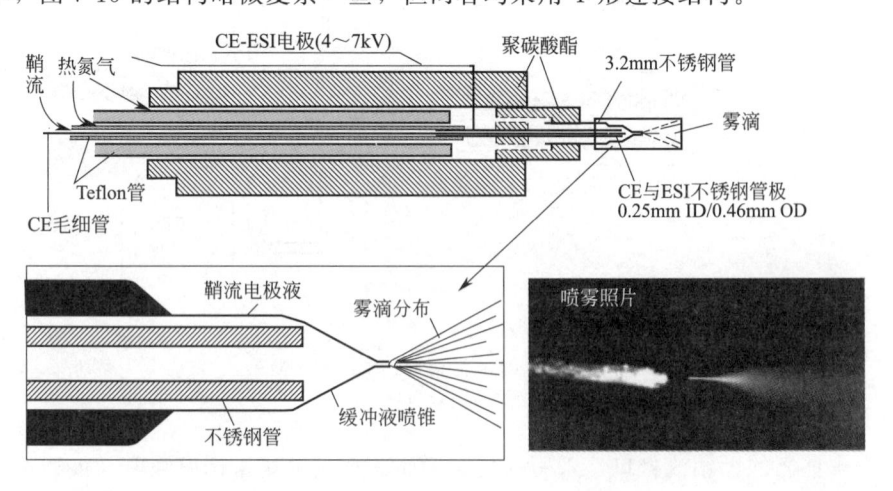

图 7-13　一种鞘流 CE-ESI 接口及其喷雾照片

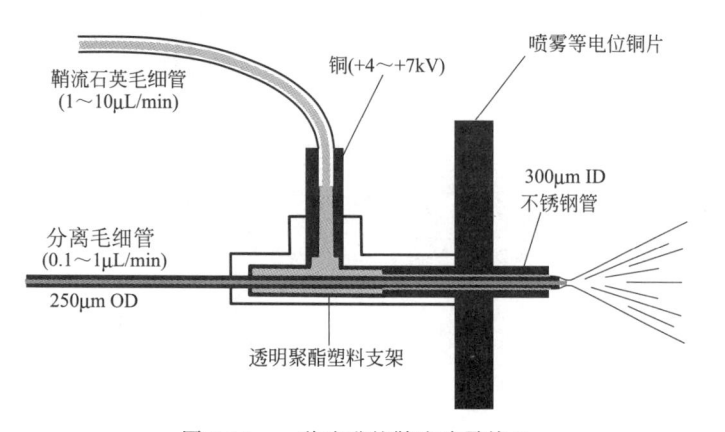

图 7-14　一种改进的鞘流喷雾接口

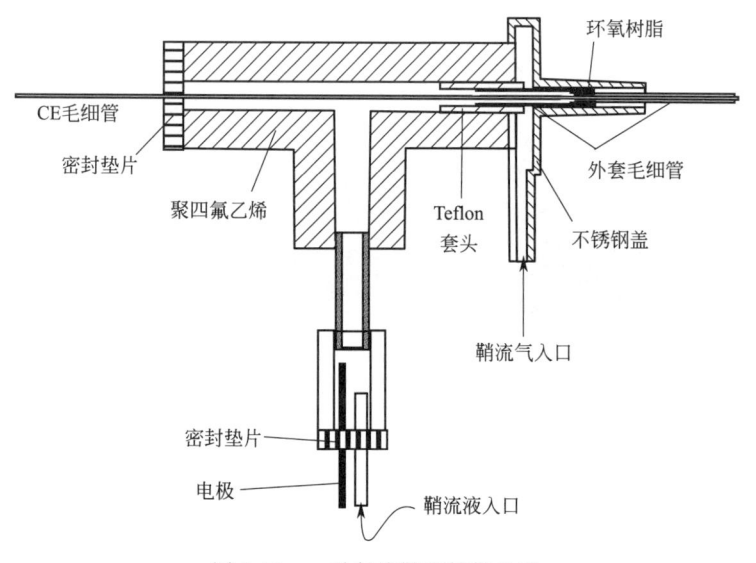

图 7-15　一种气液鞘流结构示意

3. 其他在线接口

除各种电喷接口外，还有不少其他在线接口技术。它们也都很有用处，但限于篇幅，这里只能再介绍两种新的方法，即常压化学离子化（APCI）和包含集成理念的微流控 ESI 接口。

（1）APCI　APCI 是为 LC-MS 常规分析而发展起来的，后来被用于 CE-MS。化学离子源具有不同于 ESI 的选择性，因此能提供新的信息。Tanaka 等提出了一种低流速（1～10μL/min）、微型化的 APCI 接口[100]，它是在同轴鞘流和气助电喷技术基础上，引入冠状放电电极构成的，如图 7-16 所示。该技术还比较年轻，灵敏度也远比 ESI 低，需要进一步提高。

（2）微流控 ESI 接口　微流控或芯片技术与质谱联用的研究开始于 1994

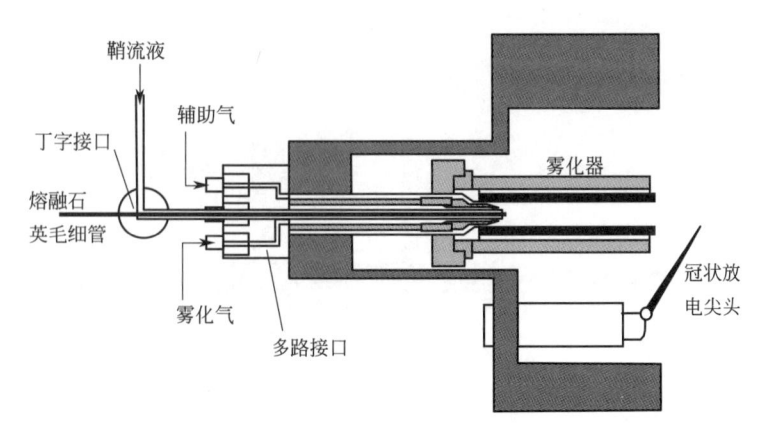

图 7-16　一种常压化学离子化接口

年[101]，后被用于制作 CE-MS 的接口，目的主要还是为了改进电喷的效果。前面指出，在质谱中，死体积容易产生记忆效应[8]，并降低分离效率。此问题也可以利用芯片技术得到克服。方法是集成液体和气体鞘流通道制作出锥形喷嘴（图 7-17）[64,102]，以排除死体积问题。芯片技术还能容许较高含量的有机溶剂而不产生过高的检测背景[103]。

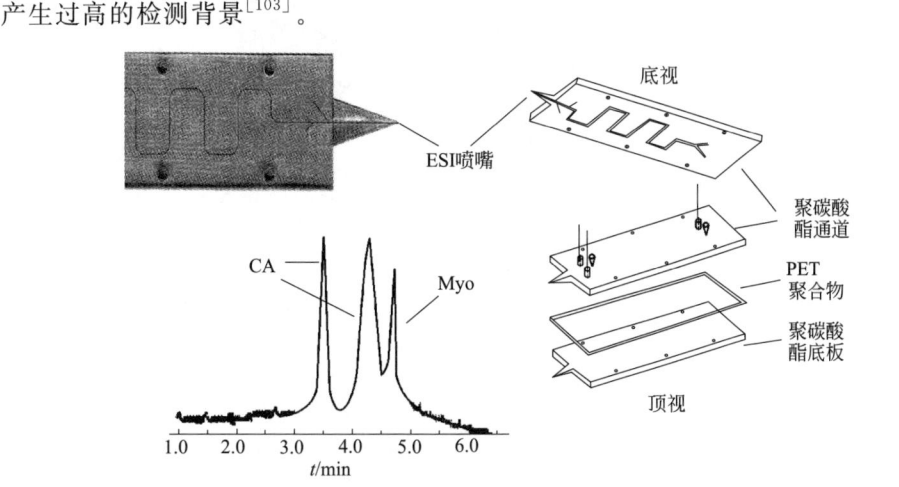

图 7-17　聚碳酸酯芯片微结构喷嘴（右边与左上）用于 50mg/mL 碳酸酐酶（pI＝5.9、6.8）、
　　　　肌红蛋白（pI＝7.2）的等电聚焦-质谱联用分析谱图（左下）

　　　　pH 梯度：10g/L Parmalyte（pI＝3～10）；

　　　　聚焦：－8kV，10min

　　　　质谱鞘流液：0.2μL/min 乙酸-水-甲醇（1：49：50）

　　　　鞘流氮气：0.5psi（1psi＝6894.76 Pa，全书余同）

　　　　ESI：2kV

　　　　扫描范围：m/z 200～2000

　　　　芯片：30μm（宽）×50μm（深）×16cm，激光直接刻写，两聚碳酸酯之间
　　　　　　　用聚对苯二甲酸乙二醇酯（PET）薄膜加热封黏

4. 影响在线 CE-MS 效果的关键因素

前面已经或多或少讨论了在进行 CE-MS 操作时，应该注意调节的参数，但仅注意那些参数是不够的，还要知道何时必须对其进行调节。比如：已知 CE 中毛细管的出口与质谱进口间的距离及喷雾电压，对喷雾有极大的影响，并与电泳缓冲液和鞘流液的黏度及流量有关，但这并不是说随时都要对距离和电压进行调节。实际上，只有在更换新的缓冲液或毛细管时，才需要检验前设条件是否可用，一般只作微调。当然，如果系统有比较大的变动，就必须重新优化参数。喷雾电压及接口距离对信号强度的影响可通过分析式（7-2）获得。图 7-18 显示，它们存在最佳值，过高或过低的喷雾电压、过近或过远的距离，都不能得到灵敏的 MS 信号。

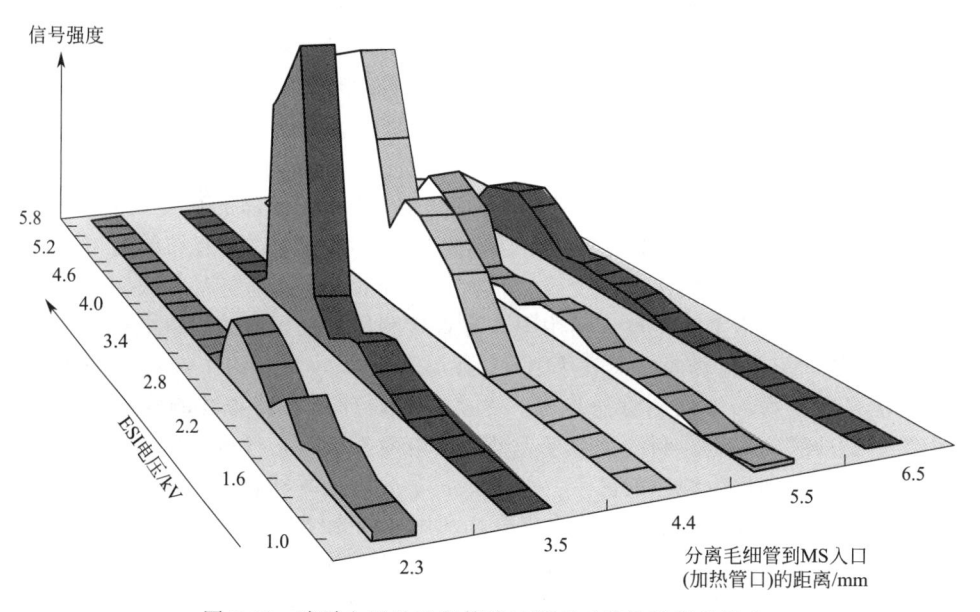

图 7-18 喷雾电压及毛细管接口距离对信号强度的影响

另外，有些因素很重要但却容易被忽略。电泳用毛细管的进、出口位置不在同一水平上，就是一个常犯的错误。这种错误可导致出峰位置和喷雾异常，甚至不喷雾。

在分离蛋白时，需要特别采取抑制非特异性吸附措施。酸性电泳介质，结合使用胺或铵类物质的键合或动态涂层毛细管，常能获得较好的结果。注意，采用胺类涂层管时，电泳电压极性可能需要反转（$-10 \sim -30$kV），但喷雾电压还需是正的（在 $1.5 \sim 2.0$kV 之间调节，与 CE 管出口的尖锐程度及其与 MS 进口之间的距离有关）。

电泳缓冲液必须是易挥发的电解质溶液。常用的有乙酸（0.1%）、乙酸铵、甲酸、甲酸铵等溶液。钠、钾等离子加合物对质谱鉴定可能并不有利。通过加入 $4\% \sim 6\%$ 的甲酸可以抑制钠、钾等加合物的形成，从而增强分辨率和检测灵敏度。

离子模式的选择也很关键。多数情况下正离子模式比负离子灵敏，但少数情况相反。糖类是 MS 测定的困难对象，有时也可以尝试离子加合或络合技术来提高离子化效率和检测灵敏度。

四、离线 CE-MS

在线 CE-MS 有许多优势，比如：能减少样品损失，容易自动化操作，能直接给出总离子流图或给出特定离子的电泳图和质谱数据。但是也存在问题，比如：它限制了离子源的使用，仅电喷等有限几种方法可选；多数 CE 不能采用最佳缓冲液条件，这限制了 CE 优势的发挥；多级质谱的速度与 CE 出峰速度不能很好匹配，实施二级或多级质谱测定难度很大，这又限制了质谱结构测定能力的发挥。有人认为，将一台十分贵重的质谱盯死在 CE 上，纯粹是一种浪费，是大材小用。因此，Monnig 等提出，应该发展离线联用方法[104]。

离线联用确能克服上述的许多问题[105~107]，且操作更具能动性，允许 CE 按需要优化其分离条件。离线联用不存在溶剂转移的问题，因此无须对 CE 和 MS 仪器进行过多的改造。就像做普通质谱一样。离线联用对离子化方法也没有限制，MALDI、等离子体（ICP）、ESI、APCI 等不同的离子源，凡需要都可以选用，能有效发挥 CE 和 MS 各自的优势。

与在线联用一样，离线联用的关键也是"接口"；所不同的是，离线"接口"其实就是关于 CE 分离区带的收集技术。理想的收集接口应该具有结构简单、易于自动化、收集时电压切换次数要少或没有、无稀释效应、没有样品损失、没有分离效率损失，不引入溶剂等特点。实用中，有直接利用商品仪器的出口电极槽来收集 CE 分离峰的，只是稀释效应大（从纳升级变成微升级，稀释约千倍），后续的 MS 测定可能还需要增加浓缩和除盐步骤。更多的是设计出有针对性的收集方法与技术，主要是薄膜收集法。利用类似于无鞘流的电喷雾接口，只将出口与收集介质接触，就可以收集到比较纯净的区带。如果令收集介质连续移动，则可以不间断地收集 CE 管中流出的物质，形成一条收集线。利用在线光学检测信号进行计算或利用显色技术等，可以找到收集线上的样品位置，然后对其进行选点或连续扫描质谱测定，就可以获得不同区带位置的质谱信号。所用的收集介质有纤维素膜或 PVDF（聚偏氯乙烯）等高分子聚合物膜等。为便于质谱测定，可将收集介质做成盘状，经旋转能使收集样品走成螺线形轨迹。

利用薄膜为收集介质时，可在膜下垫上吸有缓冲液的滤纸，并令滤纸接地。

将毛细管出口磨成斜面并涂上导电胶或镀上金属膜并接地，可以做成另一种收集方法。在电渗驱使下，管中的样液会沿斜面流出，形成样滴，可将此液滴直接收集在质谱进样器上，然后完全按常规方法做质谱分析。该方法可以收集的最小样品体积是 50nL。

另外一种出路是将目标组分收集到纳升级微井中，然后将微井用作质谱的进样器。

关于 CE 区带的柱后收集，在后面与核磁共振（NMR）或拉曼光谱（RS）的联用中还会碰到，到时还会有所介绍。

五、应用

CE-MS 可以应用的对象是溶液类样品，其分子量上限随所用质谱仪器的种类不同而异。离线 CE-MS 的应用范围更广一些，因为两者实际上是分开的，不需要协调。不过，离线质谱存在样品转移损失，可能因此造成做二级或多级质谱的困难。在线 CE-MS 的样品转移步骤少，因此灵敏度高，能较好地保持分离效率，比较有利于微量样品的分析。在线 CE-MS 甚至可用于某些单细胞分析，比如单个红细胞约含有 450amol 的血红蛋白，在 MS 的检测限之上，利用比较细（约 $20\mu m$ ID）的毛细管，结合鞘流电喷接口，就可以进行分析。

CE-MS 的应用范围要小于 CE，比较重要的测定对象有蛋白质、糖、DNA 与 RNA、药物与天然产物、手性物质、环境污染物、代谢产物等[83,108~117]，功能包括定量、定性（特别是结构鉴定）、相互作用、测序等。在 CE-MS 中的 MS 也可以用作检测器，输出总离子的时间函数，得到的电泳谱图在形状上与 UV 或 LIF 谱图完全一样。当然，它还能提供分子离子峰的质荷比信息（参见图 7-19）[27]，这对峰的确认非常方便。

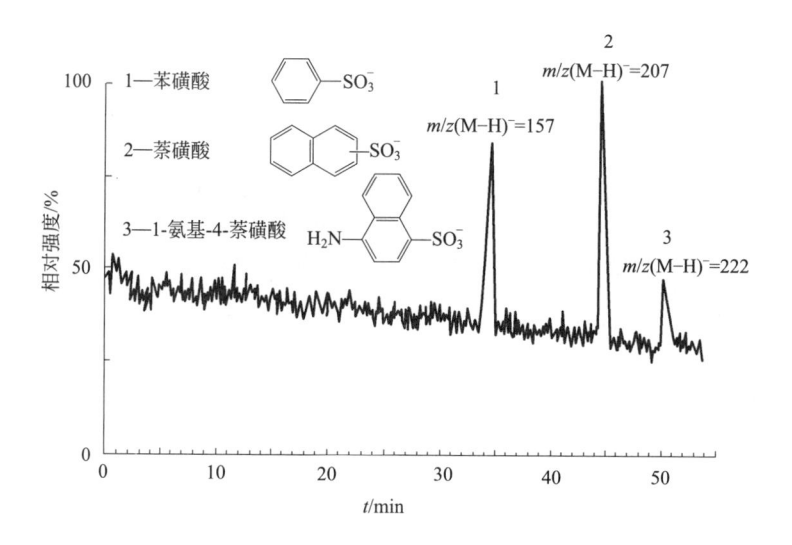

图 7-19 磺酸混合物脱质子 CGE-MS 谱图（负离子模式）

可以看出，尽管 CE-MS 的应用范围比 CE 缩小了，但也依然非常宽泛，在此不能对其进行一一讨论。下面将就蛋白和蛋白组学研究举几个例子，来感受一下 CE-MS 的特色和价值。

1. 蛋白质的鉴定

含蛋白样品的分离和鉴定一直是个挑战。蛋白质容易吸附和降解，还有活性问题。蛋白质有不同的亚基和空间结构，其纯度的测定也有很多问题。因此蛋白质的鉴定通常要采用多种不同的方法，结果不那么确定。在这方面，CE-MS 完全可以发挥其优势。首先，CE 可以将目标蛋白从复杂的环境中分离出来；其次，MS 能够给出比较准确的分子量信息；再者，如果需要，还可以对蛋白进行碎片分析，甚至包括肽谱分析、一级结构的测定等。

图 7-20 显示了四种模型蛋白的 CE-MS 谱图，其中右上角展示了峰 4 的质谱图。利用质谱以及标准蛋白，可准确确认该峰是溶菌酶。如果这样鉴定的把握仍然不足，还可以将该蛋白提纯出来，进行酶解 CE-MS 分析，得到肽的序列结构。图 7-21 显示了一种基于微流控技术的蛋白酶解自动鉴定程序[118]。利用一种以上的酶解方法，并利用有关数据库，就可以确定一种蛋白的一级结构。

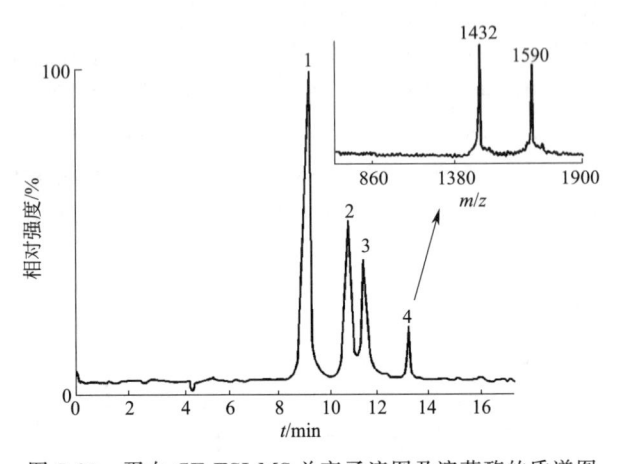

图 7-20　蛋白 CE-ESI-MS 总离子流图及溶菌酶的质谱图

1—α-乳白蛋白（$M_w=14190$）；2—肌红蛋白（$M_w=16960$）；

3—细胞色素 C（$M_w=12359$）；4—溶菌酶（$M_w=14305$）

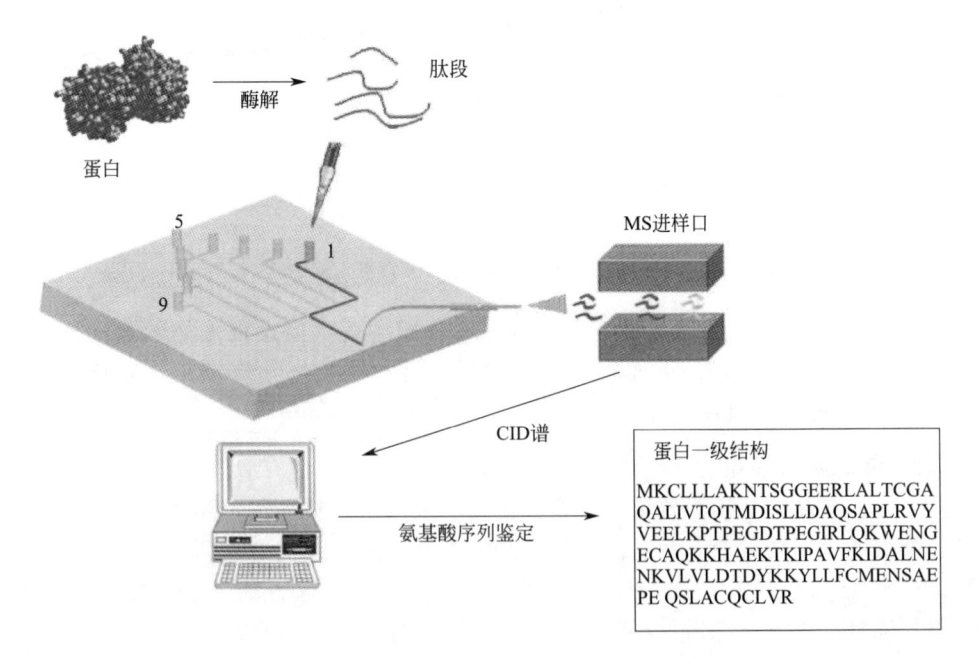

蛋白一级结构

MKCLLLAKNTSGGEERLALTCGA
QALIVTQTMDISLLDAQSAPLRVY
VEELKPTPEGDTPEGIRLQKWENG
ECAQKKHAEKTKIPAVFKIDALNE
NKVLVLDTDYKKYLLFCMENSAE
PE QSLACQCLVR

图 7-21　蛋白结构的 CE-MS 自动鉴定程序

2. 高通量分析

在进行蛋白质组学、代谢组学、糖组学等复杂样品分析时，或在做诸如药物筛选等工作时，迫切需要高通量的分离鉴定技术。CE 以其高速而被认为是高通量分析的一个重要选项，如辅以质谱，当能发挥重大作用。

（1）蛋白的 CIEF-MS 分析　建立蛋白质的质量-等电聚焦二维谱图，对蛋白组学研究具有重要价值。利用 CIEF-MS 可以直接实现此二维分离分析。图 7-22 显示了利用在线 CIEF-MS 直接分析大肠杆菌溶解蛋白的结果[89]。

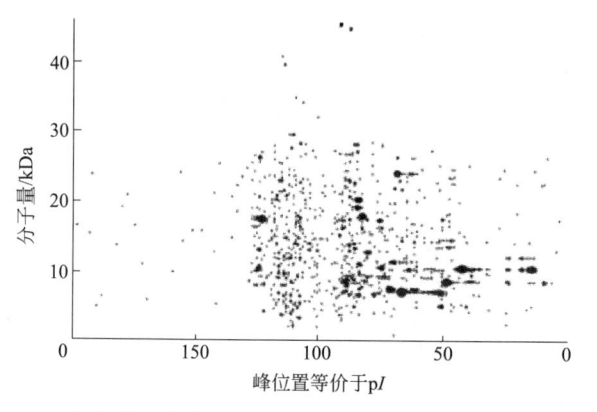

图 7-22　大肠杆菌正常培养细胞溶解蛋白的 CIEF-FT-MS 二维谱图

（2）血清 tITP-CZE-MS　利用动态等速电泳进行预浓缩，然后进行区带电泳，最后进行质谱鉴定，也可以实现复杂蛋白样品的高通量分析。图 7-23 展示了 tITP-CZE-MS 对血清蛋白的分离测定结果，大概可以分辨 500 个不同的蛋白和肽组分[119]。

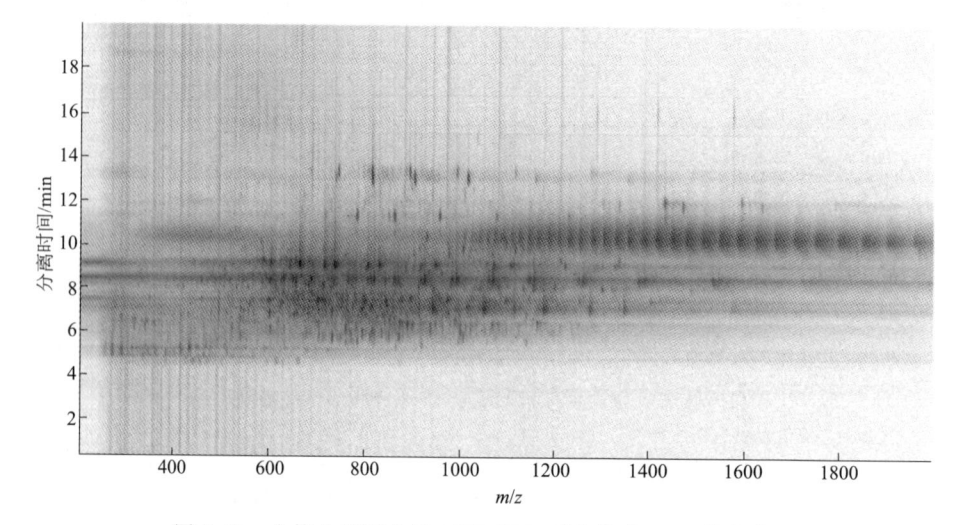

图 7-23　个体血清蛋白的 tITP-CZE(反向模式)-MS 分离谱图
（图中灰度与浓度成比例，竖线电荷相同，横线出峰时间相同）

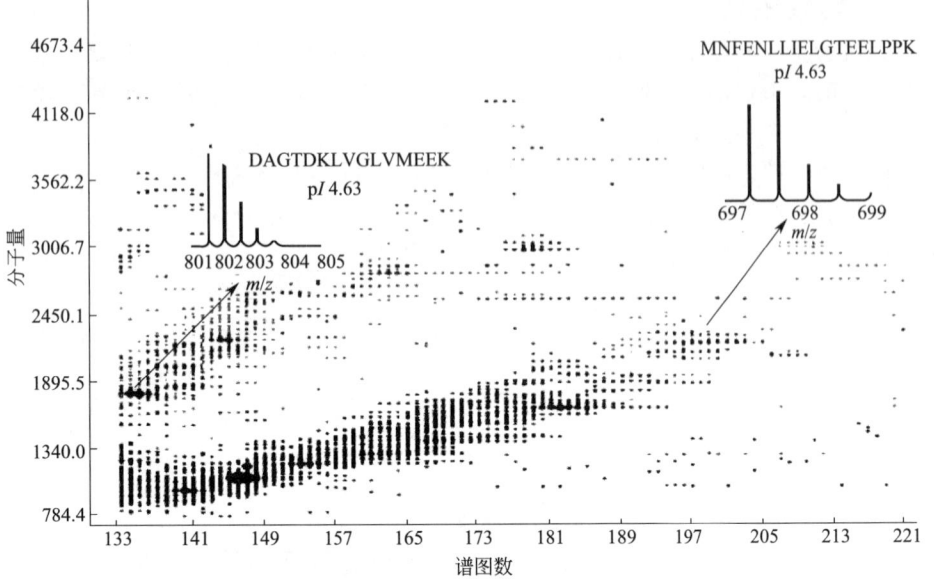

图 7-24 *Shewanella oneidensis* 溶解产物的 CIEF-CZE-FT-MS 分离中的样点
3 的胰蛋白酶解产物的 CZE-ESI-MS 谱图

（灰度表示不同的电荷状态）

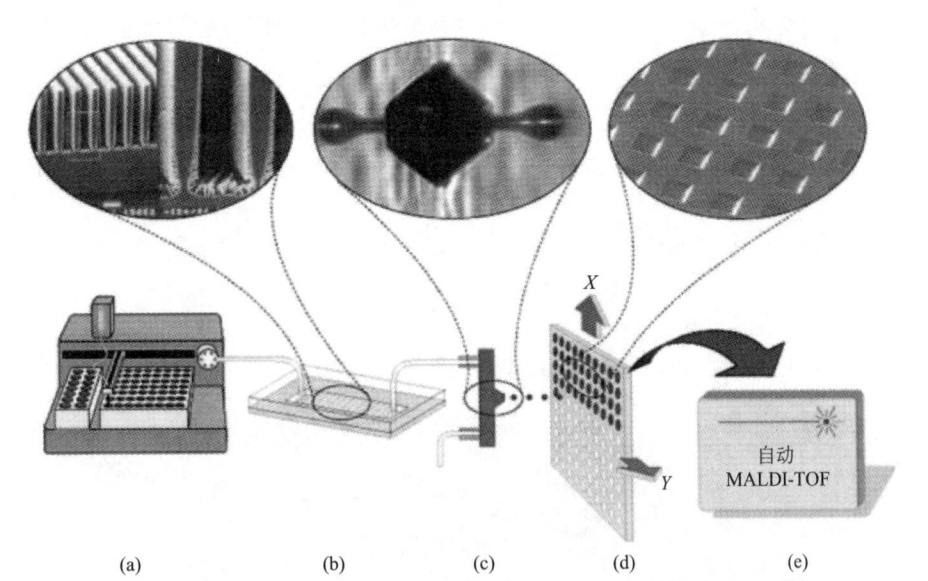

图 7-25 利用质谱实现微全分析的装置每 25～30min 可处理 100 个样品

（a）还原烷基化自动反应器，每次处理样品 576 个；（b）芯片固定酶反应器，由阴离子刻蚀以增加纳孔比表面积，其酶解效率可以比未刻纳孔板提高 170 倍，比溶液酶解提高 200～1000 倍，每 1min 可降解 1～5pmol/μL 的标准蛋白；（c）微加工流体分配器，从进口到出口的体积为 1.3μL，液滴输出频率为 50～100Hz，每滴体积约 65pL；（d）高密度纳孔板（孔容积＝300μm×200μm×20μm＝1.2nL），预置基质为 α-氰基羟基肉桂酸（α-cyanohydroxycinnamic acid），各点经过冷水、三氟乙酸清洗，然后由质谱鉴定；（e）质谱系统更进一步，可以将 2DCE 或 LC-CE 等技术与 MS 联用，实现三维或更高维数的分离，由此可以继续提高方法的峰容量，而不用消耗更多的样品。比如由 CIEF-CZE 与 FT-MS 组成的在线联用方法，所消耗的样品量也就 500ng 左右，而峰容量却可达到 1600，分析时间少于 3h。这种多维技术的峰容量可用图 7-24 证明，它只是 CIEF（可参见图 7-22）中一个样点的分离结果[114]！

（3）芯片式高通量分析 结合芯片设计理念，可建立自动化的在线或离线 CE-MS。图 7-25 显示了一种集成衍生反应、酶反应、产物收集、质谱分析等过程的高速分析方法，具有微全分析味道[120]。其中就差一道 CE 分离了。实际上，去掉其中的两个反应器，然后将高密度纳孔板作为 CE 的收集器，该系统就可以改造成高速的离线 CE-MS 系统。Tegeler 等[121] 就是利用了高密度微井，进行 CEC 的馏分收集，实现了离线的高通量分析。其微井的数目为 2500 个，每井收集的速度最快可达 0.8s。

第三节 毛细管电泳与核磁共振联用

核磁共振（NMR）在化学、生物、医药等领域有非常重要的用途。作为一种结构鉴定技术，它和 MS 一样，被看作（或期望）是高效分离方法的一种优良的联用检测手段。NMR 与 HPLC、GPC（凝胶过滤色谱）、SFC（超临界流体色谱）等的联用研究早于 CE，所以 CE-NMR 可以看成是从 LC-NMR 中移植过来的方法，因此有许多相似点，或可以共用 NMR 系统。

NMR 对氧不敏感，但灵敏度也低，所以 CE-NMR 通常要采用停流检测方式，以累积核磁共振信号[122~126]。这会造成分析速度的降低和分离峰的展宽，甚至重新混合。尽管如此，其丰富的解构信息，具有极大的诱惑力。大家知道，鉴定未知物质，仅靠 CE-MS 是不够的，要有 NMR 和其他技术的配合。

本节将对 NMR 的原理、CE-NMR 的结构及相关问题进行介绍。

一、核磁共振原理

1. 基本概念

原子核的自旋可能产生磁矩，就像一块微小的"磁铁"，能与外磁场发生相互作用。原子核的自旋是量子化的，只能取一定的数值。如用一个量 I 来标志，那么 I 就不能随便取值，只能取 0、整数和半整数（如 1/2、3/2 等）。I 因此就叫作自旋量子数。当原子的质量数和原子序数均为偶数时，如 ^{16}O、^{12}C 等，其核的 $I=0$，没有磁矩。其他情况均有磁矩，但多数原子核的电荷分布为椭球形，它们与磁场的作用相当复杂。恰好，像 ^1H、^{13}C、^{31}P 等几个非常重要的原子，其 $I=1/2$，核电荷为球状分布。这种球状核，在外磁场中会出现两种取向（$=2I+1$），即顺和逆着磁场方向（N 极指向外场的 S 或 N 极），因此会分裂出两个磁能级来。由于热运动等原因，这种取向并不是严格的。当自旋轴与外磁场方向存在夹角时，就会引起核的旋进运动（也叫拉莫进动），像一个斜着的陀螺，如图 7-26 所示。正反两种进动取向决定了核磁的能级差：

$$\Delta E = m B_0 \tag{7-4}$$

式中，m 为磁矩；B_0 为外加磁场强度。处于高能级上的核是不稳定的，会经辐射跃迁而回到低能级。相反，如果给低能级核以能量，它也能跃迁到高能级上去。促使能级跃迁的外加能量，必须等于能级差值，否则无效，这就叫共振。共振激发所需的能量也就是 ΔE，其对应的频率 ν_0 由拉莫方程决定：

$$\omega_0 = 2\pi\nu_0 = \gamma B_0 = \Delta E \gamma / m \tag{7-5}$$

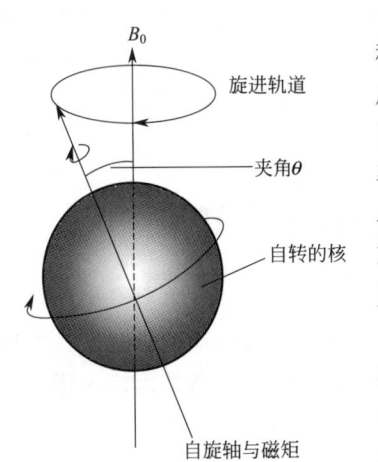

式中，ω_0 为旋进角速度；γ 为磁旋比。同一种原子核的磁旋比不变，不同核的磁旋比不同，所以如固定 B_0 但改变 ν_0，就可以使不同的核在不同的频率下发生共振。由计算可知，核磁共振频率落在无线电广播频段内（MHz）。这种能级差很小，所以两个能级上核子数目的差别亦很小，也就是可跃迁的核不多，所以核磁共振方法的检测灵敏度不高。

由玻尔兹曼分布公式可知，扩大能级差别可以扩大两个能级上粒子数的差别。根据式(7-4)，核磁能级与电子能级完全不同，它随外加磁场增加而变大（见图 7-27），这为通过扩大能级来提高灵敏度，提供了一条关键的途径。事实上，NMR仪的发展就是沿着增强外磁场的路走过来的，从

图 7-26　原子"磁陀螺"自转与旋进运动图解

过去的 30MHz，一路发展到 100MHz、300MHz、600MHz、800MHz 及 900MHz等。核磁能级差频同时也成了 NMR 谱仪的核心指标。

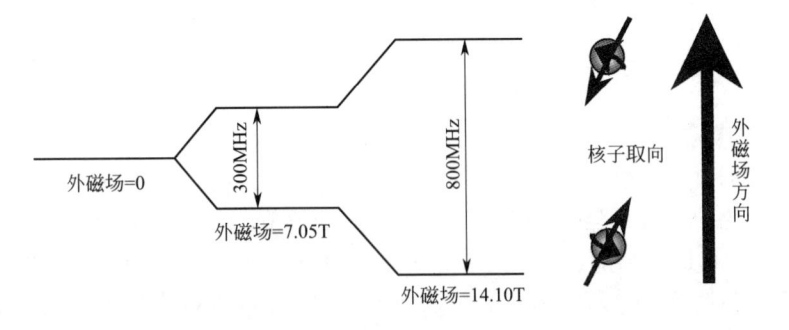

图 7-27　核能级在外磁场中的分裂及增大的方向

核磁会受外场影响，当然也会受邻近核磁矩的影响，于是出现所谓的自旋耦合现象。举个例子，碳原子上的一个质子，可以使邻近碳原子上的另一个质子分裂为两个磁能级。与外场相比，核磁较弱，所以自旋耦合引起的能级分裂也比较小，但

也足以用来解析邻近基团的结构了。

核磁能级还会受到核外电子的影响。电子对磁场有排斥作用或有屏蔽效应。核周围的电子云密度越大，屏蔽效应也就越大，需要更高的磁场才能使之发生共振。核外电子云密度会受相连基团的影响，不同结构环境的屏蔽作用也就各有差异，共振磁场强度也要有相应的变化，这叫化学位移，记作 δ。δ 是研究化学结构的一个重要参数。

化学环境对共振磁场影响的程度也是很小的。通过与参考物质进行比较可知，变化量只有百万分之几：

$$\delta = \frac{B_样 - B_参}{B_参} \times 10^6 \approx \frac{B_样 - B_参}{B_0} \times 10^6 \tag{7-6}$$

常用的参考物质是 TMS ［四甲基硅烷，$(CH_3)_4 Si$］，它的沸点低，使用方便。TMS 只有一个 ^1H 峰，因 Si 的电负性小于 C，所以电子屏蔽作用很强，需要远高于其他分子的磁场，才能激发质子。在 NMR 谱图中，习惯上将高场放在右边，所以 TMS 的 ^1H 峰出现在最右边，而普通质子的吸收峰则出现在 TMS 的左边。

2. NMR 信号测定与仪器

测定 NMR 信号的基本条件如下：

① 有强大的磁场，以使核磁发生足够大的能级分裂。目前最强的是超导磁场，可以得到 900MHz 的能级分裂。

② 有激发信号，能按需要输出不同频率的射频电磁波，并在垂直于磁场的方向上照射样品。

③ 要有射频接收系统，能接收从高能级向低能级跃迁时发出的电磁波。

④ 还要有样品固定方法以及相关的控制、数据记录和处理系统等。

虽然根据式(7-5)，既可以通过改变激发频率（扫频）也可以通过改变磁场（扫场）来实现共振，但经过多年发展以后，现在主要采用的还是连续波（CW-NMR）和脉冲傅里叶变换（PFT-NMR）激发法。CW-NMR 以单频激发和单频接收的方式工作，扫描时间长、信号弱，虽可扫描累加，但次数有限，灵敏度不足以与 CE 联用。

PFT-NMR 则采用多频发射和多频接收技术。测定时，向样品发射具有一定频率范围的电磁脉冲，将选定范围内所有的自旋核都激发到高能级上，然后让它们从高能级经弛豫过程"自由"地回到低能级上，这叫自由感应衰减（FID）。FID 信号是时间的函数，称时域波或时筹谱。对于含有多种共振吸收频率的化合物，时域谱是多重信号的叠加。记录 FID 信号，由计算机进行快速的傅里叶变换，就能得到 NMR 的化学位移谱，称频域谱或频筹谱。PFT-NMR 的背景噪声小，灵敏度可比 CW-NMR 高两个数量级，检测限在 mg 级或更优。PFT-NMR 的分析速度快，脉冲作用时间为微秒级量级，重复使用脉冲的时间间隔约几秒。PFT-NMR 的灵敏度和速度，勉强能够与 CE 匹配，是 CE-NMR 的主力方法。

二、CE-NMR 装置

1. 基本结构

CE-NMR 的仪器结构并不复杂。有三种基本方案：一是将分离毛细管及电极槽整个放入磁场（以尽可能缩短毛细管长度）；二是将毛细管和其中的一个电极槽放入磁场中；三是只将毛细管放入磁场中。实验表明，第三种方案比较合适，它只要求将毛细管插入合适的样品探头，然后放入磁场中就可以了，如图 7-28 所示。

由于 NMR 仪器十分昂贵，所以在实际中，CE 常与 LC 等分离系统共享一台 NMR。图 7-28 的当前状态是 CE-NMR，但为 LC 预留了共享连接。将 CE 毛细管卸掉，换上色谱柱，切换阀门使与压力泵连通，同时关掉高压电源，就是 LC-NMR。将色谱柱换成毛细管填充柱，接通高压电源，或同时接通压力泵和电泳电源，可做 CEC-NMR 或加压 CEC-NMR。

强磁场可能影响其他仪器的工作，需要采取屏蔽或隔离措施。一般将高压直流电源、辅助检测器等放在离磁铁 3m 以外的地方。一些部件如电极槽等，应该用有机玻璃、PEEK 等塑料来制作。不被磁化的部件可以直接放在磁共振腔内或其下部（约 15cm）。CE 分离条件的引入和改变也会影响 NMR 测定。其中，电泳电流不仅会产生局部磁场，还会形成温度分布，前者影响 NMR 的峰宽及分辨率，后者影响化学位移，需要予以克服方能得到想要的结果。具体的克服办法将在下一部分讨论。

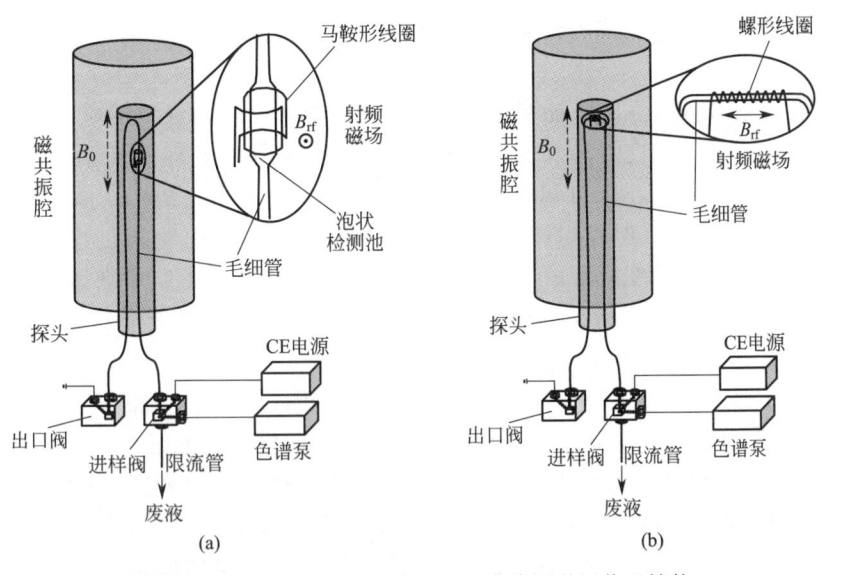

图 7-28　两种毛细管分离技术-核磁共振联用装置结构

2. 探头与检测池

样品探头是用来在磁场中定位放置样品管或流通池的关键器件，包括激发扫描线圈和信号接收线圈等，其磁场须与外磁场 B_0 正交。为了克服温度变化的影响，探头中还可以安装温度传感和控制机构。

商品探头通常采用马鞍形激发、接收共享线圈［见图 7-28(a)］，允许的流通池体积在数百纳升水平，其检测限在 μg 或 μL 级。直接在毛细管上绕制线圈［见图 7-28(b)］，可以将池体积降到纳升水平，比如在 $75\mu m$ 内径毛细管上绕制 17 圈铜线（约 11mm 长），池体积可降到 5nL 左右，绝对检测限可降到 ng 水平[123]。采用螺线绕制探头时，厚壁毛细管的灵敏度和分辨率优于薄壁毛细管。螺线管探头虽可减小流通池容积，但它使毛细管与外磁场垂直［见图 7-28(b)］，这会严重干扰 NMR 信号的测定。大家知道，通电毛细管的周围存在磁场，根据安培定律，如毛细管无限长，则管外任意一点 r 上的磁感应强度 B_i 可以表示成：

$$B_i = \frac{\mu_B I}{2\pi r} \tag{7-7}$$

式中，μ_B 为真空磁导率。可见 B_i 不是常量且环绕毛细管，正好能与外磁场 B_0 叠加［参见图 7-28(b) 及图 7-29］，破坏局部磁场的均匀性，这会使 NMR 峰加宽，于是分辨率和检测灵敏度都下降。图 7-29 显示，^{1}H 峰的质量随电泳电流或电压的增加而迅速下降[124]。

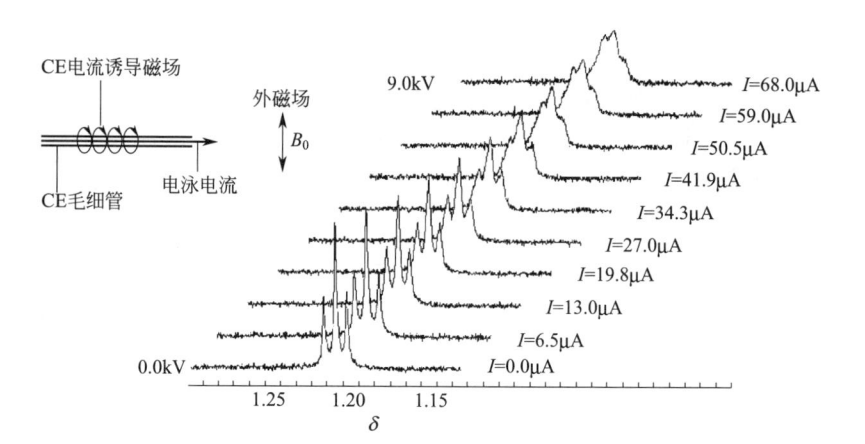

图 7-29 电泳电流对三乙氨基甲烷 ^{1}H 核磁信号测定的影响

CE 电流引起的局部磁场改变，还会随电泳条件的变更而改变，不能利用商品仪器上提供的补偿技术来平复。基本的解决方案是断电测谱。为了抑制区带加宽，可以采用停电、加电的交替方式进行测定。但是高压电源的反复通断是有问题的，且不说操作不流畅，升压是需要时间的，这会影响出峰时间和分离结果。为此，Wolters 等利用分流原理，将区带分为并行的两路，轮流悬空（等价于断电）摄谱，这样可以实现流畅的连续实验并得到比较好的谱图组合[125]。不过，分流必然降低检测灵敏度，这对 CE-NMR 来说是雪上加霜，况且，还有分流接口的制作、死体积等一大堆问题。看来这不是一种值得推荐的方法。其实更简单的办法，莫过于在电泳分离后，用合适的压力直接将区带推过检测线圈，像 LC-NMR 那样进行连续或停顿的测定。

如果一定要进行连续的带电测谱，就得让毛细管轴与外磁场 B_0 平行，使电泳电流所产生的磁场与 B_0 垂直。这非得采用马鞍形射频线圈［见图 7-28(a)］不可，流通池也要扩充。Pusecker 等证明，利用马鞍形线圈，电泳电压的确不影响 NMR 谱图的测定［见图 7-30］[127]，但为了扩大检测池体积，就得采用粗毛细管或宽流通池。前者会降低分离效率，后者需要自己动手制作。

已知至少有两种方法可用于扩充毛细管流通池，即吹泡法和化学刻泡法。考虑到 NMR 需要高度均匀的磁场，亦即流通池的对称性越高越好，则化学刻泡法更好。

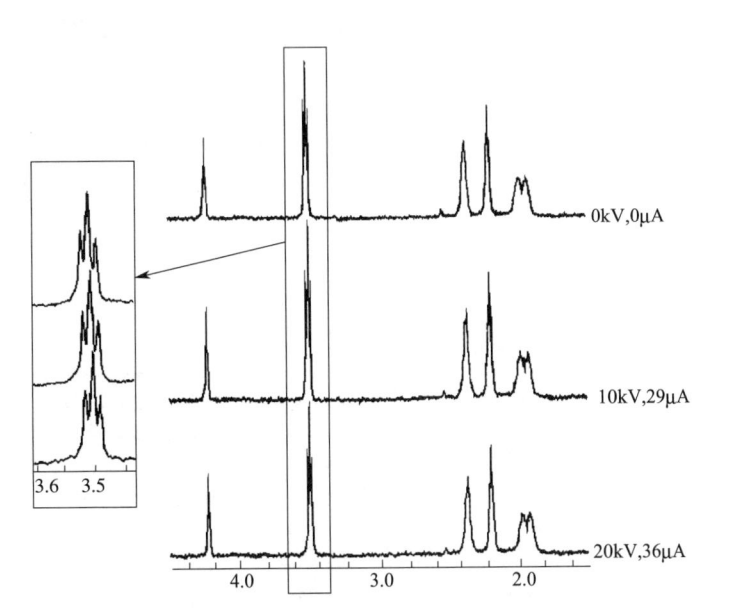

图 7-30　含马鞍形射频线圈的探头可以抗拒电泳电流对 ^{1}H NMR 摄谱的影响

（实验采用 600MHz NMR 谱仪，流通池体积为 240nL，其中含有 41nmol/L 的赖氨酸溶液）

3. 模式选择与基本操作

CE-NMR 的操作与 CE 的模式有关。当选择 CZE-NMR 模式时，其氢谱测定的操作方法如下：

① 每次进样前，毛细管先用 0.2mol/L NaOH 冲洗，可能的话，再用 D_2O 涮或泡一次；

② 灌入配于 D_2O 中的缓冲液；

③ 电动或压力进样并在合适的电压下分离；

④ 在连续流动下测定核磁信号，或对目标区带（需预先计算）进行停流连续累积测定。

若以 CEC-NMR 测氢谱，则操作过程修改如下：

① 将色谱泵连通到 CZE 的进样口上，将一段填充毛细管柱或毛细管整体柱，通过 Teflon 套管或其他塑料管连接到 CZE 毛细管的进口上（如毛细管太长，可切

掉一些），使色谱柱露在 NMR 探头的外面，原检测池位置不变。如果泵的流量太大，可在泵与色谱柱之间加入分流器，分流比视泵的性能和流量而定。如果 CEC 柱的内径为 $250\mu m$，可用 $100\mu m$ 内径的毛细管来分流。

② 采用压力进样，用氘代缓冲溶液，在电场（≥20kV）和压力（>1MPa）下进行等度或梯度洗脱。

③ 进行连续或停流式 NMR 测定。

选择连续还是停流方法来测定 NMR 谱图，要看具体情况。一般地，如果条件允许，而且又不需要非常细致的核磁信息，可以选择连续测定模式，此时最好选用马鞍形线圈探头。为了提高核磁连续测定的分辨率，需要采用一些特殊的电泳条件，比如改变 pH 等，来增强 CE 的分离度。在 CEC 中，也可以换等度淋洗为梯度淋洗。图 7-31(a) 显示，等度 CEC-NMR 的谱图有分离不全的现象，而图 7-31(b) 则表明，梯度条件下，不同样品的 NMR 谱图没有重叠。还有，为了提高检测灵敏度，可融入浓缩等技术。图 7-32 展示的是利用 ITP 浓缩技术前后所得到氢谱，灵敏度相差约 1000 倍[128]。

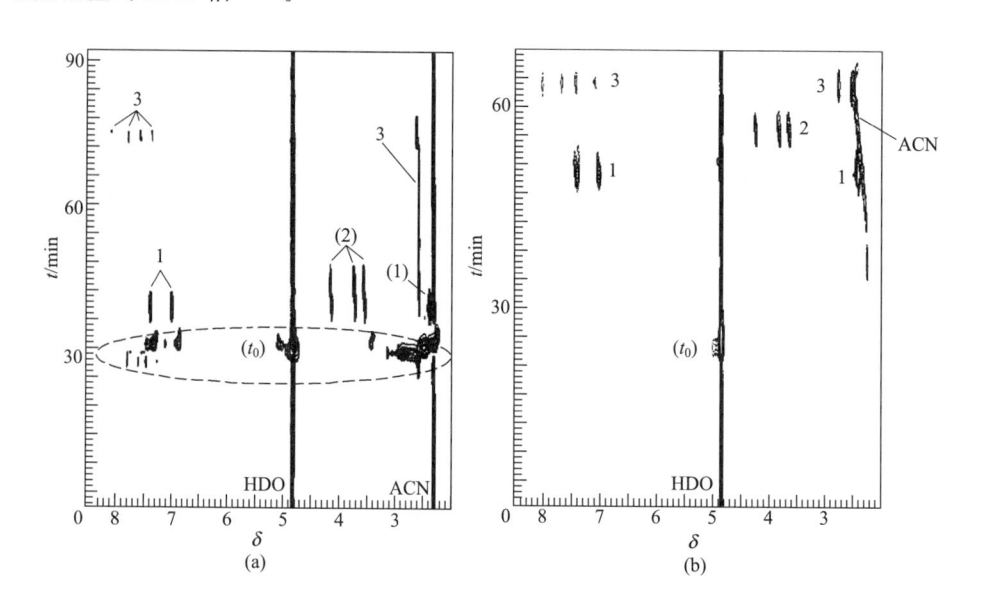

图 7-31　止痛剂 Thomapyrin 的等度与梯度 CEC-NMR 二维谱图

(a) 等度，20kV 下用 1mmol/L 硼酸盐/D_2O 淋洗；(b) 梯度，20kV 下按（0→30%）×b/25min 方式，从 a 开始进行梯度淋洗，其中 a 为 1mmol/L 硼酸盐/D_2O，b 为 1mmol/L 硼酸盐/CD_3CN

CEC 柱：$20cm×250\mu m$ ID×$350\mu m$ OD，填 $5\mu m$ 的 GROM-SIL 100 ODS-0AB，用 a 预平衡

10min NMR 仪器：Bruker AMX 600 型谱仪

1—对乙酰氨基酚；2—咖啡因；3—乙酰水杨酸

如果样品体积非常有限，则只要条件允许，就应该选用螺旋线圈探头，进行停流式的 NMR 谱图测定。停流测定不仅可以长期累加信号以大幅提高灵敏度，而且可以做各种同核或异核的二维相关谱（见图 7-33），它们包含更多的结构信息。

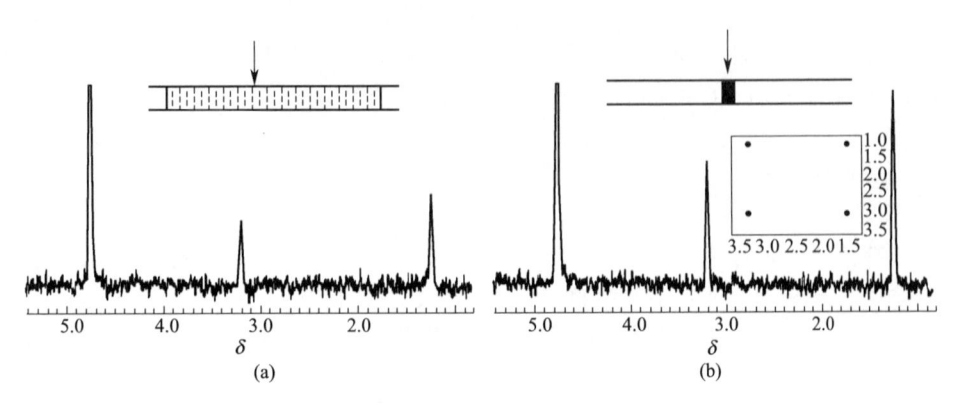

图 7-32　利用 CITP-NMR 能通过浓缩样品来增强 TEAB（溴化四乙铵）^{1}H NMR 的信号

（a）聚焦以前，毛细管灌 5mmol/L TEAB，信噪比为 13（$\delta=1.2$）；（b）聚焦以后，进样 8mL 的 200mmol/L TEAB，CITP 聚焦后测定，信噪比为 30（$\delta=1.2$，灵敏度提高 1000 倍），插图为同核二维相关谱。一维谱图记录参数：脉冲发射 55°，弛豫时间 0s，采样 1.24s，累加 80 次，总测定时间 10s

另外，在进行 NMR 测定时，要注意用氘代溶剂。因为氘代有机溶剂非常昂贵，所以如果仪器允许，应尽量采用溶剂抑制和补偿技术。在做核磁时要充分注意溶剂的纯度。大部分 HPLC 试剂含有少量的稳定剂，这些稳定剂没有紫外吸收也不影响色谱结果，但能被核磁测到。

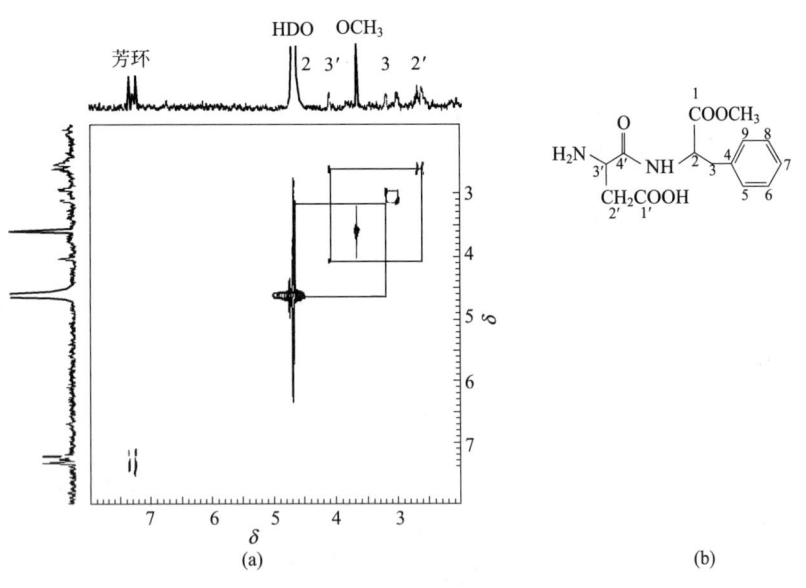

图 7-33　利用停流累积法由 CZE-NMR 测得的天冬酰苯丙氨酸甲酯（b）
的二维相关核磁谱（TOCSYA）（a）

（谱图摄制于该样品出峰后，总采谱时间约 27h）

4. 应用

虽然 CE-NMR 也可以用作分离峰的检出，得到核磁信号强度随保留时间变化的电泳谱图，但其价值却在于对组分的结构鉴定上。NMR 峰和 t-NMR 二维谱图可直接用于组分的确认。高分辨氢谱、碳谱、同核和异核二维相关谱，则可用于组分结构的剖析。Pusecker 等利用 CEC-NMR 方法，研究了人尿中扑热息痛的代谢产物，鉴定出了葡萄糖苷和硫酸化扑热息痛两种主要代谢产物，以及内源物质尿酸（见图 7-34）[129,130]。Wolters 等结合利用 ITP 浓缩技术，分析了非离子样品中约 0.1% 水平的离子杂质；他们对蔗糖中的微量阿替洛尔（降压药物）进行了 CITP-NMR 分析，发现电泳的热效应会影响组分的化学位移[131]。CE-NMR 联用技术还可以反过来用于 CE 分离过程、样品区带变化的研究，可用于毛细管内温度变化测定[132,133]。

CE-NMR 用于精氨酸、赖氨酸、胱氨酸、甘氨酸、三乙胺、咖啡因、对乙酰氨基酚、乙酰水杨酸等样品[122~134] 的研究较多，但浓度多在 mmol/L 级。NMR 的应用受灵敏度比较低和仪器太过昂贵等的制约。如何进一步提高灵敏度，使该方法发挥更大的作用，还需新的突破。

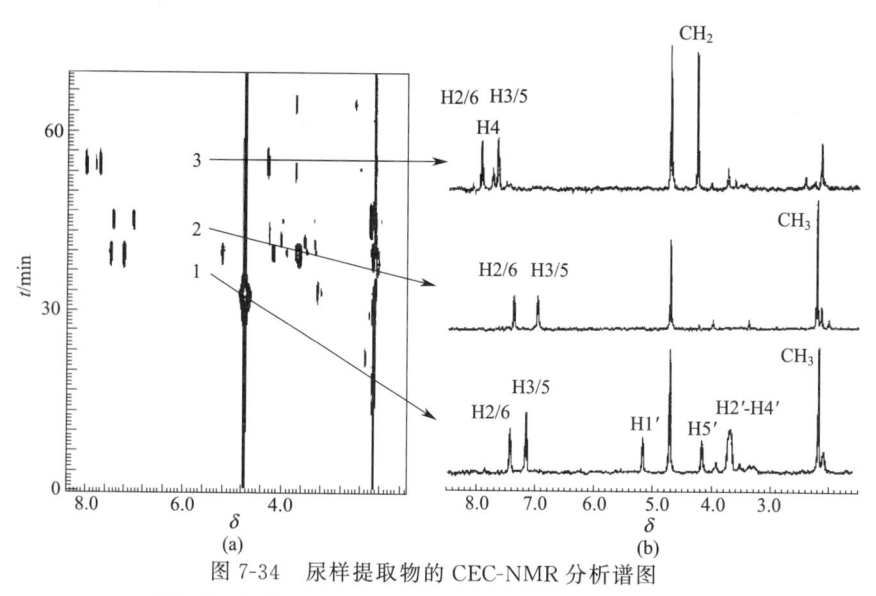

图 7-34 尿样提取物的 CEC-NMR 分析谱图

（a）保留时间-氢谱化学位移二维谱图；（b）单一保留时间的 ^{1}H NMR 谱

（1）扑热息痛葡萄糖苷　　（2）扑热息痛硫酸盐复合物　　（3）内源尿酸

第四节　毛细管电泳与拉曼光谱联用

拉曼光谱（RS）与毛细管电泳联用的研究，几乎和 CE-MS 同步，但没有 CE-MS 发展的那么迅速。主要原因在于 RS 的灵敏度低，只比 NMR 略好一些，但结构信息没有 NMR 丰富。尽管如此，CE-RS 的研究还是受到了重视，因为拉曼光谱有它自己的特色，比如它不破坏被鉴定的分子，这对生物分子的分析很有吸引力。RS 还能做成探头，实施对生物组织的活体分析等，这是 MS 和 NMR 还办不到的。CE-RS 有在线和离线联用两种形式，下面分别予以讨论。

一、在线联用

与 MS 需要液-气转化、NMR 需要氘代溶剂不同，RS 可以直接测定水溶液样品，所以可直接用作 CE 的检测器，就像 UV 一样可以构建无接口的 CE-RS 系统[135~145]。

在线 CE-RS 的研究可以回溯到 1988 年 Chen 报道的工作[144]，历史不短，但如何解决灵敏度问题，还没有取得根本性的突破。Morris 等利用等速电泳进行预浓缩，来改善检测灵敏度，实现了对 mmol/L 级的苯丙氨酸、色氨酸、肾上腺素、核苷酸等的测定[136,140,144,145]。Sepaniak 等[143] 利用表面增强拉曼（SERS）技术，实现了罗丹明 6G 的 CE-RS 分析。作者对此也进行过研究，建立了相关的实验装置，如图 7-35 所示[142,143]。利用该系统，研究了 mmol/L 级甲基橙和甲基红混合样的在线 CE-RS 分析。结果表明，RS 不仅可作为一种检测器，用于测定不同波数处的电泳谱图（见图 7-36），更重要的是，可以动态记录电泳过程中的拉曼谱图，得到时间-波数-拉曼强度的三维谱图，如图 7-37 所示，由此可以获得不同区带的分子结构信息并用于样品鉴定。还可能根据这种三维谱图，反过来研究 CE 的分离过程。

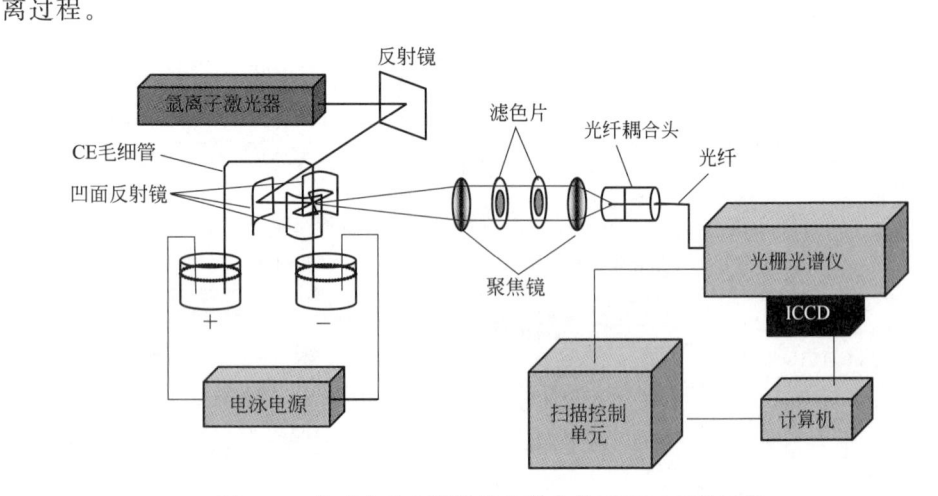

图 7-35　作者实验室设计搭建的在线 CE-RS 系统示意

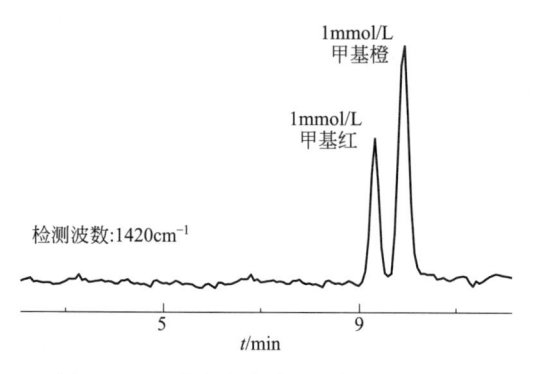

图 7-36 混合染料在线 CE-拉曼检测谱图

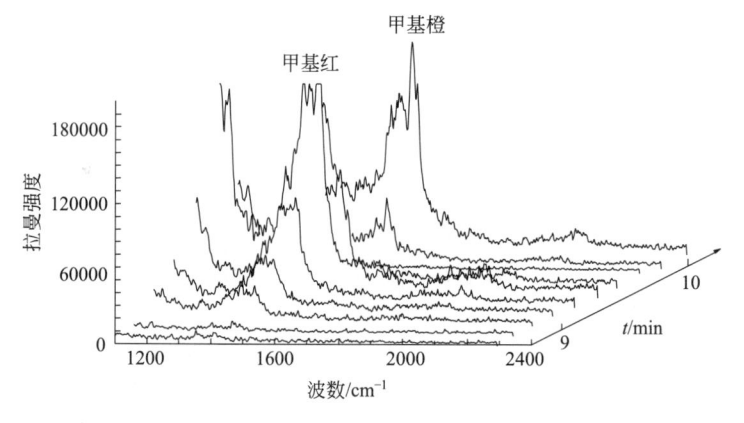

图 7-37 1mmol/L 染料混合物的时间序列 CE-拉曼测定谱图

理论上，还可以采用柱头浓缩、共振与预共振拉曼等技术来提高在线 CE-RS 的灵敏度，但这方面的研究还不够，仍然等待突破。

二、离线联用

解决在线 CE-RS 灵敏度不高的另一种策略，是离线或柱后联用，可结合使用 SERS 技术。Sepaniak 等采用同轴鞘流技术将 CE 区带转移到 SERS 活性基质上，然后再进行 RS 测定，获得了很好的拉曼谱图[146]。He 等则采用金属镀口技术进行 CE 柱后的 SERS 测定[147]，检测到了反-1,2-二（4-吡啶基）乙烯、N,N-二甲基-4-硝基苯胺、两种氯代苯酚、两种氨基酸混合物的分离区带。Seifar 利用与 He 类似的方法，以 TLC 薄层介质为收集器，SERS 的检测灵敏度达到了 0.2mg/L 的水平[148]。

柱后联用需要对分离区带进行连续或动态的无损转移。可参考电喷雾或电导柱后检测方法，构建鞘流辅助转移和非鞘流管头直接导电转移技术。鞘流转移自然会有大的稀释效应，所以为灵敏度计，以采用非鞘流导通转移技术为上策。非鞘流导通有多种变通途径，一种最简单的方法，是利用在管头涂抹银导胶来实现导电，关键结构如图 7-38 所示。为安全起见，CE 流出端及样品收集板应接地。Seifar 等利用这种设计，实现了三种偶氮染料（见图 7-39）混合物的 CE 分离及高分辨拉曼光谱检测（见图 7-40）[148]。目前该方法的检测灵敏度已经接近 μmol/L 水平，可和普通 UV 一比高下。

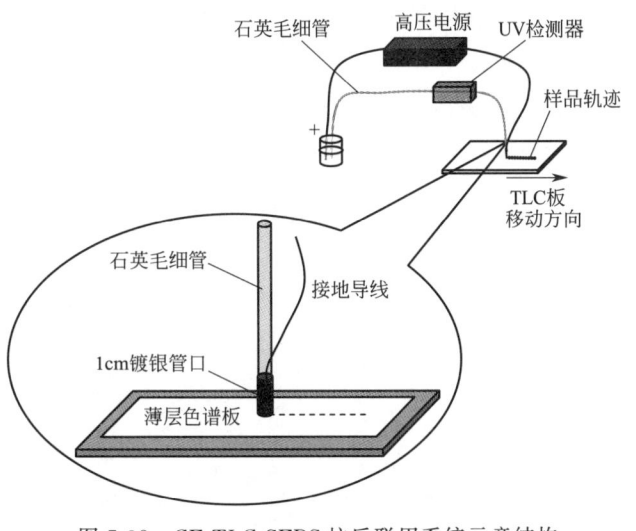

图 7-38 CE-TLC-SERS 柱后联用系统示意结构

食品红 1 ・ ・ ・ 食品黄 3 ・ ・ ・ 酸性橙 7

图 7-39 几种拉曼灵敏的分子结构

一般的表面增强拉曼测定，灵敏度可以达到 $2\sim3$pmol。但目前的离线 CE-SERS 还未达到这种程度，主要是由样点的收集扩散和 SERS 样斑制备扩张引起的。先进的拉曼测定一般都采用显微技术，所测样斑实际面积不过 $10\mu m^2$ 左右，只占收集样点（5mm^2）的一小部分。所以如果能够进一步收缩样斑面积或扩大拉曼测定面积，还可能将 CE-SERS 的灵敏度再提高 $1\sim2$ 个数量级。

三、离线 CE-RS 操作要点

在线 CE-RS 的操作基本和光吸收或 LIF 相同，比较容易，因此不作专门介绍。但是柱后联用方法涉及样品的连续收集问题，在操作上有一些特点，故对一些关键点予以介绍。

1. 毛细管处理

柱后联用 CE-RS 的关键是接口，而接口制作的核心是毛细管出口导电膜的制

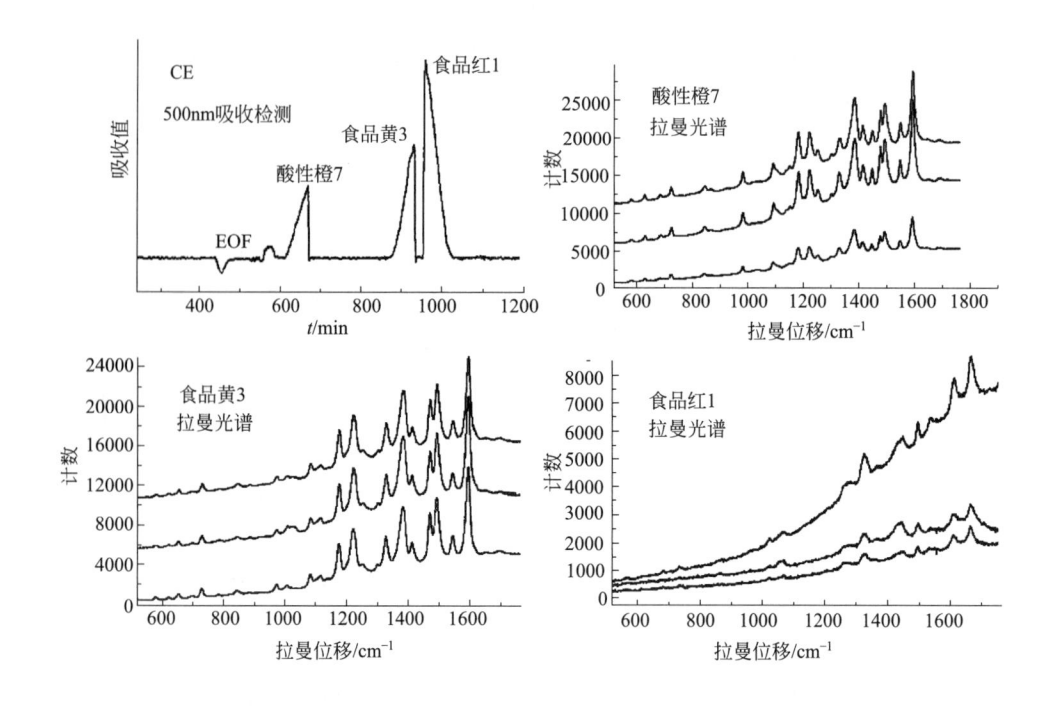

图 7-40　色素样品 CE-TLC-SERS 柱后联用分析

收集介质：硅胶板

TLC 板移动速度：3.4mm/min，酸性橙出峰后改为 6.1mm/min

缓冲液：10 mmol/L 硼酸盐，pH 9.2

毛细管：75μm ID×82cm（吸收检测长度）/100cm（总长）

分离电压：+20kV

进样浓度：0.2mmol/L

拉曼谱图对应于峰的前沿、中心和后部

备，试举例如下：

取 75～100μm ID×100cm 的熔融石英毛细管，将管一端约 1cm 的聚酰亚胺保护涂层除去，用甲醇小心清洗干净，涂上银导电胶并安置导线，在 120～150℃ 下加热固化 2h 即可（参见图 7-38）。银导电胶在 pH 5～9 之间可稳定使用约 10 天，如出现导电困难，可以将出口切掉 1～2mm 后再用。但银导电胶在强碱条件下不稳定，此时可改用镀金、镍等其他导电膜。和 ESI 接口的制作一样，凡是良导体，如石墨、胶体石墨等都可以使用。所有的镀膜都可能脱落，最好在镀膜之后，再镀或涂一外保护层。套一针头是不错的办法。最简单的方法是将铂电极捆在毛细管上，保持电极末端与管口平齐即可。

2. 收集介质及移动速度

有很多不同的介质可以用于收集 CE 的流出物，比如纤维素膜、凝胶膜、TLC 薄层板等。采用 TLC 薄层板的优点是，可以根据需要选择铺板材料、厚度和显示办法。常用的 TLC 介质有硅胶、氧化铝等。其中硅胶的吸水容量大，可以减少样点的扩展，因此是首选介质，但由于 CE 的流量很小，所以像氧化铝等一类低吸水容量的介质其实也可以使用，只要适当增加铺板厚度就可以了。在硅胶、氧化铝薄层板上收集 CE 的流出物，所得样品轨迹的线宽取决于薄板移动的速度，一般可以控制在 1mm 左右。为便于导电，薄层支持材料最好采用金属板如铝膜等，收集时将底板接地。

很明显，收集介质厚度应该以能充分吸收流出样品和溶剂为考量指标。原则上厚一些比较好，这有利于组分往深度方向吸入而不是往两边展开，得到的流出轨迹可以窄一些，比较有利于拉曼光谱测定。相反，过薄的 TLC 介质，易得到宽的收集轨迹，不利于拉曼光谱的高灵敏测定。

另外，含有紫外荧光显示的 TLC 板，有利于样品位置的直接辨认，这对于没有吸收信号的样品组分的辨认尤其有利。

为了将 CE 的时间函数变换成空间或距离函数，需要移动收集介质或者毛细管出口。最方便的操作是移动收集介质。以保持分离效率为指标时，收集介质的移动速度越大，收集线越细或越好，但速度过快也容易出现电接触不良或区带被拉伸过长等问题。区带太长则不利于拉曼光谱的高灵敏检测。收集介质速度可根据出峰速度和峰与峰之间的距离来选择。出峰快的、峰与峰之间的距离窄的，介质可以移动得快一些；而出峰慢的，则介质就应该移动得慢一点。以前面的色素分离为例，在收集酸性橙时，因分离较开（见图 7-40），所以 TLC 板的移动速度较慢，为 3.4mm/min；之后，因食品黄和食品红的峰间距比较短，所以移动速度增大到 6.1mm/min。

3. 毛细管出口与收集板间距

CE 出口与收集介质之间的距离，影响收集线的宽度和区带的混合状况。距离过小，管口可能直接碰到收集介质，流出液体没有机会展开，可以得到最窄的收集线条。但是，对于颗粒性收集介质如硅胶板等，可能会导致颗粒介质进入或堵住管口，引起意外的收集中断或失败，或者出现异常现象。距离过宽，管口溶液不能及时转移到收集板上，易累积成大的液滴，这不仅会造成线宽增加，还会造成区带混合。由此可见，出口与收集介质之间的距离，在不直接接触前提条件下，越近越好。控制在 0.1mm 附近可能是一比较理想的选择。

4. SERS 增强介质制备

银胶或金胶是 SERS 常用的增强介质，其中又以银胶使用最多，所以这里介绍一种银胶的制备方法：取 180mg 硝酸银，溶于 500mL 水中，大火煮沸，同时逐滴加入 10mL 2%的柠檬酸钠；继续煮沸至约 250mL 体积，再煮到有过量的银产生沉淀析出；停止加热，将溶液转移到琥珀瓶中于室温下储存，直到使用。该方法可储存 4 个月。

5. 收集区带的处理

（1）区带位置的确定　利用紫外检测谱图，再根据收集介质移动速度，可以计算出样品区带的位置。对于 TLC 收集板，可以借助紫外或荧光直接显示样点的位置。直显方法简便，可展现没有吸光或发光的样品组分，但灵敏度比较低，可能漏掉目标样点，需要予以特别注意。

（2）SERS 样点制备　一旦样品位置确定，就可以采取措施，将目标组分吸附到表面增强拉曼介质如银胶颗粒上。为了使与银胶表面带有同种电荷的组分，能够有效地吸附到胶粒上，需要加入吸附助剂。多数金胶、银胶表面带有负电荷，所以在分析负离子时，应加聚赖氨酸等助剂。这些添加剂还会引起银胶颗粒的聚集，并增强表面效应[149~151]。仍以前面的色素分析为例，具体介绍样斑的处理过程。

取 5μL 浓的银胶溶液，滴加到样点上，随之加上 1μL 0.1mg/g 的聚（L-赖氨酸）或 1mol/L 硝酸（仅对硅胶板）辅助试剂，再滴加 5μL 银胶，然后迅速实施拉曼光谱测定。

滴加银胶后，拉曼光谱信号会随时间延长而下降[152]，故应该在数分钟内完成拉曼光谱测定，以免灵敏度损失过多。滴加银胶和助剂的（手工）操作，必然会使样斑扩展，因此不要一次过快地滴加大量的溶液，尽可能缓慢一点。在小心操作下，氧化铝板的样点直径可小于 3mm，硅胶板样点约 5mm。

6. 拉曼光谱的测定

采用显微拉曼测定系统有利于灵敏的拉曼光谱测定。如果有商品显微拉曼系统，只需将收集板放置到显微镜头下的合适位置，按常规方法进行逐点测定就行。如果没有现成的显微拉曼系统，可以借助合适的显微系统，将激发光聚焦到样点上，然后利用相同的显微镜头收集拉曼散射光（图 7-41）。收集到拉曼信号需送入色散系统，再经光电倍增管进行扫描累积记录，或由 CCD 进行多波长的同时积分转换。RS 常用的光源一般是氩离子激光光源，选 488nm 或 514.5nm 波长（对应于 100nm 银胶颗粒）。激光打击到样点上的实际功率应在 10mW 以上，以 15~50 mW 为合适。由 CCD 收集拉曼光时，一般都至少收集 5 次，每次积分 1~3s。

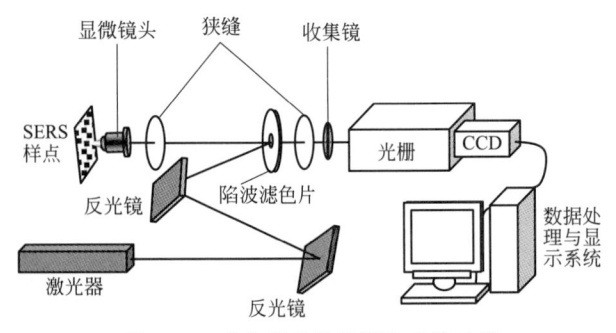

图 7-41　共焦显微拉曼测定系统示意

参考文献

［1］　Wang Y，Zhang J，Liu C-L，Gu X，Zhang X-M. *Analytica Chimica Acta*，2005，530：227.

［2］　O'Farrel PH. *J Biol Chem*，1975，250：4007.

［3］ Klose J. *Humangenetik*，1975，26：231.

［4］ Patton W F，Schulenberg B，Steinberg T H. *Curr Opin Biotech*，2002，13：321.

［5］ Michels D A，Hu S，Schoenherr R M，Eggertson M J，Dovichi N J. *Mol Cell Proteomics*，2002，1：69.

［6］ Quigley W W C，Dovichi N J. *Anal Chem*，2004，76：4645.

［7］ Barme I，Bruin G J. *Methods Mol Biol*，2001，162：383.

［8］ Bings N H，Wang C，Skinner C D，et al. *Anal Chem*，1999，71：3292.

［9］ Evans C R，Jorgenson J W. *Anal Bioanal Chem*，2004，378：1952.

［10］ Yang C，Zhang L，Liu H，Zhang W，Zhang Y. *J Chromatogr A*，2003，1018：97.

［11］ Michels D A，Dambrowitz K A，Eggertson M J，et al. *Electrophoresis*，2004，25：3098.

［12］ Schneider L V，Hall M P，Petesch R. *Protein separation via multidimensional electrophoresis*：US，6537432. 2003-05-25.

［13］ Chang W W P，Nichols L，Jiang K，Schneider L V. *Am Lab News*，2004，36：8.

［14］ Hjerten S. *J Chromator*，1985，347：191.

［15］ Cifuentes A，Canalejas P，Diez-Masa J C. *J Chromatagr A*，1999，830：423.

［16］ Horvath J，Dolnik V. *Electrophoresis*，2001，22：644.

［17］ St Claire R L. *Anal Chem*，1996，68：569R.

［18］ Jacobson S C，Hergenröder R，Koutny L B，Ramsey J M. *Anal Chem*，1994，66：1114.

［19］ Effenhauser C S，Paulus A，Manz A，Widmer H M. *Anal Chem*，1994，66：2949.

［20］ Chen X，Wu H，Mao C，Whitesides G M. *Anal Chem*，2002，74：1772.

［21］ Herr AE，Molho J I，Drouvalakis K A，et al. *Anal Chem*，2003，75：1180.

［22］ Olivares J A，Nguyen N T，Yonker C R，Smith R D. *Anal Chem*，1987，59：1230.

［23］ Udseth H R，Loo J A，Smith R D. *Anal Chem*，1989，61：228.

［24］ Tomlinson A J，Benson L M，Jameson S，Naylor S. *Electrophoresis*，1996，17：1801.

［25］ Lane S J，Boughtflower R，Paterson C，Morris M. *Rapid Commun Mass Spectrom*，1996，10：733.

［26］ Choudhari G，Apffel A，Yin H，Hancock W. *J Chromatogr A*，2000，887：85.

［27］ Garcia F，Henion J D. *Anal Chem*，1992，64：985.

［28］ van Veelen P A，Tjaden U R，van der Greef J，et al. *J Chromatogr*，1993，647：367.

［29］ Cole R B，Varghese J，McCormick R M，Kadlecek D. *J Chromatogr A*，1994，680：363.

［30］ Severs J C，Hofstadler S A，Zhao Z，Senh R T，Smith R D. *Electrophoresis*，1996，17：1808.

［31］ Lyubarskaya Y V，Dunayevskiy Y M，Vouros P，Karger B L. *Anal Chem*，1997，69：3008.

［32］ Jussila M，Sinervo K，Porras S P，Riekkola M L. *Electrophoresis*，2000，21：3311.

［33］ Perkins J R，Tomer K B. *Anal Chem*，1994，66：2835.

［34］ Hofstadler S A，Wahl J H，Bakhtiar R，et al. *J Am Soc Mass Spectrom*，1994，5：894.

［35］ Valaskovic G A，Kelleher N L，McLafferty F W. *Science*，1996，273：1199.

［36］ March R E. *J Mass Spectrom*，1997，32：351.

［37］ Deterding L J，Tomer K B，Wellemans J M Y，et al. *Eur Mass Spectrom*，1999，5：33.

［38］ Ingendoh A，Kiehne A，Greiner M. *Chromatographia*，1999，49：S87.

［39］ Hirabayashi Y，Hirabayashi A，Koizumi H. *Rapid Commun Mass Spectrom*，1999，13：712.

［40］ Lazar I M，Lee E D，Rockwood A L，Lee M L. *J Chromatogr A*，1997，791：269.

［41］ Chernushevich I V，Loboda A V，Thomson B A. *J Mass Spectrom*，2001，36：849.

［42］ Verhaert P，Uttenweiler-Joseph S，de Vries M，et al. *Proteomics*，2001，1：118.

［43］ Lazar I M，Xin B M，Lee M L，et al. *Anal Chem*，1997，69：3205.

［44］ Hofstadler S A，Wahl J H，Bruce J E，Smith R D. *J Am Chem Soc*，1993，115：6983.

［45］ Preisler J，Hu P，Rejtar T，Karger B L. *Anal Chem*，2000，72：4785.

［46］ Varghese J，Cole R B. *J Chromatogr*，1993，652：369.

［47］ Marshall A G. *Int J Mass Spectrom*，2000，200：331.

［48］ Hofstadler S A，Severs J C，Smith R D，et al. *Rapid Commun Mass Spectrom*，1996，10：919.

［49］ Hofstadler S A，Severs J C，Smith R D，et al. *High Resolut. Chromatogr*，1996，19：617.

［50］ Valaskovic G A，McLafferty F W. *J Am Soc Mass Spectrom*，1996，7：1270.

［51］ Lazar I M，Ramsey R S，Sundberg S，Ramsey J M. *Anal Chem*，1999，71：3627.

［52］ Cai J，Henion J. *J Chromatogr*，A，1995，703：667.

［53］ Burlingame A L，Boyd R K，Gaskell S J. *Anal Chem*，1996，68：599R.

［54］ Tomlinson A J，Naylor S. *J Capil Electrophor*，1995，2：225.

［55］ Tetler LW，Copper PA，Powell B. *J Chromatogr A*，1995，700：21.

［56］ Settlage R E，Russo P S，Shabanowitz J，Hunt D F. *J Microcol Sep*，1998，10：281.

［57］ Figeys D，Ducret A，Aebersold R. *J Chromatogr A*，1997，763：295.

［58］ Barroso M B，de Jong A P. *J Capil Electrophor*，1998，5：1.

［59］ Issaq H J，Chan K C，Janini G M，Muschik G M. *Electrophoresis*，1999，20：1533.

［60］ Severs J C，Harms A C，Smith R D. *Rapid Commun Mass Spectrom*，1996，10：1175.

［61］ Lewis K C，Jorgenson J W，Kaufman S L. *J Capil Electrophor*，1996，3：229.

［62］ Bateman K P. *J Am Soc Mass Spectrom*，1999，10：309.

［63］ Zhang B，Liu H，Karger B L，Foret F. *Anal Chem*，1999，71：3258.

［64］ Wen J，Lin Y H，Xiang F，et al. *Electrophoresis*，2000，21：191.

［65］ Lazar I M，Ramsey R S，Jacobson S C，et al. *J Chromatogr A*，2000，892：195.

［66］ Vrouwe E X，Gysler J，Tjaden U R，van der Greef J. *Rapid Commun Mass Spectrom*，2000，14：1682.

［67］ Palmer M E，Tetler L W，Wilson I D. *Rapid Commun Mass Spectrom*，2000，14：808.

［68］ Zhang B L，Foret F，Karger B L. *Anal Chem*，2000，72：1015.

［69］ Li D T，Sheen J F，Her G R. *J Am Soc Mass Spectrom*，2000，11：292.

［70］ Kameoka J，Craighead H G，Zhang H W，Henion J. *Anal Chem*，2001，73：1935.

［71］ Wachs T，Henion J. *Anal Chem*，2001，73：632.

［72］ Zhang B L，Foret F，Karger B L. *Anal Chem*，2001，73：2675.

［73］ Reinhoud N J，Schroder E，Tjaden U R，et el. *J Chromatogr*，1990，516：147.

［74］ Verheij E R，Tjaden U R，Niessen W M A，Van Der Greef J. *J Chromatogr*，1991，554：339.

［75］ Chang S Y，Yeung E S. *Anal Chem*，1997，69：2251.

［76］ Foret F，Preisler J. *Proteomics*，2002，2：360.

［77］ Gusev A I. *Fresenius'J Anal Chem*，2000，366：691.

［78］ Murray K K. *Mass Spectrom Rev*，1997，16：283.

［79］ Caprioli R M，Fan T. *Anal Chem*，1986，58：2949.

［80］ Reinhoud N J，Nissen M A，Tjaden U R，et al. *Rapid Commun Mass Spectrom*，1989，3：348.

［81］ Mann M，Hendrickson R C，Pandey A. *Annu Rev Biochem*，2001，70：437.

［82］ Bernet P，Blaser D，Berger S，Schär M. *Chimia*，2004，58：196.

［83］ Schmitt-Kopplin P，Frommberger M. *Electrophoresis*，2003，24：3837.

［84］ Lemiere F. *LC/GC Europe*，2001，29.

［85］ Ikonomou M G，Blades A T，Kebarle P. *Anal Chem*，1991，63：1989.

［86］ Kebarle P. *J Mass Spectrom*，2000，35：804.

［87］ Constantopoulos T L，Jackson G S，Enke C G. *Anal Chim Acta*，2000，406：37.

［88］ Labowsky M，Fenn J B，de la Mora J F. *Anal Chim Acta*，2000，406：105.

［89］ Smith R D. *Int J Mass Spectrom*，2000，200：509.

［90］ Cole R B. *J Mass Spectrom*，2000，35：763.

［91］ Moini M. *Anal Chem*，2001，73：3497.

［92］　Moini M，Demars S M，Huang H. *Anal Chem*，2002，74：3772.

［93］　Whitt J T，Moini M. *Anal Chem*，2003，75：2188.

［94］　Yeung E S，Wei W. *Anal Chem*，2002，74：3899.

［95］　Barnidge D R，Nilsson S，Markides K E，et al. *Rapid Commun Mass Spectrom*，1999，13：994.

［96］　Kirby D，Thorme J，Götzinger W，Karger B L. *Anal Chem*，1996，68：4451.

［97］　Ishihama Y，Katayama H，Asakawa N，Oda Y. *Rapid Commun Mass Spectrom*，2002，16：913.

［98］　Shui W，Yu Y，Xu X，et al. *Rapid Commun Mass Spectrom*，2003，17：1541.

［99］　Gale D C，Smith R D. *Rapid Commun Mass Spectrom*，1993，7：1017.

［100］　Tanaka Y，Otsuka K，Terabe S. *J Pharma Biomed Anal*，2003，30：1889.

［101］　Feustel A，Muller J，Relling V. *Proceedings of Micro Total Analysis Systems 1994*. Dordrecht：Kluwer Academic Publishers，1994：299-304.

［102］　Rossier J，Schwarz A，Bianchi F，Girault H. *Electrophoresis*，1999，20：727.

［103］　Pinto D，Ning Y，Figeys D. *Electrophoresis*，2000，21：181.

［104］　Castoror J A，Chiu R W，Monnig C A，Wilkins C L. *J Am Chem Soc*，1992，114：7571.

［105］　Keough T，Takigiku R，Lacey M P，Purdon M. *Anal Chem*，1992，64：1594.

［106］　van Veelin P A，Tjaden U R，van der Greef J，Hillenkamp F. *J Chromatogr*，1993，647：367.

［107］　Walker K L，Chiu R W，Monnig C A，Wilkins C L. *Anal Chem*，1995，67：4197.

［108］　von Brocke A，Nicholson G，Bayer E. *Electrophoresis*，2001，22：1251.

［109］　Choudhary G，Apffel A，Yin H F，Hancock W. *J Chromatogr A*，2000，887：85.

［110］　Stöckigt J，Sheludko Y，Unger M，et al. *J Chromatogr A*，2002，967：85.

［111］　Vollmerhaus P J，Tempels F W A，et al. *Electrophoresis*，2002，23：868.

［112］　Moini M. *Anal Bioanal Chem*，2002，373：466.

［113］　Schmitt-Kopplin P，Englmann M，*Electrophoresis*，2005，26：1209.

［114］　Hernández-Borges J，Neusüß C，Cifuentes A，Pelzing M. *Electrophoresis*，2004，25：2257.

［115］　Simpson D C，Smith R D. *Electrophoresis*，2005，26：1291.

［116］　Willems A V，Deforce D L，et al. *Electrophoresis*，2005，26：1221.

［117］　Shamsi S A，Miller B E. *Electrophoresis*，2004，25：3927.

［118］　Figeys D，Gygi S P，McKinnon G，Aebersold R. *Anal Chem*，1998，70：3728.

［119］　Sassi A P，Andel F，Bitter H-M L，et al. *Electrophoresis*，2005，26：1500.

［120］　Ekstrom S，Onnerfjord P，Nilsson J，et al. *Anal Chem*，2000，72：286.

［121］　Tegeler T J，Mechref Y，Boraas K，et al. *Anal Chem*，2004，76：6698.

［122］　Wu N，Peck T L，Webb A G，et al. *Anal Chem*，1994，66：3849.

［123］　Wu N，Peck T L，Webb A G，et al *J Am Chem Soc*，1994，116：7929.

［124］　Lacey M E，Subramanian R，Olson D L，et al. *Chem Rev*，1999，99：3133.

［125］　Wolters A M，Jayawickrama D A，Webb A G，Sweedler J V. *Anal Chem*，2002，74：5550.

［126］　Gfrörer P，Schewitz J，Pusecker K，et al. *Electrophoresis*，1999，20：3.

［127］　Pusecker K，Schewitz J，Gfrörer P，et al. *Anal Chem*，1998，70：3280.

［128］　Kautz R A，Lacey M E，Wolters A M，et al. *J Am Chem Soc*，2001，123：3159.

［129］　Pusecker K，Schewitz J，Gfrörer P，et al. *Anal Commun*，1998，35：213.

［130］　Schewitz J，Gfrörer P，Pusecker K，et al. *Analyst*，1998，123：2835.

［131］　Wolters A M，Jayawickrama D A，Larive C K，Sweedler J V. *Anal Chem*，2002，74：2306.

［132］　Olson D L，Lacey M E，Webb A G，Sweedler J V. *Anal Chem*，1999，71：3070.

［133］　Lacey M E，Webb A G，Sweedler J V. *Anal Chem*，2000，72：4991.

［134］　Olson D L，Lacey M E，Sweedler J V. *Anal Chem*，1998，70：257A.

［135］　Kok S J，Velthorst N H，Gooijer C，Brinkman UATh. *Electrophoresis*，1998，19：2753.

［136］ Walker P A，Kowalchyk W K，Morris M D. *Anal Chem*，1995，67：4255.

［137］ Kowalchyk W K，Wallker P A，Morris M D. *Appl Spectrosc*，1995，49：1183.

［138］ Walker P A，Shaver J M，Morris M D. *Appl Spectrosc*，1997，51：1394.

［139］ Li H，Walker P A，Morris M D. *J Microcolumn Sep*，1998，10：449.

［140］ Walker P A，Morris M D. *J Chromatogr A*，1998，805：269.

［141］ Zhong Li，YuJie Wang，GuoQuan Liu，Yi Chen. *Chinese Chemical Letters*，2001，12：265.

［142］ 李忠，王玉洁，刘国诠，陈义. 高等学校化学学报，2001，22：1654.

［143］ Nirode W F，Devault G L，Sepaniak M J，Cole R D. *Anal Chem*，2000，72：1866.

［144］ Chen C Y，Morris M D. *Appl Spectrosc*，1988，42：515.

［145］ Chen C Y，Morris M D. *J Chromatogr*，1991，540：355.

［146］ Devahlt G L，Sepaniak M J. *Electrophoresis*，2001，22：2303.

［147］ He L，Natan M J，Keating C D. *Anal Chem*，2000，72：5348.

［148］ Seifar R M，Dijkstra R J，Gerssen A，et al. *J Sep Sci*，2002，25：814.

［149］ Munro C H，Smith W E，White P C. *Analyst*，1993，118：731.

［150］ Munro C H，Smith W E，White P C. *Analyst*，1995，120：993.

［151］ Munro C H，Smith W E，Armstrong D R，White P C. *J Phys Chem*，1995，99：879.

［152］ Seifar R M，Altelaar M，Dijkstra R J，et al. *Anal Chem*，2000，72：5718.

CHAPTER 8

芯片电泳

第一节　概　　述

在分离技术上采用计算机芯片制作工艺，起源于 20 世纪 70 年代美国斯坦福大学 Terry 的博士论文工作[1,2]。他在圆形硅片上刻制了微型气相色谱系统，该系统有两块硅片，其一有进样阀和 1.5m 长的色谱通道，其二有热导检测器，两片叠合在一起，能在数秒内分离比较简单的气体混合物。Terry 的工作宣告了芯片分离方法的诞生，但长时间没有得到响应。到了 1988 年，Verheggen 等发表了一篇关于 T 形进样器的研究工作，实现了可重复压力进样[3]。1990 年，Manz 等发表了硅片（5mm×5mm）式开管液相色谱方法[4]，同时提出微全分析系统（micro total analysis system，μTAS）新概念，意欲发展集样品处理、分离、检测于一身的高效分析系统[5]。理论和实验都证明，这种系统不仅可以提高分析性能，而且可以大大降低各种试剂的消耗和样品转移带来的损失，具有很大的扩展空间。芯片分离方法由此获得新生。从 1994 年开始，先是在欧洲，后来在美国、日本，再后来（2001 年）在中国等，芯片研究得到政府和商业部门的重视，研究热潮逐渐高涨。随着 Agilent、Caliper、岛津、日立等公司芯片电泳相关商品的推出，这类新的方法开始进入寻常实验室，其应用研究也随之展开。

芯片分离分析是涉及很多方面的前沿研究领域，本章不能一一详述，拟重点介绍芯片电泳的类型、设计制作、操作方法和特色应用等部分内容。

第二节　芯片电泳类型

一、基本概念

分析科学中的芯片概念虽源自计算机科学，但其内涵和外延都已发生了变化，是一种广义的和不严格的称呼，常指微型化分离器件，包括探针微点阵和微通道结构两大类型。微点阵的典型代表是 DNA 互补识别探针阵列，俗称 DNA 芯片。此外还有蛋白质芯片、细胞芯片、组织芯片等。微通道芯片（microfluidic chip，MFC）可包括通道、阀或其他控制单元，能用于物质分离、制备、反应、萃取、浓缩等研究。

芯片电泳（chip CE 或 chip-based CE）是微流控芯片的一种。它利用刻制在石英、玻璃或塑料等基片上的微通道或通道网络，来实施样品的处理、转移、分离及检测等任务。其尺寸可以小至数厘米，也可大至数十厘米（如 6in 或更大的圆盘，1in＝0.0254m），所以有人认为，称其为芯片并不合适。考虑芯片叫法已经成势，因此本书随俗，依然采用芯片电泳称呼，亦简称 CE 或芯片 CE。

二、主要类型

芯片 CE 也还有很多类型。按通道网络结构可有十字、串联和阵列等形式；按通道内填物状态，可有填充和非填充两类，前者还可进一步分为整体柱、颗粒填充、凝胶填充、刻蚀微柱等亚型；按通道截面形状，可分为矩形、梯形、圆形等形式。采用 HF 等化学蚀刻方法制备的通道具有梯形截面，而用离子溅射（表面易出现菜花状结构）或模型注塑等方法制作的通道接近于矩形，可有大的深/宽比。任何形状的通道，都可用于电泳，可填充不同的介质。

芯片 CE 的通道虽有各种变化，但基础是十字交叉结构，如图 8-1 所示。此类芯片设计简单，制作容易，操作方便。将样品置于连接进样通道的任一电极槽中，在通道两端加上合适的电压，离子样品便会迁移经过分离通道。欲分离时，只需在垂直于进样通道的方向上施加电压，位于交叉口的样品就会进入分离通道。关闭或降低进样通道两端的电压，可以使进样通道中的样品不动或向两边迁回，而进入分离通道的样品则向检测窗口方向迁移并发生分离，经 LIF 或其他检测器检出样品信号。

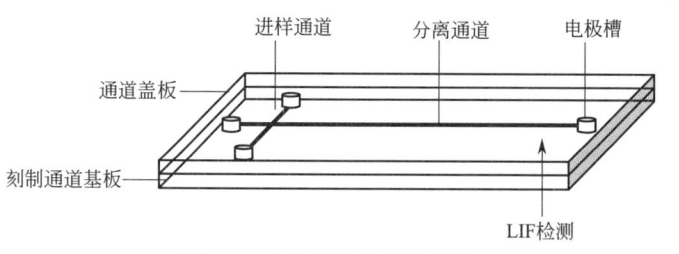

图 8-1　十字形电泳芯片结构

十字交叉结构的进样体积有可能不够，将两边进样通道沿分离通道错开，可以延长交叉距离或增加进样体积。但是，尽可能缩短进样区带长度，是提高芯片电泳效率的关键，因此错位不可过大。

三、串联集成芯片

在十字芯片的基础上，增加样品的原位或在线处理技术，可发展出用于不同分析目的的芯片，如进行柱前样品处理[6]、柱后衍生检测[7]、与质谱鉴定技术联用[8,9] 等。将样品处理技术集成到芯片 CE 上，研究最多的是针对 DNA 测序的，它可包括 DNA 的原位提取、在线扩增（PCR）[10]、在线脱盐与富集等。图 8-2 示意了一种作者制备的结构，其操作是：

① 将细胞样品置于电极槽 1 中，溶膜释放 DNA，加入适当引物、聚合酶及含荧光标记的 DNA 合成单体（一般采用试剂盒）；

② 打开微型阀门 2 和 5，将欲扩增 DNA 混合物一起引入 PCR 室 3 中，从电极槽 6 吸走废液，关闭阀门 2、5 后进行 20～30 次的扩增反应；

③ 通过 6、8 将含有与目标 DNA 配对的探针及凝胶灌入 7，施加电压平衡，断开电压；

④ 打开阀门 2、5，接通 1、8 之间的电压，将扩增产物引入 7（可用荧光显微镜看到），令其与探针结合，继续电泳至所有盐及不结合组分迁出 7 进入 8；

⑤ 更换 8、6 溶液，加电压将结合 DNA "洗"下来，接通 6、10 或 8、10 电源，将样品引到分离通道的交叉口；

⑥ 接通 11 与 13 的电压，进行分离和检测。

这种集成芯片有点 μTAS 的味道了，可能成为新一代自动或傻瓜式的 DNA 测序或分析仪，当然还可以经过进一步的研究，发展成为其他样品的自动和高速分析方法。

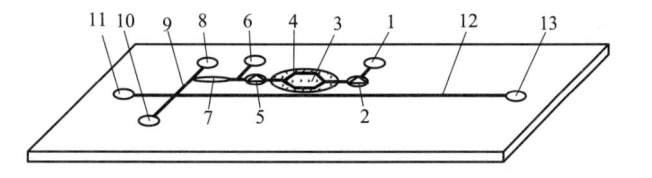

图 8-2　一种 PCR-CE 集成芯片设计结构

1,6,8,10,11,13—电极槽；2,5—微型阀门；3—PCR 室；4—温度控制单元；

7—样品捕集室；9—进样通道；12—分离通道

目前在芯片上实现尺寸分离时，普遍采用非胶筛分电泳方法。为此，需要对分离通道进行处理以抑制电渗。在 DNA 分析中，常用聚丙烯酰胺涂层，其涂布方法和毛细管一样，请参见第五章。

四、通道并联芯片[11～13]

将许多分离通道并列排布在同一块基片上，便得通道并联电泳芯片。发展这类方法最有特色的，大概是美国加州大学伯克立分校的 Mathies 研究组，他们针对 DNA 的高速测序要求，从 20 世纪 90 年代就开始此方面的研究，从简单的矩形芯片开始，逐渐过渡到圆盘状条幅式通道结构，如图 8-3 所示[14～18]。作者在这方面也已开始做了一些探索，主要是扇形排布结构，如图 8-4 所示。

为了进行蛋白质的二维电泳分离，Manz 研究组提出了另外一种阵列通道结构，如图 8-5 所示[19]。这种阵列的第一维通道较宽，第二维通道则很窄。

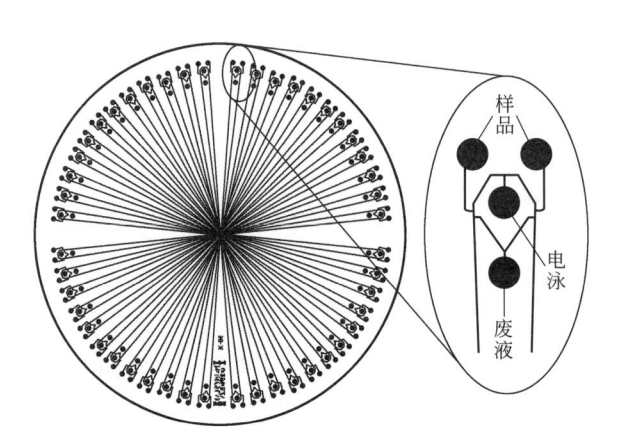

图 8-3 Mathies 研究组设计的 96 通道圆片式阵列毛细管电泳芯片结构

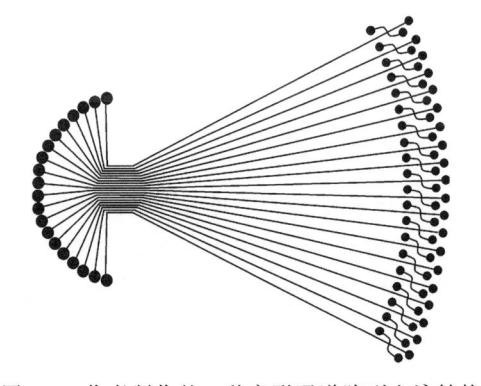

图 8-4 作者制作的一种扇形通道阵列电泳结构

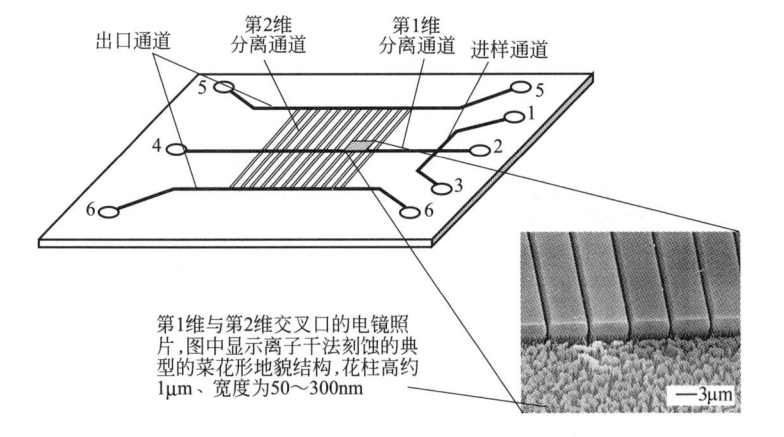

图 8-5 一种二维电泳芯片结构

1,3—进样电极槽；2,4—第一维电泳电极槽；5,6—第二维分离用电极槽（也可以与 2、4 配合）

通道：第一维 3～7μm 深×80μm 宽×13mm 长；第二维通道 800nm 宽×5mm 长，共 500 道，

道间中心距离 5.8μm，通道横跨 2.9mm；进样交叉口体积 19～38pL

芯片 CE 还可以有很多变化，可根据具体的分析目标和要求进行设计和制作，这里不再进行更深入的讨论。

第三节 芯 片 制 作[20,21]

一、制作原理与方法

根据所用材料以及通道构筑原理的不同，芯片的制作可有许多方法，比如光刻法、模印法、浇铸法、热压法、雕刻法以及毛细管拼接法等。

1. 拼接法

利用小段毛细管可以拼接出简单的芯片通道结构，如"工"字形等。

2. 雕刻法

通道较宽或对通道表面没有太多要求时，可以采用手工或计算机控制的方法，在芯片基底上直接雕刻出所需的通道结构。图 8-6 显示的是作者在有机玻璃上刻制的芯片通道。根据我们的经验，经过一定时间的训练之后，能快速刻出宽度约 $100\mu m$ 的通道。该法的芯片制作成本十分低廉，对实验室条件没有任何特殊要求，但所得通道的均一性和表面光洁度一般不如光刻法。利用计算机控制进行自动雕刻，可以改善通道均匀性，但要设计出一套控制软件和刻制系统却非易事。手工雕刻法一般不适用于高硬度材料芯片的制作。此时可以采用激光或其他粒子束[22]，进行计算机控制熔刻，或直接书写[23]。

图 8-6 手工雕刻有机玻璃电泳芯片

(通道宽：$100\mu m$；分离长度：5cm)

3. 热压（热印刷）法[24~27]

利用材料加热变软、冷却复硬的原理，可以压出通道。有一种方法是：选择粗细合适的细金属丝，将其排布在诸如有机玻璃等表面上，覆盖上一平整的铝或不锈钢板，在加压下加热至 120℃（用聚碳酸酯则须加热到 150℃），30~60min 后冷却，就会定型，留下圆形或半圆形通道。该方法简单、便宜、易于推广，但交叉通道的底部不在同一水平上（图 8-7），也不容易找到合适的金属丝。一些电线中的细铜丝的直径小于 $200\mu m$，可以选用；若能买到直径在 $50\sim100\mu m$ 的铂丝，则更好。注意：因为金属丝不太容易固定，最好事先将其焊在金属盖板上，做成模子，如此可以反复使用，还能克服交叉口不平、通道跑偏等问题。有条件的，可以采用光刻技术制作金属阳文印章，再进行"热印刷"，就可以得到更为完美的芯片。

图 8-7　由直径约 $150\mu m$ 金属丝热压制得的交叉通道结构照片

4. 浇铸法

为方便，将通过浇铸或注塑、原位聚合等方法来一步制备出芯片的方法统称为浇铸法。

凡通过加热-冷却、溶解-蒸发、聚合等方法能够实现液-固物态变化的物质，都可以按需要制作成含有通道的芯片。比如将玻璃加热熔化，然后倒入含有活泼金属丝结成的通道网络结构铸模中，冷却成型后，再利用酸等将金属丝溶解下来，就可以形成所需的微通道。类似地，将有机玻璃制成溶液或加热融化，然后进行浇铸、定型、金属丝的酸溶解，也能得到细微通道。浇铸方法很容易产生气泡，在浇铸前要进行脱气处理，并在真空环境中成型。即使如此，成功率也还可能很低。

还有一种方法是原位聚合。它从高分子单体开始，通过聚合形成所需的芯片。将某种高分子单体及其引发剂混合后，倒入含有通道模型的反应槽中，反应成型以后，再设法去除通道模型，就会留下通道。

浇铸法的通道多数是圆形的，因为圆丝易得。如有其他截面形状的金属丝，当然可以制作出与其形状一样的通道来。

5. 光刻法

光刻法是目前芯片制作的主流方法，它完全采用计算机硅类芯片的制作流程，核心步骤包括掩膜的设计制作与芯片的刻制两大方面。

（1）掩膜制备　需要特殊的软件和光刻系统来制作具有所需通道的正或负的掩膜，一般由铬镀膜而成。镀铬掩膜涂上光刻胶后，需采用专门的计算机控制扫描曝光系统，将设计通道逐点"写"到光刻胶上，然后经过显影和刻蚀，方能得到所需的产品。掩膜一旦制成，只要注意保护，小心使用，不让硬物划伤，就可以长期使用。

（2）芯片制备 将掩膜叠在涂有光刻胶的玻璃、硅或其他材料基片上，进行紫外曝光、显影，就会显示出通道位置与轮廓。对此进一步进行湿法或其他方法刻蚀，就可以获得所需深度的通道。最后将刻好通道的基片与另一没有通道的基片黏合，就形成了密封的通道。

通道刻蚀视基片材料不同而有不同的方法。对于单晶硅、石英、玻璃等，既可以采用氢氟酸进行湿法刻蚀，也可以采用离子溅射等技术进行干法刻蚀。湿法刻蚀比较简单便宜，但通道截面一般为梯形状（单晶硅视晶面而有差别）。干法刻蚀操作成本高，但可用于刻制深/宽比值大的通道，截面比较接近于矩形。

（3）光刻胶 光刻方法离不开光刻胶（photoresis），现有正胶和负胶两类。正胶是指经光照射后发生降解的一类胶；负胶是指经光照后发生交联反应的一类胶。正胶在显影时多数没有溶胀的问题，能够获得更高的分辨率。有许多正胶是酚类树脂（如酚醛树脂、酚醛环氧树脂等，分子量在 1000~3000 之间），加热时容易交联形成硬的固态膜。酚类树脂易溶于 $NaOH$、KOH、NH_4OH 等碱性水溶液。利用正胶也可以使图像反转，如：曝光后加热便可使曝光部分转变成疏水成分而不被碱水刻蚀。

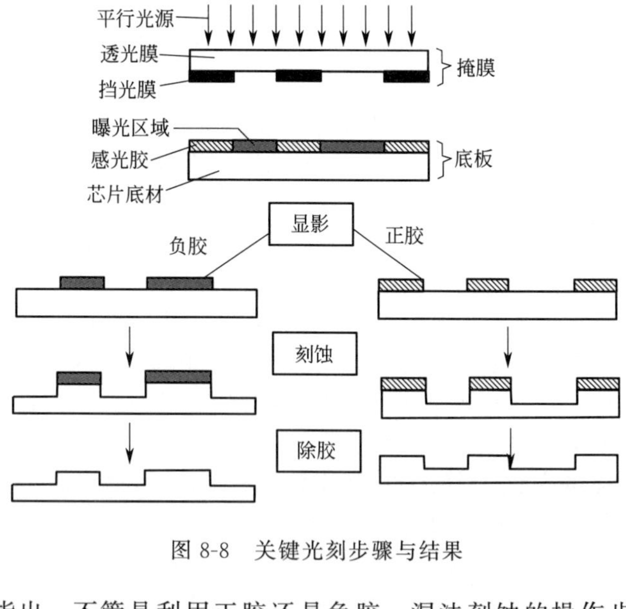

图 8-8 关键光刻步骤与结果

需要特别指出，不管是利用正胶还是负胶，湿法刻蚀的操作步骤都大同小异（图 8-8），但必须使用配套的显影剂；湿法刻蚀一般不能在光刻胶保护下进行，因为多数光刻胶能在 HF 水溶液中脱落，可以在欲刻基片上先用金属镀膜或多晶硅涂层进行保护。

6. 模印法

由光刻法制备阴文或阳文玻璃模子，用 PDMS 单体溶液浇铸制备阳文或阴文"印子"，利用诸如硫醇等"印泥"可以将通道印模印到镀有金膜的玻璃上，然后进行聚合或直接刻蚀，便能在需要的位置上刻出阴文或阳文通道结构。模印方法除印模制作外，其他各步骤都很简单。印模可以反复使用，适合于成型芯片的批量或重复制备，不需要超净实验室[28,29]。

7. 其他方法

除了上述方法外，还有多种其他技术，比如光刻胶牺牲法、逐层生长或组装法、聚苯乙烯收缩法[30]、流动反应刻蚀法[31]、粉末刻蚀[32～35] 等，还有关于三维芯片的制备等[36～39]，这里不再一一介绍。

二、芯片制作实例

1. 玻璃芯片的光刻法制备

（1）基本步骤　玻璃类芯片仍然是目前电泳芯片的主流，多由干法光刻和湿法光刻两种方法制备，而以湿法制备工艺比较简单。下面以玻璃（包括石英和单晶硅）芯片的湿法光刻制备方法为例，介绍其关键制作步骤：

① 掩膜制备：一般用玻璃镀铬做掩膜。

② 玻璃底片上的通道刻蚀：包括各种清洗、光刻胶涂布、曝光、显影、化学刻蚀、刻道表征等步骤，可参见图 8-8。

③ 电极槽制作：在通道的进出口位置钻孔即得电极槽。玻璃底板电极槽可用化学、激光、机械打孔等法来制作。化学打孔法和通道刻蚀一样，利用 HF 对打孔部位进行溶蚀，操作简单但速度慢。激光打孔就是利用高能量脉冲激光来打穿玻璃的方法，快速但易使玻璃崩裂。机械钻孔利用涂有金刚砂的钻头直接钻穿玻璃，易实现和推广，但需训练。机械钻孔更易将玻璃钻崩钻裂，但将欲打孔玻璃用松香粘贴在另一块玻璃上再打钻就能避免。

④ 盖封：将刻有通道的底板用相同玻璃或塑料（如 PDMS）盖封，是芯片制作的最后一道程序。相同玻璃之间可以通过加热也可以通过湿法实现粘接。玻璃与 PDMS 等高分子可以通过等离子体或紫外加臭氧等表面活化方法进行处理，然后直接对粘。加热粘接是经典的和牢固的方法。湿法粘接简单容易，但可能粘不牢和粘不密。

（2）玻璃与玻璃的粘接方法

［方法一·湿法］

取一玻璃盖板，将粘接面朝上，均匀涂上 1% HF 溶液，将芯片底片（通道朝下）直接叠在盖板上，压紧，直到溶液干掉[40]。

［方法二·热法］

将盖板与芯片底板清洗干净、叠好、加压或加铁块，置真空加热炉中，抽真空后程序加热至玻璃软化点，保持一定时间后，再程序冷却至室温，释放真空即可[41~43]。

硼玻璃的粘接程序是：先以 10℃/min 的速度升温至 205℃，保持 1h；以 5℃/min 的速度升温至 570℃，保持 30min；按 10℃/min 速度升温至 668℃，恒温 8h；以 10℃/min 速度降温至 570℃，保持 1h；以 5℃/min 的速度降到 528℃，保持 1h 后以 10℃/min 的速度降到 100℃，然后令其自然冷却至室温。注意，此方法不太适合于石英等高熔点材料的粘接。

［方法三·湿热法］

对欲粘接玻璃表面用肥皂水清洗，然后用 NaOH 泡洗，对叠压紧，吸除边缘多余的溶液，置 10Pa 真空中，加热到 500℃，保持 60min，冷却后即得。该法属通用方法，能用于石英的封粘[19]。

［方法四·光学胶粘接法］

在欲封粘的芯片盖板上，均匀涂抹一薄层光学粘接胶（如 SK-9 等），盖上芯片底片，两片对好贴紧，在紫外线（360nm 等）照射下反应 24h 即可。

［方法五·硅胶粘接法］

在玻璃盖板上旋转涂布一层硅酸钠，盖到芯片底板上，90℃加热 1h 或室温过夜即可[45]。

（3）**玻璃芯片湿法刻蚀程序**　主要步骤包括：在底片上喷镀保护层［如多晶硅等，图 8-9(b)］、在保护涂层上旋涂光刻胶［见图 8-9(c)］、在掩膜保护下进行限制曝光［图 8-9(d)］并显影、保护层的等离子体刻蚀、底片的湿法刻蚀［见图 8-9(e)~(g)］、电极槽制备、底板与盖板的封粘［图 8-9(h)、(i)］等。其中各步之间都需要保持干净或进行清洗，稍不干净就可能导致制作失败。除电极槽钻孔及封粘可以在一般实验室中操作之外，其余各步最好都在 100 级以上洁净度的实验室中操作完成。

需要特别提出的是，多数光刻胶能在 HF 溶液中脱落，必须采用金属镀膜或多晶硅涂层来保护玻璃底片。利用多晶硅的好处是，SF_6 等离子体可将其刻蚀清除，但不影响光刻胶。在进行等离子体刻蚀时，由于玻璃底板的另一面没有涂上光刻胶，其多晶硅保护层如不保护就会被清除掉。为避免这种情况发生，需在等离子体刻蚀前先用塑料胶布将其贴盖住，刻完后再揭掉。

下面是用于硼玻璃湿法刻蚀的具体步骤。

① 取所需玻璃片，顺序用去离子水冲洗 30s、肥皂水刷洗 1min、去离子水冲洗 1min，再用氮气吹干。

② 用 Piranha（浓硫酸加过氧化氢，体积比 5∶1，该溶液具有强氧化性，能与有机物产生剧烈反应，必须小心使用，不能碰到皮肤）加热气体鼓泡清洗 10min，水洗至洗出液电导值与纯水接近，离心甩干。

③ 利用气相沉积法镀制多晶硅保护涂层。

④ 选择镀面洁净完整的基片，于 120℃中烘干 30min，置于 HMDS（六甲基二硅胺烷）蒸气中硅烷化 5min，取出后于室温中放置 5s。

⑤ 在 500r/min（约 5s）下将 Shipley™ 1818 正光刻胶倒到基片上，提升转速

至 2500r/min 保持 30s，于 120℃电炉板上烘干 2.5min。

⑥ 将上述底片与掩膜叠合（接触或留 20～100μm 间隙，参见图 8-8），用 360nm 平行紫外线曝光，曝光时间依据光刻胶和曝光机当时光源强度而定。该步骤一般利用紫外曝光机实现，不同曝光机的操作和曝光计量调节方法不同，需参照说明书。

⑦ 用 Microposit^{TM} Developer Concentrate（MP Dev）对水稀释一倍的溶液显影 1.25min，水冲洗。观察显影情况，若显影不足，可继续显影 15s。水洗后用氮气吹干，在显微镜下仔细观察已显影通道，若有中断或其他问题，需要将光刻胶用氯仿或其他溶剂清洗除掉，重新涂胶后，再进行曝光显影操作，直到满意。

⑧ 将基片背面用塑料胶布完全贴盖保护，置入等离子体刻蚀仪中，先用氧气等离子体（流量 100mL/min，激发功率 150W）清洗 1min，再切换成 SF$_6$ 等离子体（相同流速，200W）刻蚀 1.5min。

⑨ 将上述底片在搅动下浸入 49％ HF（CMOS）中，刻蚀一定时间（Borofloat^{TM} 玻璃的刻蚀速度约为 7μm/min），然后浸入水流中，快速清洗至无 HF，氮气吹干，揭去塑料胶布。

⑩ 用丙酮洗去剩余的光刻胶，水洗至干净，氮气吹干，测定刻蚀通道深度与宽度。

⑪ 重复⑧（但不用塑料胶布保护），除去多晶硅保护涂层。

⑫ 用钻头在每一通道末端处钻一直径约 2mm 的孔，再用丙酮、异丙醇、水清洗干净。

⑬ 取一与底片同样质地和大小的玻璃板（不同种玻璃粘接后可能因膨胀系数不同而出现破裂现象），一同在超净实验室中泡入丙酮超声清洗 20min，然后顺序用异丙醇和水清洗，吹干，当场将两片贴在一起，压紧。

⑭ 将叠合的玻璃置于烘箱中进行程序升温黏合。

2. PDMS 芯片的制备

PDMS 芯片的制作可有钻孔和聚合等方法，但以聚合方法最为常用，其一般过程包括通道模型制备、单体预聚合、再聚合、开孔、除模等步骤。下面以十字通道芯片制作为例，介绍 PDMS 芯片的两种制作过程。

（1）一次成型法

① 通道模型制备。选择 50～100μm 粗细的铂丝，由点焊将其结成所需的通道形状，如图 8-10 所示，其中进样通道设计成鱼刺状，以便在聚合完成后能比较容易地被抽拉出来。铂丝比较柔软，能从 PDMS 等中被抽拉出来而不明显损坏通道。

通道模型也可以采用铝或其他活泼金属丝来制作。此时可以采用酸置换反应等方法来溶解除去金属丝（牺牲法）。这样，交叉通道模型就不必做成鱼刺状了。

② PDMS 制备。将 PDMS 的两种单体溶液按一定的体积比混合均匀，脱气后倒入模子，过夜即可。注意，脱气是必需的，否则可能在芯片中留下气泡。为了有效驱除气体，最好选用聚合速度较慢的体系，这样可以有足够长的脱气时间。为了制成芯片，聚合需要分两步进行：

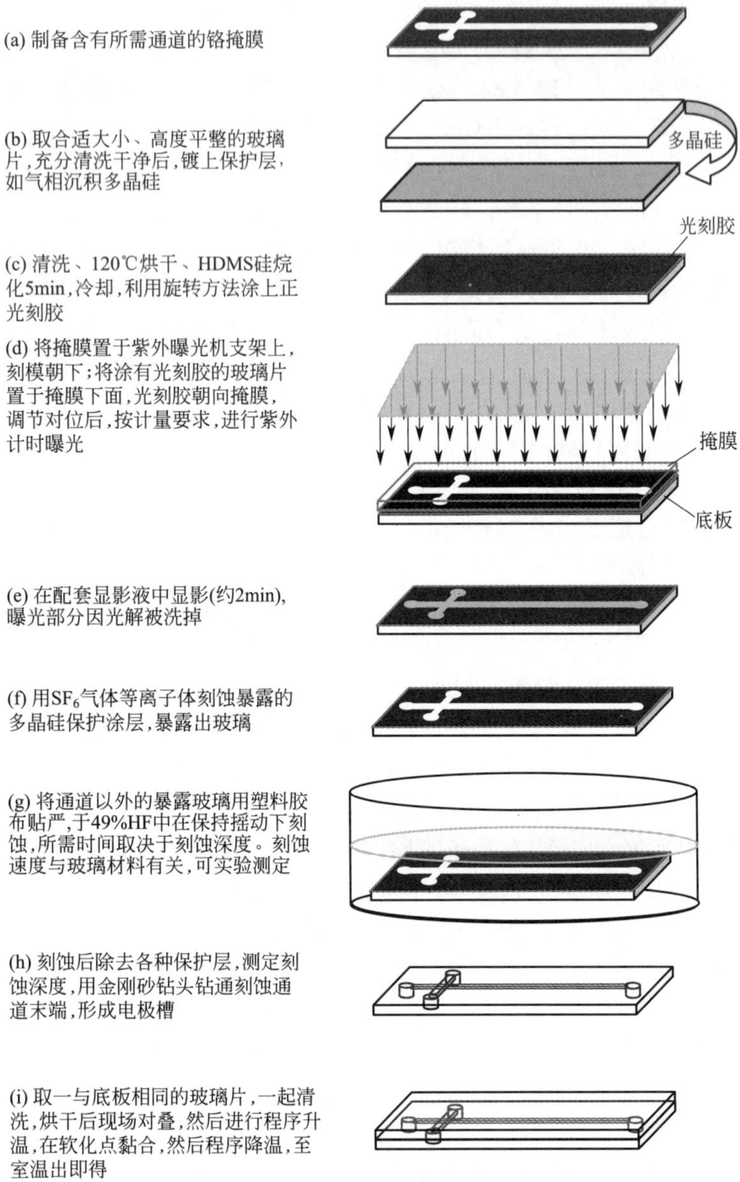

(a) 制备含有所需通道的铬掩膜

(b) 取合适大小、高度平整的玻璃片，充分清洗干净后，镀上保护层，如气相沉积多晶硅

多晶硅

光刻胶

(c) 清洗、120℃烘干、HDMS硅烷化5min，冷却，利用旋转方法涂上正光刻胶

(d) 将掩膜置于紫外曝光机支架上，刻模朝下；将涂有光刻胶的玻璃片置于掩膜下面，光刻胶朝向掩膜，调节对位后，按计量要求，进行紫外计时曝光

掩膜

底板

(e) 在配套显影液中显影(约2min)，曝光部分因光解被洗掉

(f) 用SF₆气体等离子体刻蚀暴露的多晶硅保护涂层，暴露出玻璃

(g) 将通道以外的暴露玻璃用塑料胶布贴严，于49%HF中在保持摇动下刻蚀，所需时间取决于刻蚀深度。刻蚀速度与玻璃材料有关，可实验测定

(h) 刻蚀后除去各种保护层，测定刻蚀深度，用金刚砂钻头钻通刻蚀通道末端，形成电极槽

(i) 取一与底板相同的玻璃片，一起清洗，烘干后现场对叠，然后进行程序升温，在软化点黏合，然后程序降温，至室温出即得

图 8-9　光刻法制备芯片的基本过程

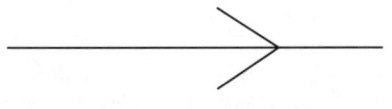

图 8-10　铂丝芯片通道结构示意

　　第 1 步，将适量新配并脱气的 PDMS 单体倒入用有机玻璃或聚四氟乙烯等塑料制成的芯片浇铸槽中［图 8-11(a)］，令其聚合一定时间，直到放上铂丝通道模型

不会下沉为止 [图 8-11(b)]；

第 2 步，放好铂丝模型，调整至适当位置，再浇上一层新配的 PDMS 单体溶液 [图 8-11(c)]，过夜反应。

③ 打孔与抽丝。聚合完成后，将 PDMS 胶块从槽中取出，在各通道末端对应位置，用 3～6mm 直径的中空针头打孔，直到看见铂丝头 [图 8-11(d)]，然后用镊子夹住"鱼头"，往外缓缓抽拉出来 [图 8-11(e)]，即得所需芯片。如果所用通道模型为活泼金属，钻孔后需将整块 PDMS 泡入酸中，直到金属被完全溶解掉。特别地，利用活泼金属制作通道模子时，可以将通道末端的开口也一并做模，这样可以省去钻孔程序。

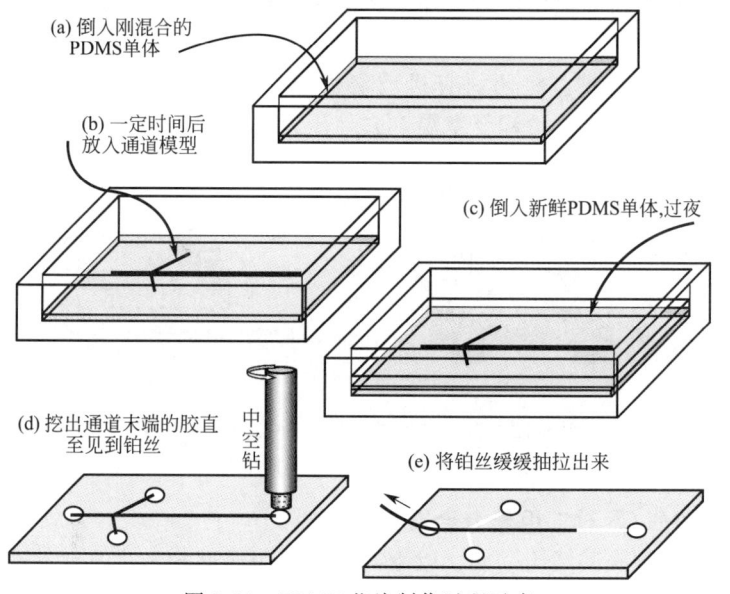

图 8-11　PDMS 芯片制作过程示意

（2）模印法

① 阳模制备[46,47]：取一 3in 的硅片，用 Piranha 溶液（H_2SO_4：H_2O_2＝2：1）等清洗、吹干；旋转涂布一层负光刻胶（SU-8 2035），65℃烤 3min、95℃烤 6min；取掩膜盖到光刻胶上，由近紫外曝光 3min，95℃再烤 6min；将硅片置于乙酸丙二醇甲酯中显影，得到阳文通道结构。

② 芯片底板制备：将 PDMS 溶液与 Sygard 184 按 10：1 比例混合、脱气（0.13Pa，2h）后，倒入到阳模上，于 65～80℃反应 2～6h。将 PDMS 剥离下来，用 3～6mm 直径的中空针头，在通道末端电极槽位置打孔。

③ 封合。取一平整的 PDMS 膜与 PDMS 底片一起置入等离子体清洗器中清洗 45s，两膜对叠，一定时间后即键合粘住。此为不可逆封粘[48]。

3. 有机玻璃芯片的制备

有机玻璃芯片也可以利用浇铸方法制备，但易留下气泡。利用二氯甲烷等对有机玻璃的溶解作用，可以进行保护条件下的溶解刻蚀。将有机玻璃用亲水涂层涂敷，留下通道部位，浸入二氯甲烷中，摇动一定时间即得。

还有一种更简单的热压方法，可用于有机玻璃芯片的快速制备：用铝等金属制作一通道阳模［图 8-12(a)］，将有机玻璃底片置于印模上，压上铝盖板，上紧螺栓［图 8-12(b)］，加热至有机玻璃软化点（在 120℃附近），保持 1～3h，缓慢冷却到室温，松开印模，取出半芯片，在通道末端打孔，然后与另一有机玻璃黏合，便得所需芯片。

有机玻璃可利用二氯甲烷等溶剂进行黏合。将溶剂喷洒在无通道有机玻璃盖板上，略干，与通道底片叠合、适度压紧过夜即得。注意：在盖板上喷洒溶剂时，要薄而均匀，可用旋转喷涂法实现，还可将溶剂进行适当的稀释。溶剂过多，容易导致通道堵塞。

利用加热也能封粘。将两块有机玻璃板对叠并施加一定压力，加热到 120℃（取决于所用材料），然后冷却至室温，去除压力即可。

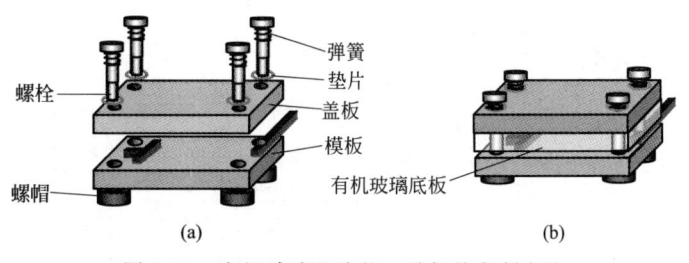

图 8-12　有机玻璃芯片的一种加热印制方法
(a) 一种通道印模；(b) 印制有机玻璃

4. 聚碳酸酯/聚对二甲苯复合芯片制备[49～52]

下面介绍以聚碳酸酯为基底、以聚对二甲苯为通道的芯片的制备过程。这个过程比较复杂，有四个关键的光刻步骤。还要注意：第一，因聚碳酸酯会在丙酮中溶胀，所以需要用聚对二甲苯（12μm 厚）涂层进行保护，后者能够耐酸、耐有机溶剂；第二，欲使不同涂层之间结合牢靠，需要采取特殊的粘接（镀铬或钛）和清洗（氧等离子体）技术。纯粹的聚碳酸酯，可以用聚对苯二甲酸乙二醇酯（PET）薄膜作中间粘接层，进行加热封粘[44]。

芯片具体制作步骤如下（图 8-13）：

（1）聚对二甲苯涂层制作　将聚碳酸酯底材用异丙醇（IPA）浸洗 10min，旋转干燥后于 100℃烘烤 10min，然后再用氧等离子体（100W、250mTorr）清洗 2min，真空沉积 12μm 厚的聚对二甲苯，得图 8-13(a) 所示结构。

（2）电极及引线制作　真空直接沉积 0.12μm 厚的金膜于聚对二甲苯上面，再经曝光和标准方法刻蚀除去多余的金，以形成所需的电极及其引线，如图 8-13(b) 所示。金可直接牢固地吸附在聚对二甲苯上，无须采用铬等黏合剂（铬和钛在 TBE 溶液中易被腐蚀，非必要时最好不用）。

（3）可溶解的通道凸模制作　在金电极的上面，再真空喷镀 0.02μm 厚的铬

（增加黏附性，直接在玻璃或塑料上涂布光刻胶容易脱落），然后涂上 $20\mu m$ 厚的光刻胶（如 AZ9260 等），光刻除去通道和电极槽以外的胶和铬涂层，形成通道突起结构，如图 8-13(c) 所示。

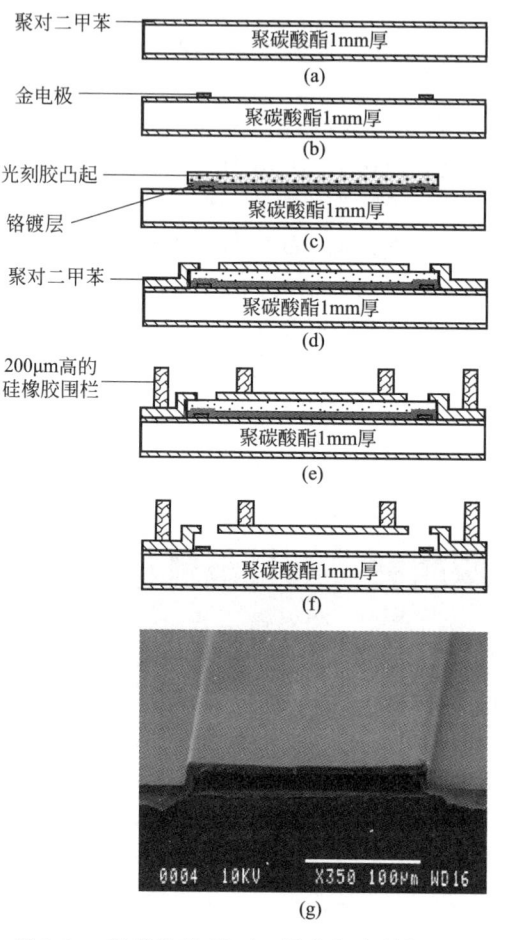

图 8-13　聚碳酸酯/聚对二甲苯芯片制备过程
(a) 沉积保护层；(b) 镀金电极；(c) 镀铬及光刻胶；(d) 沉积保护层；
(e) 倒硅橡胶；(f) 刻蚀除去光刻胶；(g) 成型通道的电镜照片

（4）通道围墙制作　用 $100W$、$250mTorr$ 的氧等离子体处理 $1min$，在突起光刻胶的上面沉积 $6.5\mu m$ 厚的聚对二甲苯，围成通道 [见图 8-13(d)]。

（5）电极槽及其他开口制作　涂布厚光刻胶（做临时掩膜），光刻除去电极槽和电极接口部位的胶，氧等离子体（$250W$、$50mTorr$）刻蚀 $30min$，除去暴露部分的聚对二甲苯，形成开口 [见图 8-13(d)]，最后用丙酮浸洗 $10\sim20min$，除去其余部位的光刻胶。

（6）电极槽围墙制作　用 $100W$、$250mTorr$ 氧等离子体处理 $1min$，旋转涂布约 $200\mu m$ 厚的硅氧烷溶液；小心盖上一透明的聚酯薄膜（不要让空气留在聚酯薄膜与硅氧烷之间，以免氧气阻止反应的进行），进行定位并曝光（1200mJ/cm）；然后再揭去保护膜，浸入二甲苯中2min，除去未聚合的硅氧烷；最后用异丙醇清洗2min，干燥后得图8-13(e)所示结构。

注：硅氧烷溶液含10mg/mL的光引发剂（2,2′-二甲氧基苯基苯乙酮）。将光引发剂加热到70℃熔化，倒入硅氧烷中，水泵负压脱气10min，放置过夜，即得光敏聚硅氧烷溶液。

（7）通道开通　将上述工件浸入丙酮（约36h），溶掉通道中的光刻胶，经IPA清洗、干燥后，在铬刻蚀剂中刻蚀几分钟，除去通道内的铬，得所需芯片，如图8-13(f)所示，对应的显微照片如图8-13(g)所示。

注意：弯道可存留IPA，很难干燥，可灌入水并抽空，然后再放入铬刻蚀液中过夜刻蚀。通道中光刻胶溶解所需的时间 t 与通道长度 L 成正比、与扩散系数 D 成反比（即 $t \propto L^2/D$）。摇动或加热等方法虽可加快扩散即反应速度，但不太方便（丙酮消耗大）；沿通道两侧一定距离（约1.5cm）开一小口，令丙酮由此进入通道，等价于缩短 L，是加快溶解速度的有效办法。理论和实验表明，这种开口会引起电场分布不均并导致区带扩展，但影响基本可忽略，属可用方法。

第四节　芯片电泳检测技术

芯片电泳的常用检测方法是LIF，也有用电化学或化学发光检测方法的。因玻璃材料大多只能透过310nm以上的光，所以除非使用石英，芯片电泳基本不用紫外检测技术。近来，有人研究非接触或高频电导检测方法（hfCD，有用CCD者，但与电荷耦合器件CCD重名，本书不用），对离子乃至蛋白都有较好的检出灵敏度。下面就以LIF和hfCD等为例进行介绍。

一、静态LIF

所谓静态LIF检测就是指一类固定位置的非扫描LIF检测结构。LIF发源于CE，但CE用LIF如不调整不能用于芯片电泳的检测。芯片通道的结构与毛细管不同，不方便采用正交或小角衍射式光路设计，宜用0°或180°光路设计。为了能够将激发光聚焦到通道中心，一般在芯片底侧安置一聚焦镜［见图8-14(a)］，常用25倍左右的显微镜头，也可用微球近距离聚焦［图8-14(b)］。后一种结构对位比较容易，但检测系统的设计加工却比较困难。前一种结构简单，可以在大部分实验室中实现，值得推荐。图8-14显示的是共焦LIF检测系统结构。

二、扫描LIF[14,15]

上面介绍的静态检测系统一般只适合于单通道检测，因此还需要发展适合于多通道的LIF检测系统。有两种思路，一是采用CCD阵列进行多通道的同时检测；

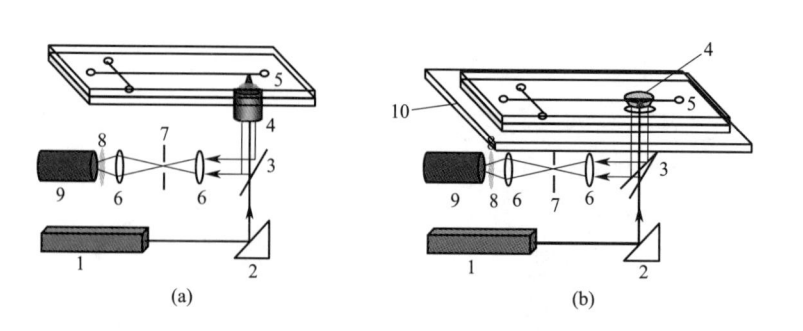

图 8-14　芯片电泳的共焦 LIF 检测系统

1—激光器；2—垂直反射镜；3—半透半反镜；4—显微镜头（a）或微型半球透镜（b）；

5—芯片；6—杂散光滤除透镜组；7—狭缝；8—滤色片组；9—光电转换器件；10—支持架

二是发展高速扫描检测方式。CCD 检测要求对光进行扩束，并让通道在检测部位靠拢，这给光源和通道设计带来了一些困难。首先，如果通道数目很大，不能将它们紧密安排在狭小的空间内；其次，为了获得足够的检测灵敏度，必须给每通道以足够的激光能量，这会造成光源成本的大幅度提高；最后，通道的可用数目以及分辨率受 CCD 像素的控制。

解决上述问题的一种简单有效的方法，是采用扫描检测思路。这也有两种方案，即直线往复扫描和旋转扫描。直线往复扫描看起来比较简单，但容易造成位移误差，特别是回差。旋转扫描是一种巧妙的扫描检测方式，由 Mathies 实验室首先提出，其设计和加工、调试都有一定的难度，芯片的结构也要因此发生相应的改变，即从平行并列方式，变成扇形或条幅形式（图 8-3）。

旋转扫描也有多种不同的设计结构。图 8-15 显示的是由作者实验室组建的一种旋转扫描共焦 LIF 检测系统，其中的光源和检测系统与静态 LIF 几乎一样，唯数据量大增，因此需要发展高速采样与数据处理软件平台，同时需要高速信号采集与模数转换接口。

旋转扫描检测的关键部分是光线的转动，根据 Mathies 研究组的经验，我们采用中空步进电机，结合使用平行反射联轴结构，可以很好地令光束沿一定半径进行旋转。为了获得高灵敏检测，还需要采用显微镜头对激发光进行聚焦，并运用共聚焦技术收集荧光。

三、高频电导

芯片用的高频电导检测器，也是从 CE 移植过来的。根据芯片结构的特点，电极多用矩形结构，多数采用平行双电极，可置于通道的上下游或上下面。电极材料包括铜[53]、铝[54]、银漆[55]、黏性铜带[56] 等。研究表明，采用四电极可克服电极阻抗的影响[57,58]，但应用不广。下面以铜片电极为例介绍 hfCD 的基本结构。

取宽 1mm、长 5mm 的薄铜片，在与通道垂直的方向上平行放置，电极间距 1mm。对于玻璃芯片，也可将电极置于玻璃底部，最好预先刻好两条沟道，使电

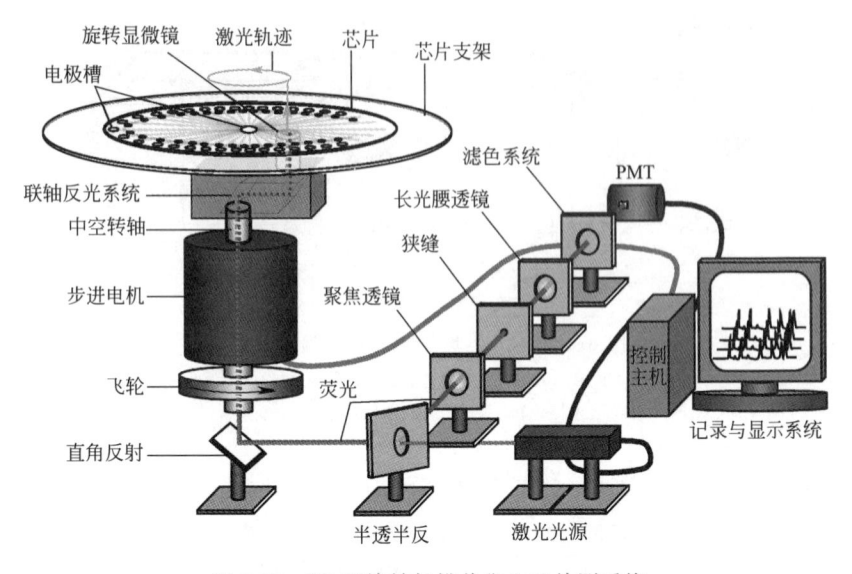

图 8-15 CE 用旋转扫描共焦 LIF 检测系统

极更接近于分离通道（约 200μm）。电极沟道可以由湿法刻蚀或机械切割制得。对于有机玻璃芯片，最好将电极安置在特制的固定支持架上，将芯片放在电极和支架之上，芯片的底板厚度最好小于 200μm，刻完通道后与电极的距离应在 170μm 左右。图 8-16 展示了一种包含法拉第隔板的高频电导检测支架。

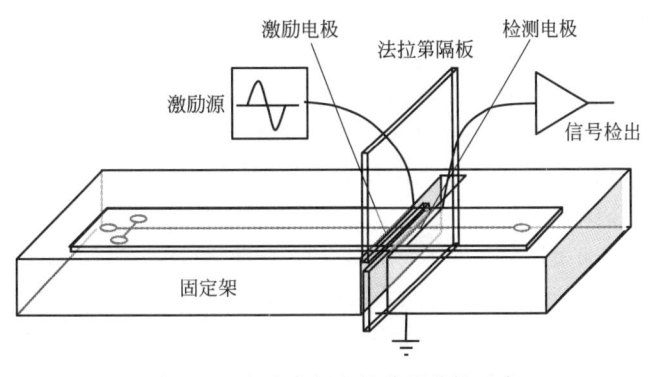

图 8-16 芯片高频电导检测结构示意

电导检测的工作条件与 CE 相似。激励电极的峰-峰电位一般控制在 300～400 V 之间，激励频率为 50kHz 或 100kHz，取正弦波形，可由函数发生器（如台湾台北 Goodwill 仪器公司出品的 GFG-8019G）输出，经高压放大平台（如 PA94，美国图森的 Apex 微技术公司产品）再送给电极。电流信号由 OPA627 一类运算放大器收集、放大并转换成电压信号，然后再由 AD 采集卡采集，输入计算机以备进一步分析研究。

芯片高频电导检测器已经可以用于蛋白质的检测。图 8-17 显示的是 PMMA 芯片电泳免疫分析的电导检测谱图，而图 8-18 则是玻璃芯片电泳免疫分析的电导检测谱图。一般地，为了提高电导检测的灵敏度，需将背景（电泳介质的）电导降低。利用芯片集成技术，可以在分离之后，加一段背景电解质交换或抑制结构，使电解质从强变弱。

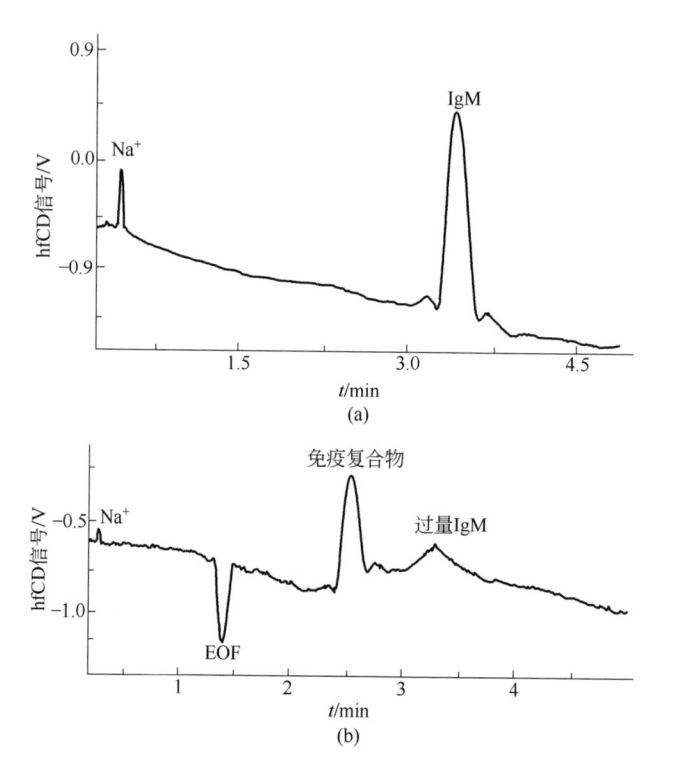

图 8-17 PMMA 芯片免疫电泳高频电导检测谱图

（a）100ng/mL IgM；（b）10μg/mL IgG+10μg/mL IgM

免疫反应：免疫球蛋白等混合于 0.1mol/L pH 7.4 的 Tris 缓冲液中温培 15min

电泳缓冲液：20mmol/L TAPS/AMPD，0.05% Tween 20

进样：1kV-3s

电泳电压：4kV

通道长度：8cm

检测激励电压：400V（峰-峰值）

激励频率：100kHz

四、接触式电化学检测

除高频电导检测器外，多数电化学检测器（ECD）是接触式的。其灵敏度仅次于 LIF 和化学发光检测方法，但成本更低[59]，而且 ECD 的制作方法容易融入芯片 CE 的制作过程之中，如金属膜的沉积和刻蚀既可用于电极的制作，也可用于通道的刻蚀。因此，理论上将它们集成在一起是有优势的[60]。ECD 之所以没有普及开

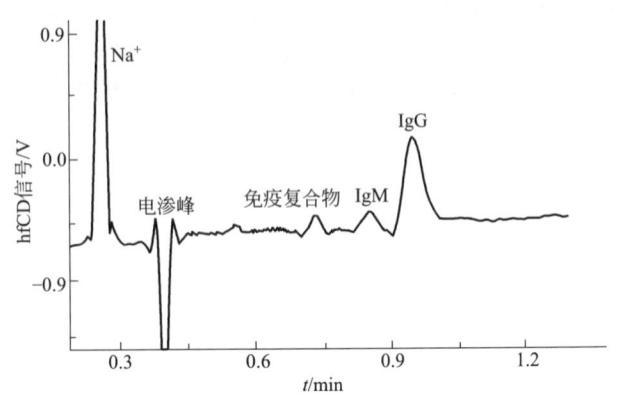

图 8-18　玻璃芯片免疫电泳之高频电导检测谱图

进样：1kV-5s，10μg/mL IgG＋10μg /mL IgM

电泳缓冲液：20mmol/L TAPS/AMPD，0.01％ Tween 20

检测激励电压：400V（峰-峰值）

激励频率：50kHz

电泳电场：4kV/8cm

来，是因为该方法存在有明显的缺点：①制作过程需要超静环境，造价很高；②电极寿命及重复性与分离缓冲液有关，并受其他多种因素的影响，微电极可能因使用和清洗等原因而脱落，造成分析成本和分析时间的增加；③电极在芯片封合时可能被破坏，结果前功尽弃。为此，有人建议采用通道末端 ECD 设计并与芯片隔开[61]，但如何重现地安置电极[62] 还是问题。电极与通道如不能对准，信号就会减弱且不重现；如果通道出口与工作电极距离过大，样品可能在到达电极之前就扩散开来，引起峰的加宽和灵敏度降低。在显微镜下能够对准，但影响芯片使用的方便性。

　　Martin 等提出，可以把工作电极直接放置于分离通道之中[63]，并证明该方法能大幅度改善检测性能，不过，它需要使用有电隔离措施的恒电位仪，使检测系统的设计复杂化了。利用横过分离通道的预刻制微孔（图 8-19），可以将金属线作为工作电极直接插入并定位[64]，实现电极的随时置换，这种电极可以有更多的工作表面与溶液接触，能有效提高检测灵敏度。

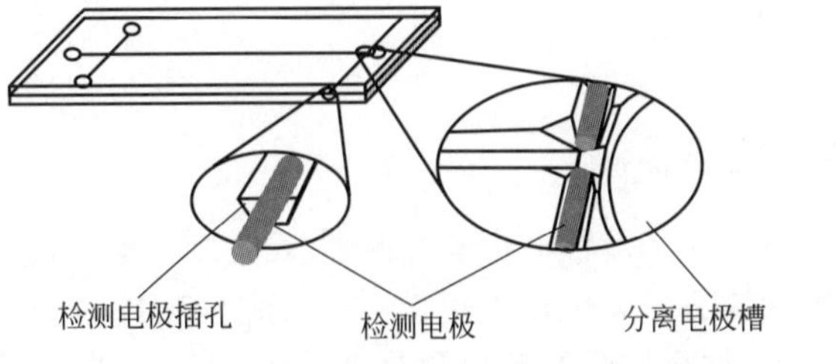

检测电极插孔　　　　检测电极　　　　分离电极槽

图 8-19　一种可置换工作电极的芯片电泳-电化学检测集成结构

第五节　芯片电泳的进样与分离方法

芯片电泳的操作方法与毛细管电泳不尽相同。除了前面介绍的检测方法差异之外，其进样和分离方法也有很大的不同。

一、交叉通道电动进样[65]

芯片电泳主要采用交叉通道来实现进样。虽然，理论上可采用流体力学、电动力学等将样品引导到交叉口，但实际上主要采用的是电动进样方法，因为流体力学方法容易导致样液的泛滥。电动方法容易控制，还能够产生电夹（pinch）现象，是一种能获得高效分离结果的进样方法。

1. 电动进样的原理

在芯片中，要让样品组分迁移横过分离通道而不进入其他通道，首先需要设置特殊的电场分配方案，然后还需要变换电场分配方案，使处于交叉位置的样品能转移进入分离通道，而在其他位置上的样品不会进入分离通道。

在交叉通道上施加电场，会有很多的理论方案，但能有效指挥样品迁移方向的方法并不很多。图 8-20(a)～(d) 示意了四种典型的方案，其中 (a) 与 (c) 对应于无电渗时负离子的进样方法，或电渗流向正极时的进样方法，记为"＋⇦－"或"－⇨＋"；(b) 与 (d) 对应于无电渗时正离子的进样方法，或电渗流向负极时的进样方法，记为"＋⇨－"或"－⇦＋"。同样，在随后进行的样品转移和电泳分离时，也有对应的四种典型的电场分配方案，如图 8-20(e)～(h) 所示，其中 (e) 与 (g) 对应于"＋⇦－"，(f) 与 (h) 对应于"＋⇨－"。注意，图中 (a)、(b)、(e)、(f) 示意的电场最为简单，但不是推荐的方法，因为它们的分离效率不高，样品区带容易受扩散和液体微流动的干扰。

2. 电夹进样[65～67]

电夹进样（pinch injection）是导致芯片电泳能够在比较短的分离通道中，实现高效分离的一大关键。毛细管电泳因采用同轴电动进样，难以实施电夹操作。但利用芯片的交叉通道就可以通过设置电压分布，将经过交叉口的某种符号的离子进行箍压，使之变窄。比如图 8-20(c) 或 (d) 显示的电场分布，就会出现这种电夹现象。

为便于叙述，特建立图 8-21 所示的符号系统，以电极槽 3 为样品槽实施进样。若选定交叉点的电位 U_0 为参考基点，则为了能够顺利驱动离子按规定路径迁移，各通道的电场及其方向必须符合一定的关系。

对应于"＋⇦－"［见图 8-20(c)］，要求：

$$\begin{cases} \dfrac{U_3-U_0}{L_3}=\dfrac{U_0-U_4}{L_4}=\dfrac{U_1-U_0}{L_1}=\dfrac{U_2-U_0}{L_2}<0 \\ I_4=I_1+I_2+I_3<0 \end{cases} \tag{8-1}$$

式中，I 表示电流强度。对应于"＋⇨－"［见图 8-20(d)］的要求正好相反：

$$\begin{cases} \dfrac{U_3-U_0}{L_3}=\dfrac{U_0-U_4}{L_4}=\dfrac{U_1-U_0}{L_1}=\dfrac{U_2-U_0}{L_2}>0 \\ I_4=I_1+I_2+I_3>0 \end{cases} \tag{8-2}$$

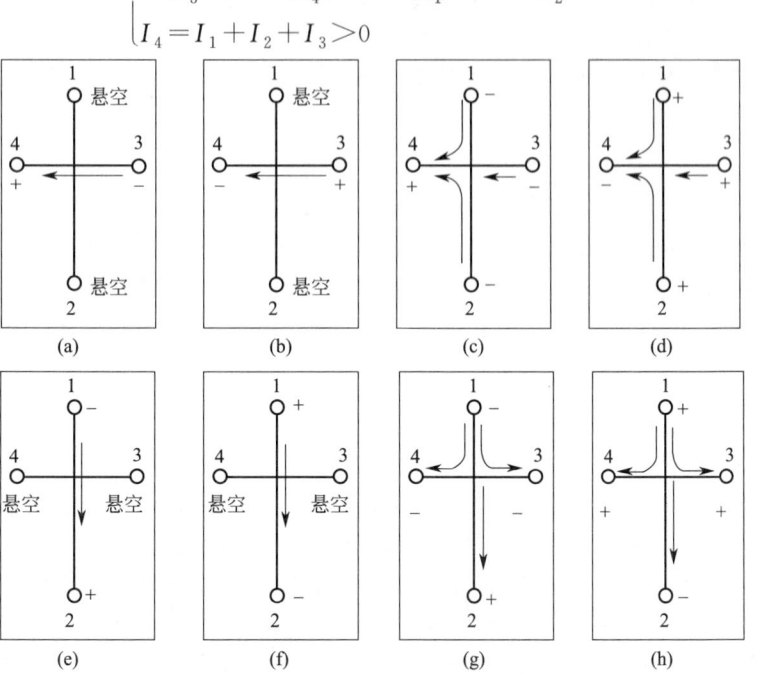

图 8-20　十字通道电动进样及样品区带转移和分离时的典型电场分配方案

（a）～（d）进样电场分布；（e）～（h）区带转移与分离时的电场分布；（a）、（c）、（e）、（g）
电渗流向正极或负离子无电渗进样时的电场施加方案；（b）、（d）、（f）、（h）电渗流向负极或
正离子无电渗进样时的电场施加方案

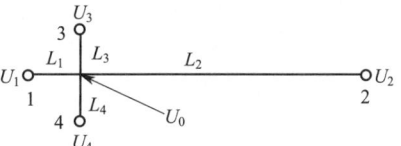

图 8-21　十字通道参数标识

1—分离通道上游电极槽；2—分离通道下游电极槽；3，4—进样电极槽

　　容易看出，在这种条件下，十字交叉位置的电场分布是不均匀的。利用高斯理论进行数字化计算，可以求得对应于图 8-20(d) 的电场分布（正极进样），大致有图 8-22(a) 所示的结构；而对应于图 8-20(c) 的电场分布（负极进样）有图 8-22(b) 的结构，其中电场 1→4 和 2→4 像一把钳子夹住了从 3 或 4 过来的电流体。电夹进样由此得名。

　　很明显，在这种电夹电场下，样品在通过交叉通道时的宽度已经发生变化，不再是原通道的宽度了。容易理解，被箍压的比例 α 与 $(U_2-U_0)/L_2$ 和 $(U_1-U_0)/L_1$ 的大小有关，可以由电流比例来进行估算：

$$\alpha=d_L/L_S\approx(I_1+I_2)/I_3 \tag{8-3}$$

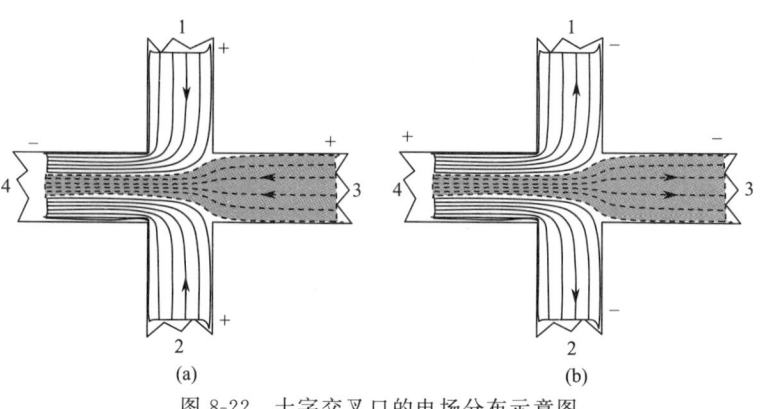

图 8-22 十字交叉口的电场分布示意图

(a) $-\Leftrightarrow+$；(b) $+\Leftrightarrow-$

式中，d_L 为交叉口平均宽度；L_S 为被箍压后的区带宽度。由此可知，I_1 与 I_2 或 $(U_2-U_0)/L_2$ 与 $(U_1-U_0)/L_1$ 增大，压缩比就增大。因此，一般地，实施电夹进样的条件应该是：

$$\frac{U_1-U_0}{L_1}=\frac{U_2-U_0}{L_2}\geqslant\frac{U_3-U_0}{L_3}\geqslant\frac{U_0-U_4}{L_4}>0 \quad (+\Rightarrow-) \tag{8-4}$$

$$\frac{U_1-U_0}{L_1}=\frac{U_2-U_0}{L_2}\leqslant\frac{U_3-U_0}{L_3}\leqslant\frac{U_0-U_4}{L_4}<0 \quad (+\Leftarrow-) \tag{8-5}$$

需要注意的是，按式(8-4)或式(8-5)要求，1 与 2 的电场绝对值越大越好，但实际上它们不能太大，否则会破坏进样。原因在于：首先，电热会阻碍电场的无限增加；其次，过大的电场有可能导致电流向 3 反流或由 3 流出的电流所占比例太小，可以忽略不计，于是所引出的样品量也会太少，以致检测不到。

3. 进样时间

利用交叉通道实施进样，所需的进样时间 t_{inj} 也与 CE 不同，它只能由组分的迁移速度和 L_3 进行估测：

$$t_{inj}\geqslant\frac{d_{sep}+L_3}{E\mu}\approx(120\%\sim150\%)\frac{L_3}{E\mu} \tag{8-6}$$

式中，d_{sep} 为分离通道的最大宽度；系数"$120\%\sim150\%$"来自于两重考虑：一是样品必须跨过分离通道一定距离；二是芯片电动进样也存在进样歧视问题，适当加长进样时间有利于减小歧视的程度。设 L_3 为 0.5cm，如果进样电场强度 $E=200\text{V/cm}$，$\mu=10^{-4}\text{cm}^{-2}/(\text{V}\cdot\text{s})$，则所需的进样时间大约在 $30\sim40\text{s}$ 之间。进样时间是否恰当，最终要由实验决定。

4. 进样体积

容易理解，芯片电泳的进样体积不由电泳速度决定，而由通道的交叉长度及几何形状决定。设进样通道的平均宽度是 d_{inj}、交叉长度为 L_{crs}（见图 8-23）、平均深度为 H，则进样体积 V_{inj} 为：

$$V_{inj} = \overline{d}_{sep} d_L H = \overline{d}_{sep}(2d_{inj} + L_{crs})H \tag{8-7}$$

式中，$\overline{d}_{sep}$ 为分离通道的平均宽度。对应的进样量为：

$$Q_{inj} = c\frac{V_{inj}}{\alpha} = \frac{c\overline{d}_{sep}(2d_{inj} + L_{crs})H}{\alpha} \tag{8-8}$$

式中，c 为样品浓度。在多数情况下，3 与 4 直通，此时交叉长度为零，进样通道宽度系数为 1，进样体积修正为：

$$Q_{inj} = \frac{C\overline{d}_{sep}d_{inj}H}{\alpha} \tag{8-9}$$

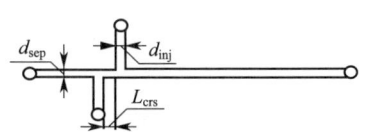

图 8-23　电泳芯片中的一般交叉结构

二、分离

自样品区带转移的一刻开始，芯片电泳分离即启动，亦即样品区带转移和分离是一个整体。与进样一样，分离电场也有四种典型分配方案，如图 8-20(e)～(h) 所示。其中，图 8-20(e) 和 (f) 比较容易操作，但进样通道的样品可能慢慢流入分离通道，抬高分离基线或干扰分离过程。所以，多数分离还是采用图 8-20(g) 和 (h) 的电场分布方式，由此还可以或多或少减少样品与两侧通道壁的接触（有一定的电夹效应）。对应的电场设计，可参照电夹进样。

下面以无涂层通道的自由溶液电泳为例，结合进样与分离过程，叙述具体操作步骤。

① 取所需芯片，分别用 1mol/L NaOH、1mol/L HCl 清洗通道各 10min，再顺序用水和电泳缓冲液冲洗各 3min，所有操作都可由正压或负压完成（负压更易操作），最后抽干。

② 利用注射器将电泳缓冲液从分离通道出口压入 [图 8-24(a)]，待缓冲液从其他三个出口流出，调整芯片水平位置，使内部不流动，将各电极槽溶液吸掉并补齐。

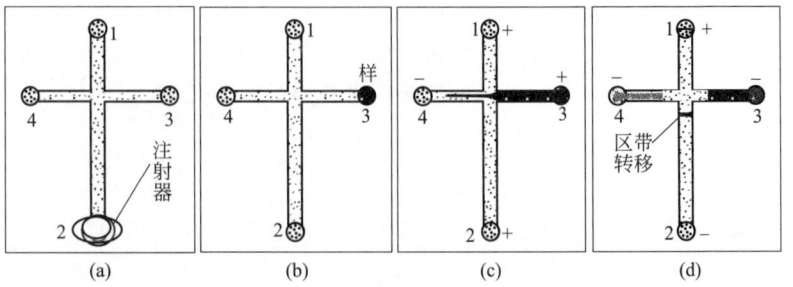

图 8-24　芯片电泳电动进样的一般过程

③ 将进样通道电极槽 3 中的缓冲液用样品溶液置换 [图 8-24(b)]，保持液面与其他电极槽等高。

④ 假设电场强度为 200V/cm，按式(8-2)计算各通道末端电位并施加于各端使样品迁移经过分离通道 [图 8-24(c)]。

⑤ 按下式计算各通道电位，进行电泳分离 [见图 8-24(d)]：

$$\begin{cases} \dfrac{U_1-U_2}{L_1+L_2}=\dfrac{U_0-U_3}{L_3}=\dfrac{U_0-U_4}{L_4}=200\text{V/cm} \\ U_2=200\text{V} \\ U_0=U_2+200L_2 \end{cases} \tag{8-10}$$

注：如果电渗可忽略，只需将电极符号对调即可进样分离负离子样品。

三、电源

从前面的叙述可以看出，无论是进样还是随后的分离，都需要有完全不同于 CE 的电场控制方法，具体要求如下：

① 每一进（出）口都需要一个独立的单端直流高压电源，以便实施独立的电位控制；

② 各分立的电源需要有共同的参考点，一般取共地，由此才能对各通道进行电位设置；

③ 由于芯片通道一般都比较短（多在 5～10cm 之间），因此电源的最高输出电压在 5～10kV 就够用了，但输出电流（或功率）需依照同时工作的通道数目来确定；

④ 电源要便于输出控制，能够对进样、分离通道各端口，分别独立地施加不同符号和大小的电位，包括悬挂（高压悬空）操作等。

第六节 特 殊 技 术

一、整体柱[68～70]

芯片整体柱制作比毛细管要容易一些，因为芯片没有毛细管那种外涂层，容易实现定位光引发聚合。

下面介绍两种位置可控的整体柱制备方法，即紫外引发聚合法和常温聚合法。

1. 紫外引发聚合法

利用紫外线照射引发聚合，能够在芯片通道任意位置上聚合制备整体柱。制作的关键，一是要选好与光源匹配的自由基引发剂，二是要利用合适的掩膜将光照到需要聚合的通道部位上。制备的具体步骤如下：

（1）掩膜制作 芯片整体柱的掩膜，实际上就是一条通光缝隙。利用光刻、高分辨打印、金属薄膜拼接等方法都能制作出所需的掩膜。

（2）通道处理 为了让聚合物能够牢固地结合在通道中，需要对通道进行化学处理，将双键基团引入到通道壁上。和石英毛细管处理方法一样，对于玻璃类芯片，可以采用硅烷化技术将烯基接到管壁的硅羟基上。比较牢靠的方法是溶胶-凝胶法，可参见第五章。

（3）单体溶液配制 取所需单体和交联剂，混合溶解，加入致孔剂如甲苯等，备用。灌制前加入适量光引发剂（参见表 5-4）。

（4）灌制 利用负压或注射针筒将含有引发剂的单体溶液灌入通道中，盖上掩膜，使欲曝光的通道暴露出来，用平行紫外线按计算曝光当量照射，然后取下掩膜，负压吸走未聚合的溶液，再用丙酮或甲醇冲洗（阻力不应很大）5min，最后用水或缓冲液冲洗至流出物基线平稳。

（5）修饰 新制作的整体柱有的可能还需要进一步修饰，以引入不同的功能基团，有兴趣者可以参考有关色谱柱制备的书籍，本书不再赘述。

（6）平衡 所有制备好的芯片整体柱，都要在分离之前，用相应的流动相平衡，直到检测基线平稳为止。

2. 室温自发聚合法[70]

在过硫酸铵和有机胺（如 N,N,N',N'-四甲基乙二胺，TEMED）的存在下，含烯键的单体能在室温下发生聚合，其中聚丙烯酰胺就是最典型的例子。下面就以此为基础，介绍一种含磺酸基 C_3 柱的制备方法。

（1）通道预处理 按第五章方法引入烯键。

（2）单体溶液配制 按表 8-1 所示的组成配制单体溶液并用氮气置换溶解氧。

（3）灌制 分别取 $12\mu L$ 的 $0.05mL/mL$ TEMED 水溶液和 $0.1g/mL$ 过硫酸铵水溶液，顺序加入到表 8-1 所示的单体溶液中，混匀后即刻取出 $20\sim30\mu L$ 的溶液置于通道的进口电极槽中，（用氮气）加压（$<0.5bar$，$1bar=10^5Pa$）使之流入通道并灌满。

（4）平衡 在进样分离之前，可在电场和约 0.6MPa 压力下，用流动相平衡柱子。注意，在平衡离子交换柱时，不能使用电场，以免目标离子流失。

注意，在压入单体溶液时，流速要控制得慢一点，以免在通道转弯处因压力不匀或突降而留下缺陷。

表 8-1　整体柱制备单体溶液组成

项目	PDA/g	MA/g	IPA/g	VSA/μL	DDA/μL	$(NH_4)_2SO_4$/g	缓冲液[①]/μL
C_3-(1)[②]	0.30	0.14	0.18	8	—	0.01	1.7
C_3-(2)[②]	0.30	0.14	0.26	70	—	0.01	1.7
AIEC[③]	0.35	0.26	—	—	44	0.18	2.5

① 50mmol/L 磷酸钠盐（pH 7.0）。

② 用 C_3 和 SO_3^{2-} 衍生。

③ 用于阴离子交换。

注：PDA—哌嗪双丙烯酰胺；MA—甲基丙烯酰胺；IPA—N-异丙基丙烯胺；VSA—乙烯基磺酸；DDA—二甲基二乙烯氯化铵。

为了留出低背景的检测窗口，需将流到出口电极槽中的单体溶液吸走，代之以

聚乙烯醇溶液 [10%PEG (M_w＝8000)、20%二硫酸铵、10% TEMED]，然后（由氮气）反向加压几秒，使聚合单体溶液流回去约 2cm。其他任何入口和通道，如果需要，也可以采用相同的方法将聚合单体溶液用非胶溶液置换。最后，将所有开口（电极槽）都用 PEG 溶液置换并用 PEEK 塞严，保持芯片在水平状态下过夜以完成反应。

在上述灌制过程中，采用了含高浓度自由基和催化剂的 PEG 溶液，其目的是促成胶-水界面加速聚合，以形成更光滑陡峭的交界。可以用其他水溶性非活性高分子如纤维素、多糖等来代替 PEG，有适当黏性的高分子比较好。

图 8-25 显示的是利用这种室温聚合方法制得的芯片整体柱的横断面电镜照片，可见 C_3 柱的粘连颗粒直径在纳米级 [图 8-25(a) 与 （b）]，而离子交换柱的聚集则比较明显 [图 8-25(c)]。图 8-26 表明，在芯片中制作的整体柱与在相同条件下制备的毛细管整体柱，其色谱行为和效率并无明显差别，说明毛细管整体柱的常温制作方法可以直接用于芯片整体柱的制备上。图 8-27 显示了利用芯片整体柱对酰类化合物进行电色谱分离的结果，其分离效率远高于普通液相色谱，与毛细管电色谱类似。图 8-28 说明，利用芯片整体柱，可以实现蛋白质的高速高效分离，可能对蛋白质组学研究有意义。

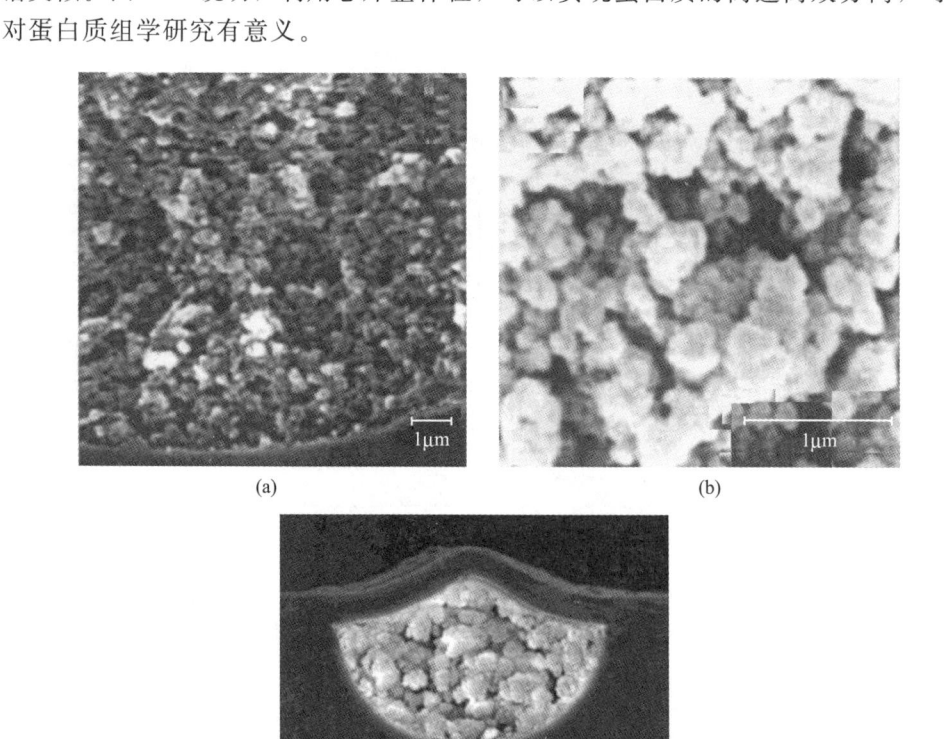

图 8-25 石英芯片整体柱断面电镜照片

（a）与（b）电色谱柱，由 0.1～0.4μm 粒子粘连而成（b）；

（c）离子交换柱，有比较大的聚集，由此降低流动阻力

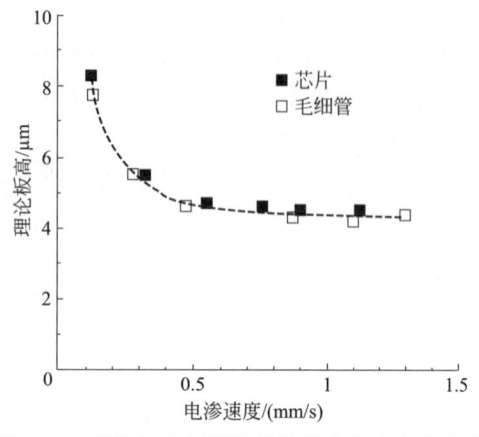

图 8-26　芯片与毛细管整体柱板高与流速的关系

柱：C_3 及 SO_3^- 衍生，直通道，6.2（4.5 有效）cm×40μm ID（顶宽，芯片），

　　6.2（4.5 有效）cm×20μm ID（毛细管）；

流动相：200mL/L 乙腈、5mmol/L 磷酸钠缓冲液，pH 2.5

进口流速：50μL/min

检测：UV-260nm

进样：100V-2s

无保留标记：200mL/L 丙酮（溶于流动相）

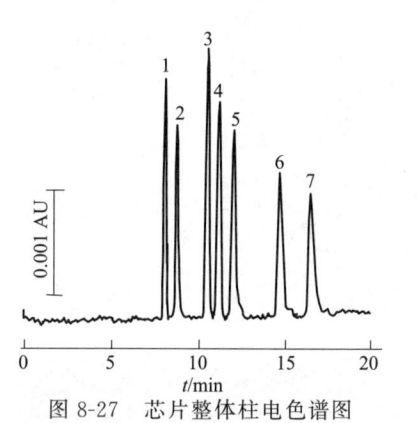

图 8-27　芯片整体柱电色谱图

柱：蛇形回折，C_3 与 SO_3^- 修饰，30.6（28.1 有效）cm

　　流动相：30%乙腈，5mmol/L 磷酸钠，pH 2.5

入口流速：50μL/min

电压：16kV（500V/cm）

检测：240nm

进样：1kV-1s

样品浓度：0.30～0.60mg/mL

丙酮效率：3×10^5 理论板/m

峰：1—丙酮；2—苯胺；3—乙酰苯；4—丙酰苯；5—丁酰苯；

　　6—2,6-二羟基乙酰苯；7—2,5-二羟基丙酰苯

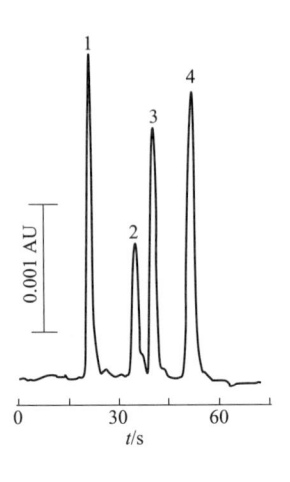

图 8-28　利用芯片整体柱进行四种蛋白的快速离子交换色谱分离

柱子：6.2（4.5 有效）cm×40μm ID（顶宽），含氨基

流动相：A＝20mmol/L 磷酸钠，pH＝7.8；B—0.4mol/L NaCl、20mmol/L 磷酸钠，pH 7.8

淋洗：2.2MPa，0～100% B/1min 线性梯度

流速：入口，0.1mL/min；芯片，0.4μL/min

进样：0.3MPa-20s，0.5～1.5mg/mL

检测：230nm

峰：1—马肌红蛋白；2—伴清蛋白；3—鸡卵白蛋白；4—大豆胰岛素抑制剂

二、其他技术

利用特殊的刻蚀技术或采用单晶硅进行选择刻蚀，可以制备出与通道底面垂直的柱阵列，柱子之间的空隙形成类似于色谱填料空隙或迁移通路，由此可实现 DNA 分析[71] 和色谱分离[68]。还可以利用颗粒自组装方法在毛细管中或芯片通道上装入高度规整的光子晶体，详见第九章。

第七节　应　　用

一、概况

芯片 CE 的最大特点是能实现高速分离，可用于各种离子和非离子组分的分析，比如用于氨基酸[41,72～77]、细胞及其代谢产物[78,79]、核苷酸[80]、DNA[81] 等的测定，用于 DNA 的高速测序[82]，用于人免疫缺陷病毒 DNA 及相关基因病分析[83]，用于免疫反应产物[84] 分析等。还可以实现循环电泳[85]。就目前而言，最令人感兴趣的应用是蛋白和核酸的高速或高通量分离。

二、蛋白质快速分离

蛋白质的分离分析随着蛋白质组学[86] 研究的兴起而变得越来越重要，且强烈需求快速的分离方法。芯片通道很短，正是实现蛋白质快速分离的潜在技术，因此引来了众多的关注和研究，已经取得不少进展。

分离速度与分离长度有关。一个明显但却很少关注的问题是，到底多长的通道才是合适的或最佳的？此问题在 CE 中曾经有过研究，发现并不十分重要，因为 CE 的分离长度绝大多数都在 20cm 以上。在芯片中，情况应当不一样。Nagata 等认为，分离牛血清白蛋白和 β-半乳糖苷酶的最佳长度是 5mm[87]，此时的分离时间仅为 5.62s。分离长度再增加，扩散展宽开始变得明显（见图 8-29）。一般地，芯片应该存在最佳分离长度，但与样品有关。

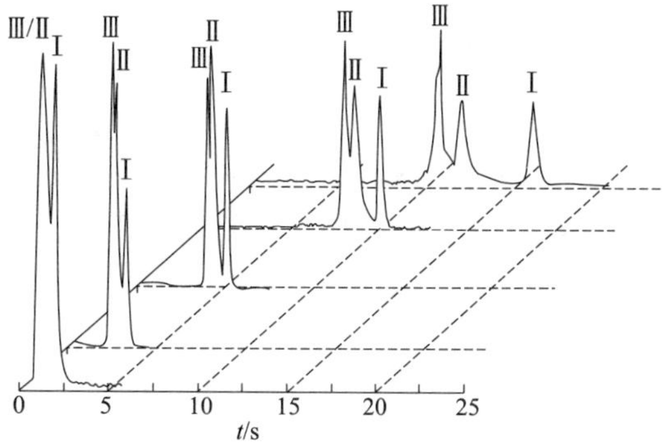

图 8-29　蛋白分离效果与分离长度的关系

芯片：有机玻璃（PMMA），SDS 动态涂布
缓冲液：5％线性聚丙烯酰胺、0.1％ SDS、50mmol/L Tris-HCl、35mmol/L 天冬氨酸，pH 8.0
样品：Alexa Fluor 488 标记，Ⅰ—胰岛素抑制剂（21.5kDa）；Ⅱ—牛血清白蛋白（66.5kD）；
　　　Ⅲ—β-半乳糖苷酶（116.0kDa）蛋白，SDS 复合物
分离长度：1mm、3mm、5mm、10mm、15mm

在蛋白分离中以及在蛋白组学研究中，等电聚焦是最基础的分离技术。在芯片上进行等电聚焦，更有利于在短距离内实现高速的聚焦分离，并且有利于采用包括全柱照相方法在内的各种成像和谱学检测手段[44,88~92]。利用全通道动态成像技术，可以随时监测通道中组分分离的过程。

芯片等电聚焦的原理与传统方法并无不同，但操作过程和分离控制却有明显的不同。具体的操作过程如下：

① 通道用 1mol/L NaOH 冲洗 1min、浸泡 10min，氮气吹空，换 100mmol/L NaOH 再冲洗 1min；

② 灌入 4mg/mL 甲基纤维素（MC）放 10min 进行动态涂布，氮气吹空；

③ 灌入含或不含 MC 的配于两性电解质［如 0.04mg/mL ampholyte 等］溶液

中的蛋白样品；

④ 吸走电极槽中多余的样品溶液，并用水刷洗一遍；

⑤ 在正极槽中加入含 0～2.5％ MC 的 50mmol/L 磷酸、在负极槽中加入含 0～2.5％ MC 的 50mmol/L NaOH；

⑥ 在正、负电极槽中插入铂丝电极，加上直流电压（＜150V/cm）进行聚焦分离，直至电流最小，停止聚焦；

⑦ 由荧光成像法拍摄聚焦区带信号，并进行必要的数据转化，画出电泳谱图（见图 8-30）。

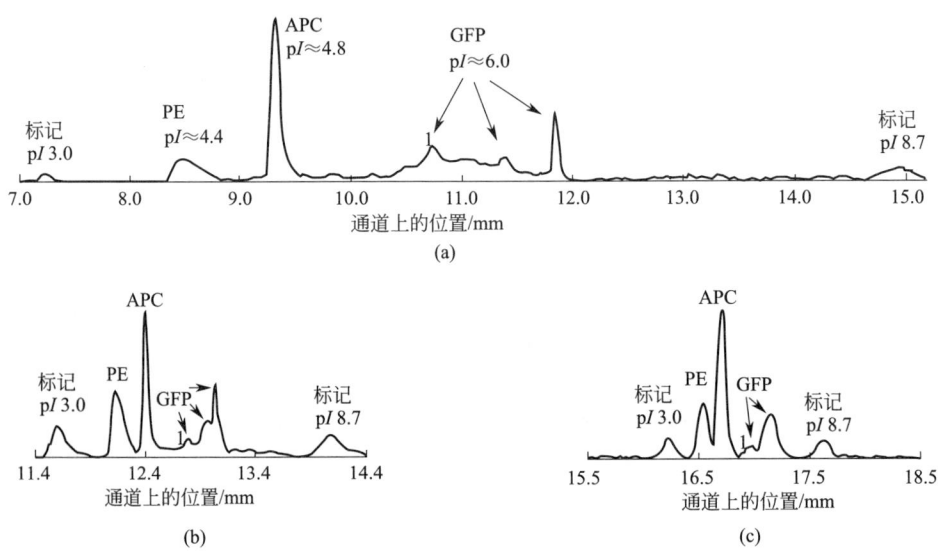

图 8-30　利用 PDMS 芯片进行蛋白质等电聚焦分离及介质条件的影响

（a）样品中含 0.4％甲基纤维素（MC），电极液中含 2.5％ MC；（b）样品中含 0.4％ MC，电极液中含 0.2％ MC；（c）无 MC

分离电场：100V/2cm

负极电极液：50mmol/L NaOH

正极电极液：50mmol/L H_3PO_4

样品组成：0.04mL/mL pharmalyte（pH 3～10）、0.6μg/μL pI　3.0 标记、0.014μg/μL PE、0.05μg/μL APC、0.034μg/μL GFP、0.3μg/μL pI　8.7 标记

峰：GFP—重组绿色荧光蛋白（$M_w \approx 28000$）；APC—异藻青蛋白（allophycocyanin，$M_w \approx 104000$）；PE—r-藻红蛋白（$M_w \approx 240000$）

图 8-30 清楚地显示，芯片等电聚焦可以在很短的距离内完成，当然也可以在较长的距离内完成，取决于所用的介质条件。为了获得理想的分离效果，应尽量使区带压缩。利用增黏剂等一类添加剂，可以较好地控制分离的距离与效率。

芯片分离系统已经可以小到如图 8-31（a）所示的尺度[93]，由此可以实现重复的蛋白质分离 ［见图 8-31（c）］。

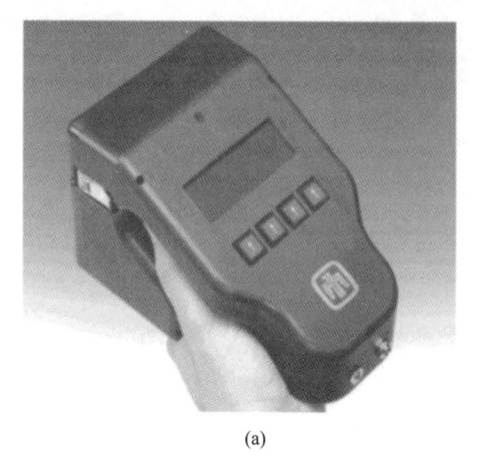
(a)

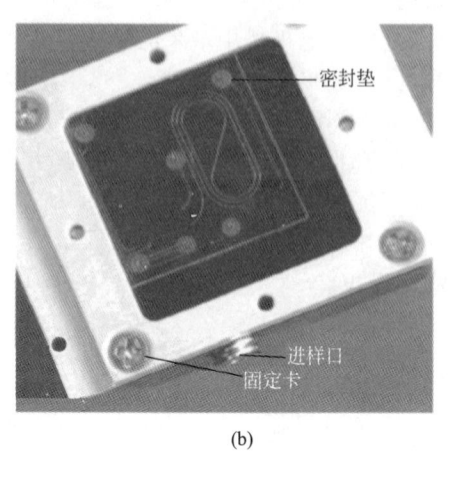
密封垫

进样口
固定卡
(b)

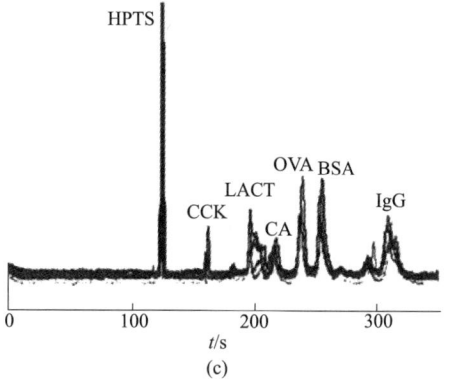
(c)

图 8-31　手提式蛋白凝胶电泳系统

(a) 整机；(b) 芯片；(c) 叠合电泳谱图

峰：HPTS—8-羟基吡啶-1,3,6-三磺酸三钠；CCK—缩胆囊肽；LACT—α-乳白蛋白；

CA—碳酸脱氢酶；OVA—卵清蛋白；BSA—牛血清白蛋白；IgG—鼠 IgG

三、DNA 分析之 PCR-CE 芯片

芯片 CE 最富于特色的一项应用，可能是实现了从样品处理到数据输出的在线集成分析。这种在线分析，也是为解决芯片的缺点而提出的。微流通道芯片有两大问题：一是样品消耗多（约 $2\mu L$）；二是检测系统大，与芯片的尺寸不相匹配。解决这些问题的一种有效策略，就是实施在线串联集成。

1. PCR-CE 集成芯片基本结构

对微量样品进行在线处理，以减少因长距离暴露转移而造成的种种损失，是减少耗样的重要措施。通过直接在芯片上设计各种连通的样品处理节点，不仅可以最大限度地减少样品的转移次数和转移距离，还可以实现快速的样品处理和分析，因而在 DNA 分析特别是测序中，尤受重视。大家知道 DNA 测序包括一系列复杂的

制样过程，比如细胞的提取与培养、细胞的溶解和核酸的提取、目标 DNA 的 PCR、扩增产物的脱盐和浓缩、上样与尺寸分离、检测与数据分析等[94]。目前最好的实验室，大概需要 $10\sim50\mu L$ 的 DNA 用样，才能完成测序工作，其制样工作、试剂耗用以及相关仪器装备费用等仍然很大[95,96]，非一般实验室可以承受。利用芯片制作工艺，完全可以把这些过程特别是 PCR 与 CE 缩减整合到同一块芯片上，从而降低操作费用、加快分析进程。

Woolley 等第一个成功地将 $10\mu L$ 容积的 PCR 结构刻制在硅片上并与芯片 CE 连接，使扩增反应时间缩短到 15min，电泳分离时间缩短到 2min[15]。该研究引发了一系列 PCR-CE 研究[97~108]，使全线集成的可能性越来越大。Burns 等[109] 首先在《Science》上发表了一种新的集成设计，包括了样品的定量控制、混合、PCR、凝胶电泳、原位二极管光电检测器以及各种液槽和连接电路等部件，芯片组装后的尺寸仅 47mm×5mm×1mm。该芯片利用疏水作用，通过打入气泡，能进行小体积（纳升级）流体的准确和可重现控制。图 8-32 显示了依据这种原理设计制作的流体定量控制部分，它是一种"Y"形定量进样和混合的结构。混合后的样品被压力推入扩增反应器。该反应器也是通过疏水方法与非反应通道隔离开来的。PCR 扩增后的样品，随即被引入电泳通道，进行尺寸分离并在线检出。整个过程流畅优美。

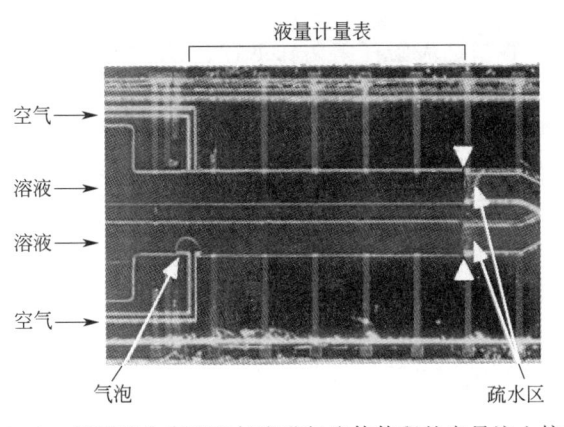

图 8-32　利用疏水表面和气泡进行流体体积的定量注入控制

与此类似，Mathies 研究小组设计制作了多种 PCR-CE 芯片系统，能实现单模板 PCR[110]，其中最具特色的是在反应器中集成了近程加热系统和原位监测温度技术[111]。他们还研制出了能直接鉴定大肠杆菌菌型的手提式 PCR-CE 分析系统[112]，对应的芯片结构如图 8-33 所示。该芯片的控制阀门由 PDMS 膜和相关的孔和通道构成，只需较小的压力和负压，就可进行开关［图 8-33(c)］操作，用以实现液体的输送和阻断。

2. 大肠杆菌菌株的高灵敏鉴定

现以 Mathies 研究组的工作为例，介绍用 PCR-CE 鉴定细菌的具体步骤，主要包括细菌培养、计数、原位 PCR、在线进样电泳和 LIF 检测等。

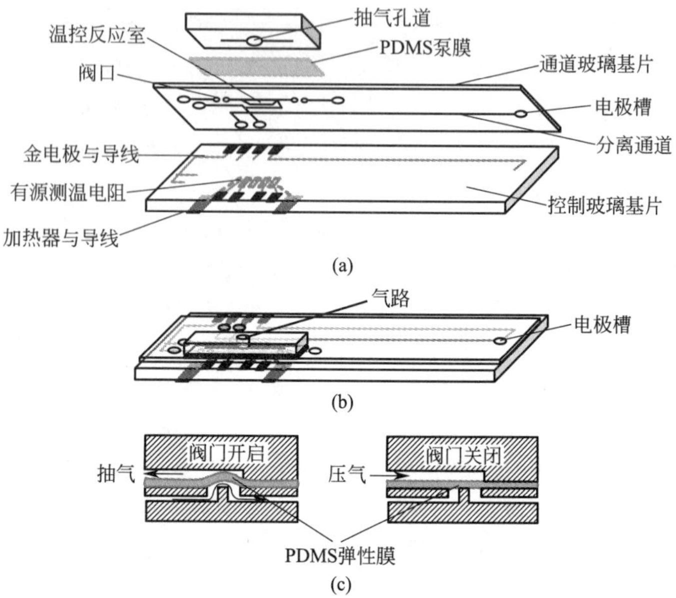

图 8-33　一种集成芯片的结构分解（a）、组装形态（b）和阀门结构（c）

（1）细菌样品制备　选大肠杆菌菌株 K12、O157：H7、O55：H7 三种细胞，分别用 LB 琼脂糖凝胶、EMB、血液琼脂糖于 37℃ 下过夜培养。然后将 K12 转入含 $25\mu g/mL$ 卡那霉素的 LB 培养液中、将 O157：H7 和 O55：H7 分别转入不加抗生素的 LB 培养液中，均在 37℃ 下过夜培养。经 pH 7.4 的磷酸缓冲液清洗后，用去离子消毒水配成 10^4 细胞$/\mu L$ 的悬浮液，备用。

（2）PCR　取适当体积的细胞悬液，加入 PCR 引物（表 8-2）至最终浓度为 200nmol/L（*sltI* 和 *fliC*）或 400nmol/L（16S 特异），再加入 $1\times$PCR 缓冲液、$100\mu mol/L$ dNTP、1.5mmol/L MgCl$_2$、$100\mu g/mL$ 牛血清白蛋白、1.5 单位的热启动 *Taq* 聚合酶。将溶液混合后注入芯片的控温反应室中，关闭反应室两端阀门，按表 8-3 所示条件进行扩增反应，其中大肠杆菌所用的三种引物有不同的解链温度，因此采用步降退火程序。正、反向引物含有 6-羧基荧光素（FAM）标记，用于 LIF 检测。

表 8-2　大肠杆菌基因分析的 PCR 引物及其相关配方

基因	正向引物	反向引物	产物尺寸/bp
16S 特异	5′-[6-FAM]-CGCTTACCACTTTG TGATT-3′	5′-ATTAAGGCAGGTGACTTTCA-3′	280
fliC	5′-CAGGTCTTTATGGTCTGAAA-3′	5′-[6-FAM]-ATGGTGATATTACCTG CTGA-3′	625
sltI	5′-[6-FAM]-CAGTTAATGTGGTGG CGAAGG-3′	5′-CACCAGACAATGTAACCGCTH-3′	348

表 8-3 PCR 程序

对象	热启动	热变性	退火	反应	循环次数
大肠杆菌	95℃-1min	94℃-10s	64℃-5s 62℃-5s 60℃-25s	72℃-15s	35

（3）PCR 产物尺寸的电泳测定　PCR 产物和 DNA 尺寸标准样品，由电夹（场强 112V/cm）技术同时引入分离通道交叉口，然后在 165V/cm 下进行尺寸分离。所有通道均键合有聚丙烯酰胺涂层。电泳介质为合成于 TTE 中（氩气保护下过夜聚合）的 3.5％线性聚丙烯酰胺，分离结果如图 8-34 所示。三种菌株均有 16S 特征峰，但 O157：H7 还有 348、625bp 两峰，O55：H7 有 625bp 峰，唯 K12 没有其他特征峰，由此可以准确判断细菌特征。进一步分析表明，这些特征峰的面积与细菌浓度存在线性关系，由此可以测定细菌的含量。图 8-35 显示了 K12 细胞数目与 16S 特征峰面积的线性关系（$R^2 = 0.991$），其检测极限是 2～3 个起始细胞。

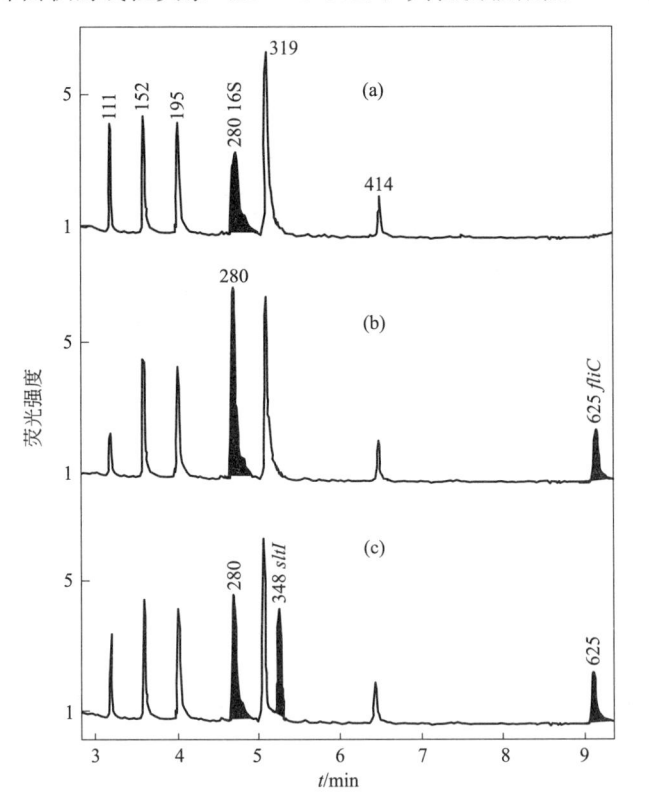

图 8-34　完整细菌的 PCR-CE 鉴定谱图

（a）大肠杆菌 K12，除梯次标准外有 280bp-16S 选择扩增产物；

（b）大肠杆菌 O55：H7，含 280bp-16S 和 625bp *fliC*（H7 表面抗原）；

（c）大肠杆菌 O157：H7，含 16S、625bp *fliC*、348bp *sltI* 特征峰

分析从 40 个细胞开始，扩增 30min

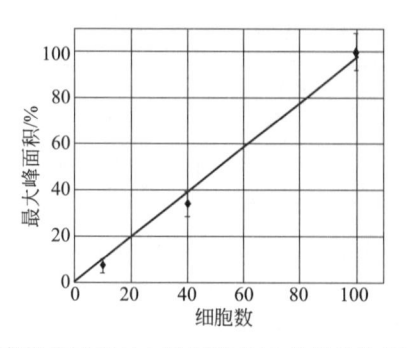

图 8-35 16S产物峰面积与大肠杆菌K12扩增起始细胞数目的关系

四、阵列高通量分离

高通量分析对药物、蛋白质、基因等，都是急需解决的问题。前面介绍的在线集成方法在一定意义上是一种高通量分析技术，但更高通量的技术则可能是阵列技术。在芯片设计中，于同一基片上同时刻制许多并列的分离通道，并没有多大困难。所以阵列方法成为芯片 CE 的另一个特色或标志。

利用阵列 CE 进行 DNA 分析，特别是测序，其速度的提高是容易预见的。人类基因组测序之所以能提前完成，就在于采用了阵列 CE 测序技术。在各种基因突变分析、等位基因研究以及其他原因引起的基因多态性研究中，也需要高通量分析技术。所以阵列芯片 CE 研究受到大家的重视，并富于成果。

在本章开头已经提及的若干阵列芯片，正好可以用于这种高通分析。图 8-36 展示了利用图 8-3 的 96 通道阵列芯片，对核酸片断进行分离的结果，非常可观。图 8-37 显示了利用 10 通道阵列芯片 CE，对几种突变基因的分离结果，图中包含野生型参考基因的同时分离谱图[113]，由此可以直接比较不同基因的差异。

和 DNA 的高通分析类似，阵列技术对蛋白质分析特别是蛋白组学研究也非常有用，可能还更加重要。二维凝胶电泳的结果已经显示，整个细胞的溶解产物可以出现至少 11000 个蛋白斑点。尽管如此，这也只反映了中等丰度以上的蛋白品种，低丰度的蛋白完全显示不出。当然，利用诸如滤除技术、浓缩技术等是可以分析低丰度蛋白的，但这需要复杂的过程和很高的成本，而且要冒低丰度蛋白中途丢失的危险。理论上比较合理的方案，应该是发展多水平分析技术，这就需要用到阵列技术。试想，如果每一通道能够代表一种丰度水平，则分析起来就会简单和容易得多。尽管如此，这方面的研究还在起步阶段，文献中尚未见到多水平的阵列 CE 用于蛋白质组学的研究。目前报道较多的方法，是二维阵列技术，如图 8-5 和图 8-38 所示。

图 8-38 显示了一种聚焦电泳与凝胶电泳联用的二维分离阵列芯片结构及其模型蛋白在聚焦和转移后的分离图像，有点类似于传统的二维电泳，但效果不同。因为聚焦后的尺寸分离是在独立的通道中进行的，各通道于是可以选用不同灵敏度和选择性的检测方法，由此完全可以实现不同丰度、不同目标的分析。

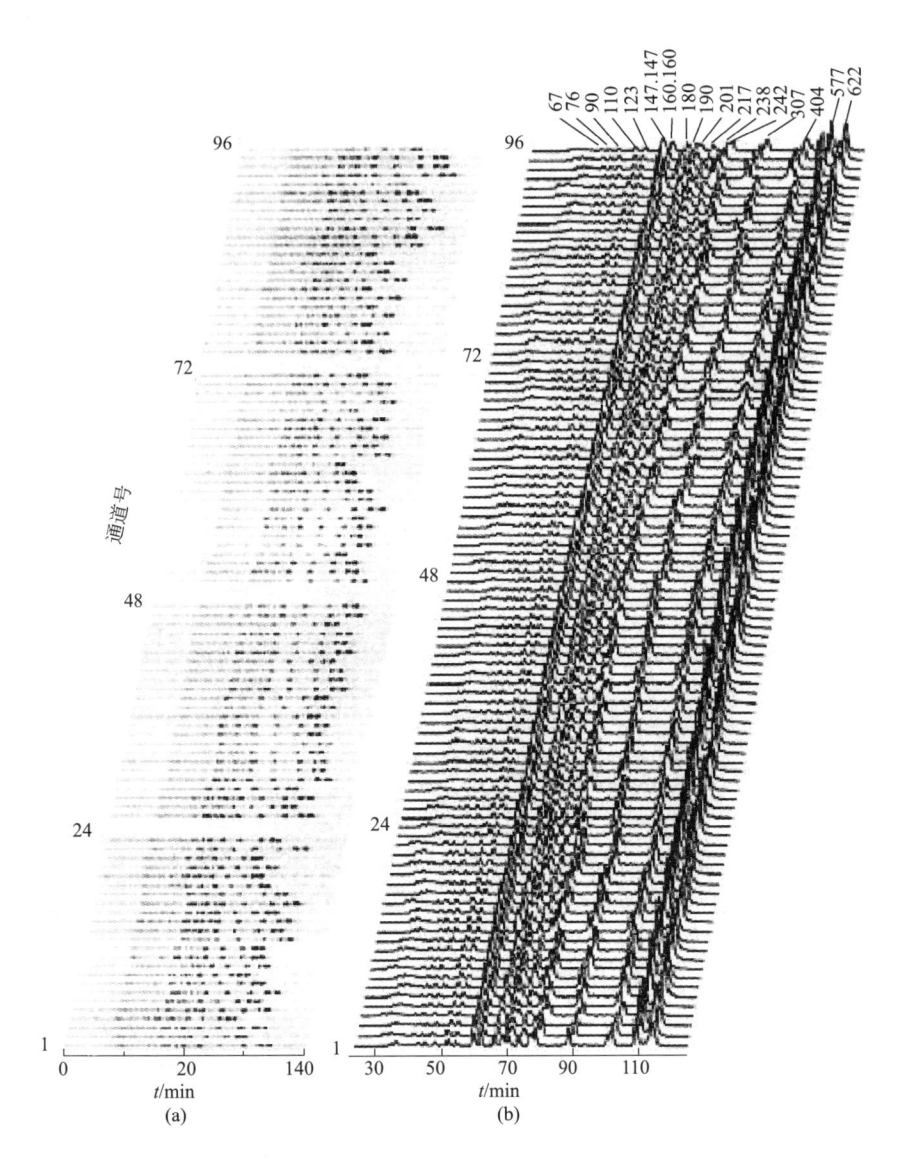

图 8-36　用 96 通道圆片阵列芯片 CE 同时分离 DNA 的图像（a）与谱图（b）

分离缓冲液：10g/L 羟乙基纤维素、80mmol/L TPA-TAPS、1 mmol/L H$_2$EDTA，pH 8.4

DNA 样品：TOTO：pB R322 M_{sp1}＝1：25，DNA 浓度＝1ng/μL

进样：100V/cm

分离：200 V/cm；LIF 检测

（b）上显示了 DNA 尺寸。

TPA-TAPS＝tetrapentylammonium 3-[tris(hydroxymethyl)methylamino]-1-propanesulfate

　　总体而言，关于蛋白的芯片 CE 阵列技术，还有待进一步深入研究，可能会很有前途。

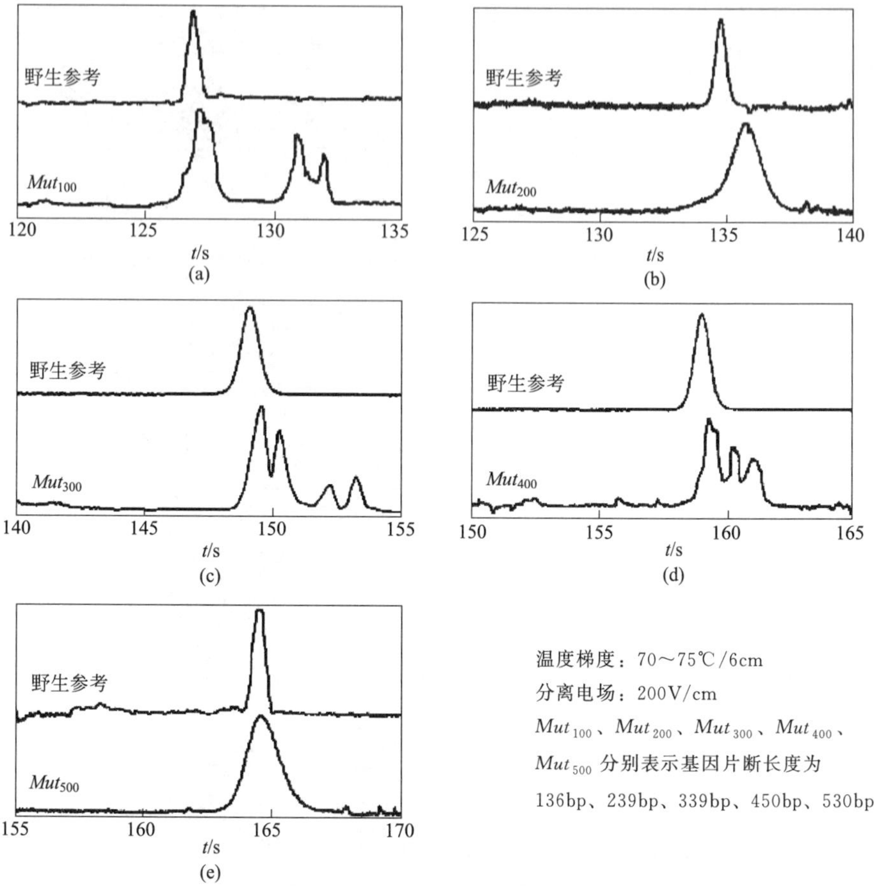

野生参考

Mut_{100}

野生参考

Mut_{200}

(a)   (b)

野生参考

Mut_{300}

野生参考

Mut_{400}

(c)   (d)

野生参考

Mut_{500}

(e)

温度梯度：70～75℃/6cm

分离电场：200V/cm

Mut_{100}、Mut_{200}、Mut_{300}、Mut_{400}、

Mut_{500} 分别表示基因片断长度为

136bp、239bp、339bp、450bp、530bp

图 8-37　10 通道芯片 CE 用于突变基因的梯度凝胶与温度梯度同时分离

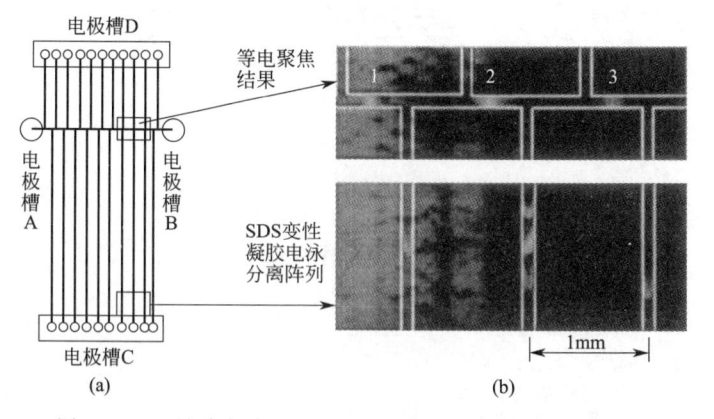

图 8-38　二维分离阵列（a）与模型蛋白分离荧光图像（b）

像拍摄时间：等电聚焦开始后 90s；凝胶电泳开始后 150s

1—肌动蛋白；2—牛血清白蛋白＋胰岛素抑制剂；3—小清蛋白

五、宇宙空间探测分析及其他

芯片技术因其小以及可以高度集成，因此具备进入航天开发研究的优势，可望制作出能被发射到目标星球表面的现场分析系统。Mathies 研究组已在此方面展开研究，但还有一些具体问题需要克服，比如如何将外电路以及采样、检测等完美集成并缩小到可以被火箭发射带走的程度，就是一个挑战性问题。

芯片技术在蛋白等生物大分子样品脱盐上，也有良好的应用前景。脱盐也是一种重要的提高低丰度组分检出（特别是质谱）灵敏度的步骤。在进行质谱分析时，可以在两玻璃片上分别刻蚀 $60\mu m$ 和 $500\mu m$ 宽的通道，然后于两通道之间夹一微透析膜，让蛋白质在小通道中流动，脱盐液在大通道中流动，通过透析就能实现脱盐目的。研究表明，该方法可以脱除高至 $600mmol/L$ 的盐[114]。如此高浓度的盐，如不进行脱除，是不能直接进行电喷雾质谱测定的。将芯片与质谱进行联用，也是提高分析通量的一种方法。Figeys 等发展出了一种芯片注射-质谱技术，实现了 W 蛋白质的高通鉴定[115,116]。

芯片技术还有许多其他用途，比如原位反应、在线萃取、连续制备等，限于篇幅，这里不再介绍。

参考文献

［1］ Terry S C. A Gas Chromatographic Air Analyzer Fabricated on a Silicon Wafer ［D］. Stanford：Stanford University，1975.

［2］ Terry S C，Jerman J H，Angell J B. *IEEE Trans Electron Devices*，1979，ED-26：1880.

［3］ Verheggen T，Beckers J L，Everaerts F M. *J Chromatogr*，1988，452：615.

［4］ Manz A，Miyahara Y，Miura J，et al. *Sens Actuators*，1990，B1：249.

［5］ Manz A，Graber N，Widmer H M. *Sens Actuators*，1990，B1：244.

［6］ Jacobson S C，Hergenroder R，Moore A W，Ramsey J M. *Anal Chem*，1994，66：4127.

［7］ Jacobson S C，Koutny L B，Hergenroder R，et al. *Anal Chem*，1994，66：3472.

［8］ Feustel A，Muller J，Relling V. *Proceedings of Micro Total Analysis Systems 1994*. Dordrecht：Kluwer Academic Publishers，1994：299-304.

［9］ OcvirkG，VerpoorteE，ManzA，et al. *Anal Methods Instrumen*，1995，2：74.

［10］ Northrup M A，Ching M T，White R M，Watson R T. *Transducers'93*，1993，924-926.

［11］ Bousse L，Kopf-SillA，Parce J W. *Transducers'97*，1997，499-502.

［12］ Manz A，Becker H. *Transducers'97*，1997，915-918.

［13］ Woolley A T，Sensabaugh G F，Mathies R A. *Anal Chem*，1997，69：2181.

［14］ Woolley A T，Mathies R A. *Proc Natl Acad Sci USA*，1994，91：11348.

［15］ Woolley A T，Hadley D，Landre P，et al. *Anal Chem*，1996，68：4081.

［16］ Paegel B M，Emrich C A，Wedemayer G J，et al. *Proc Natl Acad Sci USA*，2002，99：574.

［17］ Emrich C A，Tian H，Medintz I L，Mathies R A. *Anal Chem*，2002，74：5076.

［18］ Medintz I，Wong W W，Berti L，et al. *Genome Res*，2001，11：413.

［19］ Becker H，Lowack K，Manz A. *J Micromech Microeng*，1998，8：24.

［20］ Madou M J. *Fundamentals of Microfabrication：The Science of Miniaturization*. 2nd ed. Boca Raton：CRC Press，2002.

［21］ Rai-Choudhury P. *Handbook of Microlithography*，*Micromachining and Microfabrication*. Bellingham W A：SPIE Press，1997：Vol 1&2.

［22］ Lee L P，Berger S A，Pruitt L，Liepmann D. *Proceedings of Micro Total Analysis Systems* 1998. Dordrecht：Kluwer Academic Publishers，1998：245-248.

［23］ Katoh T，Nishi N，Fukagawa M，et al. *Sens Actuators*：*A*，2001，89：10.

［24］ Becker H，Dietz W，Dannberg P. *Proceedings of Micro TotalAnalysis Systems* 1998. Dordrecht：Kluwer Academic Publishers，1998：253-256.

［25］ Kameoka J，Craighead H G，Zhang H，Henion J. *Anal Chem*，2001，73：1935.

［26］ Lee G-B，Chen S-H，Huang G-R，et al. *Sens Actuators B*，2001，75：142.

［27］ Shen X J，Lin L. *Transducers'01*，2001：1640-1643.

［28］ Grzybowski B A，Haag R，Bowden N，Whitesides G M. *Anal Chem*，1998，70：4645.

［29］ Wagner F，Hoffmann P. *Appl Phys A*，1999，69：S841.

［30］ Zhao X M，Xia Y N，Schueller O J A，et al. *Sens Actuators*：*A*，1998，65：209.

［31］ Kenis P J A，Ismagilov R F，Whitesides G M. *Science*，1999，285：83.

［32］ Solignac D，Sayah A，Constantin S，et al. *Sens Actuators*：*A*，2001，92：388.

［33］ Schlautmann S，Wensink H，Schasfoort R，et al. *Micromech Microeng*，2001，11：386.

［34］ Guijt R M，Baltussen E，van der Steen G，et al. *Electrophoresis*，2001，22：235.

［35］ Wensink H，Jansen H V，Berenschot J W，et al. *J Micromech Microeng*，2000，10：175.

［36］ Jackman R J，Brittain S T，Adams A，et al. *Science*，1998，280：2089.

［37］ Jackman R J，Brittain S T，Whitesides G M. *J Microelectromechan Syst*，1998，7：261.

［38］ Tien J，Nelson C M，Chen C S. *Proc Natl Acad Sci U S A*，2002，99：1758.

［39］ Jo B H，van Lerberghe L M，et al. *J Microelectromech Syst*，2000，9：76.

［40］ Nakanishi H，Nishimoto T，et al. 1997 *Proc. MEMS'97*（*Nagoya* 1997），299-304.

［41］ Fluri K，Fitzpatrick G，Chiem N，Harrison D J. *Anal Chem*，1996，68：4285.

［42］ Jacobson S C，Moore A W，Ramsey J M. *Anal Chem*，1995，67：2059.

［43］ Jacobson S C，Ramsey J M. *Electrophoresis*，1996，16：481.

［44］ Wen J，Lin Y，Xiang F，et al. *Electrophoresis*，2000，21：191.

［45］ Wang H Y，Foote R S，Jacobson S C，et al. *Sens Actuators*：*B*，1997，45：199.

［46］ Liu Y，Fanguy J C，Bledsoe J M，Henry C S. *Anal Chem*，2000，72：5939.

［47］ Liu Y，Wipf D O，Henry C S. *Analyst*，2001，126：1248.

［48］ Duffy D C，Schueller O J A，et al. *J Micromech Microeng*，1999，9：211.

［49］ Chen J，Wabuyele M，Chen H，et al. *Anal Chem*，2005，77：658.

［50］ ArquintP，et al. *Sensors and Actuators B*，1993，13-14：340-344.

［51］ Arquint P，et al. *Transducers '95*，1995，263-264.

［52］ Webstery J R，et al. *J Capillary Electrophoresis*，1999，6：19.

［53］ Lichtenberg J，de Rooij N F，Verpoorte E. *Electrophoresis*，2002，23：3769.

［54］ Pumera M，Wang J，Opekar F，et al. *Anal Chem*，2002，74：1968-1971.

［55］ Tanyanyiwa J，Hauser P C. *Anal Chem*，2002，74：6378.

［56］ Tanyanyiwa J，Abad-Villar E M，et al. *Analyst*，2003，128：1019.

［57］ Berthold A，Laugere F，Schellevis H，et al. *Electrophoresis*，2002，23：3511.

［58］ Laugere F，Guijt R M，Bastemeijer J，et al. *Anal Chem*，2003，75：306.

［59］ Lapos J A，Manica D P，Ewing A G. *Anal Chem*，2002，74：3348.

［60］ Saraceno R A，Ewing A G. *Anal Chem*，1988，60：2016.

［61］ Lacher N A，Garrison K E，Martin R S，Lunte S M. *Electrophoresis*，2001，22：2526.

［62］ Fanguy J C，Henry C S. *Electrophoresis*，2002，23：767.

［63］ Martin R S，Ratzlaff K L，et al. *Anal Chem*，2002，74：1136.

［64］ Liu Y，Vickers J A，Henry C S. *Anal Chem*，2003，75：A.

［65］ Jacobson S C，Hergenroder R，et al. *Anal Chem*，1994，66：1107.

［66］ Shultz-Lockyear L L，Colyer C L，et al. *Electrophoresis*，1999，20：529.

［67］ Garcia C D，Henry C S. *Anal Chem*，2003，75：4778.

［68］ He B，Tait N，Regnier F. *Anal Chem*，1998，70：3790.

［69］ He B，Ji J，Regnier F. *J Chromatogr A*，1999，853：257.

［70］ Ericson C，Holm J，Ericson T，Hjertén S. *Anal Chem*，2000，72：81.

［71］ Kaji N，Tezuka Y，Takamura Y，et al. *Anal Chem*，2004，76：15.

［72］ Effenhauser C S，Manz A，Widmer H M. *Anal Chem*，1993，65：2637.

［73］ Effenhauser C S，Manz A. *Science*，1993，261：895.

［74］ Harrison D J，Fluri K，Seiler K，et al. *Science*，1993，261：895.

［75］ Harrison D J，Fan Z H，et al. *Anal Chim Acta*，1993，283：361.

［76］ Harrison D J，Glavina P G，Manz A. *Sens Actuators*：*B*，1993，10：107.

［77］ Fan Z H，Harrison D J. *Anal Chem*，1994，66：177.

［78］ Fuhr G，Wagner B. *Proceedings of Micro Total Analysis Systems1994* . Dordrecht：Kluwer Academic Publishers，1994：209-214.

［79］ Bousse L，McReynolds R J，Kirk G，et al. *Transducers'93*，1993：916-919.

［80］ Effenhauser C S，Paulus A，Manz A，Widmer H M. *Anal Chem*，1994，66：2949.

［81］ Woolley A T，Mathies R A. *Proc Natl Acad Sci USA*，1994，91：11348.

［82］ Woolley A T，Mathies R A. *Anal Chem*，1995，67：3676.

［83］ Northrup M A，et al. *Transducers'95*，1995，746-767.

［84］ Chiem N，Harrison D J. *Anal Chem*，1997，69：373.

［85］ Burggraf N，Manz A，Verpoorte E，et al. *Sens Actuators*：*B*，1994，20：103.

［86］ Figeys D，Pinto D. *Electrophoresis*，2001，22：208.

［87］ Nagata H，Tabuchi M，Hirano K，Baba Y. *Electrophoresis*，2005，26：2247.

［88］ Cui H，Horiuchi K，Dutta P，Ivory C F. *Anal Chem*，2005，77：1303.

［89］ Mao Q，Pawliszyn J. *Analyst*，1999，124：837.

［90］ Hofmann O，Che D，Cruicshank K，Muller U. *Anal Chem*，1999，71：678.

［91］ Xu J，Locascio L，Gaitan M，Lee C. *Anal Chem*，2000，72：1930.

［92］ Rossier J，Schwarz A，Bianchi F，Girault H. *Electrophoresis*，1999，20：727.

［93］ Renzi R F，Stamps J，Horn B A，et al. *Anal Chem*，2005，77：435.

［94］ Wilson R K，Mardis E R. *Genome Analysis*：*A Laboratory Manual* // Birren B，et al. New York：Cold Spring Harbor Laboratory Press，1997，vol 1：301.

［95］ Gibbs R A. *Nature Genet*，1995，11：121.

［96］ Ghosh S，et al. *Genome Res*，1997，7：165.

［97］ Wilding P，Kricka L J，Cheng J，et al. *Anal Biochem*，1998，257：95.

［98］ Belgrader P，Smith J K，Weedn V W，Northrup M A. *J Forensic Sci*，1998，43：315-319.

［99］ Daniel J H，Iqbal S，Millington R B，et al. *Sens Actuators*：*A*，1998，71：81.

［100］ Waters L C，Jacobson S C，Kroutchinina N，et al. *Anal Chem*，1998，70：5172.

［101］ Waters L C，Jacobson S C，Kroutchinina N，et al. *Anal Chem*，1998，70：158.

［102］ Zhang N Y，Yeung E S. *J Chromatogr*：*B*，1998，714：3.

［103］ Zhang N Y，Tan H D，Yeung E S. *Anal Chem*，1999，71：1138.

［104］ Poser S，Schulz T，Dillner U，et al. *Sens Actuators*：*A*，1997，62：672.

［105］ Oda R P，Strausbauch M A，Huhmer A F R，et al. *Anal Chem*，1998，70：4361.

[106] Ibrahim M S，Lofts R S，Jahrling P B，et al. *Anal Chem*，1998，70：2013.

[107] Schneegass I，Brautigam R，Kohler J M. *Lab Chip*，2001，1：42.

[108] Kopp M U，de Mello A J，Manz A. *Science*，1998，280：1046.

[109] Burns M A，Johnson B N，Brahmasandra S N，et al. *Science*，1998，282：484.

[110] Lagally E T，Medintz I，Mathies R A. *Anal Chem*，2001，73：565.

[111] Lagally E T，Emrich C A，Mathies R A. *Lab Chip*，2001，1：102.

[112] Lagally E T，Scherer J R，Blazej R G，et al. *Anal Chem*，2004，76：3162.

[113] Buch J S，Kimball C，Rosenberger F，et al. *Anal Chem*，2004，76：874.

[114] Xu N，Lin Y，Hofstadler S，et al. *Anal Chem*，1998，70：3553.

[115] Figeys D，Ning Y，Aebersold R. *Anal Chem*，1997，69：3153.

[116] Figeys D，Gygi S P，McKinnon G，Aebersold R. *Anal Chem*，1998，70：3728.

CHAPTER 9

超常毛细管电泳

所谓超常毛细管电泳，主要是指利用了一些超乎常规的条件或极端条件的毛细管电泳法，其主要目的在于大幅提高 CE 的效率、速度或其他性能。本章涉及的超常 CE 主要包括超高压电泳、超短或超速分离、基于超规整材料如光子晶体的超高效分离等。

第一节　超高压毛细管电泳

已知 CE 的效率和速度会随电压或电场强度的增加而上升，直到焦耳热效应不可忽略为止。所以，从 1999 年前后开始，Jorgenson 等开始尝试采用远远高于 30kV 的电压做 CE[1~4]，以进一步改善 CE 分离能力。其实，根据式（2-26）或式（2-27），可以推测出改善 CE 极限效率和分离度的三种基本方法：

① 固定电压，增加分离长度；

② 固定分离长度，增加电压；

③ 固定电场，增加分离长度。

其中第一种策略在一定条件下会增加分离度，但随着电场强度的下降，分离时间会随之延长，迟早也会出现效率下降的现象，这是常规办法。第二种策略适用于分离效率未达到极值的情况，也是一种常用的办法。第三种策略虽电场强度不变，但随着分离长度的增加，不仅分离时间会随之延长，电压也会越来越高，最后进入超高压 CE（UHVCE）阶段，这正是 Jorgenson 及其追随者们所提出的方法[1~4]。

一、实验装置

UHVCE 的分离长度可达数米，施加的电压则可超过 100kV。如若固定电场强度为 300V/cm，要将分离长度延长到 4m，就需施加高达 120kV 的超高电压。要构建这样的实验装置，首先要有超高直流电压源，其次要有施加如此高电压的可靠方法。毛细管通常的厚度不到 200μm，若外壁接地，则 120kV 的电压可产生

120kV/200μm＝6×10^8V/m 的径向跨壁电场。这可能会直接击穿高压段的毛细管壁。被击穿的熔融石英毛细管，可在显微镜下观测到细小的丝状裂纹甚至碎裂的痕迹。一旦出现管壁击穿现象，毛细管轴向导通就不可能正常了。这不仅会影响或终止电泳分离，还会出现高压短路，并伴生其他安全问题。所以，常规 CE 的工作电压上限一般都设在 30kV 附近，其对应的跨壁电场约为 1.5×10^8V/m。

由此可见，实施 UHVCE 的关键是防止管壁被高压击穿。有以下三种可能方案：

① 采用绝缘性更高和强度更大的材料来制作毛细管；

② 加厚毛细管壁；

③ 提升毛细管外壁的电位以降低管壁内外的电位差。

熔融石英已经是很好的绝缘材料了，要找到比它更好且光学透明度高的材料，那就是金刚石了，这难度太大或成本太高，所以第一种方案不理想。加厚管壁似乎可以考虑，按从常规的 30kV 增加到 120kV 的倍数算，需加厚管壁 4 倍，从约 200μm 增厚到 800μm（120kV/800μm＝1.5×10^8V/m）。这看起来不难，只是要自己拉制这样的毛细管；另外厚壁毛细管的弹性会大为降低，弯曲能力下降，最好是把一根数米长的毛细管平直安置。这会导致操作不方便，故实用性变差。

若要直接利用商品熔融石英毛细管，可采用第三种方案。提高毛细管外壁电位的一种简单办法，是把毛细管外壁置于另一种提升到了很高电位的导体上。事实上，只要在灌了缓冲液的毛细管之外再套一根同轴毛细管并灌入电解质溶液，或直接套上金属管，再内外同时施加电压就可以提高管外壁的电位了。这种结构其实就是以毛细管壁为介质的圆筒电容器，但管内外的导体却是可以相同也可以不相同的。它也与第六章中的利用径向电场来控制电渗所采用的策略相类似，只不过电压要高出很多。为了防止在缩小高压端的跨壁电场的过程中，又扩大了出口端毛细管的跨壁电场（原本接地，现在外壁电位被提高，会产生与高压端反向高电场），需施加同轴降低的电位。如若内外都用相同的缓冲液，可以同时施加直流高压电场，但外套管必须是厚壁的，这就又回到了第二种方案去了。为此，需采用金属套管，但考虑金属电阻不足，为避免出口端电位过高，可将其沿轴分割成段，段与段之间绝缘并逐段改变电位，形成管内管外同向变化的电压升降次序。根据 Jorgenson 等的计算，毛细管外若套的金属管尺寸为 13cm ID×15cm（壁厚 1cm，高压端磨圆以防放电），则两套管间隔 1cm 即可承受 45kV 的电压差而不会互相放电。但为保险起见，建议将间隔拉开到 3cm。为了安全同时也为加速散热，需将高压端（电极、电极槽）连同毛细管和金属套管都泡到变压器油中，具体如图 9-1 所示[1,2]。

为了将高压电极槽、进样机构等一起浸入到高压绝缘油中，还需要设计一个完全密封的进样和加电机构。图 9-2 所示的结构包括了进样、清洗和电泳三部分功能，它利用了 O 形圈密封，以及弹簧与推杆的对顶作用。控制方法是：压下推杆，转动目标液槽（样品、清洗、电解质溶液）到毛细管下面，释放推杆。在弹簧力的作用下，液槽会被上推，接触毛细管后即可施加正压或负压，令液体进入毛细管，用以清洗或进样。

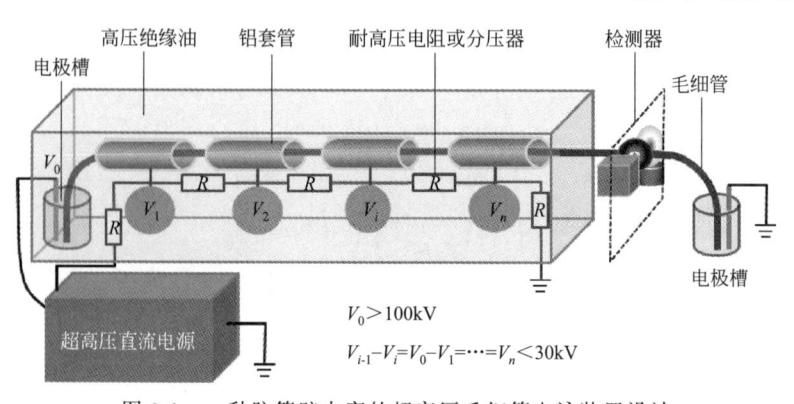

图 9-1 一种防管壁击穿的超高压毛细管电泳装置设计

（注：图中略去了样品与进样机构，它们一并封入高压绝缘油中，可通过自动控制来完成进样）

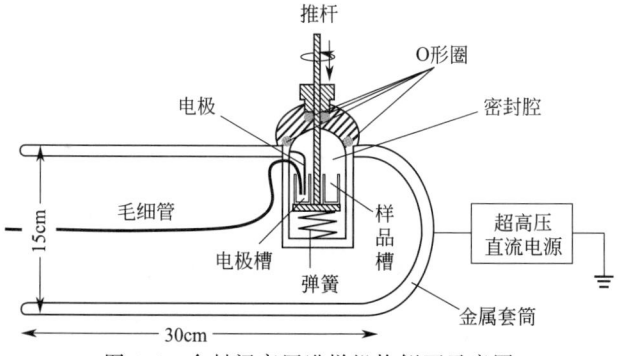

图 9-2 全封闭高压进样机构侧面示意图

二、分离效果

提高电泳电压可以提高分离效率，这是已经证明了的现象。根据极限效率公式（2-26），可以估算出每升高 1V 电压可以提高 n 倍电泳效率：

$$n = \frac{N}{V} = \frac{1}{2} \times \frac{L_{ef}}{L} \times \frac{\mu}{D} \tag{9-1}$$

以甘氨酸为例，若其扩散系数取 $9.5 \times 10^{-10} \, \mathrm{m^2/s}$、权和淌度（主要由电渗决定）取 $10^{-7} \, \mathrm{m^2/(V \cdot s)}$，并假设 $L_{ef}/L = 0.8$，则可算出 $n = 0.042 \mathrm{kV^{-1}}$。利用肽等进行的实测数据表明，$n$ 在 $0.02 \sim 0.4 \mathrm{kV^{-1}}$ 之间。这显然与 L_{ef}/L、L、V、E 的取值有关。由式（2-14）可知，若其他条件固定不变，则有：

$$t_{R2} = \frac{V_1}{V_2} t_{R1} \tag{9-2}$$

即出峰时间与所加电压成线性反比关系，比如在 30kV 下出峰时间若为 5min，则提高电压到 120kV 时，分离时间就缩短为 75s，即出峰时间变化了 4 倍。Jorgenson 等的实测值是 $4.3 \sim 4.5$ 倍[1,2]，十分接近。我们曾在 30kV 以内进行过测定，在未过热的前提下，这种反比关系接近于定量符合。关于此类控制，还将在下一节中继续分析。

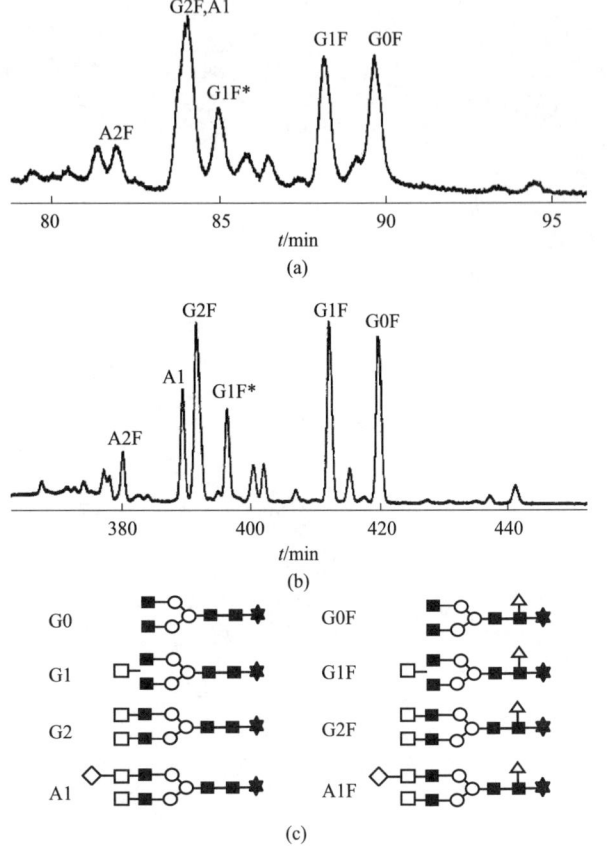

图 9-3　常规（a）与超高压（b）毛细管电泳用于分离 IgG 酶解糖（c）的效率比较

毛细管：（a）25μm ID×100cm（90cm 有效），（b）25μm ID×432cm（418cm 有效）

电压：（a）20kV，（b）100kV

虹吸进样：（a）10cm-10s（约 90pL），（b）30cm-60s（约 400pL）

缓冲液：100mmol/L 硼酸，34mmol/L 脱氧牛磺胆酸，pH 9.0

样品：IgG 酶解糖链，结构如图（c）所示，其中◇—唾液酸，■—N-乙酰氨基葡萄糖，

　　　□—半乳糖，○—甘露糖，△—果糖，✿—2-氨基吖啶酮（衍生试剂）

现在的问题是，若维持 L_{ef}/L、E 不变而增大 L 和 V，分离效率还能增加否？根据式（2-26）和式（2-27），答案是肯定的，因为当 L_{ef}/L 和 E 不变时，热效应恒定，淌度与扩散系数的比值变化也应该可以忽略，即有：

$$\begin{cases} N = \dfrac{L_{ef}\mu}{2LD}V = K_N V \\[2ex] R_s = \dfrac{1}{4\sqrt{2}}\sqrt{\dfrac{L_{ef}}{L}} \times \dfrac{\Delta\mu}{\sqrt{D}}V = K_R V \end{cases} \tag{9-3}$$

式中，K_N、K_R 为常数。实验测定结果也确如式（9-2）预测，此种提高电压的办法也能提高分离效率和分离度。图 9-3 显示的是同一种糖样品在基本类似的条件下进行的常规和超高压 CE 分离[4]。非常明显，后者的分离度远优于前者，其中最明显的是 G2F 和 A1 在常规 CE 中没能分开，而在超常 CE 中得到了基线分离。同样，G1F 和 G0F 之间的峰在常规 CE 中分离不理想，而超常 CE 获得了理想的分离。该方法还有额外的好处：它能减小初始区带对峰展宽的贡献，或允许增大进样量，后者不仅有利于检测，也更方便微量制备。

此类 UHVCE 的代价是大幅度延长分离时间，可从十几分钟延长到数小时至接近一天的时间。另外还需要重新构建 CE 系统。

第二节　超短毛细管电泳

一、理论依据

UHVCE 不容易实现，而且未必就是超高电场 CE。其实，超高电场不通过提高电压而通过缩短毛细管，也能实现，而且更容易。对于相同的高压电源而言，毛细管越短，可施加的场强就越大；当毛细管足够短时，施加超强电场就轻而易举了。比如，对于仅能提供 30kV 电压的 CE 系统，用 50cm 毛细管时，最高可施加的电场不过 600V/cm；若毛细管缩短到一半，电场强度将提高到 1200V/cm；而若再缩短为 10cm，则可提升至 3000V/cm 了。再设焦耳热效应可以忽略不计，取 L_{ef}/L 为常数，设极限分离效率与电场强度无关，则由式(9-2)有：

$$t_{R2} = \frac{E_1}{E_2} t_{R1} \tag{9-4}$$

亦即出峰时间与电场强度成线性反比关系。显然这是一种实现高速或超高速 CE 的有效方法。我们利用氨基化合物进行了一些测试，结果表明使用短毛细管能将 CE 速度加快到数十秒的水平[5]，如图 9-4 所示。

二、超短区带进样

缩短毛细管会突出初始区带的贡献。要使初始区带宽度 δ 在短毛细管中还能忽略不计，则需要有超短区带的进样方法。缩短进样区带同时还会影响检测灵敏度。设若检测不是问题，则进样区带越短，分离效率就越高；而效率越高，毛细管就可以越短；如此循环，直到趋近于极限，即 0 长度进样。由第二章可知，初始区带的可忽略长度与毛细管有效长度相关。一般地，进样方差（$\sigma_{in}^2 = \delta^2/12$）小于总方差的 1%便可忽略不计。在极限条件下，轴向方差由扩散（方差为 σ_{DL}^2）决定。由式(2-19)并考虑出峰时间与淌度和电场强度的关系（$t = L_{ef}/v = L_{ef}/\mu E$），有：

$$\delta < \sqrt{0.24D \frac{L_{ef}}{\mu E}} = 0.49 \sqrt{\frac{D}{\mu}} \times \sqrt{\frac{L_{ef}}{E}} \tag{9-5}$$

还用上一节甘氨酸的参数，设 $E = 1000V/cm$，$L_{ef} = 5cm$，则 $\delta < 34\mu m$（与管径相

当）或进样体积＜$0.107r_1^2$（pL）（r 的单位为 μm）。设毛细管内径为 $50\mu m$，则进样体积须小于 67pL，亦即需要有皮升级的进样技术。目前潜在的皮升级进样方法有扩散进样法、光或流体控制的门进样法、滑动进样法等。

1. 皮升级扩散进样[5]

扩散进样公式已在第三章中给出[见式(3-6)]。操作方法是：在毛细管出口封闭的状态下，让进样口滑过样液。扩散进样的方差和轴向扩散在形式上并无差别，所以，若要使进样宽度可忽略，只要控制进样时间小于出峰时间的 1% 即可：$\tau < 1\% t_R$。设出峰时间为 50s，则进样时间就要小于 0.5s。让进样口在半秒内滑过样品，在实验上还是容易操控的。更短进

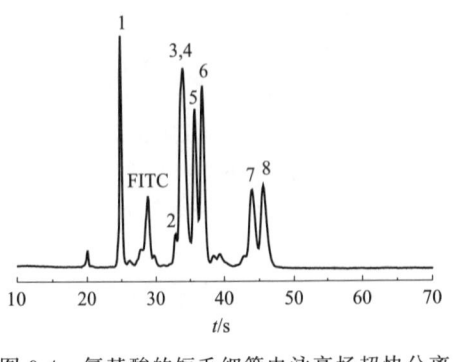

图 9-4 氨基酸的短毛细管电泳高场超快分离
毛细管：$75\mu m$ ID×6/10cm（有效/总长）
背景电解质：20mmol/L 硼砂
进样：20V/cm-20s
分离电场：400V/cm
样品：异硫氰酸荧光素（FITC）衍生氨基酸
峰：1—Arg；2—Leu；3—Phe；4—Asn；
　　5—Ala；6—Gly；7—Glu；8—Asp

样时间，可通过相反的操作来实现，即令样品液滴垂直横过毛细管口。设长度为 d 的样品液滴，以 υ 的速度横过内径为 $2r_1$ 的毛细管入口，若以样滴前端刚靠近管口内壁一侧为零点，以样滴末端离开毛细管另一侧内壁为终点，则该滴样品经过毛细管口的总时间或扩散进样时间为：

$$\tau = \frac{d+2r_1}{\upsilon} \tag{9-6}$$

当 $d=0.5cm$、$2r_1=50\mu m$ 时，有 $\upsilon > 1.005/\tau$。取 τ 为 0.5s、0.05s，则 υ 分别为 1.01cm/s、10.1cm/s。后者相当快了，但还能控制。如要更短的进样时间，还需要再加快样滴的流过速度或缩短样滴的长度，或两者兼用。一般缩短液滴相对较易实施。

注意：要实现纯扩散进样，需要排除因表面张力引起的毛细吸入作用。最简单的办法是将毛细管出口临时封住，可将出口插进凝胶或顶到橡胶片上来实现。

2. 滑动进样[6]

滑动进样是方群等首先提出的，他们称其为缺口自动进样（技术），其原理是表面张力或毛细作用，操作过程与扩散进样有些相似，即令进样口滑过样品溶液（图 9-5），但有不同：它使用两端开放的毛细管（图 9-5）。显然，该法的进样量由表面张力、毛细管与样品溶液的相对移动速度、管头滑过样液的时间、做横切运动所引起的应力流动、扩散等因素控制，至今未见有具体的进样公式报道。滑动进样可以实现管头与管内清洗、毛细管灌注、进样、分离的全自动操作，有利于实现高重复性快速电泳分离，因而适合于高通量分离分析。

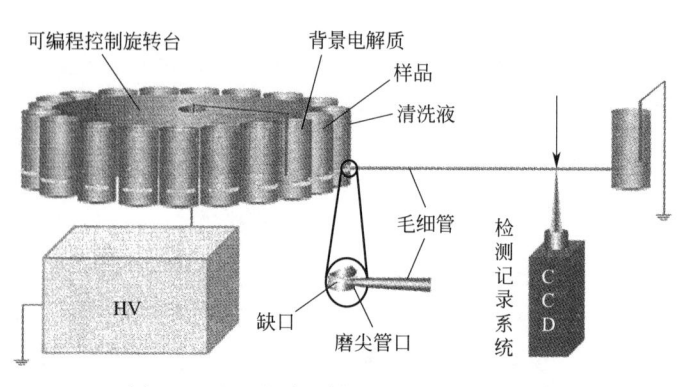

图 9-5 基于滑动进样的超短 CE 系统示意

3. 流体电控门进样

该法是 Jorgenson 等于 1993 年公布的[7]，它利用一根同轴排布的毛细管将样品引流到分离毛细管的入口，并通过一横过管口的可控液流，将样品或冲走，或留下。留下时，加一电压来驱动样品进入分离管，随后又将样液冲走，以完成一轮进样。该法比较适合于 nL 级进样[8~12]，但由式(3-3)可知，通过降低进样电场有可能实现 pL 级进样。比如要使 $Q_{in} = \pi r_1^2 (\mu_{em} + \mu_{os}) E\tau < 100 \text{pL}$，则当 $\tau = 1\text{s}$，$2r_1 = 50\mu m$，$\mu_{em} + \mu_{os} = 10^{-7} \text{m}^2/(\text{V} \cdot \text{s})$ 时，有 $E < 5\text{V/cm}$，属于可操控的方法。但请注意：电动进样有样品歧视现象，并伴随有扩散进样。

4. 光控门进样

光控门进样法是 Jorgenson 等于 1991 年就提出来的一种门进样技术[13]，后来有所发展[13~19]。其原理是利用消光或光致发光现象来控制初始区带的宽度。所谓消光，就是将光照射到样品上，使发光样品因漂白或分解变成不可检测的暗成分；光致发光则与消光相反，通过光照诱导暗样品发光，变成可检测的成分。由此可设计出一种通过光照来调控进样区带长度，然后进行短距离分离的电泳系统。图 9-6 示意了一种平行排布的光控进样和 LIF 检测的 CE 原理装置。无论样品是连续还是间歇流入毛细管，只由控制光照来产生可检测样品区带的长度：消光法由脉冲间歇（无光）时间决定进样长度，而光致发光法则由光照长度决定初始区带宽度。

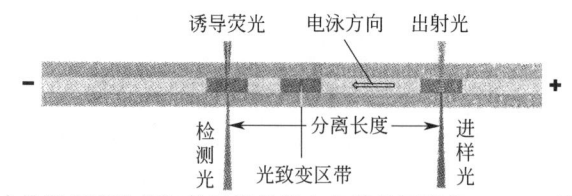

图 9-6 由光照宽度决定初始区带长度来实现超短距离 CE-LIF 的原理装置

在做超短进样时，要注意消除毛细管与溶液接触时因表面亲、疏水性的不同在管头和外壁黏附样液的影响。这种额外携带的样液，会陆续而不是同时进入管中参与分离，进而造成进样长度无规加宽和分离效率的大幅下降。为减少毛细管端口表面爬升、沾污等引起的进样区带加宽等效应，可将端口磨尖并进行合理的化学修饰，用以改变其亲、疏水性质。在进样水溶液样品时，可对管头进行疏水修饰；相反，对于有机样液，应对管头进行亲水处理。石英或玻璃类毛细管的化学修饰方法可参见第五章第一节。

三、极限效果

基于超短进样技术的快速 CE，其有效分离长度一般控制在 5～10cm 之间，也可短至约 1cm。分离时间多在 60s 以下（图 9-4），快者仅数秒。其分离效率一般都比较高，理论板高在 1μm 以下。自动控制的系统能提供不错的分离重复性，出峰时间的变异系数可远小于 2%。

超短毛细管结合超短进样和超强电场，能实现微秒级超快速电泳。2003 年 Plenert 和 Shear[17] 曾报道利用激光控制进样，实现了 fL 进样，在超过 0.1MV/cm 的电场下，经 9μm 距离电泳，在 13μs 内分离了 5-羟色胺和 5-羟色氨酸（图 9-7）。为了减少焦耳热效应，他们把背景电解质缓冲液浓度降低到 5mmol/L HEPES。所用的分离毛细管由 15μm 内径熔融石英管拉制成蜂腰状（缩小 5～7 倍）通道，分离只利用中间腰部均匀的细管部分。该实验突破了 CE 不能用于超快过程研究的制约，为不稳定样品分析打开了新的思路。

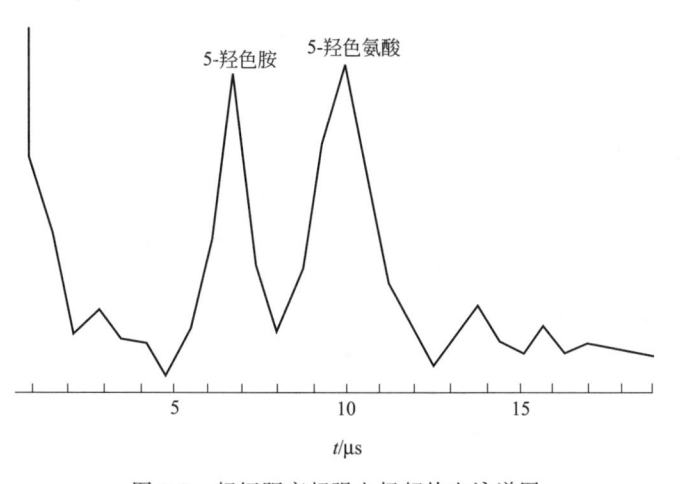

图 9-7　超短距离超强电场超快电泳谱图

Plenert 等的研究，给我们提出了一个理论问题，就是超短超快分离的极限在何处，制约因素是什么？但目前尚无答案。作者认为，在理想条件下，其控制因素应该是初始区带宽度和分子扩散。其实所谓分离，无非是两种样品成分从长度为 δ 的初始区带开始，经过一段时间的差速迁移后，恰好相互脱离的现象。设该两组分的速度差为 $|\Delta v|$，在分离过程中两组分的平均轴向扩散宽度为 $[(2D_1 t)^{1/2} + (2D_2 t)^{1/2}]/2 = (2Dt)^{1/2}$，则两组分恰好相互分开需要的迁移总长度便是 $[\delta + (2Dt)^{1/2}]$，由此可得最短分离时间为 $[\delta + (2Dt)^{1/2}]/|\Delta v|$，经整理得：

$$t_{min} = \begin{cases} \dfrac{D}{(\Delta v)^2}\left(\sqrt{\dfrac{2\delta}{D}|\Delta v|+1}+\dfrac{\delta}{D}|\Delta v|+1\right) & \text{若 } D \text{、} \delta > 0 \\[2mm] \dfrac{\delta}{|\Delta v|} & \text{若 } D = 0 \\[2mm] \dfrac{D}{(\Delta v)^2} & \text{若 } \delta = 0 \end{cases} \quad (9\text{-}7)$$

参考 Plenert 的实验，若设有两组分的淌度分别为 $+1.717\times10^{-8}\,\text{m}^2/(\text{V}\cdot\text{s})$、$-1.827\times10^{-8}\,\text{m}^2/(\text{V}\cdot\text{s})$，扩散系数分别为 $9.400\times10^{-10}\,\text{m}^2/\text{s}$ 和 $9.410\times10^{-10}\,\text{m}^2/\text{s}$（即 $D=9.404\times10^{-10}\,\text{m}^2/\text{s}$），电渗淌度为 $4.487\times10^{-8}\,\text{m}^2/(\text{V}\cdot\text{s})$，初始区带宽度为 $10\mu\text{m}$，施加电场强度为 $1000\text{V/cm}=10^5\,\text{V/m}$，则有 $t=3.55\text{ms}$。若电场强度上升到 $0.1\text{MV/cm}=10^7\,\text{V/m}$，则 $t=29.9\mu\text{s}$，此时扩散贡献已可忽略，分离由初始带控制（$t=28.2\mu\text{s}$）。若考虑分离长度只有 $9\mu\text{m}$，则按 1% 可忽略计算，初始区带允许长度须小于 $0.1\mu\text{m}$，这很难用光控制了。一般地，光斑比较容易聚焦到约 $2\mu\text{m}$，再大一点，$4\mu\text{m}$ 应该没问题，由此有 $t=5.94\mu\text{s}$ 或 $11.7\mu\text{s}$。显然 Plenert 没能将初始区带宽度控制在 $0.1\mu\text{m}$ 以下，而是控制在 $4\mu\text{m}$ 附近。这些计算显示，在超快、超短分离中，控制初始区带宽度才是决定分离速度的真正关键。在通常情况下，欲分离组分间的速度差异并没有上面那么极端和悬殊，可能只有细微差异，比如将上面的第一个组分的淌度改为 $-1.717\times10^{-8}\,\text{m}^2/(\text{V}\cdot\text{s})$，则两组分的淌度差就很小了。仍取 $E=10^7\,\text{V/m}$，$\delta=4\mu\text{m}$，其他条件不变，则 $t=0.44\text{ms}$；若 $E=2000\text{kV/cm}=2\times10^5\,\text{V/m}$，则 $t=70\text{ms}$。由此可见，在不那么极端的条件下，实现毫秒级的 CE 分离是可能的。

第三节　光子晶体毛细管电泳

一、概述

光子晶体是一种高规整材料，可用于色谱和毛细管电泳。依据色谱中的 van Deemter 公式[22]，包含有色谱分离机制的毛细管电泳模式，其分离效率受填料粒径 d_p 和填充规整性控制：

$$H = 2\lambda d_p + \frac{2\gamma D}{u} + f(k)\frac{d_p^2}{D}u \qquad (9\text{-}8)$$

式中，H 为塔板高度；λ 为填充因子；γ 为阻碍因子（与填充因子有关）；k 为保留因子。在色谱中已经证明，通过缩小填料的粒径可大幅提高分离效率，并导致了超高压 LC 的出现和推广应用。但通过提高规整性是否也能大幅提高分离效率？理论答案也是明确的，它与缩小粒径是等效的，但实际研究未达到超高压 LC 这种规模和高度，主要原因是制备高规整介质的难度大，方法少。

目前可用的高规整介质，归纳起来大致有两类，即二维和三维点阵。二维或平面点阵，主要是指沿着通道排列的二维凸起或柱状结构，很容易利用各种微加工技术制备得到。这种结构给样品提供了穿行于柱间隙和在柱上缠绕的机制，穿行阻力很明显会与分子的长短有关，故有尺寸分离效果。但由于此类平面阵列结构有效接触面积比较小，还不足以对小分子产生足够的作用，因此应用面不够广。将二维点阵扩展成三维点阵，可以强化这种分离机制。

无论二维还是三维阵列结构，当其结构尺寸与光的波长接近时，还会调制光的传播过程，因此被称为光子晶体（photonic crystals，PCs[20,21]）。很显然，这类结合了光学调控能力的结构性材料，可能成为一类新型的高效分离与检测介质，故本小节将集中介绍 PCs 及其相关知识。

二、光子晶体概念

光子晶体在学术上被定义为一种介电常数呈周期性变化的结构，可用电磁学方程描述。理论处理的结果表明，方程仅在某一特定频率上有解，而其他频率无解，亦即存在光子导带结构，导带与导带之间存在禁带（stop band）或带隙（photonic band gap，PBG）。这和半导体很类似，但光子晶体禁带与晶格常数处于同一数量级，可用布拉格公式计算：

$$\begin{cases} \lambda = \dfrac{2d_{hkl}}{m}\sqrt{n^2 - n_{\mathrm{d}}^2 \sin^2\theta} \\ n = \alpha n_{\mathrm{g}} + (1-\alpha)n_{\mathrm{d}} \end{cases} \tag{9-9}$$

式中，λ 为禁带波长（最大反射波长或最小透过波长）；d_{hkl} 为坐标为（hkl）的晶面间距；m 为衍射级数；θ 为入射光方向和晶面法线的夹角；n 为平均折射率；n_{d} 和 n_{g} 分别为晶体格点和点外材料的折射率；α 为点外材料所占的体积比。既然 PCs 能禁阻波长与晶格常数匹配的光通过，也就可以通过光的反射或透射来检出其禁带位置和宽度。当 PCs 的禁带落在可见光波长范围时，就可以观测到颜色变化。由式（9-9）可见其色彩会随角度变化，出现变幻的色彩，也叫彩虹色，这是光子晶体结构的一种目视判据。很明显，如有物质改变 PCs 的禁带位置或宽度，就可以由此探知该物质的存在。这是构建光子晶体传感器的基础依据。

与半导体不同，光子晶体中的缺陷可高效导光，因为缺陷周围总对光禁阻，光只能沿着缺陷传播，这就成了另一种高效波导结构。

就分离而言，除了有可能利用 PCs 光学特性来提高检测灵敏度外，还有可能利用其规整结构来提高分离效率。

三、光子晶体研究沿革

光子晶体在自然界中早就存在，而且在日常生活中随处可见，比如蝴蝶翅膀、七星瓢虫外壳、孔雀羽毛、贝壳等，更珍贵的有蛋白石（opal，一种宝石）和珍珠等。人类对光子晶体的科学探索可上溯到 1887 年瑞利的研究，他发现一维规整结构对于某一波长的光有极大的反射率。但光子晶体的概念却是 100 年后的 1987 年由 Yablonovitch[23] 和 John[24] 分别独立提出的。Yablonovitch 当时研究利用光子晶体禁带来抑制自发辐射，而 John 则在研究光的局域化问题。若将介电常数不同的介电材料构成周期结构，电磁波在传播时会因布拉格散射作用而被调制成能带结构或光子能带（photonic band），能带之间出现光子带隙，所以 PCs 也叫光子带隙材料（photonic bandgap materials）或电磁晶体（electromagnetic crystals）。1987年后，关于 PCs 的理论研究迅速升温，但制作可见光学 PCs 的进展很慢，研究主要集中到了微波尺度上。1990 年 Ho、Chan 和 Soukoulis 等从理论上首先提出了具有金刚石结构的完全禁带 PC[25]，1991 年 Yablonovitch 利用打孔法率先制造出了这样的三维光子晶体[26]，但也是在微波波段。1999 年 12 月 17 日，美国《科学》杂志将光子晶体列为当时的十大科学进展之一。后来光子晶体在光通信、光计算机、激光等众多领域得到了重大应用。

利用 PCs 进行分离分析研究可上溯到 1996 年前后，其时 Whiteside 等首先在芯片通道中制得了光子晶体[27]，但未见进一步的研究结果。2005 年，Kamp 等组装出 6.0cm 长的聚苯乙烯光子晶体柱，进行了色谱行为研究[28]；而 Wirth 研究组则利用由 SiO_2 组装的光子晶体，电泳分离了 λ-DNA[29]。2006 年，出现了利用 $ClSi(CH_3)_2(CH_2)_{17}CH_3$ 修饰 SiO_2（200nm）颗粒组装的光子晶体柱，可用于分离小分子染料[30]。2007 年实现了光子晶体柱对氨基酸、DNA 等的分离[31]。2008年 Lee 等利用离心法能在芯片中较快地组装出光子晶体[32]。最近，我们利用热加速蒸发自组装，在芯片通道中快速组装出了能耐 2000V/cm 电场的光子晶体，可用于氨基酸和肽的高速电动分离[22]。

四、光子晶体制备技术[20~22]

制备规整或周期性结构的方法无非两类，一是打孔，二是堆叠。顾名思义，打孔就是利用物理钻削或化学刻蚀技术，周期性地去除块材中的一部分物质，形成周期孔洞结构；堆叠就是将颗粒或二维周期材料，有序组装成更高维数的有序结构。由此可见，光子晶体可有空心和实心之分。天然实心 PCs 的典型是蛋白石（opal），空心PCs 多为人工结构又可称作反蛋白石（anti-opal）。下面介绍几种重要的制备方法。

1. 离子束轰击法

这是人工制造第一块三维光子晶体所用的方法，因此予以介绍。Yablonovitch 用活性离子束，从相差 120° 的三个方向上对材料打通孔，得到了金刚石结构的光子晶体，禁带宽度约为中心工作频率的 20%[26]。早期只能由此制作微波光子晶体。近年来，已推进到红外波段。一般地，禁带波长越短，打孔越难，所以至今尚无法用其制造可见光波段的光子晶体。微米级光子晶体用于分离也应该不错，但目前还缺少实验数据。

2. 逐层堆叠法

该法是 1994 年由 Ozbay 等[33] 首先提出来的，它利用平面周期结构材料，堆叠成三维 PCs。因二维周期结构比较容易用其他方法如光刻法（参考光栅制备）等制造出来，所以该法比较容易操作。

3. 拉制法

拉制法是光子晶体光纤概念（1992 年）提出者 Russell 于 1996 年提出的[34]，适合于制造低维特别是一维和二维光子晶体。比如将一束玻璃丝排列整齐，通过加温拉伸，可以制得不同规格的光子晶体光纤。实际上，这类材料已大量用于光学通信等工业领域，有商品可购买，只是比较昂贵。

4. 化学刻蚀

如果手头已有光子晶体模型，可利用化学刻蚀来制作空心或实心型光子晶体。基本做法是，将模型浸泡到聚合物单体或预聚液中，然后完成聚合，获得聚合复合材料后，泡入化学刻蚀剂，刻蚀或牺牲掉模型，留下的就是聚合物光子晶体。二氧化硅可用氢氟酸刻蚀，其 PCs 模型是常用的牺牲模板。

5. 自组装法

顾名思义，该法是一种利用颗粒物来模拟分子行为的组装技术，特别适合于化学和材料研究实验室。其好处是任何能颗粒化的材料都可以用来组装成光子晶体。其挑战是：颗粒形貌和粒径要高度均一，否则组装不出好的光子晶体。即便如此，仍然难免会出现不同的组装畴或分区结构。根据原理，可有不同的组装方法，下面介绍两种有用的方法。

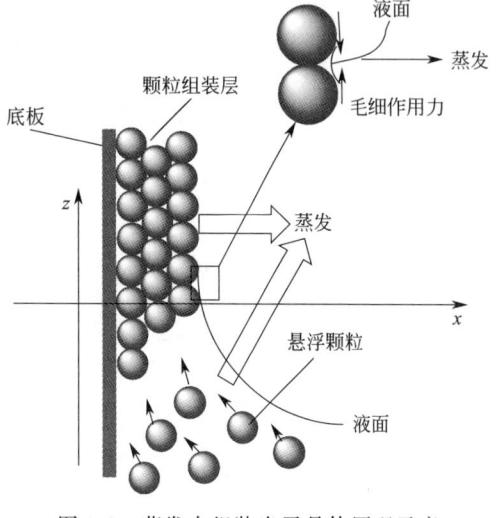

图 9-8　蒸发自组装光子晶体原理示意

（1）蒸发诱导自组装　其基本操作是将均匀颗粒分散到易挥发的溶剂中，然后借助表面张力和溶剂蒸发引起的毛细吸引作用，让颗粒在一种基板上爬升沉积并靠紧，从而自组装成规则的结构（图 9-8）。该法不限基材，可以是平板、缝隙、微通道或毛细管，但组装速度慢，需要几天乃至几周才能组装出足够的 PC 尺寸。另外组装本身不包含 PCs 的固定机制，需要进行额外的处理，比如加热、粘接等才能将组装的 PCs 固定下来。

（2）热加速蒸发组装[22]　为了加快组装速度并形成稳固的 PCs，我们对蒸发诱导组装方法进行了改造，从而建立了一种新的基于蒸发原理的快速组装方法。其基本思路是利用二氧化硅颗粒表面可在水中加热胶化的原理，配制二氧化硅的水悬浮体系，然后借助加热加速水的蒸发，诱导组装并同时让组装的颗粒通过胶化层相互粘接，形成交联稳固的 PC 结构。主要操作步骤有：将颗粒的水悬浮液灌入芯片的远端储液槽中，当悬浮液经毛细作用流入通道并流出另一端时，对该流出口吹入热风，加速水的蒸发并诱导组装[见图 9-9(a)中的 1]；PC 装满通道后，将热风移到另一端加热胶化几分钟[见图 9-9(a)中的 2]，然后吸走两端多余的颗粒，加入水或缓冲液，以防干涸[见图 9-9(a)中的 2]。该法的组装速度，在芯片通道中可达到 1.3mm/min，是目前通道中组装高稳定性光子晶体的最快的方法了。所组装的 PC 结构均匀，如图 9-9(b)所示。

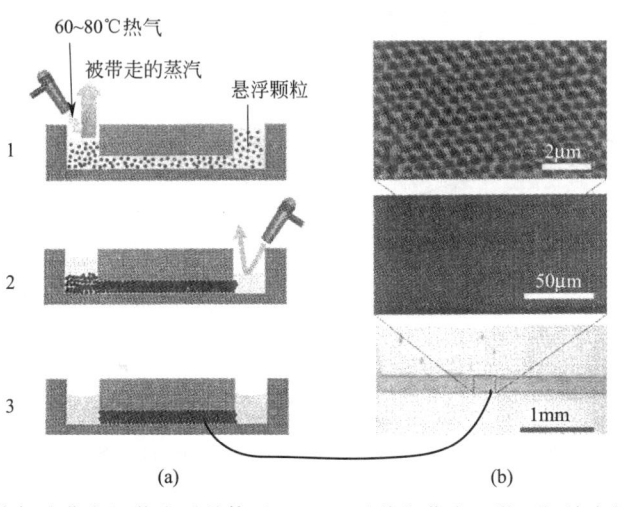

图 9-9　热加速蒸发组装光子晶体过程（a）及共焦荧光显微逐级放大结构（b）
1—组装与加固步骤；2—加固另外一端；3—储存状态

6. 离心法

离心法是一种制备光子晶体的快速方法，适用于圆片和管道组装。将颗粒悬浮液吸入末端封闭的毛细管或芯片微通道中，可经离心降沉得到一段 PC。悬浮液可连续或间歇输入，对应地，离心亦可连续或间歇进行，直到组装出足够长度的 PC。在圆片上组装时，须在圆片周边加一圈溢流半透膜围栏，以拦住颗粒而让溶剂流失，颗粒悬浮液可经管道连续输入到盘的旋转中心位置上，由离心力带到围栏边上，形成环带或满盘片状 PC。

7. 过饱和结晶法

和分子或离子在过饱和溶液中的结晶类似，当颗粒的悬浮浓度（常用体积分数表示）超过溶剂的饱和悬浮容量时，颗粒倾向于"结晶"析出。由于悬浮颗粒远比分子和离子沉重，因此需要选用乙二醇、甘油等高黏度溶剂，或在水中加入增黏剂，以更好地托起颗粒，不让其过早沉底。不同颗粒、不同溶剂的过饱和体积分数不一样，须经实验才能确定。常用的二氧化硅颗粒在水中的饱和悬浮体积分数约为 20%。饱和结晶法很难长出单晶，通常形成具有不同尺寸的光子晶体颗粒或胶体光子晶体（CCAs）堆积物。CCA 的粒径也与颗粒的悬浮体积分数有关。与溶液结晶类似，这种颗粒悬浮结晶法也会在过饱和阶段出现亚稳状态，或细颗粒 CCA 悬浮态，稍加振动或离心力，就可促其快速降沉，可据此实现快速制备。一种简便的配制过饱和悬浮液的方法，是在水溶剂中加入适量的甲醇或乙腈等易挥发溶剂，用其配制出稀的颗粒悬浮液，经加热蒸发除去易挥发的溶剂后，就得到了过饱和悬浮液。

五、基于光子晶体的高效快速分离

可见光波段的光子晶体，内有数十纳米大小的通道，正好与流体的滑移尺度接近[35,36]，容易形成滑流，可减少速度分布（图9-10），能同时提高色谱的分离效率和分离速度，使出峰时间缩短到数分钟，甚至数十秒（图9-11）。

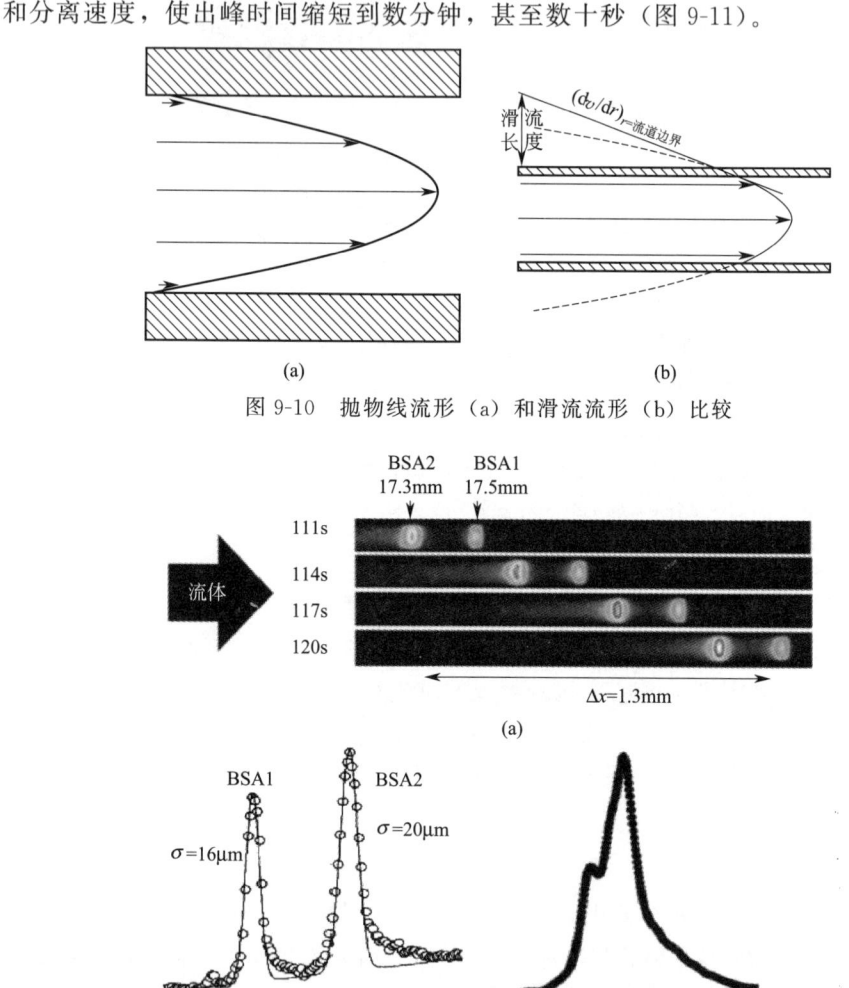

图 9-10　抛物线流形（a）和滑流流形（b）比较

图 9-11　两种不同 BSA 在光子晶体柱中的分离速度和效率（a、b）均高于 UPLC（c）

（a）荧光显微镜下观测到的不同时间的分离图像；（b）120s 时的数据点（○）和高斯拟合线（—）；

（c）UPLC PC 柱：$75\mu m$ 内径毛细管，组装了烷基三氯硅烷修饰的 470nm 的 SiO_2 颗粒利用光子晶体做色谱分离会产生很高的背压，且随颗粒粒径减小而急剧上升，很难实施。但改用 CEC，可借助电场力和电渗流来突破这一困境。事实上，在数十纳米的分离通道中，非常容易就能产生远强于毛细管的电渗流，能获得更快速度的高效分离效果。Wirth 等[37] 利用在 $75\mu m$ 和 $100\mu m$ 内径毛细管中组装的光子晶体，测得了小分子分离的塔板高度可降到 $0.23\mu m$，而蛋白质分离[38] 的板高可降到 50nm 以下，分析速率达到 0.15mm/s（图 9-12）。

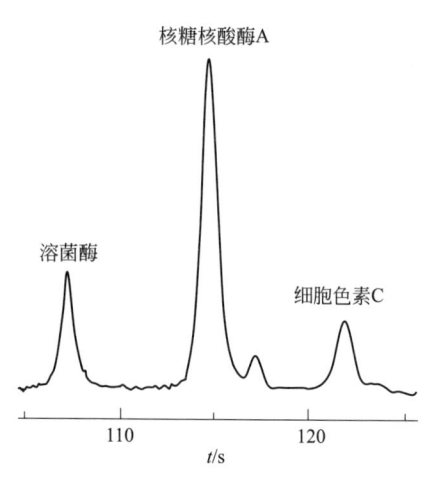

图 9-12 光子晶体组装毛细管
用于蛋白质的快速电动分离
电场：1000V/cm
流动相：丙烯腈/0.1%甲酸（40∶60）
分离长度：0.91cm

由于光子晶体填充毛细管的效率高，所以分离长度也可以大幅缩短，故可方便地转移到芯片上去做分离。我们利用加速热蒸发自组装方法，制备出了无裂痕的二氧化硅光子晶体芯片，可在 2000V/cm 下 4s 内基线分离 4 种 FITC 衍生的氨基酸，或在 12s 内分离三种多肽（图 9-13）。由 FITC 测得的塔板高度仅 300nm。该法的特点不仅在于高效快速，而且还在于分离的高重复性，如出峰时间的相对标准偏差仅为 0.24%～0.35%，峰高的变异系数为 1.1%～3.1%。

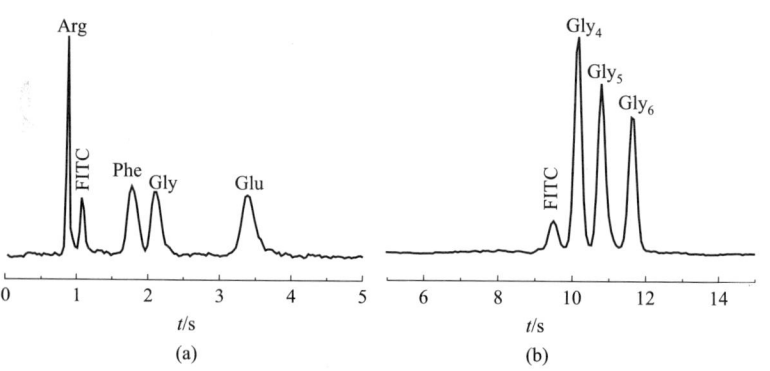

图 9-13 光子晶体芯片电泳分离 FITC-氨基酸（a）和寡聚甘氨酸（4～6 个残基）（b）
电场：1200V/cm
缓冲液：(a) 5mmol/L $Na_2B_4O_7$，pH 9.2；(b) 20mmol/L $Na_2B_4O_7$，pH 10.0
有效分离长度：(a) 2.2mm，(b) 10mm

第四节　其他非常规 CE 方法

CE 还可以采用很多其他的非常规条件来实现不同的分离分析目的。借一句广告词：思想有多远，你就能走多远。非常规条件可以很多，但有意义的却不是很多。下面再简单介绍三种比较容易想到的有用方法，即超大孔与超细孔毛细管电泳和循环毛细管电泳。

一、同步循环毛细管电泳

提高 CE 分离度的办法，除了升高电压、缩短进样长度、延长分离距离、融合区带聚焦等技术之外，还有循环电泳技术等。循环电泳一般不是通过升高电场强度而是通过增加分离次数来提高分离度的，其中研究最多的是同步循环 CE（synchronized cyclic capillary electrophoresis 或 SCCE)[39~41]。其主要做法是在玻璃芯片上刻制≥3 段、头尾相连的环接通道[41]，然后通过逐段顺序施加电压，来迫使样品区带按指定方向，沿着环形通道循环电泳，直至目标成分得到完全分离。这种方法不用很高的电场就可以获得很高的分离效率，能够在很短长度内分离淌度十分接近的两个样品。当然，其代价是时间。另外，在采用荧光或 LIF 检测时，光漂白现象非常严重，表现为峰高随循环次数增加而迅速下降（见图 9-14），这限制了循环次数的增加。

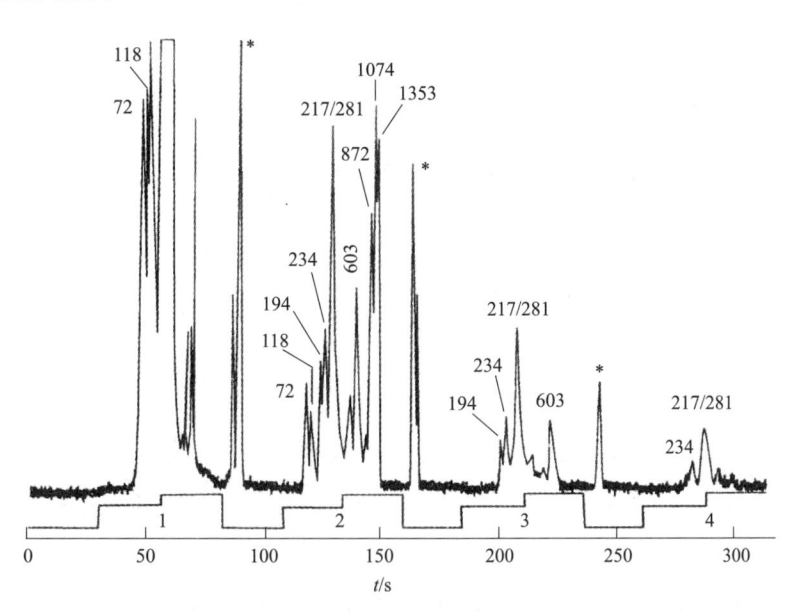

图 9-14　每周 25.8s 的三角环形通道同步循环 CE 分离 PhiX174/Hae Ⅲ DNA

二、超大孔毛细管电泳

采用大孔径乃至超大孔径毛细管做电泳可以提高进样容量。这不仅能提高检测灵敏度，还能提高 CE 的制备量。毛细管的内壁比表面积随管径增大而快速下降，可以期待大孔毛细管能有效减小管壁对样品的作用，能有效抑制非特异性吸附。但大孔毛细管会产生更大的焦耳热效应，制约着可施加电压的上限。过去的历史表明，其效率会随管径增大而快速下降，所以大孔径毛细管一般是不可取的。不过在以下情况下，适当增大毛细管孔径是可行的：

① 采用超低电导电泳缓冲液，如两性电解质缓冲液等；

② 分离度已经很大，可以有所牺牲了；

③ 分离大颗粒样品，特别是细胞等易于聚集和降沉的样品，具体请参见第十四章。

另一种既能克服热效应又能提高进样容量和检测灵敏度的方法是采用非圆毛细管，比如扁毛细管[41]、扁方形毛细管[42~45] 等。相对而言，扁管优于扁方管。前者没有明显的棱角，更易于弯曲；后者的棱角很容易导致毛细管折断，同时内部棱角也更容易聚集一些非特异性吸附组分，并产生记忆效应。图 9-15 显示，在分离细胞时扁毛细管远比圆毛细管优秀。

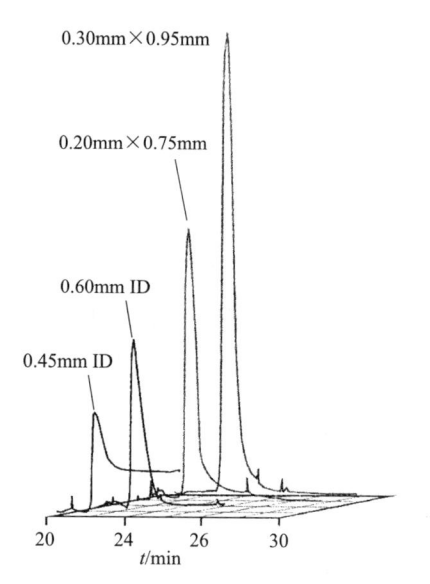

图 9-15　超大孔圆形、变形毛细管的细胞电泳效果比较

进样：3μL（1.7×10⁵ 甲醛固定鸡血红细胞/μL）

毛细管：60cm/80cm（有效/总长）

缓冲液：0.1%羟丙基甲基纤维素、5.14%葡萄糖、12mmol/L HEPES/Tris，pH 7.2

电泳电压：20kV（I=150mA、260mA、100mA、200mA，由前向后）

恒温：16℃；

检测波长：200nm

三、超细孔毛细管电泳

为加速散热并减少径向温度梯度，一个更为有效的办法是缩小毛细管孔径。这也是降低耗样量的最有效办法。很容易计算，当毛细管孔径降到数百纳米后，其耗样体积可以降到飞升级水平，约等于一个细胞的容积。这对单细胞分析会非常有利。问题是毛细管的孔径可以继续缩小吗？或其极限在哪里？简单的理论预测应该

是由待测样品的尺寸决定的，比如在分析分子时，毛细管孔径必不能小于分子的尺寸，否则分子就不能通过了。实际上这是不大可能达到的，因为还要考虑检测问题。毛细管太细了，检测不到峰那也没用。

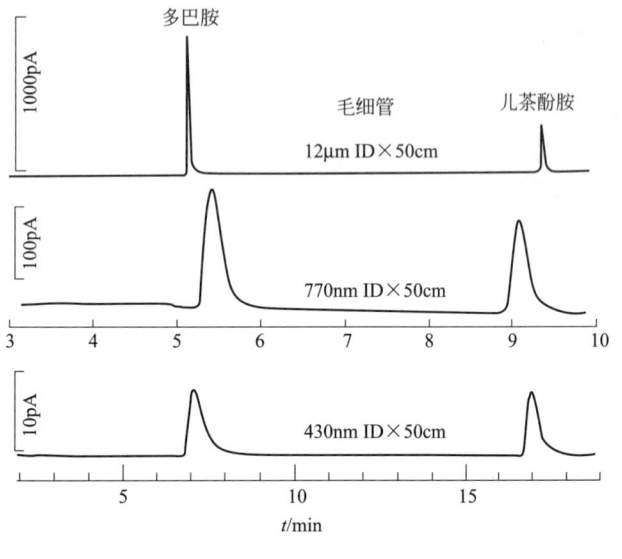

图 9-16　超细毛细管电泳分离多巴胺与儿茶酚胺效果比较

样品：1mmol/L 多巴胺与儿茶酚胺

进样：10kV-10s

缓冲液：91mmol/L MES，2％正丙醇，pH 5.5

分离电压：25kV

　　最早考虑使用超细毛细管做电泳的可能是 Ewing[46]，而最早采用亚微米内径毛细管做 CE 的却是 Shear 小组，他们早在 1998 年就开始用到了 0.6μm 内径的毛细管[47,48]；Ewing 小组则是在 2001 年报道了用 430nm 内径管分离多巴胺与儿茶酚胺的，采用的是电化学检测[49]。超细毛细管电泳的后来发展甚少，主要原因的确在于检测困难，操作也很不容易。过细的毛细管，还容易出现堵塞等情况。另外，超细毛细管本来是可以实现毛细管流体动力色谱的，能用于纳米颗粒的尺寸分离[50~56]，但 CE 中的平头电渗却破坏这种尺寸分离机制，这就进一步缩减了其应用面。

　　有点意外的是，当采用超细孔径毛细管做电泳时，其峰效率并不是一直增加的，反而是会出现明显降低的现象（图 9-16），其原因可能是超细毛细管突出了管内壁的分配作用或色谱机制。

参考文献

［1］　Henley W H，Jorgenson J W. *J Chromatogr A*，2012，1261：171.

［2］　Hutterer K M，Jorgenson J W. *Anal Chem*，1999，71（7）：1293.

［3］　Hutterer K M，Jorgenson J W. *Electrophoresis*，2005，26（10）：2027.

［4］ Hutterer K M，Birrell H，Camilleri P，Jorgenson J W. *J Chromatogr B：Biomedical Sciences and Applications*，2000，745（2）：365.

［5］ 胡灿，陈义. 高等学校化学学报，2015，36（9）：1681.

［6］ Zhang T，Fang Q，Du W B，et al. *Anal Chem*，2009，81：3693.

［7］ Lemmo A V，Jorgenson J W. *Anal Chem*，1993，65（11）：15761.

［8］ Hooker T F，Jorgenson J W. *Anal Chem*，1997，69（20）：4134.

［9］ Yang P L，Whelan R J，Mao Y W，et al. *Anal Chem*，2007，79（4）：1690.

［10］ Yang P L，Kennedy R T. *J Chromatogr A*，2008，1194（2）：225.

［11］ Hogan B，Lunte S，Stobaugh J，Lunte C. *Anal Chem*，1994，66（5）：596.

［12］ Brien K B，Esguerra M，Klug C T，et al. *Electrophoresis*，2003,24(7-8):1227.

［13］ Monnig C A，Jorgenson J W. *Anal Chem*，1991，63（8）：802.

［14］ Moore A W Jr，Jorgenson J W. *Anal Chem*，1993，65（24）：3550.

［15］ Karns K，Herr A E. *Anal Chem*，2011，83（19）：8115.

［16］ Tao L，Thompson J E，Kennedy R T. *Anal Chem*.1998，70（19）：4015.

［17］ Plenert M L，Shear J B. *Proc Natl Acad Sci USA*，2003，100（7）：3853.

［18］ Hapuarachchi S，Premeau S P，Aspinwall C A. *Anal Chem*，2006，78（11）：3674.

［19］ Moore A W Jr，Jorgenson J W. *Anal Chem*，1995，67（19）：3456.

［20］ 陈蕴，郭振朋，王进义，陈义. 色谱，2014，32（4）：336.

［21］ 陈义，李晋成. 色谱，2009，27：573.

［22］ Liao T，Guo Z，Li J，Liu M，Chen Y. *Lab Chip*，2013，13：706.

［23］ Yablonovitch E. *Phys Rev Lett*，1987，58：2059.

［24］ John S. *Phys Rev Lett*，1987，58：2486.

［25］ Ho K M，Chan C T，Soukoulis C M. *Phys Rev Lett*，1990，65：3152.

［26］ Yablonovitch E，Gmitter T J，Leung K M. *Phys Rev Lett*，1991，67：2295.

［27］ Kim E，Xia Y，Whitesides G M. *Adv Mater*，1996，8：245.

［28］ Kamp U，Kitaev V，von Freymann G，et al. *Adv Mater*，2005，17（5）：438.

［29］ Zhang H，Wirth M J. *Anal Chem*，2005，77（5）：1237.

［30］ Zheng S P，Ross E，Legg M A，et al. *J Am Chem Soc*，2006，128（28）：9016.

［31］ Kuo C W，Shiu J Y，Wei K H，et al. *J Chromatogr A*，2007，1162（2）：175.

［32］ Lee S K，Park S G，Moon J H，et al. *LabChip*，2008，8（3）：388.

［33］ Ozbay E，Abeyta A，Tuttle G，et al. *Phys Rev*，1994，B50：1945.

［34］ Knoght J C，et al. *Opt Lett*，1996，21：1547.

［35］ Rogers，B J，Wirth M J. *ACS Nano*，2013，7（1）：725.

［36］ Rogers B A，Wu Z，Wei B，et al. Anal Chem，2015，87（5）：2520.

［37］ Malkin D S，Wei B，Fogiel A J，et al *Anal Chem*，2010，82（6）：2175.

［38］ Wei B，Malkin D S，Wirth M J. *Anal Chem*，2010，82（24）：10216.

［39］ de Rooij N F. *Sensors and Actuators B：Chemical Volume*，1994，20（2-3）：103.

［40］ Griess G A，Choi H，Basu A，Valvano J W，Serwer P. *Electrophoresis*，2002，23：2610.

［41］ Manz A，Bousse L，Chow A，et al. *Fresenius J Anal Chem*，2001，371：195

［42］ 陈义，竺安. 中国科学：B辑，1991（6）：561.

［43］ Tsuda T，Sweedler J V，Zare R N. *Anal Chem*，1990，62（19）：2149.

［44］ Tsuda T，Ikedo M，Jones G，Dadoo R，Zare R N. *J Chromatogr A*，1993，632（1），201

［45］ Cifuentes A，Rodriguez M A，Garcia-Montelongo F J *J. Chromatogr A*，1996，737（2）：243.

［46］ Olefirowicz T，Ewing A. *Anal Chem*，1990，62：1872-1876.

［47］ Wei J，Gostkowski M，Gordon M，Shear J. *Anal Chem*，1998，70：3470.

[48] Gostkowski M，Wei J，Shear J. *Anal Biochem*，1998，260：244.

[49] Woods L A，Roddy T P，Paxon T L，Ewing A G. *Anal Chem*，2001，73：3687.

[50] Segré G，Silberberg A. *J Fluid Mech*，1962，14：136.

[51] Small H. *J Colloid and Interface Sci*，1974，48（1）：147.

[52] Stoisits R F，Poehlein G W，Vanderhoff J W. *J Colloid and Interface Sci*，1976，57（2）：337.

[53] Noel R J，Gooding K M，Regnier F E. *J Chromatogr A*，1978，166（2）：373.

[54] Dosramos J G，Silebi C A. *J Colloid and Interface Sci*，1989，133（2）：302.

[55] Silebi C A，Dosramos J G. *J Colloid and Interface Sci*，1989，130（1）：14.

[56] Dosramos J G，Silebi C A. *J Colloid and Interface Sci*，1990，135（1）：165.

CHAPTER 10

手性毛细管电泳

手性牵涉到生命的起源以及各种动植物的演化和生存。在现代社会中，与人类健康息息相关的医药生产，也必须考虑手性问题。对映异构体药物的药效可以相同，也可以不同，或一个异构体可以是药效组分，而另一个则可能是低效、无效乃至有毒的成分。美国食品与药物管理局为此出台了针对手性药物的控制法规，手性药物的分离分析从此成为重要课题。手性毛细管电泳就是在这种条件下兴起的，并被证明是最简单高效的一种手性分析方法。本章将介绍手性毛细管电泳的基础知识。

第一节　手性分离原理

一、手性分离基本策略

在毛细管电泳中，有两种基本策略可以实现手性分离，即构建手性分离环境和手性消除。让对映异构体与一种手性试剂进行化学反应，可以使之转变成非对映异构体，于是能够利用普通的 CE 方法来进行分离分析，这就是手性消除策略。它似乎经济好用，但实际上却需耗费昂贵的手性反应试剂，且产物可能无法恢复为原手性物质，所以多数人不愿采用这种伤筋动骨的方法，转而采用构建手性环境的方法。所谓手性环境，主要针对分离流路而言。将手性物质加到 CE 缓冲液或毛细管中，就可以构建出各种不同的手性环境。该类方法高效快速、富于变化，且不伤害样品，因而被普遍采用。

二、手性消除

手性消除一般都通过柱前反应来实现。1989 年，Leopold 等利用 Marfey 氏试剂与氨基酸对映异构体反应，而后在含有 0.2mol/L SDS 的硼酸盐（pH 8.5）缓冲体系中进行电泳，成功分离了目标样品。他们发现高 pH 时的峰形比较对称[1]（图 10-1）。Lurie 等还研究了 2,3,4,6-四(O-乙酰)-β-D-吡喃葡萄糖基异硫氰酸盐反应产物的 MEKC 方法，发现提高 SDS 的浓度会促进分离，但延长分离时间[2]。

手性消除反应可与检测衍生反应合并考虑，但衍生试剂很难寻找。需要注意：衍生试剂体积过大会缩小样品组分之间的差异，增加分离难度；有的消除反应可能过于激烈，不宜用于活性成分的分析。但若仅仅考虑分析目的，破坏性的反应液并非不可使用。这时甚至还可以利用氧化还原或其他破坏性化学反应，来消除样品的手性。

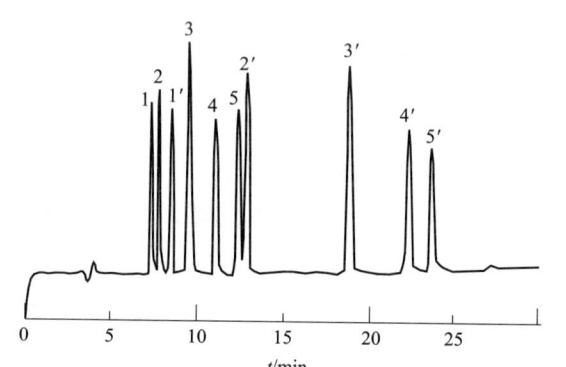

图 10-1　L-Marfey 氏试剂衍生氨基酸对映异构体的 MEKC 分离谱图

缓冲液：100mmol/L 硼酸钠，200mmol/L SDS，5％乙腈

电泳：20kV，25℃

检测：340nm

毛细管：50cm×75μm ID

峰：1—L-Ala；2—L-Vol；3—L-Leu；4—L-Phe；

5—L-Trp；1′—D-Ala；2′—D-Vol；3′—D-Leu；4′—D-Phe；5′—D-Trp

三、手性环境

构建手性环境的方法有三种：①使用手性添加剂；②使用手性填充毛细管；③使用手性涂层毛细管。其中手性填充或手性涂层毛细管需要特别的制作技术，推广有一定的难度。添加剂法只需向电泳缓冲液中加入合适的手性试剂，经过一定的分离条件优化即能实现手性分离，是一种简单实用的方法，对应的识别动力包括：

（1）静电力　如离子-离子、离子-偶极等作用对，典型者如离子交换。

（2）配位键　如主-客体作用、络合作用、配体交换等。

（3）极性作用　关键是氢键。

（4）非极性作用　疏水作用、π-π 作用等。

若两识别分子之间存在一种或数种这样的作用力，并且体系中存在足够的微观空间和通路，允许识别分子充分接近识别中心，那么其作用的结果将导致目标组分的迁移差异，进而产生分离效果。

手性添加剂也称手性选择剂，表 10-1 罗列了一些常用的手性选择剂。下面以自由溶液电泳为主，分类讨论一些重要的手性添加剂及其关键机理。

表 10-1　CE 中比较常见的手性添加剂

类型	分类	试剂	分离对象举例
糖类	环糊精（CD）及其衍生物	α-CD、β-CD、γ-CD	丹酰化氨基酸、生物碱
		部分烷基化 CD、全烷基化 CD	氨基酸、生物碱
		羧酸基取代 CD	碱性物质
		磺酸基取代 CD、硫酸化 CD	碱性和中性物质
		氨基取代 CD	酸性物质
	多糖	纤维素及其衍生物	某些药物
		黏多糖（肝素、软骨素等）	生物碱
		α-(1,4)-D-葡聚糖、硫酸右旋糖苷等	某些消炎药、抗凝剂等
两性物质	氨基酸	Cu(Ⅱ)+α-氨基酸	氨基酸
	蛋白	白蛋白、卵黏蛋白、纤维素酶	氨基酸等
药物	抗生素	利福霉素、万古霉素等	醇胺等
合成化合物	手性冠醚	C-18-冠-6-四羧酸	氨基酸、多肽、氨基醇、氨基四氢化萘、胺类
	手性杯芳烃	杯 4、杯 6 芳烃的氨基酸衍生物	萘或类似物
表面活性剂	天然物	胆酸钠（SC） 脱氧胆酸钠（SDC） 牛黄胆酸钠（STC） 牛黄脱氧胆酸（STDC） 毛地黄皂苷（Dgn）	主要用于中性组分分离，如皮质甾类激素、萘酚、硫氮草酮等
	合成试剂	十二烷基-α-氨基异戊酸钠（SDVal）	

1. 手性金属络合物

Gassman 等在 1986 年曾用组氨酸-铜络合物实现氨基酸对映异构体的分离[3]，随后 Gozel 等用天冬酰苯丙氨酸甲酯-铜络合物来分离氨基酸对映体[4]，作者利用赖氨酸-铜络合物也成功拆分了一些氨基酸[5]。多数人认为，其中 Cu 与 α-氨基、β-羧基形成了六元环配合物，当加入新的氨基酸时，对应的 α-氨基和羧基也将和 Cu 形成五元环配位结构，从而形成同时含有五元环和六元环的三元配合物[4]。由于六元环和五元环间有一憎水性反应，因而不同氨基酸的三元配合物的稳定常数不同，导致有效淌度差异，故可获得电泳分离。

2. 手性冠醚

手性冠醚能通过空间配合以及环上取代基团的极性、氢键或静电等作用，形成不同稳定性的配合物，由此识别手性分子，可以达到分离目的。如 C-18-冠-6-四羧酸的空间大小适合于铵的进入，其羧基可产生氢键或静电作用，能较好分离胺[6]及氨基酸对映异构体[7~9]（图 10-2）。C-18-冠-6 与 α-环糊精配合使用，能产生明显的协同效应[7]，比如 D，L-Try 分离度在 α-CD 时为 1.29，在 18-冠-6 时为 5.67，协同时增加到 7.37（＞1.29＋5.67＝6.96）。

3. 环糊精及其衍生物

环糊精是由 D-吡喃葡萄糖通过 α-(1,4)连接而成的寡糖，具有桶形结构，腔内疏水腔外亲水。常见的 α-CD、β-CD、γ-CD 分别由六、七、八个单糖组成，内腔平均直径分别为 0.5nm、0.63nm 和 0.80nm，分子量分别为 972、1135、1297，旋光度分别为 +150°、+162°、+177°，25℃ 时在 100mL 水中溶解的量分别为 14.5mg、1.85mg、23.2mg。CD 能与手性分子形成主-客体包合物，手性样品分子因其体积大小、极性（与 CD 上下边缘上羟基形成氢键的能力）、疏水性、构象等不同，所形成的包合物的稳定性不同，因此可被分离。

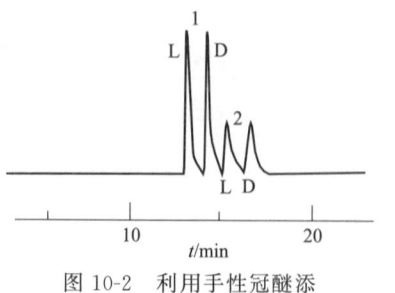

图 10-2　利用手性冠醚添加剂实现手性 CE 分离

缓冲液：30mmol/L C-18-冠-6-四甲酸，pH 2.2
毛细管：75μm ID×50cm
紫外吸收检测波长：254nm
峰：1—色氨酸；2—多巴胺

Wren 等认为，对映异构体与 CD 形成包合物的有效淌度差异 $\Delta\mu_{\text{eff}}$，与包合物平衡常数和 CD 浓度 c_{CD} 存在如下关系[10,11]：

$$\Delta\mu_{\text{eff}} = \frac{c_{\text{CD}}(\mu_{\text{DL}} - \mu_{\text{D/CD}})(K_D - K_L)}{1 + c_{\text{CD}}(K_D - K_L) + c_{\text{CD}}^2 K_D K_L} \tag{10-1}$$

式中，μ_{DL} 和 $\mu_{\text{D/CD}}$ 分别为对映异构体在无 CD 和含 CD 溶液中的有效淌度；K_D 和 K_L 为两对映异构体的包合平衡常数。显然当 ($\mu_{\text{DL}} - \mu_{\text{D/CD}}$) 和 ($K_D - K_L$) 为零时有效淌度差为零，不得分离。有趣的是当 CD 浓度很高（$c_{\text{CD}} \rightarrow \infty$）时有效淌度差亦趋于零，即存在最佳 CD 浓度 $c_{\text{CD}}^{\text{opt}}$：

$$c_{\text{CD}}^{\text{opt}} = \sqrt{K_1 K_2} \tag{10-2}$$

上述式子表明，CD 包合物的稳定性还受温度和溶剂性质等环境条件的影响。

Fanali 最早开始用 CD 分离生物碱[12]。后来证明，CD 及其衍生物可用于分离多种不同类型的对映异构体，如丹酰化氨基酸[12~16]、肾上腺素及其他手性药物[17~29] 等。衍生 CD 可以突出或抑制某种识别机制[29]，可以改变其水溶性，由此扩大了应用范围。现有一系列商品 CD 衍生物可以选用，如 TM-β-CD（全甲基化）[13]、DM-β-CD（2,6-甲基化）[13,18,27]、HP-β-CD（羟丙基化）[22,25]、β-CD-CH$_2$COOH（乙酸基取代）[16,30]、CD-SO$_3$H（磺酸基取代）、CD-OSO$_3$H（硫酸化）[31]、β-CD-NH$_2$（氨基取代）[32,33] 等。磺化、硫酸化和羧基取代 CD 有利于中性和碱性组分的分离，而氨基取代 CD 有利于酸性样品的分离。Gahm 发现，像萘乙基氨基甲酸酯单取代-β-CD 等类物质，其所含的阻碍包合作用的基团反而能提高立体选择性[33]，颇为奇怪。

4. 多糖

淀粉、纤维素等天然糖类富含手性中心，几乎没有紫外吸收，是非常有利于高灵敏检测的手性添加剂。多糖类物质容易与极性分子形成氢键作用，其中的顺式邻位羟基能够与高价金属离子形成络合物。多糖也可能存在局部的螺旋结构或结晶区。因此利用多糖，可通过配体交换、分子间氢键以及空间配合等方式与手性分子形成具有不同稳定性的中间结合物，由此影响样品的迁移速度，实现手性分离。

肝素、硫酸软骨素、硫酸葡聚糖等离子型多糖，还可以引入强的静电作用或离子交换机制，可增强胺类物质的手性分离能力[34]。

5. 天然大环化合物

万古霉素、利福霉素 B、瑞斯西丁素 A 等天然大环化合物，为两性物质并具多个手性中心，能提供静电、氢键、空间、π-π 或疏水等作用，因此有比较广谱的手性识别能力，比如 Daniel 等曾使用具有九个手性中心的利福霉素，成功分离了十八个醇胺对映体[35]。已经证明大环抗生素能分离很多手性化合物[36,37]，但多存在强紫外吸收问题，需在很低浓度下工作或换用其他检测手段。无其他检测手段可选时，也可以采用部分填充毛细管的策略来实现分离和检测。

6. 手性表面活性剂

有不少表面活性剂具有手性中心，比如糖类表面活性剂、胆汁酸及其衍生物等（参见表 10-1）。它们也可以在临界胶束浓度以下作为 CZE 的添加剂使用或在临界胶束浓度以上用作准固定相。不管采用何种形式，该类手性选择剂主要提供疏水作用，在一定条件下可以提供静电和氢键等作用。它们与其他试剂配合使用，可提升拆分效果[5]。

7. 蛋白质

天然蛋白质是现成的手性选择剂，可选范围广。蛋白质和糖一样具有丰富的手性中心，能提供静电、氢键、亲疏水等作用位点，还可以提供不同的空间识别结构，原则上是一种广泛的手性选择剂。但是蛋白分子的紫外吸收强、在水中易水解、在毛细管中易吸附，故电泳峰常不太对称[38]，这些缺点限制了蛋白质选择剂的应用范围。到目前为止，最常用的蛋白质手性选择剂是白蛋白类。

四、不同分离模式手性环境构建

在利用不同毛细管电泳模式进行手性分离时，需要采用不同方法来构建手性环境。一般地，对于自由溶液模式，多采用添加剂方法；非自由溶液模式可采用添加剂法、键合固定相法或两者兼用。下面简要讨论几种代表性分离模式手性环境的构建。

1. 毛细管区带电泳

在 CZE 中，多采用环糊精及其衍生物、金属络合物、冠醚、蛋白质、多糖等添加剂来进行手性分离。若手性添加剂来源困难、价格太高、溶解困难或者存在检测问题，可将手性试剂键合固定到毛细管内壁上。比如，用甲基化 β-CD/聚硅氧烷交联涂布的毛细管，可分离甲基苯巴比妥类对映体[39]；气相色谱用的 CD 毛细管柱也可用来做手性 CE[40,41]。注意，这种手性键合固定毛细管，需要利用样品的径向扩散、液-固作用等机理，所以毛细管径越小越有利于分离。一般用 $25\mu m$ 内径以下的毛细管，这实际上已经是开管毛细管电色谱了。

2. 胶束电动色谱

手性 MEKC 可以采用手性涂层管亦可采用手性添加剂法。在实用中，则以手性添加法为多。手性 MEKC 可有两相和三相等不同体系。

（1）两相体系　两相体系是 MEKC 的基础，包括非手性水溶液/手性胶束、非手性胶束/手性添加剂（不形成胶束）等情况。常用的手性表面活性剂有胆酸钠（SC）、脱氧胆酸钠（SDC）、牛黄胆酸钠（STC）、牛黄脱氧胆酸钠（STDC）或牛黄脱氧胆酸（TDCA）等胆酸类（见表 10-1）。其中，STDC 适用于喘速宁、硫氮草酮等五种药物的手性分离，SC 和 STC 特别是其混合胶束适用于皮质甾类激素的分离[42～44]，SCD 或 STDC＋胶束可用于萘酚对映异构体的拆分[45]。实验表明，不同的手性胶束对不同的样品有不同的选择性。图 10-3 显示了利用 SDC 得到的手性分离结果。

纯手性胶束有利于提高手性分离的选择性，但因可选的手性表面活性剂不多，故多采用混合胶束。如，以 SDS（十二烷基硫酸钠或磺酸钠）来构造胶束，通过掺入手性表面活性剂来构建手性环境。实验证明，用非离子型手性表面活性剂（SD-Val）作添加剂，可用 SDS 分离氨基酸和芳烃等手性异构体[46～51]。Okafo 等[52]认为，胆酸盐的极性较强，如同时加入 SDS 可以改善分离效果并缩短分离时间。此外，在缓冲液中加入有机溶剂或尿素等也可改善分离。

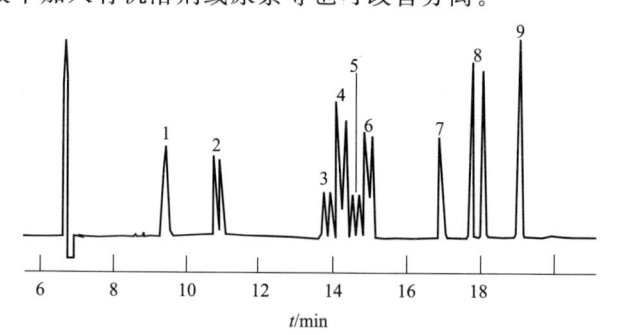

图 10-3　利用手性胶束进行手性分离

缓冲液：0.05mol/L 牛磺脱氧胆酸钠，0.02mol/L 磷酸-硼酸盐，pH 7.0

毛细管：65cm×50μm ID

峰：1—四氢罂粟灵；2—三甲氧基醌醇；3～7—5 个 dilitazem 相关物；8—2,2′-二羟基-1,1′-二萘乙醇；9—2,2,2-三氟-1-(9-蒽基)乙醇

（2）三相体系　MEKC 的三相手性分离系统多由 SDS、水和不溶于 SDS 胶束的另一种假相（比如 CD）构成。这种系统可防止高疏水性化合物被 SDS 完全保留，适合于电中性和高疏水性手性物质的分离。手性分离的关键参数是 CD 空腔的大小，但目前有两种矛盾的看法：Ueda[53] 在分离衍生化氨基酸时发现，β-CD 优于 γ-CD；但 Terabe 等则认为，由于体系中存在游离的 SDS 离子，空腔较大的 γ-CD 容许游离的 SDS 分子进入，因而更适合于多环芳烃和丹酰化氨基酸的手性分离[54,55]。Furuta 等用 γ-CD 分离烯唑醇获得成功[56]，支持 Terabe 的看法，而 Siren 等[57] 在分离心得平类药物时，用 α-CD、β-CD 混合体系获得了最佳效果，似乎表明大空腔 CD 并不好。作者认为应该根据样品的性质选择 CD。

除 SDS 外，其他表面活性剂也可以改善分离。Okafo[52,58]、Lin 等[59] 使用

STDC 代替 SDS 增强了手性识别能力。

3. 手性离子交换毛细管电动色谱

利用水溶性离子型手性高分子为准固定相（宏观均相），或在毛细管壁上键合离子交换涂层，均可以实现手性分子的离子交换电动色谱分离。为了降低检测难度和提高传质速度，宜采用准固定相法。理论上，可以应用的准固定相有各种带电的高分子，如蛋白质、黏多糖、硫酸右旋糖苷、聚铵等。实际上，兼顾考虑检测问题，带电多糖应当优先选择[34,60]。典型的离子交换电动色谱的特征是，其出峰和效率变化符合离子交换规律，即分离度与离子交换准固定相浓度成正比而与离子强度成反比（图 10-4），这和典型的 CZE 有显著的不同。

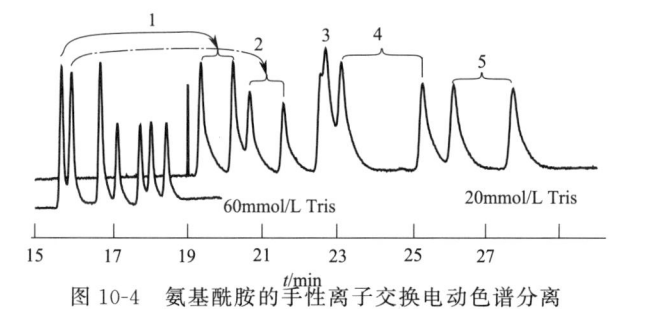

图 10-4　氨基酰胺的手性离子交换电动色谱分离

流动相：0.2%硫酸右旋糖苷，40mmol/L 酒石酸，x mmol/L Tris，pH 3.5

毛细管：50μm ID×50/57cm

分离：20kV/20℃

检测：200nm

样品：1—邻甲苯基甘氨酰胺；2—间氯苯基甘氨酰胺；3—苯丙酰胺；

　　　4—对甲苯基甘氨酰胺；5—对氯苯基甘氨酰胺

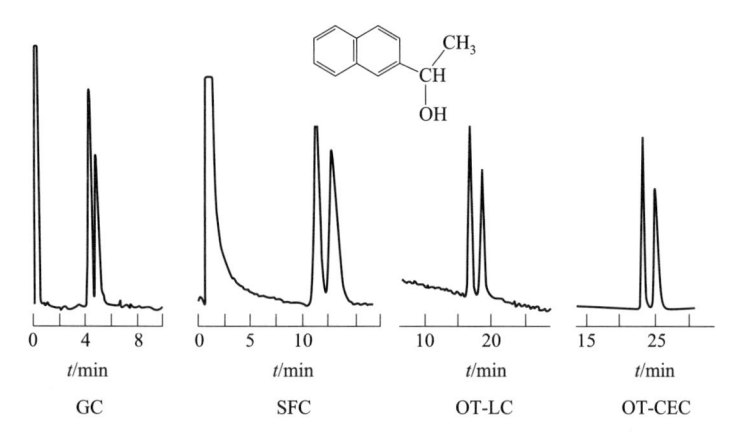

图 10-5　不同方法对 1-萘甲醇对映异构体分离的比较

毛细管：50μm ID×100cm，内涂 0.14μm 厚的 CHIRALSIL-DEX

条件：GC，120℃，0.11MPa He；SFC，55℃，68bar CO_2；

　　　OT-LC，35℃，0.014MPa，20mmol/L 磷酸盐（pH 7.0）；

　　　OT-CEC，60℃，30kV，10mmol/L 硼酸/磷酸盐（pH 7.5）

4. 手性 CEC[61]

电色谱可分为填充柱和开管两大类。手性开管电色谱需将手性选择剂键合到毛细管壁上。这种方法有利于检测，操作程序与 CZE 接近。Mayer 等曾采用全甲基化 β-CD 涂层（0.2μm 厚）毛细管分离苯乙醇和磷酰联二萘酚等物质[62]，发现涂层厚度增加会引起效率下降[29]。Schurig 等证明开管系统可以拆分巴比妥类手性分子[63,64]，他们利用 CHIRALSIL-DEX（全甲基化 β-CD 通过正辛烷与二甲基硅烷聚合物连接的）手性涂层管，比较研究了 GC、SCF、μ-LC、OT-CEC 等方法在手性分离方面的差异，结论是空管电色谱的分离度普遍大于一般色谱方法，图 10-5 显示了他们的一组比较。

开管电色谱的传质距离太大，不利于发挥色谱机制的作用，所以填充柱手性电色谱方法得到发展。该方法可以直接移植常规手性色谱中的各种技术，如采用手性填充柱、手性流动相或两者联用等技巧，其中以手性填充柱为多见。Zare 研究组较早利用手性填充毛细管，并研究了流动相组成对分离的影响（图 10-6）。CEC 的优点是可以采用非水体系，容易和质谱联用；其缺点是分析速度慢且填充柱成本高。

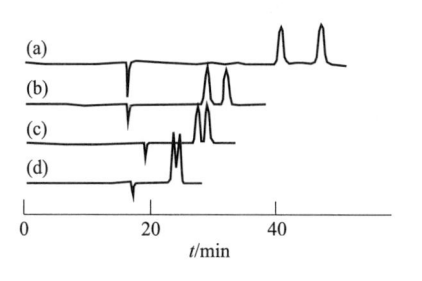

图 10-6　手性填充 CEC 分离度随条件变化
缓冲液：5mmol/L Na$_2$HPO$_4$/H$_3$PO$_4$，pH 6.5
流动相：乙腈/缓冲液［体积比=15∶85（a），
　　　　20∶80（b），25∶75（c），30∶70（d）］
毛细管：50μm ID×27/56cm（填充/全长）
填料：HP-β-CD 键合硅胶
分离条件：15kV
检测：220nm

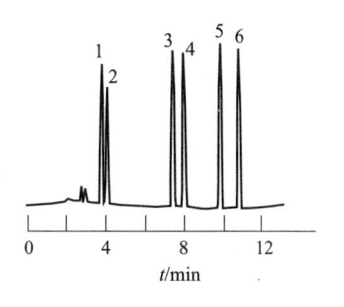

图 10-7　手性氨基酸的 CGE 分离谱图
缓冲液：0.1mol/L Tris，0.25mol/L 硼酸，
　　　　7mol/L 尿素，pH8.3
凝胶：5％T+3.3％C
毛细管：75μm ID×15cm
分离场强：1000V/cm
检测波长：254nm
峰：1—Dns-L-Glu；2—Dns-D-Glu；
　　3—Dns-L-Ser；4—Dns-D-Ser；
　　5—Dns-L-Leu；6—Dns-D-Leu

5. 手性 CGE

在缓冲液中加入手性添加剂或在凝胶中键合上手性试剂，都可以实现手性分离。Guttman 等于 1988 年利用 α-CD 为添加剂，成功分离了丹酰化氨基酸对映异构体（图 10-7）。后来 Cruzado 等利用丙烯基氨甲酰化-β-CD 与丙烯酰胺的共聚凝胶，分离了七对对映异构体[65]。Birnbaum 等利用戊二醛将牛血清白蛋白键合到聚丙烯酰胺凝胶上，成功分离了色氨酸异构体[66]。手性 CGE 的优点是高效；缺点是凝胶寿命有限，制管困难，建议少用。

第二节　手性分离条件选择

一、基本原则

1. 模式选择原则

做手性 CE 时，免不了要对分离模式和对应条件进行选择。CE 模式主要依据样品性质和实验室条件限制进行选择，以简单和有效为判据。依此，则 CZE 与 MEKC 等自由溶液 CE 为首选模式，顺序是开管和填充 CEC。CGE 现在少用，代之以 NGCE[65~67]。

2. 手性环境构建原则

无论是采用自由溶液还是填充式 CE，手性环境的构建以添加剂为先，手性涂层毛细管次之，手性填充管居末。

换一个角度，对于水溶性好、紫外背景低的手性添加剂，宜先尝试添加法；若手性添加剂非常珍贵、有强紫外吸收或水溶性差时，则须将其键合到毛细管壁或填料上。对于紫外吸收强但水溶性好的手性试剂，也可以部分装填毛细管，以空出检测部位和以后毛细管。由此既能实现手性分离又能进行灵敏的检测。

3. 关键条件

手性 CE 应该关注的关键分离因素有：
① 样品的性质及特殊要求；
② 手性试剂种类的选择及其浓度的优化；
③ 缓冲试剂种类的选择及其电解质浓度和 pH 的优化；
④ 有机溶剂的选用与优化。

这些因素交互影响，要有合理的选择策略，才能获得理想的分离结果。具体可参见第四章中的条件优化部分。

二、选择策略

1. 选择流程

建立手性 CE 方法的一般技术路线，是从样品性质分析开始的。以下依次是分离模式、手性试剂、分离条件选择。这种搜寻可以反复，直到获得良好分离结果，详见图 10-8 和表 10-2。

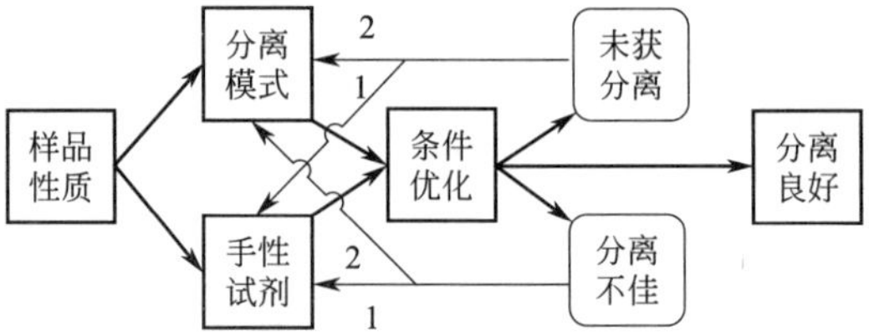

图 10-8　毛细管电泳手性分离条件选择一般流程

如果样品性质并不清楚，建议先从 CZE 开始，以 β-CD 为手性添加剂进行实验。如果效果不理想，再改用其他 CD，如 α-CD、γ-CD 或衍生化 CD 等。当 CD 不能解决问题时，需考虑换用手性表面活性剂或其他手性添加剂如手性冠醚、糖、蛋白等。CZE 若不能解决问题可换用 MEKC。同理，若 MEKC 还不行则可考虑采用 CEC 或 CGE 模式（图 10-9）。

表 10-2　手性分离条件选择大纲

样品	首选手性试剂	分离模式选择次序	作用原理
离子	碱/酸手性试剂	CZE、MEKC、CGE、CEC	静电吸引或排斥
中性组分	手性表面活性剂、荷电手性试剂	MEKC、CZE、CEC	分配常数
含苯环芳烃	α-CD、β-CD 衍生物、手性表面活性剂等	CZE、MEKC、CEC	主-客或包合作用，体积匹配
含萘环芳烃	β-CD、γ-CD 衍生物、手性表面活性剂等	CZE、MEKC、CEC	主-客体作用
氨基酸	CD 及其衍生物，手性胶束，蛋白质，C(II)-手性配合物等	CZE、MEKC、CGE、CEC	多种机制

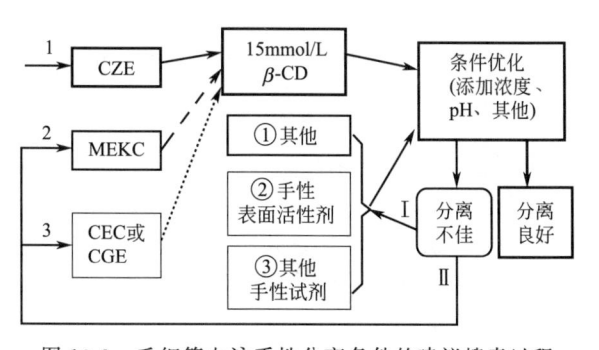

图 10-9　毛细管电泳手性分离条件的建议搜索过程

2. 手性试剂选择

手性试剂的选择，主要根据是样品的荷电性质、体积大小和可利用的物理化学作用原理。

理想的手性试剂应易溶于水，无紫外吸收，既有高分离选择性又有宽的普适性。完全符合要求的手性试剂不多，在表 10-1 所列的手性试剂中，环糊精及其衍生物最为常用，其羧酸或磺酸衍生物常能产生很好的分离结果。具有笼状、筒状等包围结构和多手性中心的试剂，往往能产生更好的分离结果，并具有一定的普适性。表 10-2 列出一些参考选择次序。

就检测而言，糖类手性试剂深具开发潜力。天然糖常有多个手性中心，可提供多重或不同的选择与识别能力。大部分低分子量的糖易溶于水，仅有微弱的紫外吸收，不影响 CE 的检测。分子量大但带电的糖也易溶于水，且不明显增加溶液的黏度。实验表明，肝素不是一种理想的添加剂。纤维素具有手性碳和螺旋空间结构，在色谱中表现出良好的分离能力，但在 CE 中的效果要比环糊精及其衍生物差。

牛血清白蛋白等水易溶的蛋白质很早就用作 CE 的手性添加剂。蛋白质易得，具有不同的手性作用中心和空间识别能力，能通过调节 pH 来改变电荷的性质；但紫外吸收强，易水解和腐坏变质，不宜长时间储存和使用。与蛋白类似的两性物质是大环抗生素类，如万古霉素等，它们也能改变电荷的性质，是一种普适、高效的手性选择剂，但紫外吸收强，严重干扰紫外测定。

手性冠醚的羧酸衍生物，对伯胺类样品往往有出色的拆分结果，但试剂来源有限。手性表面活性剂如胆汁酸类最易获得，不过此类试剂在 210nm 以下波长会有很强的背景吸收，其钠盐的电导也高，不宜在高浓度条件下工作。

3. 关键的优化参数

影响手性 CE 的因素较多，其中手性添加剂浓度和缓冲液 pH 必须予以优化。手性添加剂浓度与分离度有两种典型的关系：渐进关系[图 10-10(a)]和峰形关系[图 10-10(b)]，其中峰形关系十分普遍，峰值浓度通常认为是最佳浓度。不同的手性添加剂、不同的样品，存在各自不同的最佳添加浓度。由于目前并无确定的理论公式可用于最佳浓度的计算，所以需要通过实验才能选择出较好的分离条件。需要提请注意的是以峰值为最佳条件，重复性和再现性欠佳，因为稍微左右偏离一点，效率就会差别很大。如若分离度已经足够，建议选择在比较平坦的位置进行分离，以提高重复性与再现性。

类似地，缓冲液的最佳 pH 也随样品和所用添加剂种类不同而异，需通过实验来选择确定。与添加剂浓度的影响不同，pH 可变范围很可能小于 2 个 pH 单位，所以必须小心实验，细致选择。对于 CD 类添加剂，最佳 pH 常常落在酸性范围内，pH 多在 2~4 之间。

在利用离子型手性选择剂时，需要高度注意等电点、酸性（正离子）区、碱性（负离子）区的正确选用。在分离负离子时，宜选用等电点以下的 pH；而分离正离子样品时，宜选用碱性 pH。

4. 其他

分离电压、温度、缓冲剂种类和浓度、其他添加剂种类与浓度、毛细管内径和长度等亦需优化，其中非手性添加剂，有时可能会对分离产生重大影响，需要小心选择。在采用手性涂层管或填充柱时，还应特别考虑毛细管涂层厚度、填料粒径等问题。在使用环糊精类添加剂时，温度可能会对分离产生关键性影响，必须予以注意。

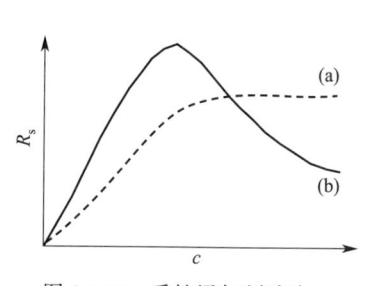

图 10-10　手性添加剂浓度 c 与分离度 R_s 的两类典型关系

在进行离子交换分离时，应特别注意电解质浓度的优化。一般地，离子强度越高，离子交换机制就越会受到抑制，同时，区带电泳机制却会得到发扬。

某些样品如胺类，容易被毛细管壁吸附，从而降低分离效率，严重时可导致不分离，必须采取抑制吸附的措施。有些样品的水溶性差，可以通过向缓冲液中加入适量的有机溶剂如乙腈、甲醇等来增溶。有机添加剂还可影响手性添加剂的溶解行为，进而影响分离过程。对于 CEC，有机溶剂对分离和出峰时间均会产生重大影响（图 10-6）。CE 手性分离的一些参考条件归纳于表 10-3 中。

表 10-3　CE 手性分离操作因子及其影响

因素	通常取值	（增加取值的）影响
手性添加剂		
种类、(CD)尺寸		改变分离选择性
浓度		
中性 CD	1～100mmol/L	增大缓冲液黏度、减少电渗，存在最佳浓度值
羧/磺酸基 CD	<50mmol/L	可同时充当缓冲试剂，可能存在最佳浓度值
胆酸类	10～50mmol/L	影响电泳电流，增加检测背景，可能存在最佳浓度值
冠醚羧酸	<50mmol/L	可同时充当缓冲试剂，可能存在最佳浓度值
蛋白类	<5%	增加检测背景，可能存在最佳浓度值
非手性添加剂		
有机溶剂	<50%	可能增大 β-CD 溶解度，降低电渗，提高或降低分离度
尿素	1～8mol/L	增大脂溶性物质和 CD 的溶解度，可能降低分离度
多羟基高聚物	<0.5%	增加缓冲液黏度，抑制或消除电渗，可能改善分离
阳离子表面活性剂	<30mmol/L	降低电渗、改变电渗方向，可抑制阳离子样品吸附
阴离子表面活性剂	<100mmol/L	提高中性组分的分离选择性
缓冲液		
pH	2～12	对不同样品、不同手性试剂存在最佳值
电解质浓度	2～200mmol/L	降低电渗，改善分离，电流增加过大时不利于分离
进样	1～30s	提高检测灵敏度，降低分离效率
一般分离条件		
毛细管长度	20～100cm	提高分离度，延长分离时间
毛细管内径	25～75μm	增大电流，提高检测灵敏度，但降低分离效率
分离电压	100～500V/cm	缩短分离时间，存在最佳值
电泳电流	<150μA	缩短分离时间，存在最佳值
分离温度	<50℃	缩短分离时间，增大电流，提高或降低分离度

第三节　二元手性添加剂

手性 CE 已经具有比多数色谱方法更高的拆分能力和更大的普适性，应用起来也更加方便。但是仍然有不少问题需要进一步研究。比如存在手性拆分的 pH 取值窗口、手性添加剂浓度窗口等，容易导致手性条件搜寻的失败或错过，或重复性变差。过窄的窗口，在应用上是困难的。为了解决这一问题，作者等研究了二元手性添加剂体系，取得了一些进展，顺便在这里介绍一下，以作参考。

一、二元手性添加剂组合原理

手性选择剂可能产生协同作用。能发生协同作用的两个选择剂应该满足以下两个条件：一是两者的迁移速度差别比较大；二是两者中至少有一个对拆分物质具有手性识别作用，若两者都有手性识别作用，对映体的出峰顺序应该是一致的。根据第一个条件，我们选择了中性的 CD 和带负电的 STC 来对氨基酸的手性分离进行研究。但第二个条件则需要通过考察单个选择剂对样品的拆分后才能得到。从表 10-1 可以看出，除 HP-β-CD 外（HP-γ-CD 没有考察），其他手性选择剂对氨基酸都有一定的拆分能力，其中 DM-β-CD 与 STC 导致相反的出峰顺序，不可能组成协同作用系统，而其他的 CD 与 STC 都有可能组成协同作用体系。通过比较，容易得到以下更为具体的二元手性选择剂体系的构建原则：

① 两种手性选择剂自身应该具有不同的迁移速度，差别越大越好，最好是反向迁移；

② 两者中至少有一个对目标对映体具有手性识别作用，理想的当然是两者均具有手性识别能力；

③ 若两者都有手性识别作用，则它们应给出相同的对映体的出峰顺序，即都是 D-或 L-异构体先出峰。

根据这一原则，可以构建的典型二元手性体系有：

① 正离子＋负离子，如铵与 SDS 或硫酸化 CD、碱性蛋白与硫酸右旋糖苷等；

② 正离子＋中性分子，如铵或碱性蛋白与 α-（或 β-、γ-）CD 等；

③ 中性分子＋负离子，如 CD 与 SDS 或胆汁酸、糖与酸性蛋白等。

二、氨基酸对映体分离

氨基酸是生物分析中的重要对象，其手性分析与生命的诸多现象相关，比如疾病、衰老等。手性毛细管电泳研究也是以氨基酸对映体的拆分分析为起点的，但是仍然有许多问题尚未解决，比如某些文献的方法，不一定能被其他实验室重复出来，或者再现性不太好。为此，作者等以牛黄脱氧胆酸钠 STC 为基础、以各种 CD 为变量，分别测定了它们对氨基酸拆分的效果，数据汇总于表 10-4 和表 10-5。根据前述的二元手性选择剂构建原则，预测 STC 当与 β-CD、TM-β-CD 构成增强体系，而与 DM-β-CD 构成负增强拆分体系，但与 HP-β-CD 或 HP-γ-CD 的效果不能判断。表 10-5 表明，被否定的体系是完全正确的，但被肯定的体系则并不一定完全正确，如 STC 与 TM-β-CD 构成的二元体系实际上减弱拆分能力。另外，在不能肯定的两个体系中，有一个具有增强拆分的能力，而另一个减弱。该实验表明，所提出二元手性选择剂的构建原则，具有一定的可行性，但最终还必须由实验来确定。

表 10-4　FITC 衍生氨基酸对映体在不同手性添加剂中的 CE-LIF 分离情况[①]

手性选择剂		测试氨基酸	可分离氨基酸	出峰顺序
种类	浓度/（mmol/L）			
β-CD	0～15	Ala,Arg,Asp,Glu,Pro,Val	Ala,Asp,Glu	D ->L-
HP-β-CD	0～20	His,Ile,Phe,Pro,Val	—	
TM-β-CD	0～20	Ala,Arg,Asp,Glu,Ile,Pro	Asp,Glu	D ->L-
DM-β-CD	0～20	Ala,Arg,Asp,Glu,Ile,Pro,Val	Ala,Ile,Val	L->D -
HP-γ-CD	—			
STC	0～50	Arg,His,Ile,Leu,Met,Phe,Trp	Arg	D ->L-

① 缓冲液：x mmol/L 手性选择剂，80mmol/L 硼酸盐，pH 9.3；LIF 检测：激发波长 488nm，荧光收集波长 520nm；石英毛细管：50μm ID×50/57cm；分离：20℃/20kV。

表 10-5　FITC 衍生氨基酸在二元手性选择剂中的 CE-LIF 分离情况[①]

手性选择剂构成			出峰顺序	拆分效果
选择剂 I	选择剂 II	浓度（I／II）/(mmol/L)		
STC	β-CD	30/20	D-先出	增强
	HP-β-CD	30/10	D-先出	增强
	TM-β-CD	30/20	—	减弱
	DM-β-CD	30/20	—	减弱
	HP-γ-CD	30/20	—	减弱

① 电泳条件同表 10-4。

1. 协同效应

以 β-CD/STC 二元体系为例进行的进一步研究表明，这种组合不但提高了已拆分对映体的分离度，而且扩大了可拆分氨基酸的数目。比较图 10-11(b)、(c) 中峰 2 至峰 4′对映体的分离度，可以看到：二元体系手性拆分能力的增加量，远大于两种添加剂单独拆分能力之和。如果将这种获得更高拆分能力的现象称为正协同效应，则也可以将二元体系中使分离能力降低的现象称为负协同效应。正、负协同效应的结合使用，可成为调节对映体分离度的一种有效方法。

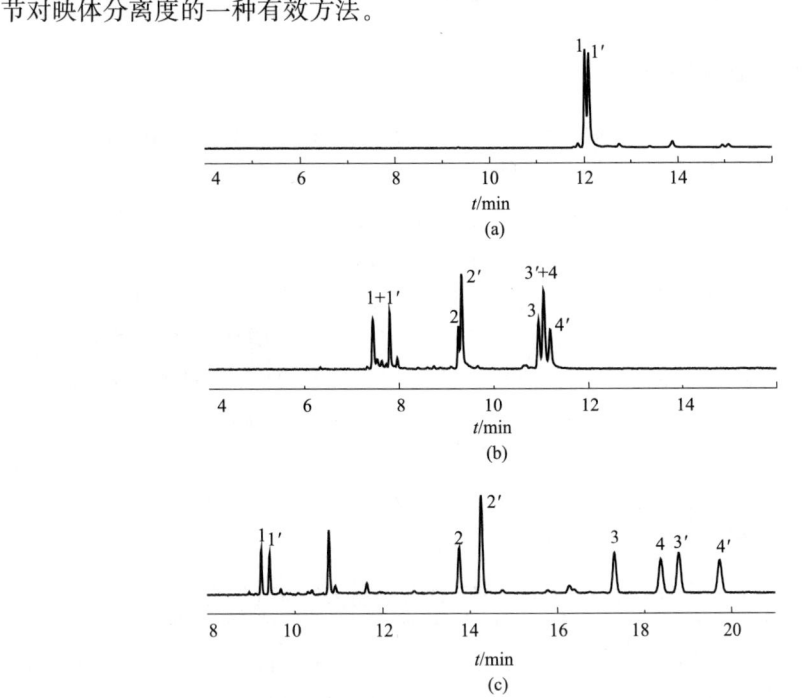

图 10-11　二元手性选择剂的分离增强效果

（a）30mmol/L STC；（b）15mmol/L β-CD；（c）12mmol/L STC＋8mmol/L β-CD
缓冲液：80mmol/L 硼酸盐，pH 9.3
LIF 检测：激发 488nm，收集 520nm
毛细管：50μm ID×50/57cm
分离：20℃/20kV
样品：1,1′—D-, L-Arg；2,2′—D′-, L-Ala；3,3′—D-, L-Glu；4,4′—D-, L-Asp

2. 添加剂浓度窗口扩展

对 β-CD/STC 二元体系进行添加剂浓度变化的研究表明，如果固定 β-CD 和 STC 的浓度比（3∶2），则氨基酸对映体分离度与它们总浓度的关系，是一种类饱和曲线（图 10-12）：在 5mmol/L 以内，分离度随总浓度的增加而迅速提升，然后逐渐变缓，在 20mmol/L 之后趋于稳定。这就克服了窗口问题，可以在很宽的浓度范围内保持拆分结果的稳定。

需要注意，虽然 STC 和 β-CD 的总浓度对分离度的影响非常稳定，但是这种稳定性需要将两者的比例控制在（2∶1）～（1∶1）（摩尔比）之间。对于多数氨基酸而言，STC 与 β-CD 的最优摩尔比在 3∶2 附近。

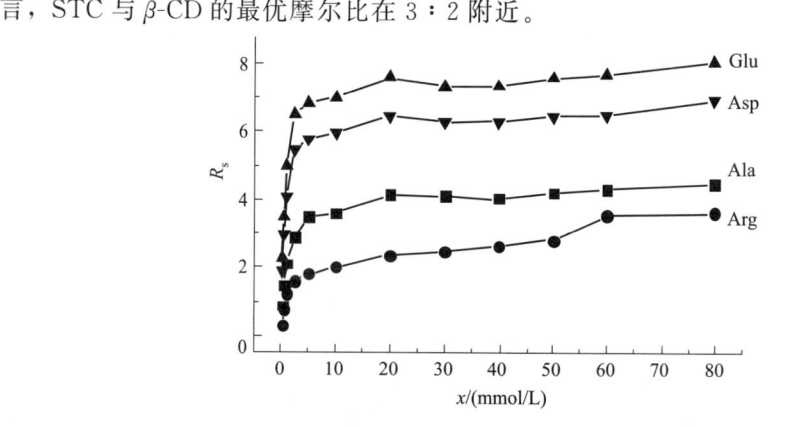

图 10-12　对映体分离度随手性添加剂总浓度的变化

缓冲液：80mmol/L 硼酸盐，$3x/5$mmol/L β-CD，$2x/5$mmol/L STC，pH 9.3

其他条件与图 10-11 相同

3. pH 取值窗口的扩展

与添加剂浓度扩展类似，利用二元添加剂也可以扩大 pH 的窗口。图 10-13 表明，在 pH 8.0～10.0 的范围内，分离度先是有所上升，到 pH 9.25 以后变化相当缓慢，不存在峰形变化关系，所以也是容易重现的条件。顺便指出，FITC 衍生物只在碱性条件下才有较强的荧光，不要在酸性范围内工作。

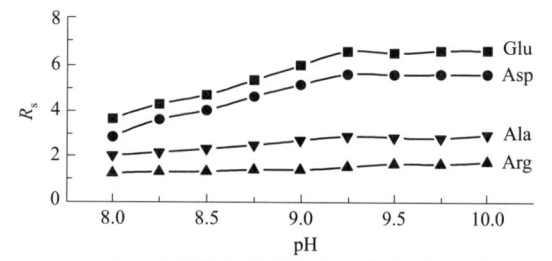

图 10-13　pH 对二元手性选择剂分离氨基酸对应异构体的影响

缓冲液：1.0mmol/L β-CD，1.5mmol/L STC，80mmol/L 硼酸盐

其余条件同图 10-11

4. 普适性

由于二元手性选择剂体系的正协同效应，使得其可拆分对象大为拓展，亦即所

得方法的普适性得到提高。比如，β-CD/STC 二元系统，能够用于所有必需氨基酸外消旋异构体的拆分分析，最大分离度达到接近 15 的程度，最小的分离度也达到1.9，超过基线分离要求，详见图 10-14。

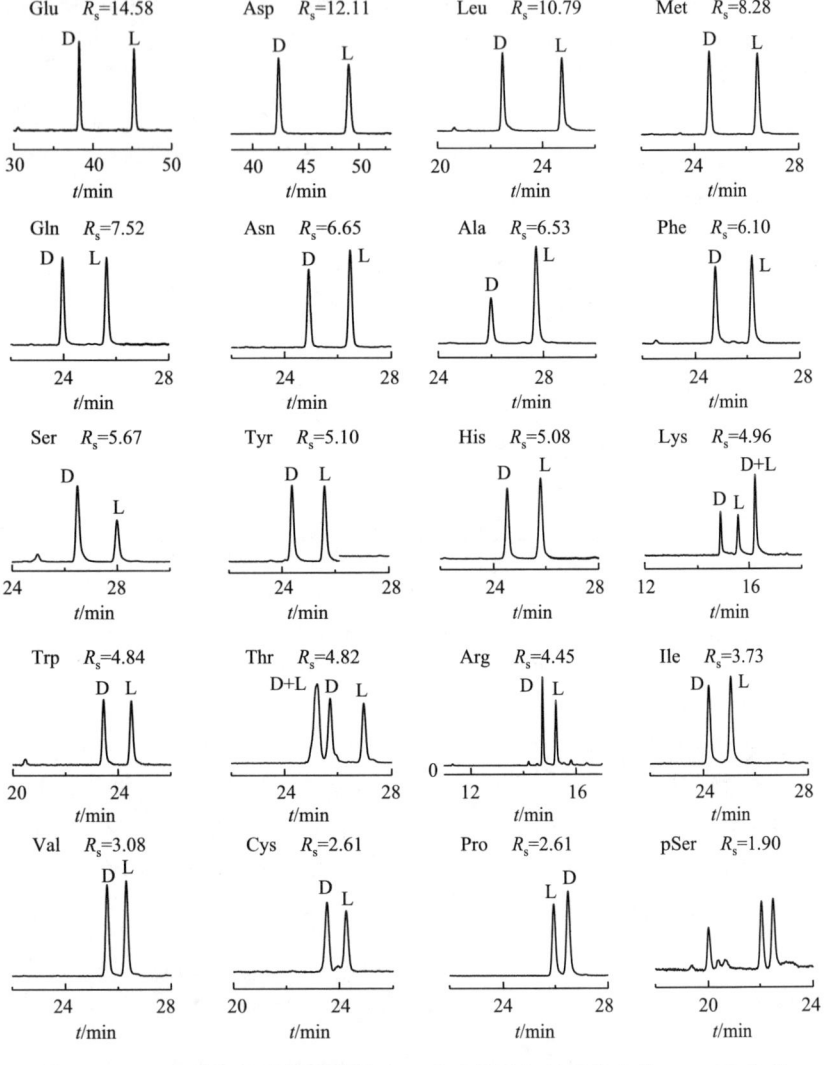

图 10-14　二十种氨基酸外消旋体在二元手性添加剂系统中的 CE-LIF 分离

缓冲液：20mmol/L β-CD，30mmol/L STC，80mmol/L 硼酸盐，pH 9.3

其余条件同图 10-11

第四节　手性 CE 的应用与发展动向

手性毛细管电泳的应用研究，最早从氨基酸开始。后来，随着手性药物分析的日趋迫切，大量的应用研究转到药物分析上。但手性 CE 的应用远不止这些，归纳起来可以有：

① 对映异构体拆分；

② ee 值测定；

③ 对映异构体纯度测定；

④ 反应（吸收、代谢等）动力学研究；

⑤ 手性（药物）筛查等。

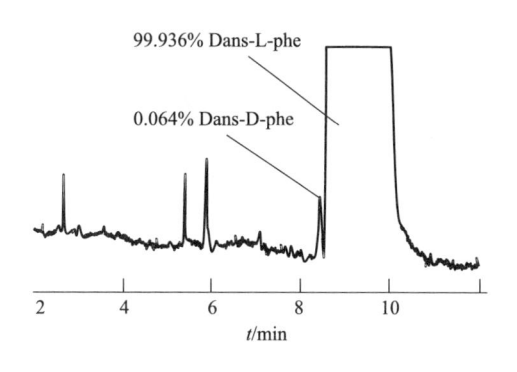

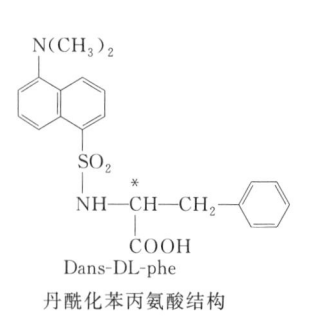

丹酰化苯丙氨酸结构

图 10-15　手性 CE 能够测定含量在 0.1% 以下的丹酰化手性氨基酸异构体

电泳缓冲液：5mmol/L HP-β-CD，20～100mmol/L 硼酸盐，pH>10

毛细管：50～75μm ID×20/27cm，含涂层；

电泳：−13.5kV，20℃；

检测波长：214nm

利用 CE 测定 ee 值的可靠性与 HPLC 方法处于相同水平（变异系数在 2% 上下），但 CE 方法易于使用，无须昂贵的手性色谱柱和大量使用有机溶剂，是一种低投入高产出的方法。利用 CE 进行定量或 ee 值测定等工作时，需要对紫外检测峰进行校正，因为后出来的峰信号经过检测器的时间延长，会引起信号增强。CE 对残留异构体的定量下限可以达到 0.1% 以下，参见图 10-15。

利用 CE 进行光学异构体的动力学研究，其样品损耗可以忽略不计，也无须复杂烦琐的样品预处理过程，所以是一种比较理想的方法。Rogan 等利用 CE 研究了 BCH-189 生物技术制备的某些反应过程。BCH-189 属抗艾滋病药物，其中所需有效成分（＋）-BCH-189 是在胞苷脱氨酶催化下经生物转化方法合成的，转化过程可持续 51h（图 10-16）。

手性 CE 的发展很快，内容很多，但就目

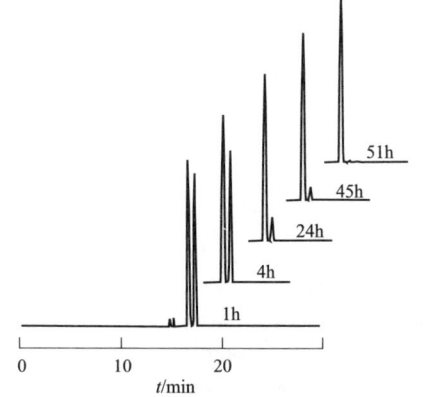

图 10-16　对映异构体随时间转化的毛细管电泳监测谱图

［分离的手性选择试剂为二(甲基)-β-CD，利用本图谱数据可以计算反应速率、反应级数、半衰期等］

前而言，主要集中在以下三个方面：

① 加强推广应用研究，包括成为药典参照甚至标准方法；

② 开发新的手性构建方法，特别是发现新的高效手性添加剂；

③ 开展理论研究，推动手性 CE 向更理性的方向发展。

参考文献

［1］　Tran A D，Blanc T，Leopold E J. *J Chromatogr*，1990，516：241.

［2］　Lurie I S. *J Chromatogr*，1992，269.

［3］　Gassman E，Kuo J E，Zare R N. *Science*，1985，230：813.

［4］　Gozel P，Gassman E，Michelsen H，Zare R N. *Anal Chem*，1989，61：413.

［5］　Lu X，Chen Y，GuoL，Yang Y. *J Chromatogr A*，2002，945：249.

［6］　Hohne E，Krauss G J，Gubitz G. *HRC*，1992，15：698.

［7］　Kuhn R，Hoffsttter-Kuhn S. *Chromatographia*，1992，34：505.

［8］　Kuhn R，Stoeeklin F，Enri F. *Chromatographia*，1992，33：32.

［9］　Kuhn R，Enri F，Bereuter T Hansler J. *Anal Chem*，1992，64：2815.

［10］　Wren S A C，Rowe R C. *J Chromatogr*，1992，603：235.

［11］　Wren S A C，Rowe，R C. *J Chromatogr*，1992，609：363.

［12］　Fanali S. *J Chromatogr*，1989，474：441.

［13］　Tanaka M，et al. *Freesenius J Anal Chem*，1991，339：896.

［14］　Yamashoji Y，et al. *Anal Chim Acta*，1992，268：396.

［15］　Tanaka M，et al. *Fresenius T Anal Chem*，1992，343：896.

［16］　Schmitt T，Engelhard H. *HRC*，1993，16：525.

［17］　Peterson T E，Trowbridge D. *J Chromatogr*，1992，603：298.

［18］　Peterson T E. *J Chromatogr*，1993，630：353.

［19］　Fanali S，Bocek P. *Electrophoresis*，1990，11：757.

［20］　Quang C，Khaladi G. *Anal Chem*，1993，65：3354.

［21］　Quang C，Khaladi G. *HRC*，1994，17：99.

［22］　Heuermann M，Blaschke G. *J Chromatogr*，1993，648：267.

［23］　Miyashita Y，Terabe S. *Chromatographia*，1990，11（2）：6.

［24］　Nishi N，et al. *J Chromatogr*，1994，659：449.

［25］　Penn S G，et al. *J Chromatgr*，1993，636：149.

［26］　Wren S A C，Rowe R C. *J Chromatogr*，1993，635：113.

［27］　Niellen M W F. *Anal Chem*，1993，65：885.

［28］　Schutzner W，Fanali S. *Electrophoresis*，1992，13：687.

［29］　Palmarsdottir S，Edholm L E. *J Chromatogr*，1994，666：337.

［30］　Schmitt T，Engelhard H. *Chromatographia*，1993，37：475.

［31］　Guo L，Lin S J，Yang Y，Qi L，Wang M X，Chen Y. *J Chromatogr A*，2003，998：221.

［32］　Nardi A，et al. J *Chromatogr*，1993，638：247.

［33］　Gahm K H，Stalcup A M. *Anal Chem*，1995，67：19.

［34］　Chen Y，Lu X，et al. *Electrophoresis*，2005，26：833.

［35］　Daniel W A，Kumber R，George L. *Anal Chem*，1994，66：3054.

［36］　Armstrong D W，Tang Y B，Chen S S，et al. *Anal Chem*，1994，66：1473.

［37］　Armstrong D W，Rundlett K L，Chen J R. *Chirality*，1994，6：496; *Anal Chem*，1994，66：1690.

［38］　Guo L，Lin S，Dai D，Yang Y，et al. *Analytical Letters*，2003，36：1441.

[39] Amstrong D W，et al. *Anal Chem*，1993，65：1114.

[40] Mayer S，Schurig V. *J Microcol Sep*，1994，6：43.

[41] Mayer S，Schurig V. *J Liq Chromatogr*，1993，16：915

[42] Nishi H，Fukuyama T，Matsuo M，Terabe S. *J Microcol Sep*，1989，1：234.

[43] Nishi H，Fukuyama T，Matsuo M，Terabe S. *Anal Chim Acta*，1990，236：281.

[44] Nishi H，Fukuyama T，Matsuo M，Terabe S. *J Chromatogr*，1990，515：233.

[45] Cole R O，Sepaniak M J，Hinze W L. *HRC*，1990，13：579.

[46] Dobashi A，et al. *J Chromatogr*，1989，480：413.

[47] Dobashi A，et al. *Anal Chem*，1989，61：1984.

[48] Otsuka K，Terabe S. *J Chromatogr*，1990，515：221.

[49] Otsuka K，Terabe S. *J Chromatogr*，1991，559：209.

[50] Otsuka K，Terabe S. *Electrophorsis*，1990，11：982.

[51] Otsuka K et al，*J Chromatogr*，1993，652：253.

[52] Okafo G N，et al. *J Chem Soc Chem Commun*，1992，17：1189.

[53] Ueda T，et al. *Anal Chem*，1991，63：2979.

[54] Nishi H，Fukuyama T，Terabe S. *J Chromatogr*，1991，553：503.

[55] Terabe S，Miyashita Y，Ishihama Y，Shibata O. *J Chromatogr*，1993，636：47.

[56] Furuta R，Doi T. *J Chromatogr*，1994，676：431.

[57] Siren H，Jumppanen J H，Mannine K，Riekkola M-L. *Electrophoresis*，1994，15：779.

[58] Okafo G N，Camilleri P. *J Microcol Sep*，1993，5：915.

[59] Lin M，et al. *J Liq Chromatogr*，1993，16：3667.

[60] Zakaria P，Macka M，Haddad P R. *Electrophoresis*，2004，25：270.

[61] Chankvetadze B，Blaschke G. *J Chromatogr A*，2001，906：309.

[62] Mayer S，Schurig V. *J High Resolut Chromatogr*，1992，130：129.

[63] Jakubetz H，Czesla H，Schurig V. *J Microcol Sep*，1997，9：421.

[64] Schurig V，Jung M，Mayer S，et al. *J Chromatogr A*，1995，694：119.

[65] Cruzado I，Vigh G. *J Chromatogr*，1992，608：421.

[66] Birnbaum S，Nillson S. *Anal Chem*，1992，64：2872.

[67] Guttman A，Paulus A，Cohen A S，Karger B L. *J Chromatogr*，1988，448：41.

第十一章

蛋白质分析

　　既能用于构筑有机体又执行着各种生物功能（如生物催化、免疫反应、生物识别等）的蛋白质分子虽由基因翻译而来，但并不与基因一一对应。翻译后修饰、代谢、络合等生化反应过程，极大丰富并复杂化了蛋白质分子的种类与含量水平，致使分离分析方法学一直面临严峻挑战。CE 的出现，为解决这一挑战开辟了新的途径。它可用于包括蛋白质组学研究在内的诸多方面（见表 11-1），但限于篇幅，本章将主要讨论蛋白质 CE 分离分析的一般问题，最后会顺便讨论一下蛋白组学研究的问题。

表 11-1　毛细管电泳在蛋白质和多肽分离分析中的应用

关键词	举例
组成与杂质分析	蛋白质组学研究 蛋白质测序前样品纯度检验 蛋白药物生产过程质量控制 杂质或纯度测定
结构研究	亚基组成分析 肽谱分析（peptide mapping） 肽链折叠或构象变化研究 二硫键形成、脱氨基等分析
结合蛋白研究	钙、锌等金属离子结合蛋白研究 抗原-抗体复合物（蛋白-药物、蛋白-DNA 等）研究
生化反应及其过程分析	产品定量测定 酶催化反应过程监测 天然修饰与人工衍生过程研究或监测 生化反应动力学研究 pH、温度、介质等对蛋白质稳定性的影响研究
物化常数测定	迁移率测定 分子量测定 等电点测定 各种反应的动力学与热力学常数测定

续表

关键词	举例
临床医学	血清蛋白分析 血红蛋白变异测定 脑组织神经肽分离 细胞中的蛋白分析 同工酶测定
微量制备	纯化肽测序用样品 纯化氨基酸组成分析用的肽或蛋白质 纯化薄层凝胶制备样品 制备质谱测定用样

第一节 基 本 概 念

氨基酸属两性分子，并有碱性、中性和酸性之分，由氨基酸通过酰胺键连接而成的蛋白质，自然也是两性物质，亦有碱性、中性与酸性之分。蛋白质因其折叠方式、空间结构和修饰基团等的不同，还有亲、疏水之分。与许多小分子不同，大多数蛋白质的组成、结构、淌度通常是未知的，对应的解离常数或等电点也是未知的。

一、蛋白质质量与淌度的关系

原则上，蛋白质（特别是小肽）的电迁移行为，可经分子量和氨基酸解离常数计算而得；但现实中，这种计算因过于复杂和难用而常用经验或半经验公式。最早的半经验公式是 1966 年由 Offord 提出的[1]：

$$\mu_e = K_e \frac{z}{M^{2/3}} \tag{11-1}$$

式中，K_e 为常数；z 和 M 分别为测试成分的价数和分子量。其淌度与 $z/M^{2/3}$ 间的线性关系已得到传统凝胶电泳和毛细管电泳两方面数据的支持，并可用于预测不少蛋白质的出峰顺序和时间。在 CE 中，可变换成：

$$t_{Rel} = \frac{t_R}{t_{R0}} = K_{Rel} \frac{M^{2/3}}{z} \tag{11-2}$$

式中，K_{Rel} 为校正常数，与参考物质有关；t_{Rel} 为相对出峰时间，是样品出峰时间 t_R 和参考物质出峰时间 t_{R0} 的比值。式(11-1)或式(11-2)是蛋白质分离的重要公式，但适用的条件是蛋白质分子为球形状。1991 年 Compton 等发现，M 的指数可随蛋白质不同而在 1/3～2/3 间连续变动[2]。

在 1967 年，Shapiro 等人还发现，蛋白质做 SDS-聚丙烯酰胺凝胶电泳时，如分子量在 15k～200k 之间则有如下关系式[3]：

$$\ln M = -a\mu_{Rel} + b \tag{11-3}$$

式中，μ_{Rel} 为相对淌度；a 和 b 为常数。更早一些即 1964 年，Ferguson 在做

蛋白质的淀粉凝胶电泳时发现如下关系：

$$\lg\mu_{Rel} = -K_R c + \lg\mu^0 \qquad (11\text{-}4)$$

式中，μ_{Rel} 为凝胶浓度为 c 时蛋白质的相对淌度；μ^0 为 c 外推至零时蛋白质的相对淌度；K_R 为阻滞系数（retardation coefficient），与凝胶交联度以及蛋白质的形状和大小有关。后来证明，式(11-4)也适合于其他凝胶电泳。一般地，天然蛋白的 μ_{Rel}、μ^0 和 c 是各不相同的，但在 SDS 存在下，若分子量相差不大于 5 倍，则其对应 μ^0 的差别就不超过 10%，能形成一族发散的直线，而且，蛋白质分子量和 $(K_R)^{1/2}$ 存在半对数线性关系：

$$\lg M = \sqrt{K_R} + c \qquad (11\text{-}5)$$

式(11-5)适用于多种类型蛋白质的分子量测定，包括与 SDS 结合率在 1～1.4 之外的糖蛋白等。Deyl 在研究胶原蛋白中还发现，相对出峰时间与等电点间也存在线性关系。由此以及式(11-3)～式(11-5)构成了凝胶电泳中蛋白质分子量测定的主要经验公式。

二、等电点

蛋白质在低 pH 时因氨基结合质子而带正电，在高 pH 时因羧基等解离而带负电，而在某一中间 pH 时正负电荷将相等，此即等电点，记作 pI。显然，蛋白质中的氨基酸残基如不相同，其 pI 便有差别，低者可达 pH 1.5，高者可超 pH 12；若氨基酸组成确定不变，则其 pI 在一定条件下也保持不变，类似于常数，是蛋白质分离和鉴定的一种重要依据。

三、吸附

多数蛋白质都具有较强的非特异性吸附现象，易导致分离效率的下降即峰变矮、变宽，严重时可无峰。管壁电荷的静电作用及其亲、疏水性质，是引起蛋白分子吸附的重要原因。理论和实验研究均表明，蛋白在管壁上的微弱吸附即可明显降低 CE 的分离效率，必须设法予以克服。

第二节　蛋白质吸附的抑制

静电、疏水、氢键等作用是蛋白质分子产生非特异性吸附的主要根源。玻璃、塑料等表面易带负电荷，而碱性蛋白易带正电，故多静电吸附作用；酸性蛋白易带负电荷，少有静电吸附现象，但会因疏水、氢键等作用而被吸附。一般地，亲水性蛋白的非特异性吸附较弱，多可忽略不计。

蛋白质的吸附是可以设法克服或抑制的。目前，有三种策略，即样品预处理、电泳缓冲液改性和毛细管管壁惰化。

一、管壁惰化

对毛细管内壁进行化学、物理或其他原理的修饰，所形成的新涂层可能消除玻璃、石英等管壁上的缺陷和硅羟基等吸附位点，使之惰性化。考虑 CE 常使用电解质水溶液来支持电泳，宜使管壁亲水化而不是疏水化。关于涂层管的制作技术可参看第五章以及文献［4～14］。表 11-2 罗列了一些常用亲水涂层材料。

表 11-2　蛋白质 CE 中可用的管壁涂层材料

涂层材料名称	功能基团	涂制原理
甲基纤维素	羟基	化学键合或吸附
聚丙烯酰胺	酰胺基	化学键合
聚乙二醇	羟基	化学键合或吸附
聚乙烯吡咯烷酮	仲胺或酰胺基	化学键合或吸附
五氟芳基氨丙基三(甲氧基)硅烷	氟和氨基	直接硅烷化
α-乳清蛋白	酰胺基	化学键合或动态吸附
聚醚	醚基	化学修饰

二、样品预处理

凡能与蛋白质作用并减弱其吸附行为的措施，都可用来处理蛋白样品。一种常用的处理方法是用 SDS 使蛋白质变性。当 SDS 的浓度高于 1mmol/L 时，它能与蛋白质分子形成质量比为 1.4∶1 的长椭圆棒状复合物，短轴恒定（约 1.8nm），长轴随分子量增加而延长，能在凝胶中按尺寸分离。蛋白质分子与 SDS 形成复合物后，其原有电荷差异被掩蔽，负电荷增大，可抑制吸附。SDS 之外的其他表面活性剂以及尿素、甘油等也能和蛋白质作用，亦可开发利用。比如，尿素能抑制蛋白质的聚集，可提高疏水蛋白的分离效率。但高浓度的尿素在短紫外区有强吸收，会影响紫外吸收检测。可利用其电中性的特性，结合抑制电渗的措施，令其停留在检测窗口之外，由此可消除其对检测的干扰。对蛋白质中的氨基进行化学修饰，也是抑制正电吸附作用的有效手段。

很明显，多数样品处理方法都会影响甚至摧毁蛋白质的生理活性，不能用于与生理活性研究相关的分离中。样品处理和缓冲液改性技术（见下述）联用可进一步增强抑制吸附的效果。

三、缓冲液改性

支持电泳的缓冲液介质不仅能影响管壁的状态，还能改变样品的性状，有如样品预处理和管壁涂层两法的联用。其中最简单的办法是利用极端 pH 条件，即令缓冲液的 pH 远高于或远低于蛋白质 pI 值。高 pH 可使蛋白质带上更多负电荷，被管壁上的负电荷所排斥，难以靠近和吸附；而低 pH（≈2）则使毛细管面上的硅羟基等无法解离，静电吸附机制失效，但疏水等非静电效应仍起作用。注意：蛋白质在酸性环境中的电泳效率和速度会明显低于碱性环境。

除 pH 控制之外，还可选用添加剂和换溶剂技术，下面予以分别讨论。

1. 使用添加剂

在电泳缓冲液中加入某种具有一定功能的物质，就是添加剂技术，借此能抑制一些样品分子在毛细管内壁上的吸附作用。比如，向缓冲液中加入 0.25mol/L 的 K_2SO_4[15]，可以和蛋白质竞争吸附位点。此法简单经济，但许多无机盐不纯，会因此抬高紫外检测背景，严重者可完全淹没蛋白质峰。使用高浓度无机盐的主要问题是会产生高焦耳热，可通过降低分离电压来克服，但以牺牲电泳效率和速度为代价；或换用超细（$15\mu m$ 内径以下）毛细管，但以牺牲检测灵敏度为代价。均非理想之策。折中的方法是使用合适浓度的盐、较细的毛细管（约 $25\mu m$ 内径）和较高的电压。无机盐还有其他问题，如磷酸根等与熔融石英管壁的反应平衡时间很长，易出现分离效果随毛细管与缓冲液平衡时间的延长而变化等问题，因此当需使用高浓度磷酸缓冲液时，毛细管最好先用缓冲液浸泡过夜后再用。经过磷酸根充分平衡的毛细管，其对蛋白质的分离能力会发生很大的改变。

克服焦耳热效应的更有效办法是换用两性电解质。甲基甘氨酸、三甲基甘氨酸、三甘氨酸、正丙基-三（甲基）氨基硫酸等，都适用于蛋白质的分离，有效浓度为 $1\sim2$mol/L[16]。它们的氨基或季铵能与蛋白质竞争吸附位点，并形成可将蛋白质分子与管壁隔离开的动态涂层。需要注意的是，多数有机两性电解质的紫外吸收都比较强，不利于检测，此时可考虑换用含有无机酸性基团的两性电解质，比如 O-磷酰乙醇胺等一类磷酰化伯胺，它们的紫外吸收背景较低，且不用很高的浓度（约 0.25mol/L）就能抑制吸附[17]。

在分离碱性蛋白质样品时，采用有机胺，比如丙二胺、丁二胺、戊二胺等作为添加剂，也可以抑制吸附。胺也可兼作酸性缓冲试剂的对离子，使用浓度应当在 $30\sim100$mmol/L 之间。以胺类添加剂分离混合蛋白质时，其中的酸性蛋白质的分离可能会变坏。

疏水蛋白在水缓冲体系中的分离结果多数不好，添加非离子型表面活性剂（如 Brij35、Tween20、Triton X-100 等）后，或可改善分离。

2. 添加或改换溶剂

电泳缓冲液中的溶剂也会影响分离，作用如添加剂。在电解质水溶液中加入少量的有机溶剂或干脆换用有机溶液，常可调节峰形和分离效果。当溶剂对蛋白质的溶解能力远远大于毛细管壁的吸附力时，吸附问题就有可能被克服。由此可知，添加或换用溶剂的特性，可由蛋白质溶解性质和亲、疏水性推定。一般地，为了消除某些蛋白质的疏水吸附作用，可以考虑采用有机溶剂或有机/水混合溶剂来配制缓冲液；对于疏水性较强的蛋白质，以非水 CE 为首选。

第三节　尺寸分离分析

蛋白质的尺寸分离或分子量测定，是生物化学等研究中的重要工作，可利用超速离心、质谱、凝胶排斥色谱、SDS-PAGE、CE 等方法实现，而由 CE 实现则有以下特色：

① 只消耗纳升级样品；

② 可在短时间内进行自动化的重复测定，可加速 Ferguson 法测定并降低劳动强度；

③ 分子量测定的可靠性随标样分子量准确性的提高而提高；

④ 可执行定量测定等。

蛋白质尺寸分离的首要条件是筛分介质选择和缓冲体系等的选择；次要条件是进样、电场强度、温度等参数的合理选择或优化。

一、筛分介质选择

CE 的筛分介质除凝胶外，还有高分子溶液或非胶筛分介质。前者用于 CGE，后者用于 NGCE。NGCE 因简便容易而广为采用。

1. 凝胶的选择

蛋白质分离可选的凝胶有线性聚丙烯酰胺、交联聚丙烯酰胺和琼脂糖等。蛋白质分离所需的琼脂糖浓度当在 10g/L 以上，通常在 30～50g/L 之间。琼脂糖凝胶多呈淡乳白色，但当含有尿素时，在可见光中则完全透明。注意：琼脂糖凝胶容易滑出毛细管；当管内温度较高时，凝胶会膨胀并从毛细管两端伸出，造成分离不重现；此外，琼脂糖的来源不同，其分离能力也不尽相同。

换用聚丙烯酰胺凝胶可克服琼脂糖的滑管等问题。适合于蛋白质分离的交联凝胶（单体）浓度，一般取$(5～15)\%T+(0.3～5)\%C$之间。交联聚丙烯酰胺的筛分孔径，可通过改变单体或交联剂的浓度来调节。如调节浓度沿轴向变化，还可构建出孔径梯度，形成梯度筛分模式。使用交联聚丙烯酰胺的困难在于：

① 凝胶毛细管的制备难度大，需要特殊技术（参见第五章），否则易出现空泡；

② 当使用含有 SDS 的缓冲液时，极易将气泡引入凝胶内，造成胶管的破坏或寿命缩短；

③ 凝胶的短波紫外吸收强，背景高，需在 210nm 以上波长做检测。

对样品进行衍生或采用低背景凝胶毛细管是克服检测问题的两种有效办法。

SDS 产生的气泡可用乙二醇来抑制。一般是在凝胶中混入 1.8～2.7mol/L 的乙二醇，并在电泳缓冲液中也添加适量乙二醇。凝胶在乙二醇浓度<1.8mol/L 或>2.7mol/L 时会变软，须得注意。

换用线性聚丙烯酰胺凝胶可克服因凝胶聚合收缩而在胶体内留下空泡的问题，可减轻胶管制备难度，但凝胶浓度需在 10% 以上方能产生明显的分离效果。为防止凝胶滑出毛细管，须将凝胶键合到毛细管上，可采用与管壁上双键基团原位共聚的技术来制管。

2. 非胶筛分介质选择

换用 NGCE 就没有胶管的制备问题了，但需要仔细考虑非胶的选择问题。NGCE 做法与 CZE 相同，只是缓冲液中要添加合适的高分子，多数为水溶性高分子。为检测计，当首选紫外透明或弱吸收的高分子，如纤维素、葡聚糖、聚乙二醇等（表 11-3）。遗憾的是，目前并无明确的选用规则可用，需通过标准蛋白的实验筛选来确定。选择时至少需考虑以下问题：

① 聚合物类型和性质，如亲疏水性、电荷、黏度、溶解（速）度、紫外吸收强弱等；

② 聚合物的一级结构（比如直链、支链等）；

③ 聚合度与分子量；

④ 有效浓度（低者为好）等。

表 11-3　非胶筛分蛋白质的常用高分子

名称	英文名或缩写	分子量	参考用量	可分样品尺寸/k
葡聚糖	Dextran	$7.2 \times 10^4 \sim 2 \times 10^6$	150g/L(40℃)	14.4～97.4
聚环氧乙烷	PEO	7.2×10^4	30g/L(25℃)	14.4～97.4
支链淀粉	Pullulan	$5 \times 10^4 \sim 10^5$	＞30g/L	14.4～116
聚乙烯醇	PVP		＞20g/L	14.4～97.4
聚乙二醇	PEG	10^5	＞30g/L	14.4～97.4
线型聚丙烯酰胺	LPAA	—	＞30g/L	
纤维素				
甲基纤维素	MC	—	＜20g/L	
羟丙基纤维素	HPC	—	＜20g/L	14.4～97.4
羟丙基甲基纤维素	HPMC	—	＜10g/L	

一般地，带负电荷的高分子对分离碱性蛋白质可能不利，应避免选用。葡聚糖的黏度较低，紫外吸收弱，可优先选用。聚环氧乙烷、聚乙二醇（通常比聚环氧乙烷小且末端为羟基）和聚乙烯醇也是较好的介质，但它们自身会结合不少 SDS 并参与电泳，可能干扰蛋白质的分离，有 SDS 时不宜选用。

关于高分子的筛分机制，目前仍有不同的看法。多数人认为，高分子的交缠结构是筛分的根据。已知高分子在交缠阈值浓度（entanglement threshold concentration，ETC）以上时，会因交缠而形成动态空间网络。因 ETC 反比于分子量，故筛分能力可随高分子的分子量和浓度增大而上升，而分离时间延长；支链高分子当优于直链，但有不少例外。

奇怪的是，有些高分子溶液即使比 ETC 稀，依然还有筛分效果，无法用交缠理论来解释，可能是溶液中存在局域性或临时性的动态网络。

使用非胶筛分介质的突出优点是：

① 水溶性高分子很多，有广阔选择空间；

② 无制管难等问题，筛分介质随时可换，分离 SDS 复合物尤为方便。

缺点是：

① 分离效率不如凝胶；

② 高分子的水溶性随分子量增加而降低，而黏度增大，存在分子量选择上限；

③ 文献报道的方法，并非都能重复，原因不明。

二、缓冲液选择

缓冲体系选择包括缓冲试剂种类、浓度、pH 以及添加剂等的选择或优化。缓冲试剂选择的主要标准是所需的 pH、电导、检测干扰等。在碱性条件下，多选用硼砂、Tris、甘氨酸、CHES 等试剂；在酸性条件下则多选用磷酸、乙酸、柠檬酸、酒石酸等试剂。酒石酸、柠檬酸的效果有时优于磷酸，但检测背景均较高，基线可能不稳定。经提纯能获得明显好转。缓冲试剂选择比较全面的原则是：

① 不与样品发生不利特别是破坏性的作用；

② 不影响凝胶的寿命；

③ 紫外吸收无或弱；

④ 电导率低；

⑤ 在所需 pH 处的缓冲容量大；

⑥ 稳定、长期可用。

据作者经验，低浓度的无机缓冲体系如磷酸钠等不利于凝胶的长期使用，浓度高点（30～150mmol/L）较好，但有过热问题。在做蛋白质分子量测定时，多采用弱碱性缓冲体系（表 11-4 中的 Ⅰ～Ⅲ）。但是，我们也发现，碱性氨基酸同聚物的分离度会随 pH 升高不升反降（图 11-1）。图 11-1(a)显示，在 pH 7～8 附近的分离效果极差；而图 11-1(c)则表明，在 pH<5 时的分离效果好、速度快。

分离蛋白质的添加剂首选 SDS，浓度在 0.1%～1% 之间。在做 CGE 时，可再使用 4～8mol/L 的尿素。为了延长聚丙烯酰胺凝胶的寿命，还可加入乙二醇或甘油，它们对克服蛋白质的吸附、提高分离效率也有裨益。

表 11-4　蛋白质筛分中常用的缓冲体系

编号	体系	备注
Ⅰ	100mmol/L Tris/CHES,0.1%SDS,pH 8.4～8.8	最常用
Ⅱ	120mmol/L Tris,120mmol/L His,0.1%SDS,pH 8.8	较常用
Ⅲ	60mmol/L AMPD/CACO,0.1%SDS,pH 8.8	
Ⅳ	50mmol/L H_3PO_4/NaOH,0.5%SDS,pH 5～7	适用于聚丙烯酰胺凝胶
Ⅴ	20～30mmol/L H_3PO_4,10mmol/L HAc/NaOH,pH 4～6	适用于聚丙烯酰胺凝胶
Ⅵ	8mol/L 尿素,0.1% SDS,100mmol/L Tris/H_3PO_4,pH 7	适用于聚丙烯酰胺凝胶

注：His—组氨酸；AMPD—2-氨基-2-甲基-1,3-丙二醇；CACO—二甲次胂酸[$(CH_3)_2AsOOH$]；HAc—乙酸。

三、进样方法、电泳温度与其他条件选择

进样量对 CGE 的分离效率有很大的影响。由于检测问题，CGE 通常都进样量过大，过载运行，因此分离不佳。常规的策略是提高凝胶的浓度，这要以牺牲分离时间为代价。若无检测问题，实可通过减少进样量来提高分离

度并缩短分离时间。图 11-2（a）～（d）显示，降低进样量会有效提高分离度，其中图 11-2（c）或（d）的分离度已接近于高浓度凝胶［见图 11-2（e）］，而分离时间缩短了 20min。

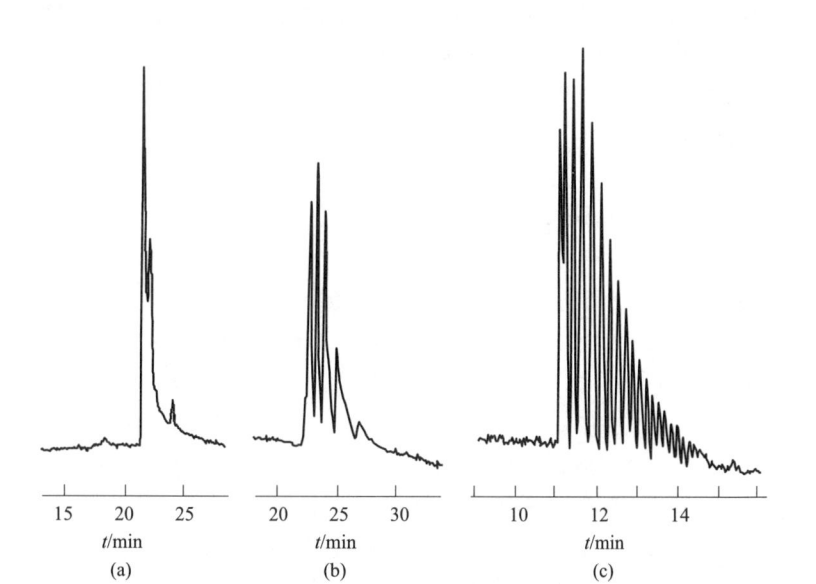

图 11-1　缓冲溶液 pH 对聚赖氨酸 PA-CGE 分离的影响

毛细管：$75\mu m$ ID×30/37cm（a）（b）或 32/39cm（c），内填 30cm 的 15% $T+5\%C$ 均匀凝胶（a）（b）或 5.0～10.1% $T+5\%C$ 梯度凝胶（c）

缓冲液：100mmol/L Tricine/三乙醇胺/pH 8.02（a），50mmol/L MES/50mmol/L Bis～Tris/pH 6.40（b）或 20mmol/L NaH_2PO_4/H_3PO_4/pH 3.80（c）

电泳：+7kV（a）（b）或 7.5kV（c）

温度：25℃

检测：200nm 紫外吸收

进样：扩散 15s（a）（b）或 5kV-1s（c）

样品总浓度：15mg/mL $Poly(Lys)_{19}$（下标 19 表示聚合度）（a）（b）或 0.5mg/mL $Poly(Lys)_{38}$

分离温度的选择主要取决于凝胶或筛分体系。如果选用聚丙烯酰胺，一般控制在 25～35℃之间；选用葡聚糖时，在 40℃附近通常能得到较好的分离；而当选用 PEO 或 PEG 等时，20～25℃的分离效果较好。

其他分离条件如电压、毛细管的粗细与长短等，也应进行适当的优选。一般地，粗毛细管有利于克服吸附和提高检测灵敏度，因此可以在较低的进样量下获得较高的分离效率，但毛细管过粗也容易过热，分离电压难以提升，这同样要降低分离效率。折中选择是：做 CGE 时选用 $75\mu m$ 内径或 $100\mu m$ 内径的毛细管，而做 NGCE 时选用 $50\mu m$ 内径或更细的毛细管。分离电压的选择与毛细管粗细有关，管越细可施加的电压也越高。已知电泳电压存在极值，可通过作 $V\text{-}I$ 图，选线性区间的最大值做电泳。

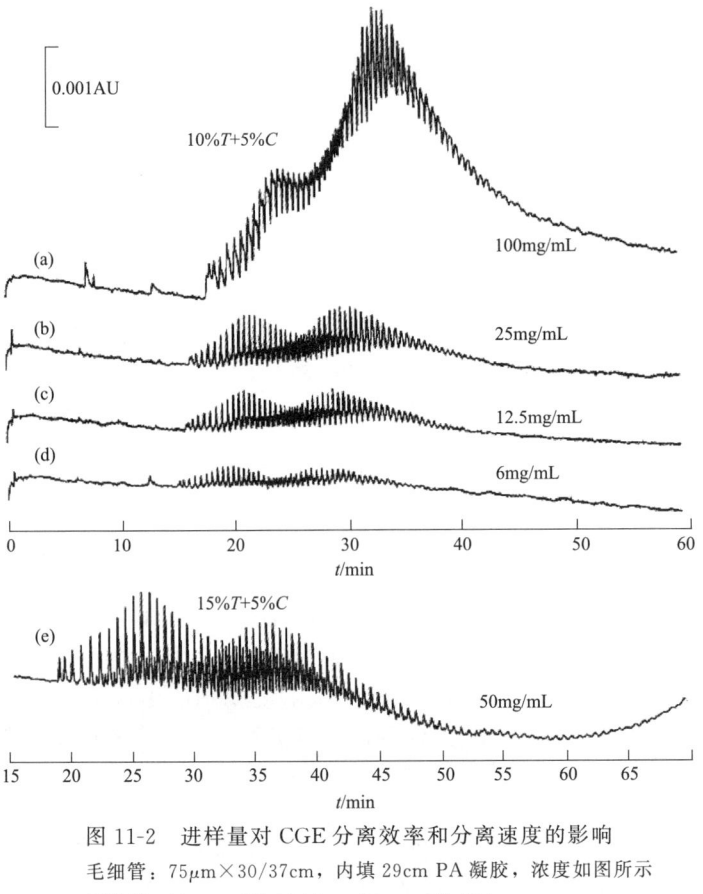

图 11-2 进样量对 CGE 分离效率和分离速度的影响

毛细管：$75\mu m \times 30/37cm$，内填 29cm PA 凝胶，浓度如图所示

缓冲液：100mmol/L Tricine，50mmol/L Tris

进样：扩散 30s

样品：聚谷氨酸，浓度如图所示

电泳：约 200V/cm，25℃

第四节 等 电 聚 焦

等电聚焦在生物、医学中有大量的应用，它可测定两性样品的等电点，用以鉴定异构酶、多克隆抗体、单克隆抗体、血红蛋白亚基等。CIEF 的分离对象包括肽、细胞、亚细胞颗粒、病毒、细菌等。本节主要针对蛋白质的分离进行讨论。

一、操作模式

CIEF 的做法和传统 IEF 有所差异。首先，pH 梯度要建立在毛细管中，由此可实现在高电场下的快速分离；其次，可以进行柱上检测而无须染色，因此能够实现定量测定；第三，容易实现自动化操作和数据分析。

很明显，如何在毛细管中构建 pH 梯度，是 CIEF 的关键所在。除了采用化学键合等强迫固定方法之外，在毛细管中构建 pH 梯度还有两种可能办法是：

① 正酸负碱模式，即正极槽缓冲液 pH 低，负极槽 pH 高，毛细管灌有两性样液［图 11-3(a)］；

② 正碱负酸模式，即正极槽缓冲液 pH 高，负极槽 pH 低，毛细管灌有两性样液［图 11-3(b)］。

理论分析和实验结果证明，第二种操作模式并不合适。该模式在加电"聚焦"时，由于两端的氢离子和氢氧根均不能进入毛细管，无法调节管中溶液的 pH，样品组分只能按照原有环境所决定的带电性质，自由择向迁移，与 CZE 类同，结果高 pI 的负离子进入正极电极槽，低 pI 的正离子进入负极电极槽。图 11-3(b)显示的是电渗为零时的分离过程，这里除了 pH 交界存在由扩散控制的小范围 pH 梯度外，系统不存在聚焦所需的 pH 梯度。有电渗时的过程基本一样，只是溶液整体往负极移动而已。

与第二种操作模式不同，第一种模式会引起氢离子往负极迁移而氢氧根往正极迁移，结果形成沿毛细管轴向分布的 pH 梯度。该梯度导致不同的两性电解质在管中的重新分布，即迁移到各自的 pI 点上，由此进一步稳定管中的 pH 梯度。在此梯度条件下，两性样品组分也只能迁移到自己的 pI 点上。当上述迁移完成后，系统处于稳态，电流达到最小。同样，图 11-3(a)显示的是电渗为零时的三个聚焦阶段。有电渗时，或者考虑溶液的整体顺序往负极移动，或者考虑将参考坐标建立在电渗流上，都能分析得到相同的结果。

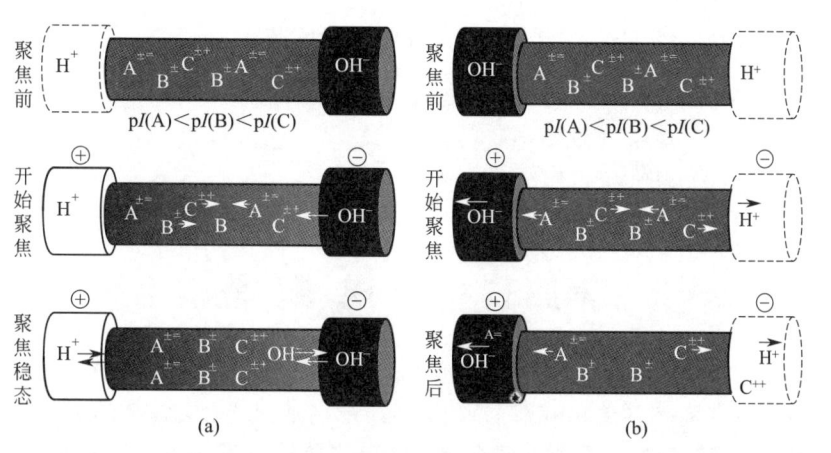

图 11-3　两种不同的等电聚焦操作模式及其聚焦过程与效果示意

(a) 正酸负碱模式；(b) 正碱负酸模式

假设 pI (B) ＝7.0 且样品溶液 pH＝pI (B)

二、谱图记录方法

除了正确构建 pH 梯度外，如何检测已聚焦的区带也是问题，关键在于移不移动已聚焦区带。目前有两种方式：一是不移动区带，记录区带在毛细管轴向上的位置，得到距离函数；二是推动区带经过一定位检测器（如 UV 或 LIF），记录时间函数。

1. 位置记录法

这种记录方法与传统的 IEF 方法类似，包括全柱照相和沿管轴扫描两法。全柱照相的检测速度快，而且可以在聚焦的任何时候进行拍照，所以能够监视或研究聚焦的全过程。但它需要高灵敏的 CCD 装置，成本高。当然，有条件者也可利用传统 IEF 的照相系统进行拍照。全柱拍照还有一个缺点，就是当想要得到峰形谱图时，还得重新进行图像分析。

扫描方法一般给出峰形谱图。该方法可利用光电倍增管等高灵敏器件来获得高灵敏检测结果，但要有扫描系统。有两种扫描方法，即移动毛细管和移动检测头。为方便系统的加工与实际操作，建议采用移管方法。利用 XY 长途记录仪的变速驱动机构或步进马达来拉动毛细管，可以构建临时的 CIEF 的移管扫描检测系统。

位置记录方法通常需要将毛细管的外保护涂层剥掉，毛细管易被折断，所以不能利用常规 CE 系统进行操作，只好重新搭建专门的 CIEF 系统。

2. 移动区带记录法

移动区带方法利用了定点检测模式，和 CZE 没有什么不同，可直接利用各种商品仪器进行操作。其关键在于如何驱动已聚焦区带通过检测器。目前可用的方法有电动和压动等方法。根据推动原理和方法的不同，还可有一步法和两步法之分。

（1）一步法　一步法也称为动态聚焦法（tCIEF），综合利用了 pH 梯度和电渗作用，使区带在聚焦中迁移，在迁移中聚焦，亦有两法。

［方法一：自由迁移法］

将 $10\sim20mmol/L$ H_3PO_4 灌入正极槽中，将 $20mmol/L$ NaCl 和 $3g/L$ HPMC 的混合溶液灌入毛细管和负极槽中。在正极端吸入含 2% Ampholyte 的蛋白样品，使其占毛细管总容积的 6%。加上电压后，样品即在电场和电渗的共同作用下边聚焦边向负极移动，最后经过检测器，测得分离峰。此操作与普通的 CZE 十分类似，迁移不受太多的限制，故称自由迁移法。

［方法二：封阻法］

将含有 2% Ampholyte、0.2% HPMC 和 0.75% TEMED 的样品灌满全毛细管，加上电压后，TEMED 会占据毛细管负极端的一大段（因而称之为封阻，blocking），而使样品聚焦在它正极端附近的一小段中，并在电渗作用下共同向负极迁移。为了缩短迁移时间，可将检测器移到靠近正极的一端。如使用商品仪器，可利用短的那一段管（通常为出口端）做电泳。结合使用 C_8 等涂层毛细管，可改善分离效果。

（2）两步法　两步法是 CIEF 最早采用的方法，也是常用的方法。它将样品聚焦和检测分开，即先聚焦样品，然后利用压力或电动原理将已聚焦的区带推过检测系统，测得聚焦谱图。本操作需使用能抑制电渗和样品吸附的涂层毛细管。具体方法如下：

[方法一：电动法]

将样品与 Ampholyte 等混合，灌满涂层毛细管；在正极槽中灌入低 pH 缓冲液，在负极槽中灌入高 pH 缓冲液；恒电压电泳至电流最小后，改变正或负极槽中溶液的 pH，继续电泳就会令已聚焦的区带重新迁移，并经过检测窗口以测定谱图。将正极槽中缓冲液的 pH 提高，可以使区带向正极迁移；而将负极槽中缓冲液的 pH 降低，可以使区带向负极迁移。

[方法二：压动法]

按前述方法进行聚焦电泳。聚焦完成后，利用低流量泵、钢瓶氮气等加压推或用负压吸，可使区带移动经过检测器，实现谱图检测。若在推动区带时维持一定的电泳电压，可抑制区带扩展。

第五节　亲和毛细管电泳

亲和毛细管电泳，可以用于研究各种相互作用，包括抗原-抗体或配体-受体等特异性相互作用。在研究多配体的竞争或协同作用时，只需微量的受体材料（不一定要知道其浓度），比平衡透析法或光谱测定技术简单而速度更快、精确度更高。

一、基本原理

生物体中分子之间存在不同的作用力或不同的结合常数（K_b），可形成具不同荷/质比的配合物，它们的有效淌度因此出现差异，可被 CE 分离。通过分离和测定配合物迁移时间与缓冲液中配体浓度间的关系，便可求算出 K_b。

二、基础方法

有不同的操作方法，比如：可将配体（或受体）、抗原（或抗体）加到缓冲液中或涂布在毛细管内壁上，而将受体（或配体）、抗体（或抗原）作为样品进行电泳分离。随着缓冲液中作用试剂浓度的变化，样品中复合物电泳峰的面积将可能增加、位置发生规律移动或两者兼而有之。若将相互作用的一组反应物事先混合，反应后再进行分离，则可研究并关联蛋白质构型与功能间的关系[18]、实现亲和常数测定[19] 或进行特异性相互作用的研究[20,21]。该方法特别适合于金属结合蛋白的研究，因为利用配位剂可以调控游离态金属离子浓度，并使其作用或失活（图 11-4）。

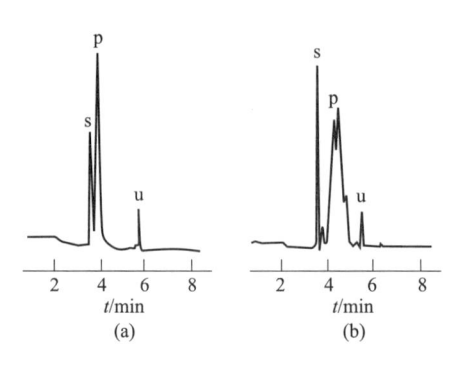

图 11-4 Parvalbumin（4ng）的亲和毛细管电泳分离

(a) 缓冲液中加 Ca^{2+}；(b) 缓冲液中加 EGTA

图中显示，在 Ca^{2+} 存在下此蛋白为单峰；当 Ca^{2+} 被 EGTA 络合以后，表现出多峰性并后移

s—电渗峰；p—蛋白峰；u—未知组分

第六节　微　量　制　备

　　毛细管电泳可以用于微量蛋白质的制备，包括：探针纯化制备，珍贵标准样品制备，微量多肽测序样品纯度检验与纯化制备，氨基酸组成分析用样品提纯，放射性凝胶电泳用样制备，质谱或其他定性用样收集，高活性酶分析样品提取等。

　　制备操作与 HPLC 的馏分收集类似，可有带电收集和断电收集两法。前者利用电场使目标区带迁移到收集瓶中或连续移动到收集介质上。后者一般先完成分离，然后利用低压或低流速注射泵将目标区带推入到收集介质中，当然，收集介质必须具有一定的电导，好与电源连通[22~24]。CE 用于制备 pmole 量的样品，其回收率远高于 HPLC[25]。

　　用 CE 制备蛋白质，有单次收集或多次重复收集等不同的策略。下面分别讨论。

一、单次收集

　　单次收集适用于以下情况：

　　① 分离度大即主峰与杂峰分开很远、允许大过量进样分离的组分；

　　② 利用浓缩进样可大幅提高进样量的组分；

　　③ 背景电导很低因而可以使用大孔毛细管来提高进样量的操作模式。

　　制备用毛细管的内径常在 $75 \sim 100\mu m$ 之间，也可细至 $50\mu m$，或粗达 $150\mu m$ 甚至 $200\mu m$[25,26]。一般地，制备量与毛细管内径的平方（截面积）成正比。一根 $200\mu m$ 内径毛细管的进样量可比 $75\mu m$ 内径大 7 倍左右，所以应该尽可能使用粗管。为了在使用粗管时尽可能不出现过热问题，应该使用冷却恒温控制并适当降低分离电压。降低电压当然会降低分离效率和速度，但必快于多次收集。

二、多次收集

反复收集同一个分离峰，能成倍提高制备量。收集次数并无理论限制，但实际操作多取 10 次收集，最多不过 100 次。同瓶收集次数过多，可能会因重复的电极反应和积累，反而降低收集物的纯度。

三、多次收集-单次纯化

因多次收集而造成的污染或交叉沾污，可以浓缩后再分离一次，并通过切割收集主峰而得以纯化或获得高纯制品。

第七节　应　　用

一、促红细胞生成素肽谱分析[27~29]

（1）原理　酶促反应可在特定部位切断蛋白质，形成特征的肽片段混合物，可由 CE 分离得到特征的电泳谱图，即所谓的肽谱，用以鉴定蛋白质。不同蛋白质的氨基酸组成不同，在同一种酶的作用下，会形成不同的肽谱图；而相同的蛋白质在不同酶的作用下，同样也会形成不同的肽谱。肽谱还可以用于一级结构、氨基酸转移修饰位置、糖基化位点和二硫键位置的测定等。

（2）酶解　先用 N-糖苷酶作用于基因重组人促红细胞生成素（rHuEPO），除去天冬氨酸上潜在的糖基，然后用胰蛋白酶水解，切开精氨酸和赖氨酸残基间的肽键。

（3）分离　选 CZE 模式，分离缓冲液为 40mmol/L NaH_2PO_4，用 H_3PO_4 调至 pH 2.5，再加 100mmol/L HAS（hexanesulfonic acid，己磺酸，属离子对试剂）；毛细管为 $50\mu m$ ID×50/75cm，无涂层熔融石英管，恒温于 30℃；分离电压是 16kV[27]。

（4）用途　鉴定不同来源蛋白质的差异。图 11-5 显示了由大肠杆菌表达和由中国仓鼠卵巢细胞表达的 rHuEPO 胰蛋白酶酶解肽谱，其中全同的峰有 16 个，不能叠合的峰，图（a）有 7 个、图（b）有 2 个。已知，大肠杆菌表达的是没有糖基化的 rHuEPO，而中国仓鼠卵巢细胞表达的是糖基化了的 rHuEPO。

注意：CZE 有时不能完全分离所有的肽片段，这时就需要改换分离模式，比如采用 MEKC 或 CEC 等。如果有条件，可以进行 RP-HPLC 分离并作比较。CE 和 HPLC 是比较理想的正交技术[28,29]。

二、分子量测定

有两种基础策略可用来做蛋白质分子量的 CE 测定：策略一，先测标准蛋白，

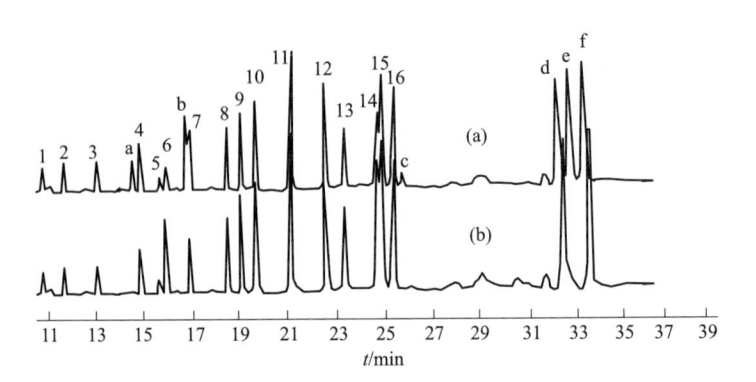

图 11-5 基因重组人促红细胞生成素胰蛋白酶解 CZE 肽图

(a) *E. Coli* 表达产物；(b) 中国仓鼠卵巢细胞表达产物

电泳：16kV，30℃

毛细管：50μm ID×50/70cm

检测：200nm

缓冲液：100mmol/L 己磺酸＋40mmol/L 磷酸，pH 2.5

再测未知样品，然后进行标准比较，如同外标定量分析；策略二，在待测样品中插入标准蛋白，同时进样分离，由同一谱图计算分子量，如同内标定量分析。

策略一只需测定一次标准，而后可以测定不同的未知蛋白质样品，测速快，但准确度差一些。策略二需要大致知道样品的分子量范围，以便选择合适的标准插入蛋白，此法测定的准确性较高，但比较费事。下面利用策略一来介绍分子量测定的具体方法。

1. 蛋白分子量（＜200k）的 SDS-CGE 测定

通常选用 SDS-NGCE 或 SDS-CGE 模式来测定蛋白质的分子量。分子量小于 200k 时，可任选一种模式；但如分子量＞200k，则最好采用 SDS-NGCE 模式。这里先介绍 200k 以下蛋白质的 SDS-CGE 测定，后面再介绍更大蛋白质的 SDS-NGCE。

（1）凝胶毛细管 尺寸为 $50\sim75\mu m$ ID×7/24cm（分离长度/总长），内填 $3\%\sim5\%T+2.6\%C$ 聚丙烯酰胺凝胶。凝胶单体配于 375mmol/L Tris（pH 8.8）＋3.2mmol/L SDS＋2.35mol/L 乙二醇的缓冲液中。

（2）电泳缓冲液 配制和使用 300mmol/L Tris（pH 8.8）＋3.2mmol/L SDS＋2.35mol/L 乙二醇缓冲液。

（3）样品制备 将蛋白质样品溶于 PBS（150mmol/L NaCl＋2.8mmol/L NaH_2PO_4＋7.8mmol/L Na_2HPO_4）中，加入 2-巯基乙醇，再用 TS［62.5mmol/L Tris（pH 6.8）＋12.8mmol/LSDS］稀释定容，于 55～60℃中反应 10min。选用的分子量标准蛋白有：溶菌酶（$M=14400$）、大豆胰蛋白酶抑制剂（$M=21500$）、牛碳酸酐酶（$M=31000$）、鸡卵白蛋白（$M=45000$）、牛血清白蛋白（$M=66200$）、兔肌磷酰化酶 b（$M=97400$）、肌球蛋白（$M=200000$）。

（4）电泳操作　进样前，凝胶毛细管先在 $-50V/cm$ 和 $25℃$ 下平衡 $60min$，样品由电动进样法引入毛细管（$-2.5kV-10s$），然后在 $-83V/cm$ 下分离。

（5）检测　选 $214nm$ 波长做紫外吸收检测（也可用 $220nm$、$230nm$ 或 $285nm$ 检测）。

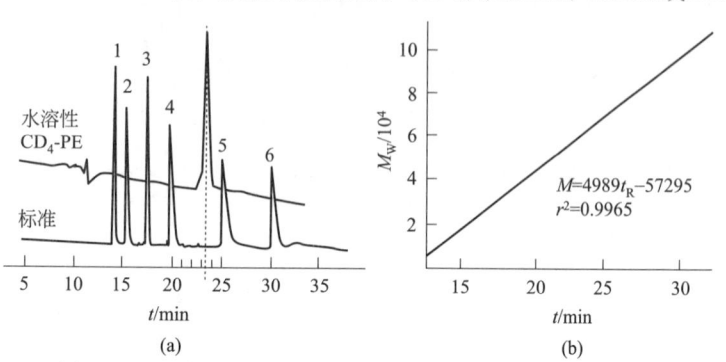

图 11-6　蛋白质分子量的 SDS-CGE 测定谱图及其工作曲线

（a）SDS-CGE 测定谱图；（b）工作曲线

1—鸡卵蛋白溶菌酶（$M=14400$）；2—大豆胰蛋白酶抑制剂（$M=21500$）；

3—牛碳酸酐酶（$M=31000$）；4—鸡卵白蛋白（$M=45000$）；

5—牛血清白蛋白（$M=66200$）；6—兔肌磷酰化酶 b（$M=97400$）

图 11-6（a）显示了由 $214nm$ 检测得到的 SDS-CGE 谱图。由标准谱图可以求得分子量与迁移时间的定量关系曲线或回归曲线方程[见图 11-6(b)]，并据此求算目标样品的分子量。图 11-6(a)还同时显示了一个试探样品即水溶性 CD-PE 的分离结果，可以看出该蛋白质的分子量在 6 万附近（与峰 5 邻近），且在 1500 附近（峰 1 附近）还有一杂质峰。已知 CD-PE 由 545 个氨基酸残基组成，计算分子量为 59187。以出峰时间为 $23.35min$ 计算，得到的实测分子量为 59189，还是比较准确的。很多的数据显示，CGE 的分子量测定结果，与传统 SDS-PAGE 的测定值具有良好的可比性。表 11-5 罗列了一些数据，以供参考。

2. 蛋白分子量（$>200k$）的 SDS-NGCE 测定

（1）毛细管及其洗涤　选择具有亲水涂层或无涂层的毛细管（$100\mu m$ ID$\times 20cm$）并清洗。无涂层毛细管先用 $1mol/L$ NaOH 和水冲洗各 $2\sim 5min$，然后用电泳缓冲液冲洗 $5min$。各次分离之间，通常先用 $1mol/L$ HCl 冲洗若干分钟（除去吸附蛋白），再用缓冲液冲洗。具有亲水涂层的毛细管，一般只用电泳缓冲液冲洗 $2\sim 5min$。

（2）缓冲介质及其配制　所用缓冲液为 $100mmol/L$ Tris/CHES（pH 8.5）$+$ 0.1%SDS$+3\%\sim 6\%$ PEO（或葡聚糖或其他高分子，见表 11-3）。可以利用 $1.0mol/L$ Tris/HCl（pH 8.5）、20%SDS 和 PEO 储存液混合而成。其中 PEO 储存液可按下法配制：将适量的 PEO 溶于 0.1% 的乙二醇水溶液中，过滤，$4℃$ 中保存。

（3）样品制备　将蛋白质溶于 $60mmol/L$ Tris/HCl（pH 6.6）$+1\%$SDS$+$ 5% 2-巯基乙醇溶液中，置沸水中加热 $5min$，离心，取上清液进样电泳。

（4）电泳　进样前，先在 $300V/cm$ 和 $20℃$ 下平衡 $5\sim 10min$，压力进样 $2\sim$

20s 不等（取决于电泳介质的黏度），然后在 300V/cm 下电泳。检测方法同前。

图 11-7(a)是用 4% PEO100000 非胶介质分离分子量标准蛋白的电泳谱图，图 11-7(b)则是血红蛋白的电泳谱图。与 SDS-CGE 相比，SDS-NGCE 分离的速度明显加快，但效率也有所下降。

表 11-5 蛋白质分子量的 CGE 和平板凝胶电泳（SGE）测定结果比较[30,31]

| 蛋白质名称 | 分子量 | | | 蛋白质名称 | 分子量 | | |
	文献值	SGE 值	CGE 值		文献值	SGE 值	CGE 值
α-乳清蛋白	14200	14251	14200	抗兔 IgG(γ 链)	52000	68800	41800
溶菌酶	14300	14313	<29900	伴刀豆球蛋白 A	54000	40800	29400
血红蛋白	17200	17231	18800	兔 IgG	55000	69100	50900
β-乳清蛋白	18400	18464	18000	马 IgG	55000	63800	51700
大豆胰蛋白酶抑制因子	20100	21300	20000	绵羊 IgG	55000	68900	50000
Mycokinase	21400	28000	<29900	山羊 IgG	55000	69600	50000
胰蛋白酶原	24000	33800	29500	α-淀粉酶	57000	59600	54000
磷酸丙糖异构酶	26600	27300	26600	丙酮酸激酶	57000	63800	54000
碳酸酐酶	29000	29700	28800	单胺氧化酶	60000	65121	59600
尿激酶	33000	47900	35000	磷酸葡萄糖异构化酶	65500	57900	46000
羧肽酶 N	34000	32400	29000	牛血清白蛋白	66000	66004	62500
磷酸甘油脱氢酶	34000	32400	32500	清蛋白（交联）	66000	63100	63400
葡萄糖激酶	34500	36400	40500	氨基酸氧化酶	70000	71100	59600
胃蛋白酶	34700	85000	45000	血蓝蛋白（交联）	70000	74500	73400
原肌球蛋白	35000	35800	48000	碱性磷酸酶	72000	72900	65400
苹果酸脱氢酶	35000	34200	33800	转铁蛋白	80000	83600	67600
磷酸甘油醛脱氢酶（兔）	36000	36135	35700	尿酶	83000	82700	83000
磷酸甘油醛脱氢酶（鱼）	39000	36400	40500	酯酶	85000	88100	57000
乳酸脱氢酶	36000	32800	36500	结合珠蛋白	85000	84200	86000
天冬酰胺酶	37500	40500	37000	α-辅肌动蛋白	95000	77100	81600
醛缩酶 A	39500	36200	32500	淀粉葡糖苷酶	97000	118800	65000
醇脱氢酶(α)	39800	41932	41000	磷酸化酶 b	97000	89700	81600
肌酐磷酸激酶	40000	55700	40900	腺苷脱氨酶	100000	70800	64000
烯醇化酶	42500	40500	45900	β-半乳糖苷酶	116000	116200	106700
虫荧光素酶	42000	42854	42000	细胞色素氧化酶	120000	191900	200000
卵清蛋白	45000	45500	42800	尿苷-5DGP4-差向异构酶	125000	76800	29000
羧肽酶	46000	44500	41000	丙酮酸羧化酶	131000	134900	130000
乙醛酸还原酶	47000	24400	43600	甘胆酸盐氧化酶	140000	39800	38800
延胡索酸酶	48500	44302	49000	葡糖氧化酶	150000	119700	64600
柠檬酸合成酶	50000	22500	45600	天冬氨酸转氨甲酰酶	180000	89100	83000
己糖激酶	52000	51768	51000	α-巨球蛋白	180000	188800	178000
谷胱甘肽还原酶	52000	62200	54000	肌球蛋白	206000	213000	179800

三、等电点测定

与传统等电聚焦一样，CIEF 需要通过和已知等电点的蛋白质标准进行比较，才能给出样品的 pI 值。同前面的分子量测定类似，可以采用标准工作曲线或标准插入法。前者比较准确但后者更常用。标准曲线与标准插入（只插 1～2 个）法联

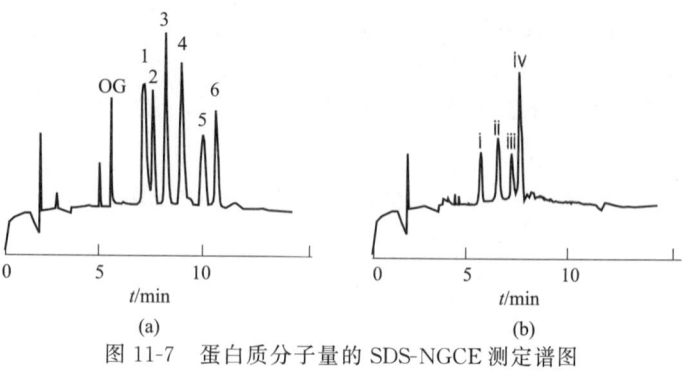

图 11-7　蛋白质分子量的 SDS-NGCE 测定谱图

（a）标准；（b）血红蛋白

筛分介质：4%PEO（$M=100000$）

毛细管：$100\mu m$ ID×20cm

峰：OG—橙 G；1—α-乳清蛋白（$M=14400$）；2—大豆胰蛋白酶抑制剂（$M=21500$）；

　　3—碳酸酐酶（$M=31000$）；4—鸡卵白蛋白（$M=45000$）；5—牛血清白蛋白

　　（$M=66200$）；6—兔肌磷酰化酶 b（$M=97400$）；

　　ⅰ—单体；ⅱ—二聚体；ⅲ—三聚体；ⅳ—四聚体

用可提高测定的可靠性。标准工作曲线由 pI-t 表达，它在确定的 pH 范围内是一线性函数。这与传统的 IEF 不同。以下实验参数针对 Beckman 仪器，可作参考。

（1）毛细管　$50\mu m$ ID×7/47cm（分离长度/总长），涂层（Beckman 的 eCAP Neutral，P/N 477441）。

（2）样品　将蛋白质溶于 2% Ampholyte（宽 pH）+0.2% HPMC+0.75% TEMED 中，临用前配制。

（3）仪器　Beckman P/ACE 2050，内圈电极槽编号 1~10，外圈编号 11~34。

（4）操作　采用一步法中方法二[32] 的操作程序。将 20mmol/L NaOH 装入 11（或 34）号位瓶中。将 10mmol/L H_3PO_4 装于 1（或 10）号位瓶中。将样品置于 15 号位并利用压力灌满毛细管，让毛细管两端分别插入 11 和 1 号瓶。在 1 上施加正电压（11 号接地）进行聚焦分离，同时记录紫外吸收谱图。

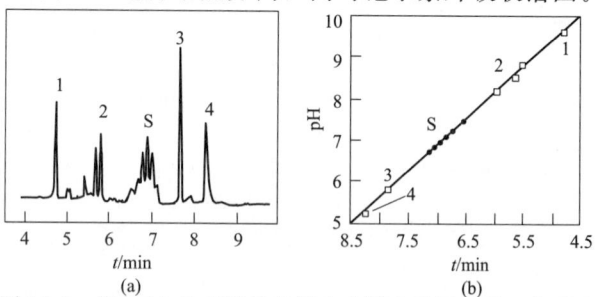

图 11-8　抗 CEA 单克隆抗体等电点测定谱图及其工作曲线

（a）测定谱图；（b）工作曲线

1—细胞色素 C（pI=9.6）；2—小扁豆豆凝集素（pI=8.8，8.6，8.2）；

3—碳酸酐酶Ⅱ（pI=5.9）；4—β-乳球蛋白（pI=5.1）；

S—抗 CEA 单克隆抗体（pI=6.7~7.46）

图 11-8 所示的是关于抗癌胚抗原（CEA）单克隆抗体（一种糖蛋白）的等电点测定谱图和工作曲线。图中显示，抗 CEA 单克隆抗体（峰 S）有多种成分，等电点在 6.73～7.46 之间变化。本测定采用标准和插入联用方法。

四、其他应用

毛细管电泳在蛋白质研究中的应用还可以包括：反应过程研究或监视、蛋白质纯度或含量测定、蛋白毒性研究、蛋白亚基分析、蛋白质立体结构以及折叠和去折叠研究等，这里不再一一介绍。

第八节　CE 在蛋白质组学研究中的应用

蛋白质组学研究是生命科学中的又一大规模的科学行动，影响很大但挑战也很严峻，这为毛细管电泳发挥其独特的作用提供了新的舞台。如所意料，CE 特别是 2DCE 及相关技术，的确可为蛋白质组的分析开辟新天地。但是这里将不会安排大的篇幅来对此进行详细的讨论，而只是非常简要地介绍这方面的挑战和 CE 的特色应用。

一、蛋白质组研究的基本挑战

和基因组测序一样，蛋白质组研究面临的挑战依然是方法学问题。虽然有 2DE 和 MS 等方法可以一用，但离真正解决问题还有很长的路要走。目前亟待解决的挑战有：

① 2DE 不能分离分子量很小的组分；

② 2DE 和 MS 都不能研究分子量很大的组分；

③ 没有分析和鉴定脂溶性蛋白的理想方法；

④ 尚无有效处理丰度极差很大（12 个数量级或更大）的有效方法，亦无分析高丰度中的低丰度蛋白质组分的理想方法；

⑤ 所有现行的方法均无法单独对付具有海量数目的蛋白质组。

虽然基因数目相当有限（人类基因组也就包含约 3 万个基因），但因表达后的修饰、络合、代谢或降解以及其他原因，实际生物体中的蛋白质和肽的数目远多于基因，而且还有物种及个体差异，所以天然蛋白的数目不可胜数。数目巨众、含量悬殊、性质各异，是蛋白质组研究之所以面临严峻挑战的根源。

由此可知，彻底解决蛋白质组学研究的问题，可能需要发展出一种全能的方法或方法组合，包括海量数据的检测、记录与处理等技术，但核心可能在于发展高通微量分析方法[33]。理论上有不少潜在的方法，CE 是其中的一个选项。

二、CE 方法特点

CE 由于其在 DNA 高速测序中发挥过巨大的作用，人们自然会想到它是否还能用于蛋白质组研究中。事实上，蛋白质的 CE 研究，可以上溯到 CE 研究的早期。CE 之所以引起重视，与它的以下特点有极大的关系。

（1）耗样少　可望成为微小体积蛋白质样品的快速制备与分离方法。

（2）峰容量高　CE 的联用维数可以较多，利用多维联用以及阵列技术，能极大提升峰容量。以三维 CE 为例，峰容量可以达到接近 3.5 万的水平，而 2DE 大概只有 7 千左右[34]。2DE 如不能自动化操作将很难再提高维数。

（3）灵敏度高　LIF 检测可达 100 个分子甚至单分子水平，可成为单细胞蛋白质组的研究方法。

（4）重复性高　考虑一维 CE 保留时间的变异系数约为 0.3%～1.5%，二维合起来就是 0.6%～3%，三维也不过 1%～4.5%，而 2DE 则达 20% 左右[35]，优劣可见一斑。

（5）通用性广　CE 具备丰富的分离模式，能够实现水和非水分离，能够对付大小不同的样品分子（从离子到细胞），能覆盖大范围的等电点（pI 1～12）等，这些正是蛋白质组研究所期待的特征。

事实上，可用于研究蛋白质组的 CE 方法还不少，比如一维和多维 CE、LC-CE、CE-MS、LC-CE-MS 等。它们各有其效，亦各有特色。关于这些技术的原理及其在蛋白质分离分析中的应用，可参见相关章节，特别是第七章第一、二节，这里不拟赘述。顺便指出，CE 在蛋白质组学研究中最富特色的应用，除了能够对多细胞匀浆提取蛋白质组进行分离外（图 11-9）[36]，更能够对单细胞溶解蛋白质组进行高速有效的分离。图 11-10 显示的就是利用单细胞 2DCE 方法，对一种乳腺癌细胞及其凋亡细胞进行的比较研究结果[37]，其差别是明显和清楚的。

利用这种单细胞 2DCE 技术，可以进行许多以前看来是困难的蛋白组分离研究工作，包括对卵子、精子、受精卵等蛋白质组的研究，有发展前景。

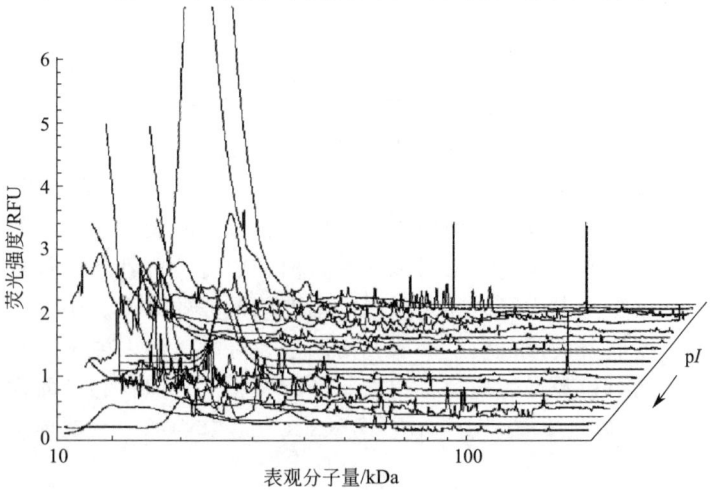

图 11-9　酸沉淀麦芽全细胞匀浆提取蛋白的 CIEF-NGCE-LIF 分离结果（部分）

CIEF 结果收集于 96 个微井中，然后分别进样进行尺寸分离

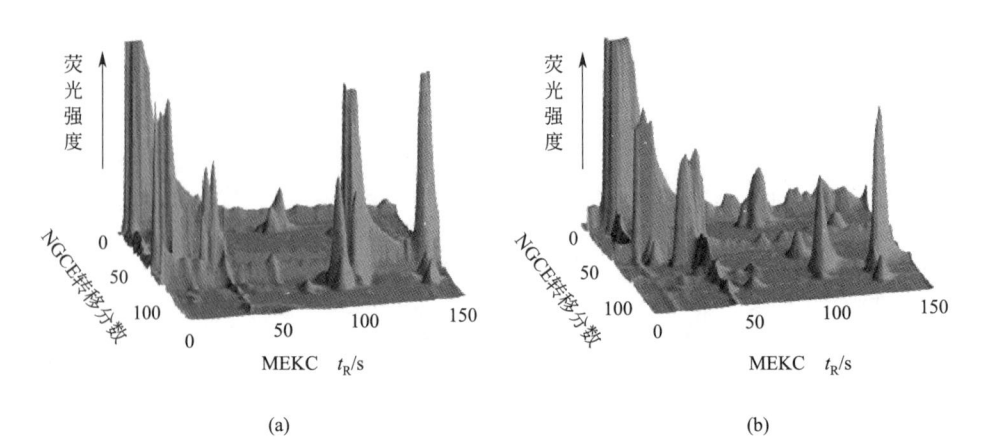

图 11-10 人类乳腺癌细胞 MCF-7 单细胞蛋白质组的 NGCE-MEKC 分离谱图
(a) 正常条件培养细胞；(b) 凋亡细胞，2.5mmol/L 丁酸钠诱导 48h

附记：蛋白质组学基础研究方法发展回放

20 世纪 30 年代，移界电泳技术的提出以及随后的凝胶电泳方法的建立，促成了蛋白质化学的形成与发展。又是电泳——这回是二维平板凝胶电泳的出现，为目前的蛋白质组学研究奠定了技术基础。2DE 早在 20 世纪 70 年代就已建成[38~40]，但用于蛋白质样品的制备和纯化却是后来的事[41]。2DE 以及后来发明的印迹转移技术[42~44] 和印迹膜（如 PVDF 即聚偏二乙烯氟化物）[45~47] 商品的推出，使分离和 Edman 降解测序技术能够联用，于是皮摩尔或毫克级样品的 N-端肽测序成为可能[44,48]。这些方法为蛋白质结构的大量研究提供了必要的技术基础。

在此期间还同时发生了以下与蛋白质组学研究相关的三件大事：

① 蛋白质一级结构数据库开始建立[49~52]，这可是当今蛋白质组学的先祖。

② 基于 MALDI-TOF[53] 和 ESI-MS[54] 的肽链质谱鉴定和测序技术逐渐形成，其中 ESI 使液相分离技术和质谱的在线联用成为可能，而 MALDI-TOF 则具有发展成微量高通分析的潜力。它们为蛋白组学研究开启了又一新天地。

③ 发明了固定 pH 梯度的技术[55]，它使 2DE 分离的重复性和结果的可比性获得大幅提升。

正是由于有了这些方法和技术基础，又由于基因组学没能达到预期解决生命信息问题的目的，蛋白组研究开始在 20 世纪 90 年代被提出[56,57]，并形成今天的研究规模。中国在蛋白质组研究中，也已走到前沿，主要聚焦于人类肝脏蛋白质组和定量蛋白组学研究上。

蛋白质组的英文叫作 "proteome"，指代由基因组决定的全体蛋白质。而蛋白质组学的英文是 "proteomics"，是指关于蛋白质组研究的学问。

参考文献

［1］ Offord R E. *Nature*，1966，211：591.

［2］ Compton B J. *J Chromatogr*，1991，559：357.

［3］ Shapiro A L，et al. *Biochem Biophys Res Commun*，1967，28：815.

［4］ Hjerten S. *J Chromatogr*，1985，347：191.

［5］ Novotny M. *Anal Chem*，1990，62：2478.

［6］ Jorgenson J W. *Science*，1983，222：266.

［7］ Poppe S. *J Chromatogr*，1988，471：429；1989，480：339.

［8］ McCormick R M. *Anal Chem*，1988，60：2322.

［9］ Swerdberg S A. *Anal Biochem*，1990，185：51.

［10］ Swerdberg S A. *J High Res Chromatogr*，1991，14：65.

［11］ El Rassi Z. *J Chromatogr*，1991，559：367.

［12］ Engelhardt H. *J Microcol Sep*，1991，3：491.

［13］ Karger B L，et al. *J Chromatogr*，1993，652：149.

［14］ Lee C S. *Anal Chem*，1993，65：2747.

［15］ Lauer I P，McManigill D. *Anal Chem*，1986，58：166.

［16］ Bushey M M，Jorgenson J W. *J Chromatogr*，1989，480：301.

［17］ Chen F T，Kelly L，Palmieri R，et al. *J Liq Chromatogr*，1992，15：1143.

［18］ Kajirwara H. *J Chromatogr*，1991，559：345.

［19］ Heagaard N H H，Robey F A. *Anal Chem*，1992，64：2479.

［20］ Chu Y-H，Whitesides G M. *J Med Chem*，1992，35：2915.

［21］ Kuhn R，Frei R，Christen M. *Anal Biochem*，1994，218：131.

［22］ Cohen A S，et al. *Proc Natl Acad Sci USA*，1988，85：9660.

［23］ Camilleri P，Okafo G N. *J Chem Soc Chem Commun*，1991，3：196.

［24］ Camilleri P，Okafo G N. *Anal Biochem*，1991，3：196.

［25］ Kenny J W，Ohms J I，Smith A J. //Angeletti R. *Techniques in Protein Chemistry IV*. San Diego：Academic Press，1993.

［26］ Smith A J，Ohms J I. //Angeletti R. *Techniques in Protein Chemistry III*. San Diego：Academic Press，1992.

［27］ Rush R S，Derby P L，Strickland T W，Rhode M F. *Anal Chem*，1993，65：1834.

［28］ Grossman P D，Colburn J C，Lauer H H，et al. *Anal Chem*，1989，61：1186.

［29］ Bullock J. *J Chromatogr*，1993，633：235.

［30］ Guttman A，Nolan J. *Anal Biochem*，1994，221：285.

［31］ Shieh P C H，Hoang D，Guttman A，Cooke N. *J Chromatogr A*，1994，676：219.

［32］ Pritchett T. //*Application Information Bulletin A 1796*. Beckman Instruments，Inc，1994.

［33］ 陈义. 化学进展，2005，17：573.

［34］ Hochstrasser D F，et al. *Anal Biochem*，1988，173：424.

［35］ Anderson NL，et al. *Electrophoresis*，1995，16：1997.

［36］ Chang W W P，Ngo L，Ames L，et al. www. targetdiscovery. com/files/articles/20030711153537886/WPC_ Siena_Poster1. pdf.

［37］ Hu S，Michels D A，Fazal M A，et al. *Anal Chem*，2004，76：4044.

［38］ O'Farrell P H. *J Biol Chem*，1975，250：4007.

［39］ Garrels J I，Gibson W. *Cell*，1976，9：793.

［40］ Bravo R，Celis J E. // Celis J E，Bravo R. *Two-dimensional Gel Electrophoresis*. Orlando Academic Press，

1984: 445.

[41] Bauw G，Van Damme J，Puype M，et al. *Proc Natl Acad Sci USA*，1989，86：701.

[42] Vandekerckhove J，Bauw G，Puype M，et al. *Eur J Biochem*，1985，152：9.

[43] Aebersold R H，Teplow D B，Hood L E，Kent S B. *J Biol Chem*，1986，261：4229.

[44] Hewick R M，Hunkapiller M W，Hood L E，Dreyer W J. *J Biol Chem*，1981，256：7990.

[45] Pluskal M G，Przekop M B，Kavonian M R，Vecoli C，Hicks D. *Bio Techniques*，1986，4：272.

[46] Bauw G，De Loose D，Inz∅ D，et al. *Proc Natl Acad Sci USA*，1987，84：4806.

[47] Matsudaira P. *J Biol Chem*，1987，262：10035.

[48] Aebersold R H，Leavitt J，Saavedra R A，et al. *Proc Natl Acad Sci.USA*，1987，84：6970.

[49] Celis J E，Ratz G P，Celis A. *Leukemia*，1987，1：707.

[50] Anderson N L，Esquer-Blasco R，Hofmann J P，Anderson N G. *Electrophoresis*，1991，12：907.

[51] Baker C S，Corbett J M，May A J，Yacoub M H，Dunn M J. *Electrophoresis*，1992，13：723.

[52] Wilkins M R，Sanchez J-C，Gooley A A，et al. *Biotech Gen Engineer Rev*，1995，13：19.

[53] Karas M，Hillenkamp F. *Anal Chem*，1988，60：2299.

[54] Fenn J B，Mann M，Meng C K，Wong S F，Whitehouse C M. *Science*，1989，246：64.

[55] Bjellqvist B，Ek K，Righetti P G，et al. *J Biochem Biophys Methods*，1982，6：317.

[56] Wilkins M R，Sanchez J C，Golley A A，et al. *Genet Eng Rev*，1996，13：19.

[57] Anderson N L，Anderson N G. *Electrophoresis*，1998，19：1853.

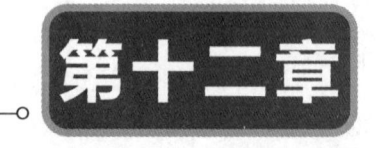

CHAPTER 12

DNA 及其碎片分析

DNA 的分离分析，大量依赖于凝胶电泳。传统电泳需要制胶、上样、分离、染色/脱色等操作，过程冗长乏味，而且也不适合于定量分析。从 1988 年 CE 开始被用于 DNA[1,2] 分析后，局面便逐渐发生了变化。现在，PCR 产物鉴定、基因突变研究、DNA 损伤分析、临床诊断等，多由 CE 完成，而 DNA 高速测序等更离不开 CE。限于篇幅，本章将对 DNA 碎片分析、DNA 测序等进行介绍，其他应用，读者可由此扩展而去。

第一节　DNA 及其片段分离的基础

DNA 是由 $1'$-碱基-$2'$-脱氧核糖通过 $3'$-和 $5'$-位羟基磷酰化连接而成的，其中的碱基有 4 种，它们是腺嘌呤（A）、鸟嘌呤（G）、胞嘧啶（C）和胸腺嘧啶（T）。DNA 的末端（$5'$-端和 $3'$-端）可以断开形成线性结构，也可以闭合成环。线性 DNA 可简化表示成：$5'$-GTTCA…TGAA-$3'$，即只用不同的碱基表示。DNA 可由 dATP、dGTP、dCTP 和 dTTP（脱氧核苷酸，亦可用 A、G、C、T 表示），在聚合酶作用下合成得到。已知顺序 DNA 的合成需要有模板（已知结构 DNA 的补链）和引物（一小段 DNA）的存在。任何 DNA 都可以被酶降解成小的片段，也容易遭受各种化学和物理因素的作用，造成基因突变。DNA 可吸收紫外光并产生荧光，最大吸收波长多在 254nm 附近。这些基本特征，为 CE 用于 DNA 分离和研究提供了依据。下面讨论 DNA 及其碎片分离的基础，包括 CE 模式选择、样品制备、筛分介质选择、缓冲体系构成、检测方法确定等。

一、CE 模式选择

DNA 分离可以采用 CE 中的任何模式，而尺寸分离则使用 CGE 和 NGCE。在

CGE中，主要采用聚丙烯酰胺（PA）凝胶为筛分介质，大片段DNA的分离也可以采用琼脂糖凝胶。利用PA的CGE通常简称为PA-CGE或C-PAGE。在NGCE中，采用较多的介质是纤维素及其衍生物、聚环氧乙烷、低浓度线性聚丙烯酰胺（LPA）等。

二、筛分介质选择

1. 聚丙烯酰胺

变性交联PA（CPA）对500个碱基以下的单链DNA片段可产生单碱基分辨率。所用凝胶浓度多在（3～8）％T＋（3～5）％C之间；变性剂多为7～8mol/L的尿素，有时候也采用甲酰胺。变性CPA的分离效率每米可以达到数千万理论板数[3]，即峰宽仅数秒（图12-1）！是至今分离效率最高的一种介质。但CPA毛细管的制备难度大，可用LPA来降低制管难度。LPA的分离效率低于同浓度CPA，但可通过提高浓度来补偿；LPA需键合到毛细管壁上，以防流失，因而也无法制成低背景凝胶毛细管；低浓度LPA有流动性，可做NGCE。

PA-CGE分离所用的毛细管有效长度多在20cm左右，分离场强则在$-150\sim-500V/cm$之间，以$-200V/cm$更常见。如采用$-500\sim-1000V/cm$电场，则能实现高速分离，但PA极易受损。另一种方法是缩短分离长度到5～10cm并在较低电场下分离，以避免损伤凝胶。图12-2就是用7cm凝胶毛细管获得的分离结果，效果还可以。

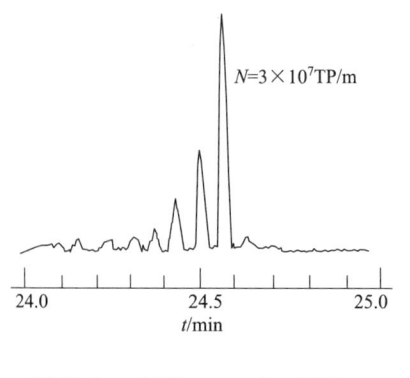

图 12-1　p(dT)$_{20\sim160}$ 中 p(dT)$_{160}$
片段的 PA-CGE 分离峰

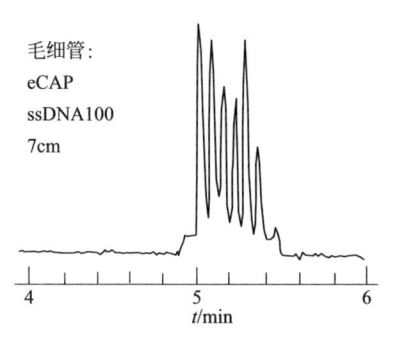

图 12-2　p(dA)$_{25\sim30}$ 的 PA-CGE
快速分离谱图

毛细管中的凝胶容易因频繁的热胀冷缩而损坏，所以最好对胶管进行恒温控制以延长寿命。胶管一旦工作于某一温度，最好不再变动，否则容易产生分离不重现的结果。

2. 琼脂糖

琼脂糖凝胶孔径较大，适合于分离大的DNA及其片段。DNA分子量$<5\times10^7$

者可用 8g/L 的琼脂糖分离；而＜$1.5×10^8$ 者可用 2g/L 琼脂糖分离。Compton 等最早利用琼脂糖-CGE 分离 DNA[4]，Bocek 等对此也有研究[5,6]。

琼脂糖的性能可随来源不同而有所变化。有些琼脂糖会带较多的负电荷，可产生凝胶迁移或电渗现象，要尽可能避免选用。为了减少琼脂糖的荷电量，应避免使用硼酸类缓冲液，因为硼酸根离子会与琼脂糖形成负电复合物。琼脂糖凝胶的强度，随温度上升而降低，在温度高于胶化点时，变成溶液，但温度降低，又会恢复成凝胶状态，此过程可逆。这一特性可用于制备琼脂糖凝胶毛细管，也可以在较高温度下用琼脂糖做 NGCE 分离[5,6]。

使用琼脂糖凝胶时，毛细管最好键合有中性亲水涂层。

3. 亲水高分子

羟甲基纤维素（HMC）、羟乙基纤维素（HEC）、羟丙基甲基纤维素（HPMC）、聚丙烯酰胺乙氧基乙醇（polyacryloylaminoethoxyethanol）、聚蔗糖、聚乙二醇、葡萄甘露聚糖（glucomannan）、聚乙烯醇等高分子可用于 DNA 的尺寸分离[7~13]。

DNA 之所以能被高分子溶液按大小分离，可以解释成是高分子所形成的动态筛分网络在起作用，因此，高分子浓度越高、网络越密分离效果就可能越好，如图 12-3(a)～(c) 所示；也可以解释成是 DNA 分子在穿过高分子时发生了可逆的交缠作用：DNA 链越长，其交缠程度就越高，所以 DNA 片段越大，其出峰也越晚 [图 12-3(c)]。在多数分离中，这两种情形应当兼而有之。

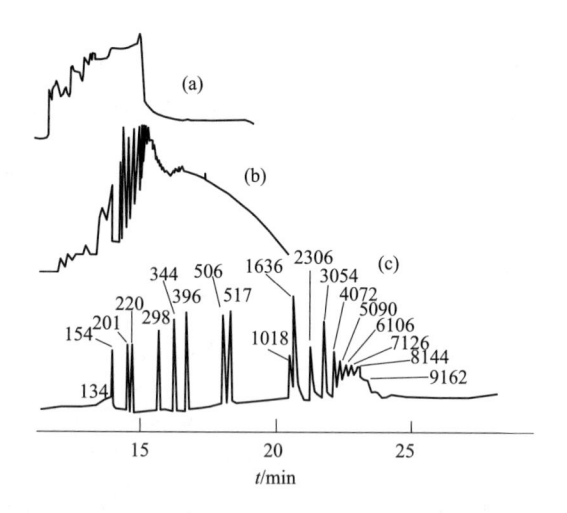

图 12-3　HPMC 浓度对 1kb 以下 DNA 分离的影响
(a) 0.1% HPMC；(b) 0.3% HPMC；(c) 0.7% HPMC

利用高分子溶液分离 DNA 时，宜采用聚硅氧烷、聚乙烯醇、聚丙烯酰胺等亲水涂层管，不宜使用疏水涂层管。

三、缓冲液选择

DNA 分离所用的缓冲体系比较确定，最常用的是 0.15～0.3mol/L 硼酸＋0.1～0.2mol/L Tris，pH 6.7～8.6。有时，还加入 EDTA 等添加剂以防金属离子作用。需变性分离时，可加入 7～8mol/L 尿素。含尿素的缓冲液在 4℃中的储存时间不应大于一个星期，最好现配现用。

在分离双链 DNA 时，缓冲液含有嵌入剂（能通过氢键或分子间力插入 DNA 双链中形成复合物）时，不仅可使 DNA 带上荧光以实现 LIF 检测，而且可能改善分离[9,14]。常用的一种嵌入剂是溴化 3,8-二氨基-5-乙基-6-苯基菲啶（ethidium bromide，EB），添加浓度在 0.5～5μg/mL 之间。EB 能插入到双链 DNA 的两个互补碱基对之间（大致每 5 个碱基对插入 1 个），形成稳定的嵌入复合物。DNA 链的结构、长度以及迁移行为随之改变。如果 DNA 因链长相同而不得分离，可利用嵌入剂使之分离［比较图 12-4(a) 与 (b) 中的第 10 与 11 峰］。

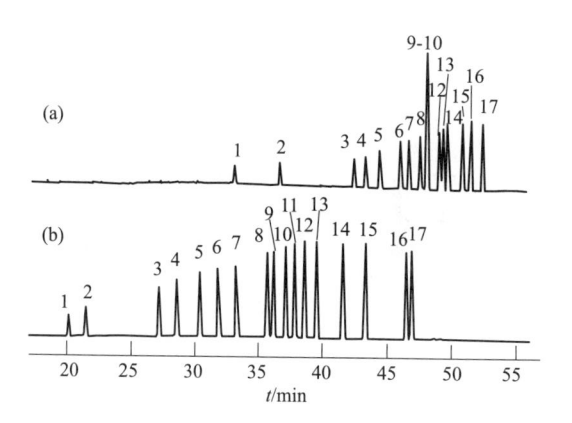

图 12-4　嵌入剂对 pBR322 DNA-Msp Ⅰ酶解片段 CGE 分离的影响

(a) EB：0，$E＝100V/cm$；(b) EB：1mg/mL；$E＝200V/cm$

1—26（bp，下同）；2—24；3—67；4—76；5—90；6—110；7—123；8—147；
9—147；10—160；11—160；12—180；13—190；14—201；15—217；16—138；17—242

四、样品处理、进样及检测

DNA 主要采用 UV 或 LIF 检测。紫外检测波长多选 254nm 或 260nm。LIF 激发波长和样品标记物的选择主要依赖于激光器。能选择的标记物并不很多，对应于 488nm 激光的标记试剂有罗丹明、FITC 等。DNA 的标记方法有多种，使用嵌入剂（比如 EB）最为简单但不适用于单链 DNA。用带有荧光标记基团的核苷为反应原料进行复制，是可行的方法。

DNA 的样品处理，会影响后续的分离、检测和分析精度等。不同的样品基质会对分离造成不同的影响。DNA 样品（如 PCR 产物、离心样品）经常含有很高的无机盐，对其进行脱盐处理可大大改善分离。但脱盐也会引起组分丢失、浓度改变等其他问题，进而影响后续的定性和定量分析。在进行定量分析时要注意电动进样的歧视问题，为此可换用压力或扩散进样方法。当然，采用何种进样方法，取决于所用的分离介质及其黏度。凝胶和高黏度溶液需采用电动或扩散进样；低黏度介质则可以选择压力进样。进样方法对分离也会产生很大的影响，采用聚焦技术，能提高检测灵敏度和分离效率（图 12-5）。

使用内标是提高 CE 分析的精密度和可靠性的重要方法。有两种加内标方法，即混合法和连续进样法。前者简单但样品总含有内标；后者样品不受污染，但进样的顺序可能影响分离。图 12-6 显示了进样顺序对分离效率的影响程度。实验采用了 LIFluor dsDNA 1000 试剂盒（激发波长 488nm，荧光收集波长 530nm），以压力方式 [0.5psi(=3447.28Pa)] 进样 10s，所用的样品为 $10\mu g/mL$ ϕX-174 DNA-Hae III 和 PCR Sabin（3bp 和 97bp），在 7.4kV 和 20℃下电泳分离，分离毛细管长度为 L_{eff}＝30cm，L＝37cm。

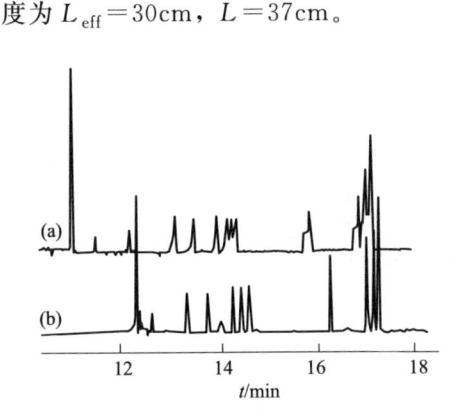

图 12-5　进样方式对 DNA 分离的影响
样品：50mg/mL ϕX-174 RF DNA Hae III，
　　　溶于 20mmol/L NaCl 中
进样：（a）只进样品；（b）先进 10s 0.1mol/L
　　　Tris/乙酸（pH 8.3），再进 20s 样品

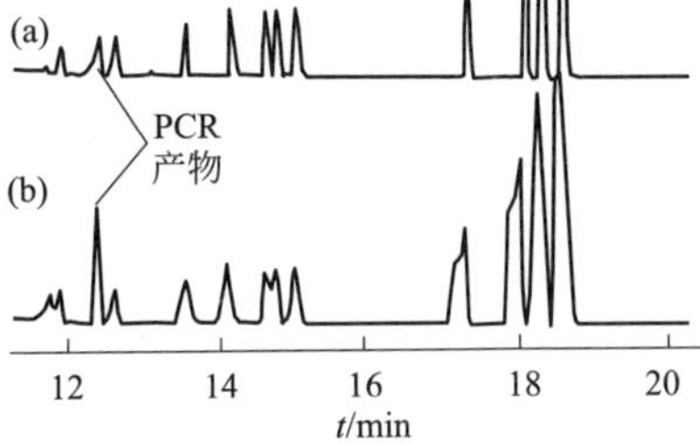

图 12-6　进样顺序对 DNA 分离的影响
样品：PCR 产物及标准（ϕX-174 RF DNA Hae III）
进样：（a）先进 PCR 产物；（b）先进标准 DNA

第二节　基本应用

CE 在 DNA 研究中的应用内容很多，比如 DNA 片段分离测定、（点）突变研究、DNA 损伤研究、DNA 类似物和药物分析、DNA 测序等，本节将介绍其中的一些应用，而下一节将专门介绍 DNA 测序。

一、核苷酸分析

核苷酸与细胞功能、生化过程、能量传输乃至食品风味等许多方面有关，比如鱼的美味来源于 IMP 而腐败味则产生于 IMP 的降解产物如肌苷、次黄嘌呤等。核苷酸还可用于临床诊断[15]。核苷酸 CE 分析的基本条件如下：

常用分离模式：CZE 和 MEKC

毛细管：无涂层或中性涂层（PA 涂层最简便）

常用缓冲体系：硼砂（硼酸/NaOH），磷酸盐（/Tris），CAPS/NaOH 等

分离 pH：多在 4～11 之间

添加剂：SDS、乙二醇、甘油、EDTA 等

检测：多用紫外吸收（254nm、260nm 检测下限在 mmol/L 水平）

Tsuda 最早利用 CZE 研究核苷酸[16]，发现在硬玻璃（pyrex glass）毛细管中，使用 pH7 的磷酸盐缓冲液能得到对称（AMP、GMP）和不对称（ATP、GTP）两组峰，乙二醇添加剂可改善峰形。在此基础上，他们测定了兔血［图 12-7(a)］、肝［图 12-7(b)］、肾中的核苷酸，部分结果见表 12-1。大约在相同的时间，刘进平和竺安也研究了核苷酸的 CZE 分离，提出了优化分离的方法[17,18]。1990 年，Nguyen 用无涂层毛细管和 CAPS 缓冲液（pH 11）测定了鱼肉中核苷酸的降解产物[19]。

表 12-1　CZE 测得的兔血、肝、肾核苷酸浓度

核苷酸名称	血液中浓度/（nmol/L）	肝中浓度/（nmol/g）（湿重）	肾中浓度/（nmol/g）（湿重）
AMP	35	1400	2100
ADP	89	1000	240
ATP	425	610	200

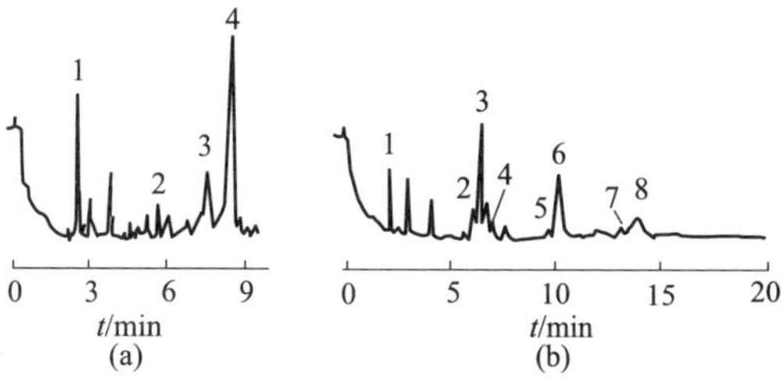

图 12-7　兔血（a）兔肝（b）提取核苷酸的毛细管电泳分离

毛细管：$80\mu m$ ID×42cm（a）或 41cm（b），接 $200\mu m$ ID×15cm 为 UV 检测池

缓冲液：20mmol/L 磷酸盐＋0.5％乙二醇，pH 7

电泳：12kV（a）或 10kV（b），室温

检测波长：254nm

峰：(a) 1—内标；2—AMP；3—ADP；4—ATP

　　(b) 1—内标；2—GMP；3—AMP、IMP；4—UMP、CMP；5—GDP；6—ADP；7—GTP；8—ATP

通过优化 pH 或使用涂层毛细管，可以改进核苷酸的分离度，使十几种常见的核苷酸得到良好分离（图 12-8），由此可测定包括细胞提取液[20～23] 在内的各种样品中的核苷酸。Huang 等曾用 PA 涂层管和磷酸盐/Tris（pH 5.3）缓冲液测定 Hela 细胞的核苷酸含量[21]；Ng 等用无涂层管和硼砂缓冲体系测定淋巴细胞和白细胞中的核苷酸[22]。Shao 利用类似的方法测定了淋巴瘤细胞中的核苷

酸[23]，定量工作曲线的线性范围在 $0 \sim 140 \mu mol/L$ 之间，测定结果见表 12-2，其中腺嘌呤含量高达 70%，而胞嘧啶不足 1%，表明肿瘤细胞因快速生长而在大量消耗能量。

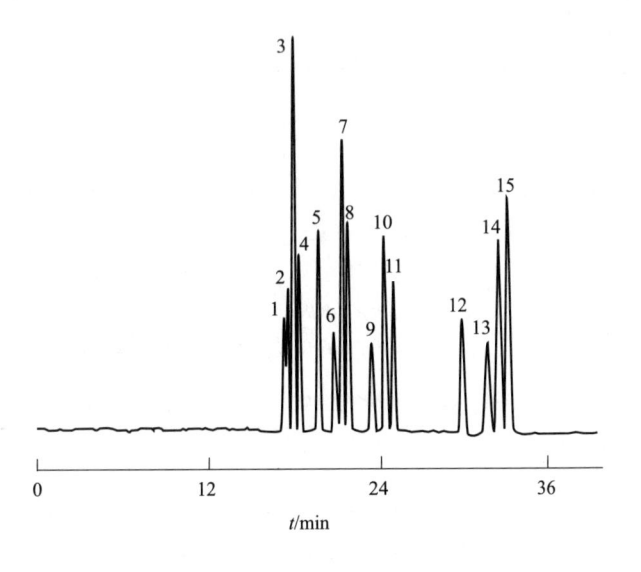

图 12-8　核苷酸标准 CZE 分离谱图

毛细管：$50 \mu m$ ID×65cm，Ucon 涂层

缓冲液：30mmol/L 磷酸盐＋50mmol/L Tris，pH 5.28

电泳：−20kV

检测波长：254nm

峰：1—UTP；2—CTP；3—ATP；4—GTP；5—UDP；6—CDP；7—ADP；8—GDP；9—XMP；10—UDP-葡萄糖；11—ADP-核糖；12—UMP；13—CMP；14—AMP；15—GMP

表 12-2　淋巴瘤细胞中核苷酸含量的 CZE 测定结果（9 次平均）

核苷酸	出峰位置		含量/（$\mu mol/L$，每 10^7 个细胞）
	平均迁移时间/min	相对偏差/%	
UTP	17.50	0.25	3.0
CTP	17.60	0.23	1.4
ATP	18.50	0.22	10.2
GTP	18.41	0.21	5.5
UDP	20.02	0.27	0.4
CDP	21.10	0.34	痕量
ADP	21.53	0.29	1.3
GDP	22.02	0.29	0.4
XMP	23.80	0.65	0.6
UMP	30.24	0.50	1.3
CMP	31.96	0.48	痕量
AMP	32.58	0.52	0.7
GMP	33.43	0.48	痕量

就分离而言，MEKC 可能优于 CZE，因为它多了一个调控手段即胶束相，但检测灵敏度却会降低（比较图 12-8 与图 12-9）。正离子能与带负电荷的核苷酸和硅羟基发生静电作用，从而改变核苷酸的迁移行为，产生有利于分离的效果，所以在构筑胶束时应优先考虑正离子表面活性剂[24]。图 12-9 显示的是用 MEKC 分离从兔肿瘤中提取的核苷酸，所用的缓冲液就含有正离子表面活性剂[25]。

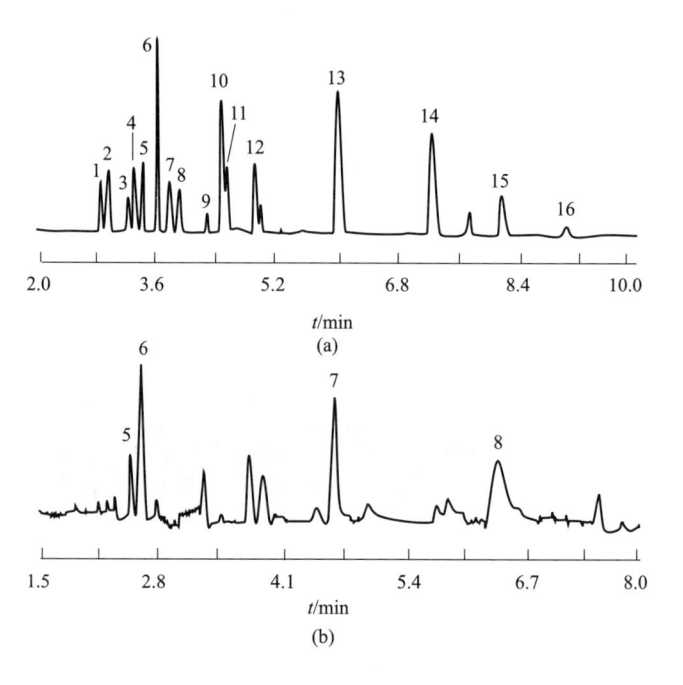

图 12-9　核苷酸的 MEKC 分离

（a）标准；（b）兔肿瘤高氯酸提取中和产物

缓冲液：100mmol/L DTBA，1mmol/L EDTA，50mmol/L 磷酸盐，pH 7

峰：1—CMP；2—UMP；3—IMP；4—GMP；5—NAD；6—AMP；7—dAMP；8—NADP；
9—未知；10—UDP；11—GDP；12—ADP；13—UTP；14—GTP；15—ATP；16—cXMP

二、寡聚核苷酸与单链 DNA 片段分析

寡聚核苷酸及小片段单链 DNA 的 CE 关键在于达到单碱基分离，有 CGE 和 NGCE 可选。后者易于操作，可用的筛分介质有 LPA、聚氧乙烯和纤维素等，图 12-10 显示了其分离效果。前者如 PA-CGE 更容易实现单碱基分离（见图 12-11），但管的制备困难且检测灵敏度较低，原因在于 PA 存在聚合收缩和高的紫外吸收，该吸收还随波长变短而迅速上升，约在 210nm 处截止。采用衍生方法或降低胶管吸收背景的方法，可以提高检测灵敏度[26]，低背景胶管和衍生联合使用，效果会更好。

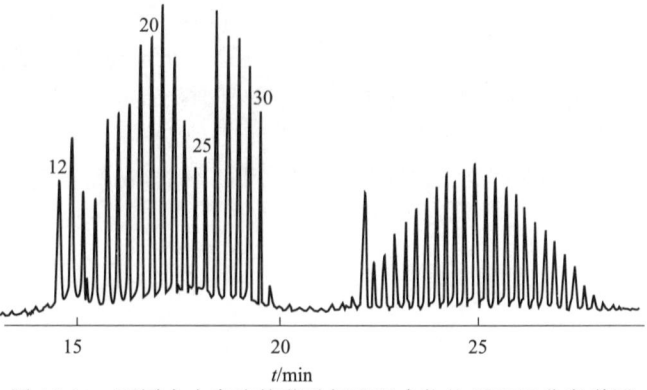

图 12-10　不同大小寡聚核苷酸标准混合物的 NGCE 分离谱图
毛细管：$75\mu m$ ID×20/27cm，填可置换凝胶
样品：pd(A)$_{12\sim18}$，pd(A)$_{19\sim24}$，pd(A)$_{25\sim30}$，pd(A)$_{40\sim60}$
电泳：500V/cm，30℃
检测波长：254nm

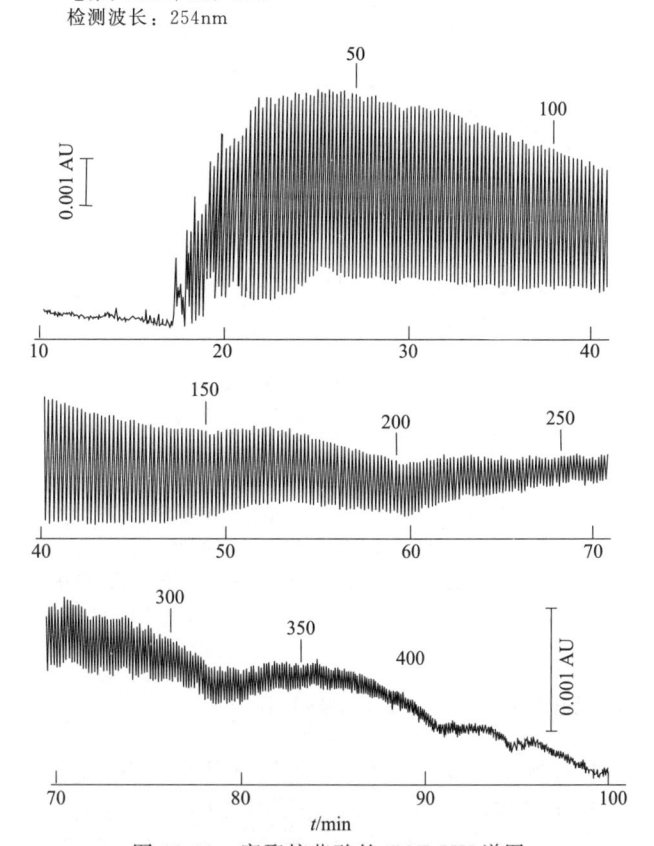

图 12-11　寡聚核苷酸的 CGE-UV 谱图
毛细管：$100\mu m$ ID×30/37cm，填 5%T+5%C 凝胶
缓冲液/变性剂：0.1mol/L Tris+0.25mol/L 硼酸/7mol/L 尿素
样品：poly(A)部分水解产物
电泳：−200V/cm，25℃
检测：254nm
峰上的数字为核苷酸残基数

影响寡聚核苷酸分离的关键因素，除筛分介质外，还有以下因素。

① 进样量：越少越好。

② 凝胶浓度：提高凝胶浓度会提高分离度，但延长分离时间和缩短可分片段长度，需折中选择。

③ 毛细管涂层：中性涂层（PA最简便）。

④ 缓冲体系：常用硼酸/Tris、磷酸/Tris、Tricine/Tris等。

⑤ 分离pH：在7.4～8.8之间。

⑥ 添加剂：EDTA、乙二醇、甘油等。

⑦ 变性剂：常用4～8mol/L尿素，可换用20％～30％甲酰胺。

⑧ 分离电场：多在200～500V/cm之间。

⑨ 分离温度：室温附近。

⑩ 检测：UV、LIF。

寡聚核苷酸和单链DNA片段的分离条件，可直接用于DNA测序，请见第三节。

三、双链 DNA 分析

1. 小片段双链 DNA 分离与应用

双链DNA分析离不开PCR技术。PCR自1986年被正式推出后，应用发展十分迅速，涉及诸如医药、法医、流行病学、考古学、生物学等众多领域。电泳是PCR的显示技术，它使其中的DNA变得可见，由此才能知道基因是否有问题。CE作为更加快速的电泳技术，可自动化、定量测定DNA片段的数量或拷贝份数。

不同动植物同源或同种基因的DNA序列会存在差异，比如细菌核糖体RNA基因和真菌类rDNA的序列随细菌种类不同而异，而人和植物等中还存在特征性的重复序列DNA。这些DNA的限制性内切片段的CE谱图也会具有特征性或基因型，可作为"身份标志"，用以鉴定动植物[27,28]。

双链DNA分离所用的筛分介质通常是琼脂糖、纤维素及其衍生物、低浓度LPA等。分离的条件略同于寡聚核苷酸。双链DNA分离的流程是：

DNA提取→PCR扩增→限制性内切酶解→NGCE或CGE-LIF

利用LIF好处是只显示含荧光的DNA片段，但需要将荧光基团引入DNA中。双链DNA采用嵌入标记最简单，也可在PCR反应物中加入诸如5′-荧光素（FITC）标记引物。引物可以全部或仅有一个被标记。全标记的LIF谱图形式与紫外谱图可比，单一标记则只显示感兴趣片段。

下面介绍若干应用。

（1）DNA修饰与损伤研究　DNA中的键可以被打断，碱基可以被外来物共价修饰，如加成或替代等，可利用CE进行分辨。DNA损伤研究的一般方法如下：将单链或双链DNA置于合适环境，比如与氧化剂混合温培、加入自由基或进行射线辐照，使DNA损伤，然后酶解成片段，用NGCE或CGE分离，寻找是否出现变异产物峰，但 Norwood 等[29] 也曾用 CZE 和 MEKC 分离 DNA-苯并芘加合物，Guarnieri 等曾以 8-羟基脱氧鸟苷为标记用 MEKC 分离 DNA 的氧化产物[30]。

进行 DNA 损伤研究的关键是需要有灵敏的检测方法。Cadet 等认为，所需的检测灵敏度，必须达到能在数微克样品下，从 $10^4 \sim 10^6$ 个正常碱基中测出一个变异碱基的水平[31]。LIF 能胜任此工作。

（2）基因突变研究　DNA 的损伤以及链交换等会导致基因的突变，包括点突变，造成一系列遗传问题和疾病。基因突变研究的传统方法是基因表型观察，需要长期和艰苦的研究才能确定某种疾病基因在染色体上的位置。乳腺癌基因的确定就经历了不下 20 年的研究[32]。利用毛细管电泳会大大减轻这种研究难度，其基本过程是：

PCR 制样→限制性内切酶水解 DNA→CGE 或 NGCE 分离水解片段→谱图分析

Ulfelder 等[33] 利用 NGCE-UV 研究了 ERBB2 基因。此基因位于染色体 17q，是乳腺癌的致癌基因之一。他们用 Mbo I 酶解 DNA，以 0.5% HPMC 筛分，得图 12-12，其中图（a）和图（b）为纯合子，图（c）为杂合子。很明显，纯合子只有 500bp 或 520bp 的特征峰，而杂合子则同时具有 500bp 和 520bp 两个特征峰。

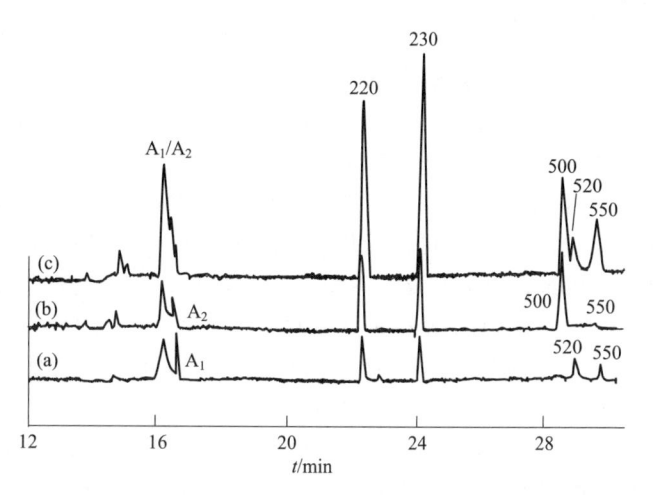

图 12-12　利用 NGCE 研究基因 ERBB2 的 Mbo I 酶解片段

（a）纯合子 A_1（520bp）；（b）纯合子 A_2（500bp）；（c）A_1 与 A_2 的杂合子

图中的 220bp 和 230bp 来自 550bp 的水解；宽峰为双链 DNA

点突变研究虽有一系列技术可用[34]，但速度和分辨率仍有待改进。CE 不仅速度快、样品用量少而且能在同一操作中分离单双链 DNA 混合物，十分有利于点突变研究。双链 DNA 的有效淌度会随变性程度的增加（如温度升高）而减小，利用这种变化能更容易显露变异 DNA。Khrapko 等[35] 利用这种技术以及 FITC 标记，成功地用 CE 显示了人线粒体中的一种单碱基对（GC 和 AT）差异的 dsDNA 片段（206bp），所用的毛细管填有 6%T LPA+3.3mol/L 尿素+20%甲酰胺，有 10cm 可以控制加温（其余为室温）。实验显示，当温度从 31℃ 变到 40℃ 时，DNA

经历了从不分离到分离再到不分离的过程，最佳分离发生在 36～38℃ 之间（图 12-13）。Cheng 等[36] 利用 NGCE-UV 研究了非变温下双链和单链 DNA 的分离，所用分离介质含有 0.5%HPMC、4.8%甘油和 3μmol/L EB。其实，直接分离单链 DNA 也能区分正常与突变 DNA，因为突变体的构象会发生变化，出峰时间不同[37,38]。

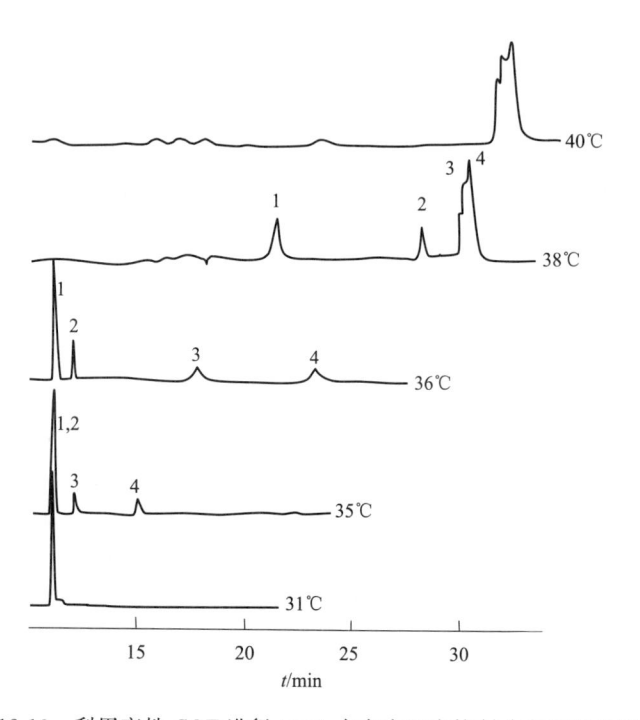

图 12-13　利用变性 CGE 进行 DNA 点突变温度控制分离研究的演示
1—GC；2—AT；3—GT；4—AC

Kuypers 等用变性的 4%T LPA 研究了致癌基因 p53[39]。此基因位于第 17 条染色体短臂上，突变体可导致多发性骨髓瘤。CE 的分离结果显示，正常人只有两个单链 DNA 峰，而病人则有 3～5 个不等的单链峰。Arakawa 等还用 CE-LIF 从临床诊断角度研究了中链辅酶 A 脱氢酶缺陷[40]。这种酶缺陷可导致婴儿的突然死亡。此类酶缺陷有 90% 是由于基因第 985 位上的 A 变成 G 造成的。利用对等位基因有选择性的引物进行扩增，突变体会产生 175bp 片段，而正常基因则产生 202bp 片段，杂合基因同时含有这两种片段，均可用 CE 分离分析。

（3）病毒 DNA 定量测定　体内病毒 DNA 拷贝数分析对许多传染性疾病的控制具有重大意义。如果能早期测知体内的微量病毒，比如艾滋病病毒（HIV-1），就有可能及时采取有效的杀灭措施。显而易见，这种分析不仅需要 PCR 技术而且需要高度灵敏的 CE-LIF。Schwartz 和 Ulfelder 证明，LIF 对 242bp、368bp、900bp 等小片段 dsDNA 的检测灵敏度比紫外高 400 倍[41]。Lu 等利用 LIFluor dsDNA 1000Kit，研究了 PCR 扩增的 HIV-1 DNA 或 cDNA 的测定（见图 12-14），所得结果与 Southern 印迹转移测定数据吻合[42]。

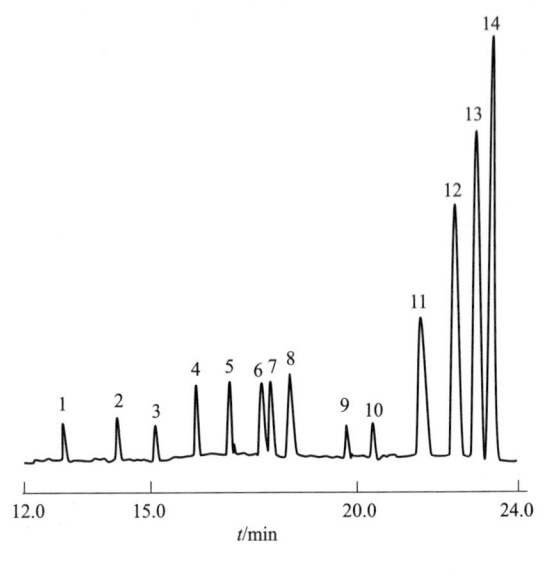

图 12-14　艾滋病病毒（HIV-1）*gag*、*pol*、*env* 基因 PCR 扩增片段的 CE-LIF 谱图

图中 142bp、394bp、442bp 对应于基因 *gag*、*pol*、*env*，其他片段为标准 DNA

1—72bp；2—118bp；3—142bp（*gag*）；4—194bp；5—234bp；6—271bp；7—281bp；8—301bp；

9—394bp（*pol*）；10—442bp（*env*）；11—603bp；12—872bp；13—1078bp；14—1353bp

用 CE 分离 dsDNA 时，必须充分重视样品制备和进样方法对分离的影响。van der Schans 等[43] 发现，dsDNA 迁移时间随离子强度的增加而变慢，而分离效率则随区带长度的增加而下降。为此，需在分离（高盐产物）时插入内标。混合或次序进样都能插入标准，其中前者只需进样一次，但标准也只能使用一次；后者的标准样可以反复使用，但进样顺序会影响分离效率和分离度（图 12-6）。

利用逆转录 PCR 方法，还可以利用 CE 研究（病毒）RNA[44] 等，这里不再深入讨论。

（4）DNA 之法医鉴定　法医鉴定关注点是一些重复结构 DNA，比如 DIS80 座位、线粒体 DNA、脱脂蛋白 B 基因等。DIS80 中有 300～700bp 的片段以 16bp 为重复单位；线粒体 DNA 中有 130～140bp 的片段以 2bp 为重复单位；脱脂蛋白 B 基因中有 700～1000bp 的片段以 14bp 为重复单位。法医鉴定感兴趣的标志基因还有人髓鞘碱性蛋白基因、von Willenbrand Factor 基因、第 11 染色体上的 HUMTH01 基因等，它们有以 4bp 为重复单位的片段。纯合和杂合个体等位基因，经 PCR 扩增和 CE 分离，会出现不同的结果，可用于个体鉴定。

在案件侦破工作中，可获得的样品量都很少，故需用 LIF 检测。可用标记有 TOTO-1、YOYO-1、YO-PRO-1（molecular probes，eugene，OR）等不对称花菁苷染料或 Beckman 的 LIFluor dsDNA 1000Kit 等。

常用的筛分介质是纤维素或其衍生物（如 0.5％甲基纤维素、1.0％羟乙基纤维素等），也有用交联聚丙烯酰胺（约 3％T＋3％C）的。Butler 等用 NGCE 可在 10min 内分离 HUMTH01 等位基因的 DNA 片段，分辨率为 3bp[45]。

（5）细菌 DNA 分析　Avaniss-Aghajani 等建立了利用核糖体 RNA 基因来鉴定不同细菌的 CE 方法[46]。为了提高检测灵敏度和简化分析过程，他们采用了只有一个引物有荧光标记（5′-端荧光素标记）的一套引物，以 488nm 为激发波长，用 CE-LIF 测定了四种细菌核糖体 RNA 基因的酶内切片段产物，结果如图 12-15 所示。不同细菌 DNA 片段的长度不同，出峰时间不一样。利用同样的方法可以鉴别不同类型的真菌以及植物等。

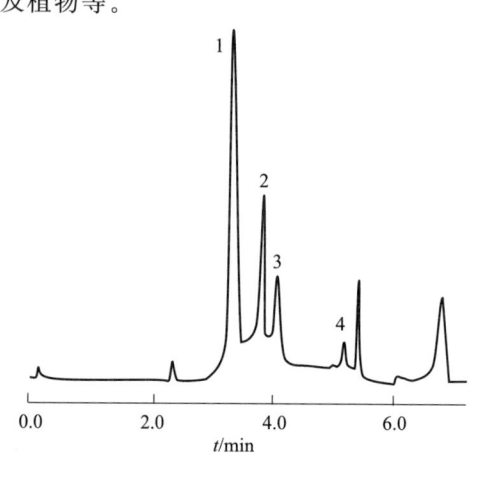

图 12-15　细菌 SSU rRNA 基因 PCR 扩增 5′-端限制性内切片段的 CE-LIF 谱图

峰：1—*Flavobacterium Okeanokoites* 基因的 *Msp* I 酶切产物；2—*Escherichia Coli*
基因的 *Rsa* I 酶切产物；3—*Streptococcus Faecalis* 基因的 *Msp* I 酶切产物；
4—*Klebsiella Pneumoneae* 基因的 *Msp* I 酶切产物

（6）质粒 DNA 分析　质粒的限制性酶切片段的 CE 谱图与质粒和酶种类有对应关系。当选定酶系统后，质粒片段的 CE 谱图可用于质粒鉴别和 PCR 产物鉴定，在克隆、生物技术过程监控等方面有重要用途。首选检测方法是 LIF，但紫外吸收也可用[47,48]。

CE 还可以用于质粒（拷贝数）的定量分析，其定量方法同常规内标定量方法相同，但所用的内标需是 DNA 片段，且序列越接近目标 DNA 越好。应以峰面积为定量依据[49]。

2. 大片段 DNA 分离

在分离大于 2kbp 大片段 dsDNA 时，须采用琼脂糖或低浓度 PA 等[51~56]。表 12-3 罗列了若干筛分体系及其分离范围，可供参考。图 12-16 显示的是利用 1.5％ T LPA 来分离 125bp～23.1kbp 混合 DNA 的结果[51]，效果不错，但和小片段 dsDNA 的 CGE 或 NGCE 分离结果相比，其效率和分辨率已很不相同。

表 12-3　大片段 dsDNA 筛分介质及其适用范围

筛分介质	适用范围/kbp	参考文献
3%T		[50]
2%SeaPrep(琼脂糖)	<12	[51]
聚丙烯酰胺乙氧基乙醇		[52]
纤维素及其衍生物		[53]
(1.5%~4%)T	<24	[49,50]
约 0.01%纤维素衍生物		[54,55]
(0.1%~0.9%)T	20~50	[56]

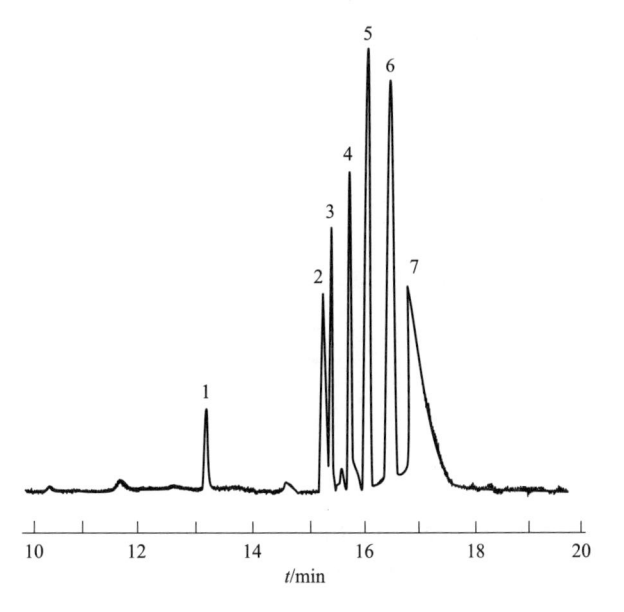

图 12-16　用 1.5%线性聚丙烯酰胺溶液进行 Hind Ⅲ DNA 的 NGCE 分离

1—564bp；2—2.0kbp；3—2.3kbp；4—4.4kbp；5—6.6kbp；6—9.4kbp；7—23.1kbp

　　大片段 dsDNA 的分离效率和出峰时间的重复性可能不好。当 DNA 大于 20kbp 时，进样也有困难。目前解决大片段 DNA 分离困难的主要方法是使用脉冲电场，但商品 CE 仪器通常不具备脉冲电泳的功能，需要自己搭建实验系统。所以大片段 DNA 的 CE 分离还未达到实用阶段。

　　造成大片段 DNA 分离困难的主要原因是组分的降沉和吸附，使用立式电泳，有可能解决部分问题，这同样需要自己搭建系统。

第三节　DNA 测序

　　CE 能实现快速的 DNA 自动测序，而且可利用阵列毛细管实现批量化操作。正是这种阵列式 CE 测序法促成了人类基因组测序计划的提前完成，现已取代传统的平板凝胶电泳测序仪，成为 DNA 自动测序的主力工具。本节将介绍 CE 测序的基本原理和流程。

一、测序战略

至少有 5 种 DNA 测序战略：①遗传战略，本战略通过遗传与突变研究，来逐渐确定 DNA 的序列，需要花费漫长的时间，是早期的测序思想；②碱基互补战略[57,58]，它利用 DNA 杂交互补方法来探测未知顺序，DNA 芯片采用了这种战略；③逐步测定战略[59,60]，它通过反应使 DNA 逐步延长或缩短，每延长或缩短一个碱基，测定一次特征小分子产物，由此逐步"读出"序列；④直读战略，利用具有原子级分辨率的探针扫描技术如 STM（扫描隧道电子显微镜）或让 DNA 穿过纳米孔等方法可直接就读出 DNA 的连接顺序；⑤比长测序战略，DNA 的 CE 测序便是依此战略，下面对其进行专门讨论。

二、比长测序原理

设若取一捆数目、链长相等的 DNA，将其一端夹住 [图 12-17(a)]，每链切去一段，但切点不重复 [图 12-17(b)]，则当拉直留下的 DNA 链时，其从短到长的切点排列恰好等于 DNA 的连接顺序 [图 12-17(c)]。

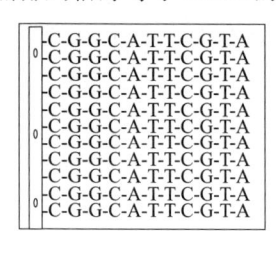
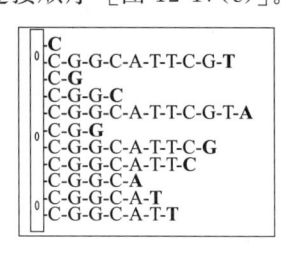
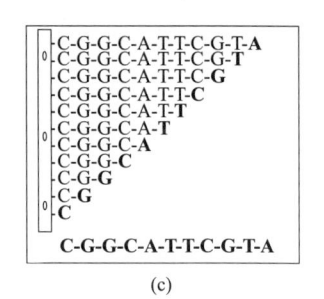

(a)   (b)   (c)

图 12-17　DNA 的切点比长测序战略示意

（a）取一捆 DNA 夹住一端；（b）在各条链上切一刀；（c）从小到大读切点得 DNA 序列

利用这种原理测序需有：①DNA 的提取制备方法；②DNA 链的切断方法（DNA 测序片段制作方法）；③片段长度测量（分离与检测）方法；④切点识别方法。

1. DNA 制备方法

需要制备足够数量和纯度的 DNA 样品才能实现测序。DNA 可用多种方法制备，比如直接提取、克隆（复制）等。利用克隆技术能大量复制和纯化 DNA。常用的克隆载体有噬菌体 M13 等[61]。M13 克隆技术不仅可以复制出足量的 DNA，而且具有可作为读序起点的已知序列区段。利用 M13 进行 DNA 复制的流程是：

将大的双链 DNA 利用限制性内切酶切成较小的双链 DNA；

将 M13（环状）用相同的内切酶切开；

将较小的双链 DNA 插入组装到 M13 上；

使重组 M13 噬菌体复制，得到大量的单链 DNA。

关于 DNA 提取制备的详细操作请参考有关手册[62]，本书不再介绍。

2. 测序片段制作方法

大致有两类方法：一是直接切断 DNA 链，二是复制或合成出新的片段而保持母链不变。

（1）直接断链法　DNA 链可被很多方法切断，比如水解、酶解、化学裂解等，其中可控的典型的化学裂解方法是 Maxam-Gilbert 法[63]，它用硫酸二甲酯（DMS）和肼为裂解试剂。DMS 在酸性环境中破坏 A 和 G，而在碱性环境中仅破坏 G；肼能破坏 C 和 T，但在 2mol/L NaCl 溶液中只破坏 C。基此，可通过控制反应条件来断裂去掉一个目标碱基，制得长度不断变化的测序片段。显然，这些测序片段比实际长度短一个碱基［图 12-17(c) 中黑体字母对应的碱基已脱落］。

（2）复制法　此方法是 Sanger 首先提出的[64]，也可以叫链结构转换法，其基本原理是：以待测序的 DNA 为模板，让引物在 DNA 聚合酶作用下，进行链延长和终止的竞争反应，使产物中出现全套长度的测序片段。这类复制反应从 5′-端开始，向 3′-端方向延伸，反应需要 dNTP（N＝A、G、C 或 T），若加入 2′-、3′-位双脱氧核苷酸 ddNTP，由于 3′-位没有可连接基团，反应将终止。显然，当反应物中同时含有 dNTP 和 ddNTP 时，出现竞争反应，能形成包含不同长度的 DNA 片段。

3. 长度测量方法

长度测量包括尺寸分离和检测两部分。CGE 和 NGCE 均可实现单碱基分离，可分长度可在 $500\sim1000$ 个碱基间变化。所分离开来的与序列有关的峰可用紫外、LIF、（^{32}P 或 ^{35}S）放射技术、质谱[65] 等方法检测。紫外检测灵敏度低，所以少用。放射检测技术主要用于平板电泳，尚未见有针对 CE 的商品检测器。质谱检测方法[65] 的推广尚需时日。由此可知，LIF 是主力检测方法，但需要荧光标记技术，常用的有三类方法：第一种是标记引物或 5′-端；第二种是标记 ddNTP 或 3′-端；第三种是标记 dNTP 或全链。第一种方法普遍适用，但检测灵敏度随链延长而下降；第三种方法检测灵敏度随链长变化较小，但不能直接用于 Maxam-Gilbert 方法；第二种方法虽然应用不少，但也不能用于 Maxam-Gilbert 方法。检测标记可和切点识别结合考虑。

4. 切点识别方法

切点识别依据分离-检测策略的不同而异。理论上有很多组合，但比较实用的大概有四种组合，即并行分离-单波长检测、串行分离-四波长检测、串行分离-浓度比例双波长检测、串行分离-浓度比例单波长检测。

（1）并行分离-单波长检测　将 DNA 按四种碱基分成四组，各自独立制样并分离，根据制样所加组成，就能确定断点的碱基类型。分离可用四阵列 CE-LIF

（对应于平板凝胶的四道）一次完成或用普通 CE-LIF 分四次完成。该类方法读序操作简单，但如果四根毛细管或同一根毛细管的四次分离结果不能严格重现，则容易出现峰位置移动，造成读序错误。

（2）串行分离-四波长检测　为了解决上述的峰位置不重现问题，就需要用四种 5′-端带有不同标记的 DNA 混合物进行裂解，或用四种带有不同标记的引物、dNTP 或 ddNTP 进行复制，能使四种碱基都带上"身份"标记，此时只需用单毛细管分离和用四通道检测就可以识别它们。

有多种潜在的四通道检测的标记方法，比如质谱、LIF 等。质谱灵敏度很高且能识别同位素，所以可以用像 S^{32}、S^{33}、S^{34}、S^{36} 一类同位素对四种碱基进行分别标记，它们燃烧后生成的 SO_2 很容易就能用质谱识别出来[65]。基于四色荧光标记的 LIF 技术是 DNA 测序的主力方法。

（3）串行分离-浓度比例双波长检测　四色 LIF 测序仪器也并不便宜，其操作费用因需要四种荧光标记是比较高的。为了降低测序成本，可以变通一下多波长检测方法，即减少两种荧光标记，代之以浓度比例变化。利用双色 ddNTP 或引物，按照一定的浓度比例制样，所得产物必有两种碱基发射相同的荧光，但两种碱基因浓度不同因而峰高不同，于是得到识别。

（4）串行分离-浓度比例单波长检测　理论上，还可以更简单地进行断点识别。设 A、G、C、T 的浓度按 4/3/2/1 比例变化，则对应的峰高或峰面积比例亦接近4/3/2/1。利用该类浓度比例，可在普通 CE 仪器执行测序任务。但是，如果有任何不同的碱基出现在相同的位置，就会得到错误的结果。该方法的准确性与峰的效率及其最低浓度碱基的检出限有关，所以少用。

三、CE 测序基本流程

下面以 Sanger 方法为基础，将前面介绍的内容串联起来，构成 CE 测序流程。以并行 CE-LIF 为例，其流程可分为七步，或如图 12-18 所示：

第 1 步，提取目标 DNA，酶切成合适长度，克隆或扩增，得纯的单链 DNA；

第 2 步，在单链 DNA 中加入 5′-荧光标记引物、DNA 聚合酶和 dNTP 形成链延长混合；

第 3 步，取 4 份混合物，分别加入 ddATP、ddGTP、ddCTP、ddTTP 进行竞争复制；

第 4 步，用单管或四管 CE-LIF 分析四种测序产物，得到 A、G、C、T 四个谱图；

第 5 步，将谱图重叠，从小到大读出序列；

第 6 步，根据碱基互补规则翻译出原序列；

第 7 步，扣除引物和克隆载体带来的序列，得目标 DNA 排序。

四色 CE-LIF 的 DNA 测序流程如图 12-19 所示，比并行法简练。

第 1 步，提取目标 DNA，酶切成合适长度，克隆或扩增得纯的单链 DNA。

第 2 步，制备四荧光标记测序样品，反应物构成可取以下五种方式之一：模板

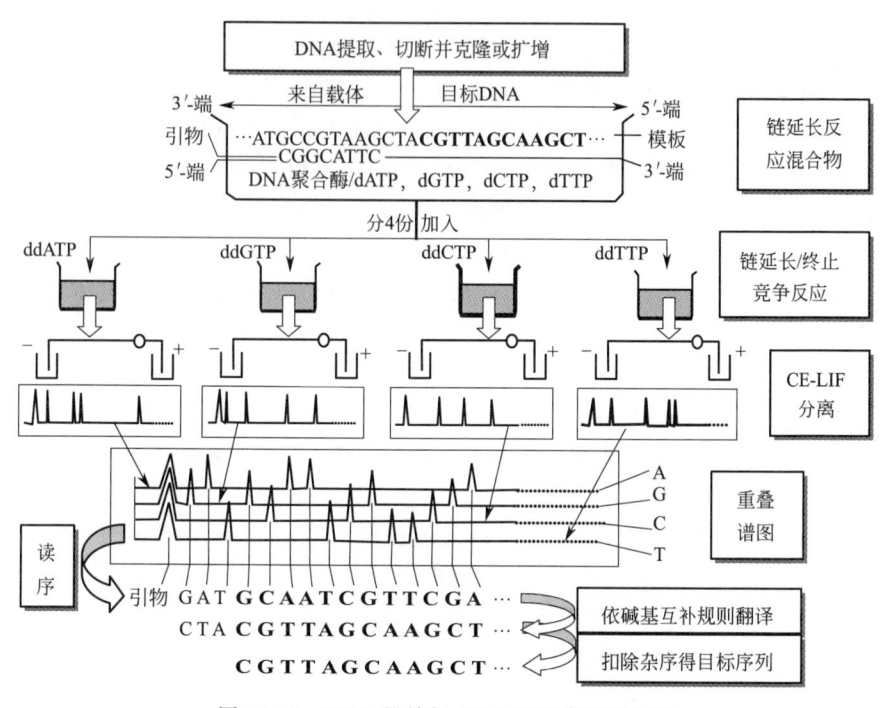

图 12-18　DNA 的并行 CE-LIF 测序流程图解

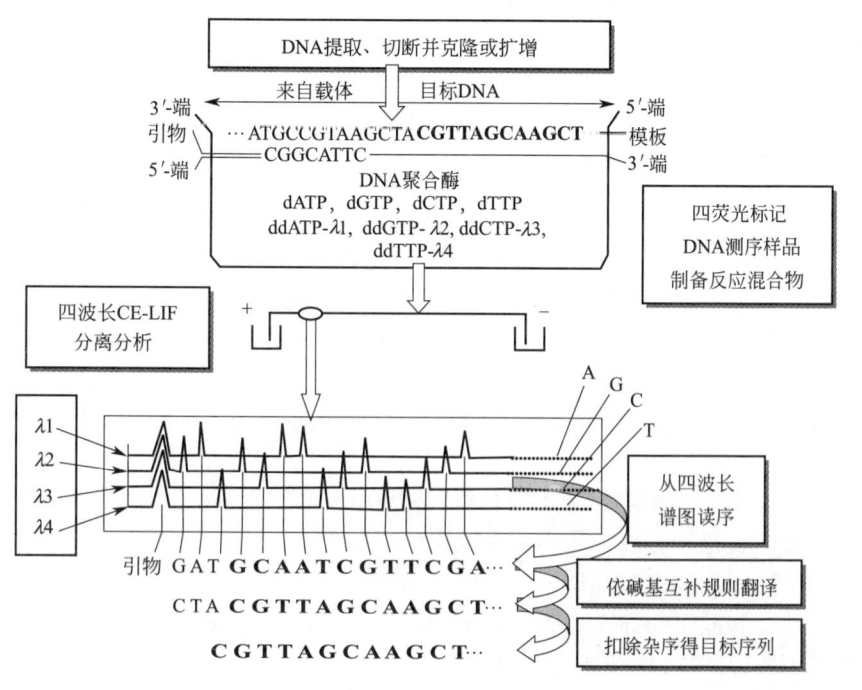

图 12-19　多波长 CE-LIF 的 DNA 测序流程

DNA＋DNA 聚合酶＋dNTP＋ddNTP＋四种不同的 5′-荧光标记引物，或模板 DNA＋DNA 聚合酶＋引物＋ddNTP＋不同荧光标记的 dNTP，或模板 DNA＋DNA 聚合酶＋引物＋dNTP＋不同荧光标记的 ddNTP，或模板 DNA＋DNA 聚合酶＋引物＋dNTP＋ddNTP＋不同荧光标记的 dNTP，或模板 DNA＋DNA 聚合酶＋引物＋dNTP＋不同荧光标记的 ddNTP 和 dNTP（链标记）（其中第 2、4、5 种方式因 dNTP 的荧光标记难度大而少用，但同位素标记问题不大）。

第 3 步，用四波长 CE-LIF 分离，得四波长谱图，分别对应于 A、G、C、T 碱基。

第 4 步，由四波长谱图直接读序。

第 5 步，根据碱基互补规则翻译出原序列。

第 6 步，扣除引物和克隆载体带来的序列，得目标 DNA 排序。

串行分离-浓度比例双波长检测和串行分离-浓度比例单波长检测的操作与此类似，只需将对应的信号用浓度比代替即可。

总而言之，四阵列并行分离方法简单明了，但要求出峰时间必须高度重现。四道检测串行 CE-LIF 对重复性要求不高，但成本高且有不同的仪器技术和问题，比如有的商品四色荧光标记试剂要求同时使用两种激发波长，有的会出现比较严重的光谱重叠（易出现分辨率或灵敏度损失现象）。浓度比例技术成本低，但要求分离完全，峰越窄越好，测序长度受浓度灵敏度的控制，不会很长。

四、应用

下面以 CE-浓度比例/LIF 为例，介绍 DNA 测序的一个例子。该方法包括波长变化和浓度变化，可作为其他各方法的共同参照。

1. 测序样品制备

以 Sanger 法为基础，由通用引物复制测序片段，引物需标记有两种不同的荧光基团。此类引物有商品，如 Applied Biosystems 的 TAMRA-和 ROX-引物以及 FAM-和 JOE-引物等，前者可用 He-Ne 激光器的 543.5nm 激发，后者可用氩离子激光器的 488nm 激发。这里采用 TAMRA-和 ROX-引物[66,67] 进行制样：

将 TAMRA-引物与 dNTP、ddATP 和 ddCTP 混合，控制 ddATP 与 ddCTP 的浓度比例，使对应荧光峰高比为 3：1（不同 LIF 系统的浓度-峰高关系可能不同，需实际测定）；同理，将 ROX-引物与 dNTP、ddGTP 和 ddTTP 混合，且控制 ddGTP 与 ddTTP 的浓度使荧光峰高比为 3：1。

2. 双波长 CE-LIF

测序所用的双波长 CE-LIF 系统如图 12-20 所示，其中荧光由数值孔径为 0.7 的 60× 显微镜头（与入射光垂直）收集。收集光线穿过狭缝，打在双滤色透射反射镜上，从此兵分两路，各自经由单色滤色片到达光电倍增管，输出电流信号。电流信号经电阻或初放电路转换成电压信号，然后利用 A/D 板采集到数值信号，送给计算机处理，形成读序用的叠合电泳谱图。整个系统可以由计算机自动控制，包括自动读序。

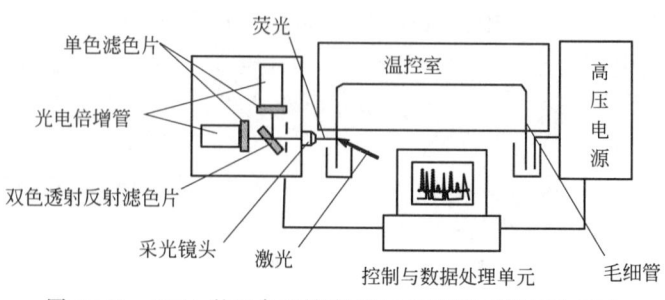

图 12-20　DNA 的双色双浓度 CE-LIF 测序系统结构示意

　　DNA 测序通常采用涂层毛细管，需要用负电场来驱动分离，分离的速度与所加电场成比例。Rocheleau 等证明，在 $-800V/cm$ 条件下，可以实现高速测序[68]。过高的电压极易损坏凝胶管，通常采用 $-200\sim-400V/cm$ 分离，也能获得比传统自动测序更高的分离速度和读序准确度。图 12-21 显示的是在 $-300V/cm$ 下获得的测序谱图，其到 517 碱基的分离时间仅 51min，比传统自动测序仪快 10 倍，而给出的序列没有一个差错[67]。要获得准确的 DNA 序列，通常需要进行多次的重复测序过程，所以提高读序的准确性，是提高测序速度的重要途径之一。

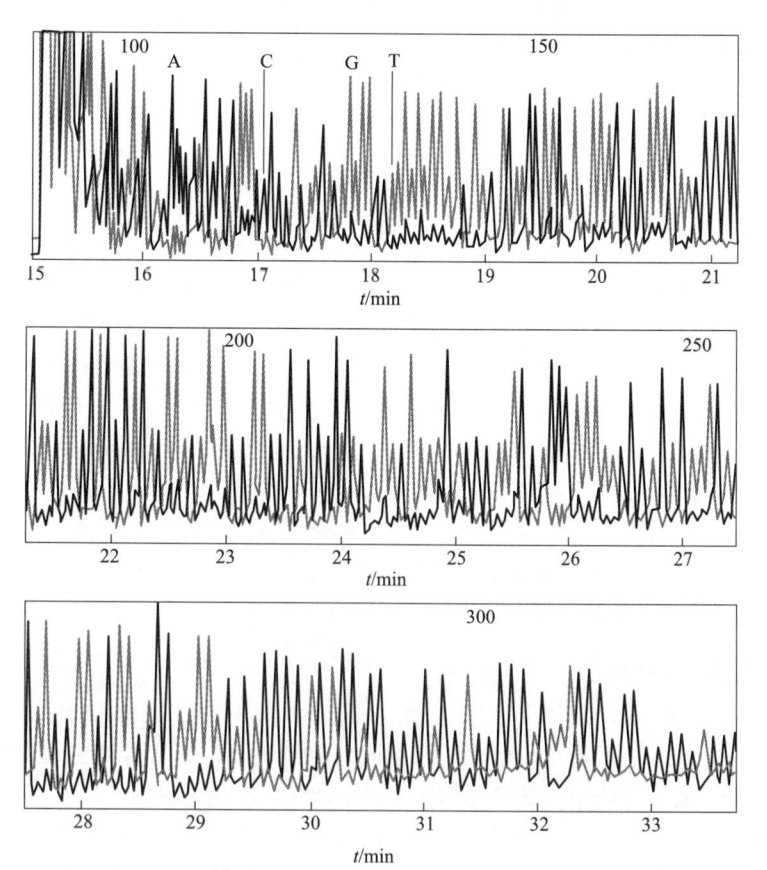

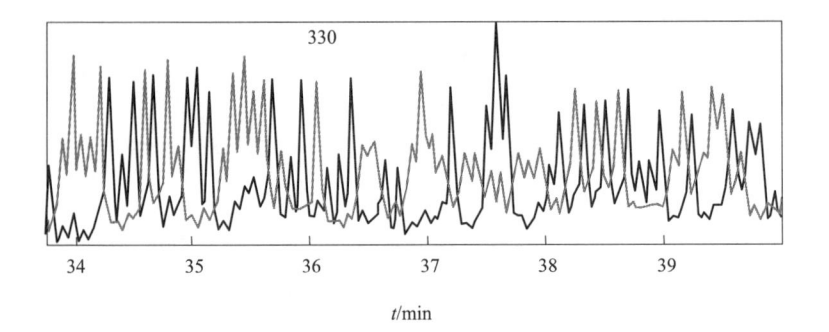

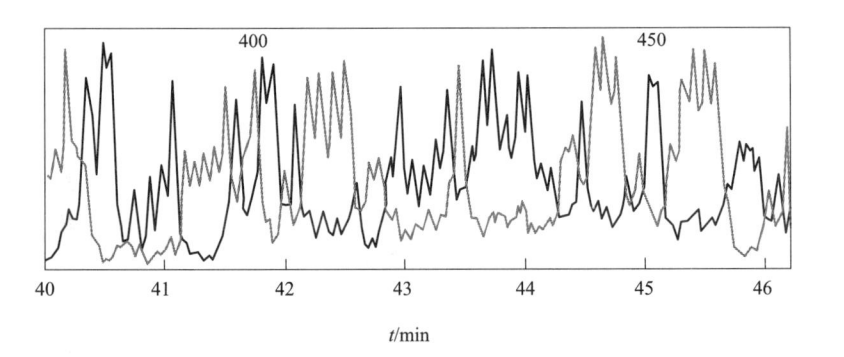

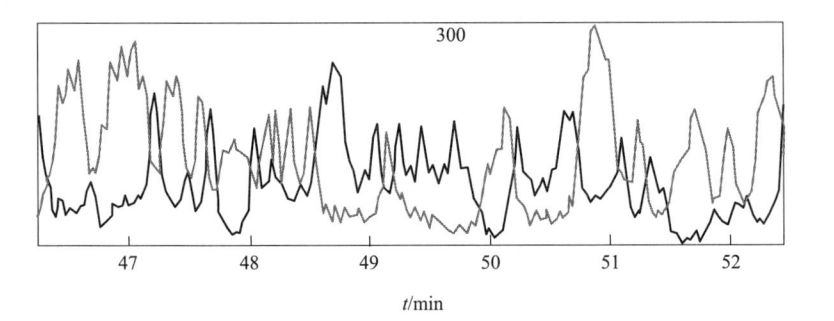

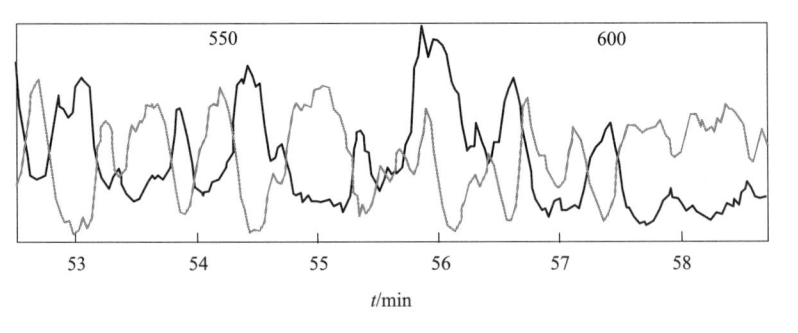

图 12-21

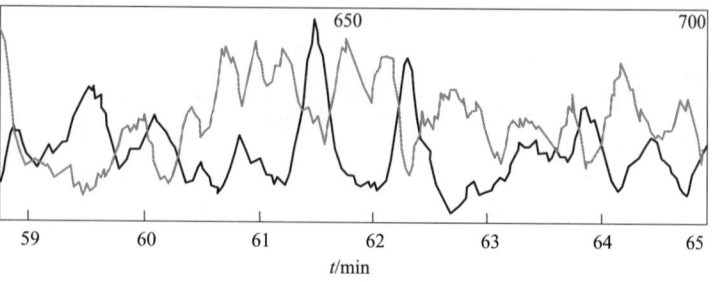

图 12-21　M13mp18 DNA 的双色-双峰高 CE-LIF 测序结果

荧光标记：A、C＝TAMRA，G、T＝ROX

峰高比：A/C＝G/T＝3/1

毛细管：$20\mu m$ ID$\times 150\mu m$ OD$\times 35cm$

凝胶：4%T LongRanger（AT Biochemicals），7mol/L 尿素

缓冲液：1$\times$TBE（0.54g Tris＋0.275g 硼酸＋0.100mmol/L EDTA，配成 50mL 溶液）

电泳：－300V/cm，39℃

LIF 检测：激发波长 543.5nm（1.2mW）

参考文献

[1]　Cohen A S，et al. *Proc Natl Acad Sci USA*，1988，85：9660.

[2]　Kasper T J，Melara M，Gozel P，Brownlee R G. *J Chromatogr*，1988，458：303.

[3]　Guttman A，Cohen A S，Heiger D D，Karger B L. *Anal Chem*，1990，62：137.

[4]　Compton S W，Brownlee R G. *BioTechniques*，1988，6：432.

[5]　Bocek P，Chrambach A. *Electrophoresis*，1991，12：1059.

[6]　Bocek P，Chrambach A. *Electrophoresis*，1992，12：31.

[7]　Grossmann P D，Soane D S. *J Chromatogr*，1991，559：257.

[8]　Zhu M D，Hansen D L，Burd S，Gannon F. *J Chromatogr*，1989，480：311.

[9]　Schwartz H E，et al. *J Chromatogr*，1991，559：267.

[10]　Nesi M，et al. *Electrophoresis*，1994，15：644.

[11]　Righetti P G，Ettori C，Chiari M. *Electrophoresis*，1991，12：55.

[12]　Izumi T，et al. *J Chromatogr A*，1993，652：41.

[13]　Kleemiss M H，Gilges M，Schomburg G. *Electrophoresis*，1993，14：515.

[14]　Guttmann A，Cooke N. *Anal Chem*，1991，63：2038；*J Chromatogr*，1991，559：285.

[15]　Petucci C J，Kantes H L，Strein T G，Veening H. *J Chromatogr B*，1995，668：241.

[16]　Tsuda T，Nakagawa G，Sato M，Yagi K. *J Appl Biochem*，1983，5：330.

[17]　竺安，刘进平. 色谱，1986，4(1-2)：26.

[18]　刘进平. 高效区带电泳的研究. 北京：中国科学院化学研究所，1984.

[19]　Nguyen A-L，Luong J H T，Masson C. *Anal Chem*，1990，62：2490.

[20]　Huang X，Shear J B，Zare R N. *Anal Chem*，1990，62：2049.

[21]　Huang X，Liu S，Murray B K，Lee M L. *Anal Biochem*，1992，207：231.

[22]　Ng M，Blaschke T F，Arias A A，Zare R N. *Anal Chem*，1992，64：1682.

[23]　Shao X，O'Neill K，Zhao Z，Anderson S，Malik A，Lee Milton. *J Chromatogr*，1994，680：463.

[24]　Ramsey R S，Kerchner G A，Cadet J. *HRC*，1994，17：4.

[25]　Camilleri P. *Capillary Electrophoresis：Theory and Practice*. Boca Raton：CRC Press，1993.

［26］ 陈义. 中国科学：B 辑，1996，26：529.

［27］ Brownlee R G，Sunzeri F J，Bush M P. *J Chromatogr*，1988，533：87.

［28］ Cohen A S，et al. *J Chromatogr*，1988，458：323.

［29］ Norwood C B，Jackim A，Cheer S. *Anal Biochem*，1993，213：194.

［30］ Guarnieri C，Muscari C，Stefanelli C，et al. *J Chromatogr B*，1994，656：209.

［31］ Cadet J，Weinfeld M. *Anal Chem*，1993，65：675A.

［32］ King M-C，Rowell S，Love S M. *JAMA*，1993，269：1975.

［33］ Ulfelder K，Schwartz H E，Hall J M，Sunzeri F J. *Anal Biochem*，1992，200：260.

［34］ Mullis K B，Ferre F，Gibbs R A. *The Polymerase Chain Reaction*. Boston：Birkhauser，1994：369.

［35］ Khrapko K，Hanekamp J S，Thilly W G，Foret F，Karger B L. *Nucleic Acids Res*，1994，22：364.

［36］ Cheng J，et al. *J Chromatogr A*，1994，677：169.

［37］ Guttman A，Nelson R J，Cooke N. *J Chromatogr*，1992，593：297.

［38］ Orita M，et al. *Proc Natl Acad Sci USA*，1989，86：2766.

［39］ Kuypers A W H M，et al. *J Chromatogr*，1993，621：149.

［40］ Arakawa H，et al. *J Chromatogr A*，1994，680：517.

［41］ Schwartz H E，Ulfelder K. *Anal Chem*，1992，64：1737.

［42］ Lu W，Han D-S，Yuan J，Andrieu J-M. *Nature*，1994，368：269.

［43］ van der Schans M J，Allen J K，Wanders B J，Guttman A. *J Chromatogr*，1994，680：511.

［44］ Rossomando E F，White L，Ulfelder K J. *J Chromatogr B*，1994，656：159.

［45］ Butler J M，McCord B R，Jung J M，Allen R O. *Biotechniques*，1994，17：1062.

［46］ Avaniss-Aghajani E，Jones K，Chapman D，Brunk C. *BioTechniques*，1994，17：144.

［47］ Maschke H E，Frenz J Williams M，Hancock W S. *Electrophoresis*，1993，14：509.

［48］ Paulus A，Husken D. *Electrophoresis*，1993，14：27.

［49］ Hebenbrock K，Schugerl K Freitag R. *Electrophoresis*，1993，14：753.

［50］ Pariat Y F，Berka J，Heiger D N，et al. *J Chromatogr A*，1993，652：57.

［51］ Bocek P，Chrambach A. *Electrophoresis*，1992，13：31.

［52］ Chiari M，Nesi M，Righetti P G. *Electrophoresis*，1994，15：616.

［53］ Baba Y，Isshimaru N，Samata K，Tsuhako M. *J Chromatogr A*，1993，653：329.

［54］ Barron A E，Soane D S，Blanch H W. *J Chromatogr A*，1993，652：3.

［55］ Kim Y，Morris M D. *Anal Chem*，1994，66：3081.

［56］ Guszczynski T，et al. *Electrophoresis*，1993，14：523.

［57］ Bains W，Smith G C. *J Thoer Biol*，1988，135：303.

［58］ Drmanac R，Labat I，Brukner I，Crkvenjakov R. *Genomics*，1989，4：114.

［59］ Jett J H，Keller R A，Martin J C，et al. *J Biomol Struct Dynam*，1989，7：301.

［60］ Hyman E D. *Anal Biochem*，1988，174：423.

［61］ Bankier A T，Weston K M，Barrell B G. *Methods Enzymol*，1987，155（Part F）：51.

［62］ Sambrook J，Fritsch E F，Maniatis T. *Molecular Cloning*，*A Laoboratory Namual*. 2nd ed. New York：Cold Spring Harbor Laboratory Press，1989.

［63］ Maxam A M，Gilbert W. *Proc Natl Acad Sci USA*，1977，74：560.

［64］ Sanger F，Nicklen S，Coulson A R. *Proc Natl Acad Sci USA*，1977，74：5463.

［65］ Brennan T，Chakel J，Bente P，Field M. *New Methods to Sequence DNA by Mass Spectrometry*//Burhngame A L，McCloskes J A. *Biological Mass Spectrometry*. Amsterdam：Elsevier Sciences Publishers B V，1990：159.

［66］ Lu H，Arriaga E，Chen D Y，Figeys D，Dovichi N J. *J Chromatogr A*，1994，680：503.

［67］ Lu H，Arriaga E，Chen D Y，Figeys D，Dovichi N J. *J Chromatogr A*，1994，680：497.

［68］ Rocheleau M J，Dovichi N J. *J Microcolumn Sep*，1992，4：449.

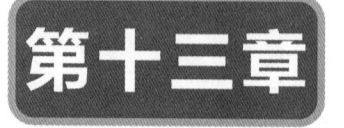

CHAPTER 13

糖及其缀合物分析

第一节 概 述

糖是自然界中广泛存在、被人类长期利用的化学物质。糖不仅是动植物的能源（储能材料如糖元）和燃料，也是代谢过程的中间产物。在植物和许多微生物体中，糖是主要的结构材料。糖也是糖缀合物的重要部件。在已发现的蛋白质中，90%以上含有糖残基，由此可见一斑。糖在糖缀合物中维系了这些生物分子的稳定性或保持其生物活性，控制特定构象，产生特别的亲水或润滑性。糖及其缀合物在细胞识别以及其他生物分子识别中，具有直接或不可替代的作用。它们的分析因此一直受到重视，也是一个挑战性的研究课题。下面首先讨论糖分析的有关问题，然后介绍糖缀合物的分离与问题。

一、糖的分类

根据功能基团的不同，可将糖分为醛糖、酮糖、糖醇和糖醛酸四大类。根据糖残基数目的多少，又可将糖分为单糖、寡糖和多糖。寡糖和多糖还能进一步分为直链（线性）、支链和环状糖以及 α-、β-异头物等。单糖可以依照其碳数的不同而分为丙糖、丁糖、戊糖、己糖和庚糖等。单糖在水溶液中通常以环状存在，根据环的大小，又有呋喃（五元环）和吡喃（六元环）糖之分。依据糖的氧化还原特性，亦可以分成还原糖和非还原糖。醛糖属还原糖，大多数酮糖以及 1,6-脱水的醛糖属非还原糖。

二、糖分析的问题与进展

糖分析至少有三大类问题。首先是糖类化合物的异构体多并存在微观不均一性。和氨基酸形成肽以及核苷酸形成 DNA 等不同，单糖形成寡糖和多糖，会产生众多的异构体。单糖通常都含有多个连接位点，比如己糖含有至少 4 个连接位点，两个不同的己糖可以形成 32 种二糖，而两个氨基酸（或核苷酸）却只能形成 2 种二肽（或二核苷酸）。糖还能和脂、肽、蛋白等结合，形成糖脂、脂多糖，糖肽、肽糖，糖蛋白、蛋白多糖等缀合物。这类缀合物通常都是酶促连接的产物，存在连接位置和糖链差异，即微观不均一性。所以，糖的分离与分析十分困难，需要非常高效的分离分析技术。

其次是糖的检测困难。与蛋白质或 DNA 相比，糖既没有光吸收基团，又没有发色基团，难以直接检测。

再次是糖的强亲水性和易形成氢键的性质给分离造成了挑战，其中不带电荷的糖也不利于电泳。

尽管如此，糖分析方法研究已经取得了长足的发展。目前能用于糖测定的方法有核磁共振（NMR）、质谱（MS）、色谱、电泳等。NMR 适合于结构测定，包括异头分析，但对十分微量的生物来源糖样，则往往力不从心。MS 可以同时提供糖的分子量和结构信息，ESI-MS（电喷雾电离质谱）和 MALDI-TOF-MS（基质辅助激光解吸飞行时间质谱）可以测定 pmol 乃至 fmol 的糖，但是质谱法不能用于研究异头结构。色谱技术门类比较齐全，是糖分离分析的有效工具，其中，最常用的有离子色谱（IC）、反相高效液相色谱（RP-HPLC）和气相色谱（GC）等，正在发展的还有亲水相互作用色谱（HILIC）等。色谱方法的主要问题是效率不高，操作烦琐，分离时间较长。CE 用于糖的分析有特殊的优势，它耗样少、效率高，如结合化学衍生技术，还可以进行高分辨的尺寸分离和高灵敏检测。

第二节 糖 CE 的基本策略

除糖醛酸、唾液酸、氨基糖以及一些硫酸化糖（硫酸软骨素、硫酸皮肤素、硫酸角质素、肝素等）等一些特殊的化合物外，天然糖是不带电荷的，不能在电场中迁移。所以糖的 CE 首先需要解决给糖"充电"的问题。理论上，可有络合、电离、衍生等方法，下面予以分别讨论。

一、络合带电

糖可以和硼酸根以及某些金属离子形成带电络合物，其中硼酸络合法运用最多，其他络合方法效果差些，但有发展余地。

1. 硼酸络合法

含羟基的糖类化合物，能与硼酸根形成带负电荷的络离子：

$$B(OH)_3 + OH^- \rightleftharpoons B(OH)_4^- \tag{13-1}$$

$$B(OH)_4^- + \begin{array}{c} HO-C- \\ | \\ R \\ | \\ HO-C- \end{array} \rightleftharpoons \begin{array}{c} HO \quad O-C- \\ \ominus \quad | \\ B \quad R \\ / \quad \backslash \\ HO \quad O-C- \end{array} + 2H_2O \quad [R=C_nH_{2n}, C_nH_n(OH)_n, n=0 \text{ 或 } 1] \tag{13-2}$$

(B^-) 　　　(C) 　　　(BC^-)

$$B(OH)_4^- \ + \ 2 \ \begin{bmatrix} HO-C- \\ | \\ R \\ | \\ HO-C- \end{bmatrix} \rightleftharpoons \ \begin{matrix} -C-O \\ R \end{matrix} \overset{\ominus}{B} \begin{matrix} O-C- \\ R \end{matrix} \ + \ 2H_2O \tag{13-3}$$

　　　(B⁻)　　　　　　(2C)　　　　　　　(CBC⁻)

其中 BC⁻ 和 CBC⁻ 动态共存，其比率取决于糖和硼酸根的摩尔比（C/B）：当 C/B 比高时，CBC⁻ 占多数；反之，BC⁻ 占多数。在 CE 中，硼酸的浓度多在 100mmol/L 以上，而样品的浓度则在 0.1mmol/L 以下，C/B 很小，所以 BC⁻ 占主导地位并控制了分离的选择性。糖和硼酸的络合反应属快平衡过程，BC⁻ 和 CBC⁻ 在目前的电泳时间尺度上是不可分辨的，只能测到一个峰，不会记录到多个峰。

　　显然，真正的络合剂是 $B(OH)_4^-$ 而不是 $B(OH)_3$。由式（13-1）可知，增加 OH^-，即提高 pH，会使平衡向右移动，提高糖的带电量。研究显示，比较理想的分离多发生在 pH8～11。

　　平衡点其实也取决于羟基的空间位置和取向。顺式羟基比反式羟基更容易形成稳定的络离子。同理，开环结构的羟基可以转动，有利于形成络合物，亦即糖醇比对应的糖更容易形成稳定的络合物。羟基数目越多，也越容易找到有利于配位的顺式羟基，更容易带上电荷。

　　影响络合平衡的因素，还有糖中取代基的种类、位置、构型以及电荷等。中性尤其是负电荷取代基会阻碍络合物的形成，而正电荷取代基则有可能促进络合物的形成。已知 α-异头取代（具有水平取向），能对 3-位和 5-位羟基取向产生明显的影响，而 β-异头取代（垂直取向）则几乎没有影响，所以，α-异头取代降低络合物的稳定性和带电量，所以淌度小于 β-异头取代物。因此，基于硼酸络合的 CE 方法有一定的结构分辨能力。

2. 金属离子络合[1~3]

　　糖也能和某些金属离子形成带电络合离子，条件是必须具备相邻的直立或平伏羟基。对于开环的糖醇，如果连续的三个碳原子具有苏-苏（糖）构型，就容易与金属离子形成络合物，而具有赤-赤构型的糖却有困难。可以推测，具有苏-赤构型的糖，会形成较弱的络合物。一般地，苏-苏型羟基对越多，络合物就越稳定。如果三连羟基中有一个被甲基化，其络合稳定性就会大大下降，全甲基化时，不能形成络合物，由此也可对糖的甲基化进行分析。

　　环状单糖与金属离子通常形成三配位络合物，未见有更多的配位结构。不过，在二糖中，偶尔会出现四乃至五个氧配位的情形。

　　可利用的金属离子有碱金属、碱土金属、稀土金属以及过渡金属离子等，但实际有效的主要是某些碱土金属[4] 和过渡金属离子，如 Cu^{2+}、Zn^{2+}、Ni^{2+} 等，其他金属离子的效果很差，甚或无效。

　　糖-金属络离子的稳定性，与糖分子结构或形状的关系尚不清楚，似无结构鉴定能力。

糖-金属络合的 CE 分离效果比硼酸络合差。

3. 其他反应

有些糖能与无机离子、胺等形成主-客体包合物，可在电场中迁移。环糊精（CD）能与 2-苯胺基萘-6-磺酸（2,6-ANS）形成带电复合物并增强荧光发射，可用于荧光检测[5]。2,6-ANS/CD 复合物的稳定性、荧光强度以及带电量按 α-CD、β-CD、γ-CD 的顺序增加。

直链和支链淀粉能与碘形成以 I^{5-} 为核心的螺旋形复合物，在 560nm 处有最大吸收，可用于检测[6,7]。这类反应的特点是：复合物的稳定性随糖链的延长，先呈指数性增加，而后变化趋缓，拐点大致在 125 糖残基处。长链糖复合物吸收波长会有红移。利用淀粉的碘复合物，可以电泳分离从土豆、玉米、麦芽等提取的糊精。

有些多糖和多羟基化合物还能与一些带电表面活性剂，如 SDS 等，形成吸附性复合物，能在电场中迁移。

二、强碱电离

糖羟基能在强碱下电离[8]，解离常数在 $10^{-12} \sim 10^{-14}$ 之间。还原糖半缩醛上羟基的酸性最强，电离相对容易，其他羟基电离较难。直链糖醇的酸性和 1-位甲基化的吡喃糖相近。原则上，羟基数目越多酸性就越强，比如己糖（如半乳糖）的酸性强于戊糖（如阿拉伯糖等），而戊糖的酸性又强于甘油（甘油的酸性和水几乎没有差别）。

Zare 等[9] 利用 LiOH、NaOH、KOH 等缓冲液，在 pH＞12 条件下实现了糖的 CZE 分离，并证明对应的分离度随 pH 增大（从 12.3 增大到 13.0）而变大（图 13-1）。

必须注意：在强碱条件下分离糖，通常只能使用无涂层毛细管；另外，CO_2 也会对分离和检测产生干扰。

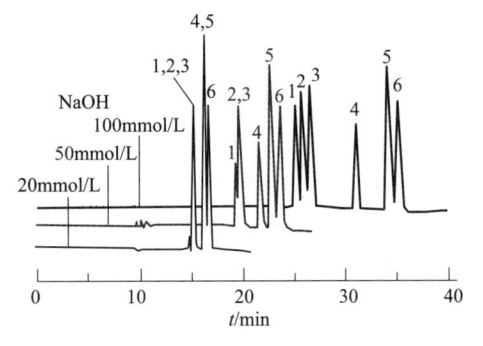

图 13-1 pH 或 NaOH 浓度对糖分离的影响
1—水苏四糖；2—蜜三糖；3—蔗糖；
4—乳糖；5—半乳糖；6—葡萄糖

三、衍生带电

利用糖羟基、醛基等的反应能力，可经衍生将带电试剂接到糖上，使之带上所需的电荷。具体讨论见下一节。

第三节 糖 的 检 测

糖的检测，可有直接和间接两种方式，或衍生和非衍生检测两种类型。按原理，糖可用紫外（UV）、电化学、荧光以及 LIF 等方法进行直接和间接的检测。直接紫外吸收检测最为方便，但灵敏度偏低。电化学检测的灵敏度较高但重复性有待改进。LIF 检测灵敏度最高（检测限在 amol 以下），但可选的衍生试剂不多。间接紫外、间接电化学、间接 LIF 的灵敏度顺序与直接法相同，但普遍偏低，重复性也不是很理想。

一、非衍生糖的检测

1. 电化学检测

电化学检测适合于具有电化学活性的糖。检测灵敏度取决于电极表面而不是检测池的体积，也就是说检测池可以做得非常小，特别适合于毛细管电泳。

在各种电化学检测方法中，安培法属高灵敏度检测方法，它通过测定电极表面上氧化或还原电流的大小来确定样品的浓度。有两种安培法，即恒电位安培法（ADCP）和脉冲安培法（PAD）。PAD 常用 Pt 或 Au 为工作电极，它们容易吸附糖并使之在较低的电位下进行电极反应[10,11]。易吸附的性质同时也易造成反应物在电极上的积累，使电极中毒、响应迅速降低。当采用阳极检测时，可设置高（正或负）电压脉冲来清洗吸附物。PAD 的检测下限在 fmol 水平，线性范围在 $10^{-6} \sim 10^{-4}\,mol/L$。

ADCP 多采用碳纤维电极，但碳纤维电极对糖有大的超电位。换用 Cu 电极能克服超电位问题，而且 Cu 电极还能耐受 0.1mol/L NaOH 的强碱条件。Cu 电极的检测下限可达 50fmol（$3 \times 10^{-8}\,mol/L$ 葡萄糖），线性范围在 $10^{-8} \sim 10^{-4}\,mol/L$ 之间。使用盘状电极，可以使检测限下降至 1fmol 水平。

PAD 和 ADCP 的共同缺点是：只适用于有电化学活性的分子，检测灵敏度受 pH 控制，重复性取决于电极表面状态。

2. 紫外-可见吸收

（1）直接检测　大部分糖只有很弱的短波紫外（<200nm）吸收，不能利用紫外吸收直接进行检测。但是，有些糖可以因为和某种物质形成络合物而产生较强的紫外[12]或可见光吸收，能用于检测。有些糖类如乙酰氨基葡萄糖、乙酰氨基半乳糖、唾液酸、肝素等本身就具有相当明显的紫外吸收，可以利用 200nm 或 185nm 的紫外进行直接检测，灵敏度中等。短波紫外吸收检测会限制糖分离条件的选择，因为大量物质都有短波紫外吸收。利用淀粉与碘形成有色复合物，可以实现可见光（560nm）的吸收检测。遗憾的是，能形成可见吸收糖络合物的方法还不多。

（2）间接检测　在具有紫外或可见吸收离子的介质中电泳，可以测得无吸收同符号离子的倒峰或负峰，用于间接检测。其原理是：样品区带中的背景离子会被样品离子置换，从而使背景吸收下降。样品离子越多，背景被置换得就越多，负峰越深。间接吸收检测的下限 c_{LOD} 可表示成：

$$c_{LOD} = \frac{c_B}{\phi\varphi} \tag{13-4}$$

式中，c_B 为背景同离子的浓度；ϕ 为置换率（即转换率，是样品离子与被置换之背景同离子的比值），可随 c_B 降低而变大，理想值等于 1；φ 为背景吸收信号与噪声之比，可随 c_B 降低而变小。式(13-4) 表明，背景吸收越稳定即 φ 越大、置换率越高而且背景离子浓度越低，检测灵敏度越高。但是，必须注意：背景离子浓度过低会使区带展宽，以至铺展到整根毛细管上，那就不能分离和检测了。c_B 通常控制在 5～10mmol/L 之间。

背景电解质选择的原则有：

① 背景同离子的淌度与样品越接近越好；

② 背景同离子的摩尔吸光系数越大越好；

③ 对离子的淌度和摩尔吸光系数越小越好；

④ 背景离子与毛细管壁的相互作用（吸附）越小越好。

山梨酸即 2,4-己二烯酸是糖分析中比较好的紫外背景物质，它在 256nm 处的摩尔吸光系数为 27800mol^{-1}，可检测到 pmol 级的糖样。其他含苯环的有机物如磺基水杨酸、苯甲酸、苯二甲酸、苯三甲酸等，也都是可选的背景试剂。

间接检测的优点是：简便、通用、不伤及样品。

间接检测的缺点是：背景吸收不稳定或基线漂移比较严重；可出现难以解释的峰；需要使用低浓度电解质缓冲液因而会降低电泳效率或样品负载能力；不适合于淌度分布很宽的糖和分子量较高的寡糖和多糖的分离测定；分离中性糖需要采用高 pH 分离条件；线性范围通常不大于两个数量级，不利于定量。

3. 荧光或 LIF 检测

(1) 直接检测　糖一般没有荧光，不能直接进行荧光检测。但某些糖如 CD 等能与 2,6-ANS 等荧光分子形成包合物并增强荧光发射，能用荧光或 LIF 检测。

(2) 间接检测　间接 LIF 检测背景波动较大，灵敏度可能会低于间接紫外检测。可选的荧光背景因受激光波长的制约，并不很多。与氩离子激光器对应的荧光物质有荧光素钠、罗丹明、氨基萘三磺酸等，其中荧光素在石英管壁上有较强的吸附性，使用时必须予以重视，否则测不到负峰。

二、糖的衍生检测

提高检测灵敏度最有效、最常用的方法是衍生方法。许多芳香胺类如 α-萘胺[13～15] 等既有紫外吸收又能发射荧光，是一类很好的衍生试剂。最佳的衍生策略是充分兼顾检测和分离，衍生试剂应该既能吸光（发光）又能电离。表 13-1 罗列了一些这样的衍生试剂，其中 9-氨基芘-1,4,6-三磺酸（APTS）作为荧光标记剂具有独特的优点，唯来源困难，但可以自己合成，结果亦不错[16]。

表 13-1　糖的双功能衍生试剂

试　　　剂	缩写	吸收/nm	激发光/nm	荧光/nm
对氨基苯甲酸	pABA	285		
对氨基苯磺酸	pAPS	247		
2-氨基萘-1-磺酸	2-ANSA	235		
3-氨基萘-2,7-二磺酸	3-ANDA	235		
5-氨基萘-2-磺酸	5-ANSA	235	325	475
7-氨基萘-1,3-二磺酸	ANDSA	247	315	420
8-氨基萘-1,3,6-三磺酸	ANTS		370(325)	520
4-氨基-5-羟基萘-2,7-二磺酸	AHNS		325	475
3-(4-羰基苯甲酸)-喹啉-2-甲醛	CBQCA		457、488、442	552
5-羰基四甲基罗丹明琥珀酰亚胺基酯	TRSE		543	580
9-氨基芘-1,4,6-三磺酸	APTS		455(488)	512

　　糖自身所具有的衍生基团包括羟基、氨基、醛基（或酮基）和羧基等，可用于（醛的）还原胺化或选择性酰胺化衍生，还可以通过缩合等反应实现对糖的衍生。

1. 还原胺化

　　伯胺易与醛发生加成反应，在还原剂如氰基硼氢化钠存在下，加成产物被还原成比较稳定的仲胺[17]：

$$(13-5)$$

　　一般地，醛糖均能利用上述反应进行衍生，2-位上的取代基可能会影响衍生反应速度。某些 2-位酮糖也可以利用相同的反应进行标记。利用与上述类似的反应，可以将普通的糖转化成氨基糖，从而利用芳香醛等试剂来标记[18]：

$$(13-6)$$

2. 酰胺化反应

　　在碳化二亚胺存在下，伯胺能和羧酸基团发生反应，形成酰胺产物[19]：

$$RN{=}C{=}NR' + RCO_2H \longrightarrow RNH{-}\underset{\underset{RC=O}{O}}{C}{=}NR' \xrightarrow{R''NH_2} RCONHR'' + RHN{-}CONHR' \quad (13-7)$$

此反应适合于唾液酸等一类含有羧基的酸性糖的衍生，其结果是损失原有的电荷，对纯电泳分离不一定有利。氨基糖也能和羧酸或羧酸衍生物反应[20]：

$$\tag{13-8}$$

3. 缩合反应

在碱性条件下，醛能和某些含活泼氢的化合物发生缩合反应，形成新的碳—碳键[21]：

$$\tag{13-9}$$

第四节　糖的电泳分离

一、基本分离条件

与其他样品一样，糖的毛细管电泳分离需要综合考虑如下分离条件：

（1）检测方法　通常采用柱前衍生、在线直接检测方式。

（2）分离模式　首先选用 CZE。

（3）缓冲体系　优先选择 pH 10.5 的 25mmol/L 硼砂（或 100mmol/L 硼酸）体系；强电离试剂如 APTS 衍生的糖应优先选用 pH 2 附近的磷酸缓冲体系。

（4）电场/温度　以 300～400V/cm 和 25℃为起点。

（5）毛细管　分离长度约 50～70cm，管径 50μm。

（6）添加剂　各种络合剂。

其中检测方法的确定及缓冲液的组成与 pH 的选择特别重要。碱性条件适合于异构体分离，酸性条件适合于尺寸分离。在某些情况下，添加剂和温度可成为分离的关键因素。温度影响糖络合物形成的速度和稳定性，因此能改变分离的选择性和效率。假如经过缓冲液和温度选择后还不能达到分离目的，可以考虑使用添加剂。关于添加剂目前尚无明确的选择规则，需由实验摸索，可以首先考虑那些能与糖发生配合或包合反应的试剂。

二、单糖电泳

单糖分离是糖结构分析的基础。毛细管电泳分离单糖的关键就是设法扩大单糖间的淌度差异。硼酸络合是最简单和普遍有效的方法，不管糖衍生与否，都可使用。相关的优化参数主要是硼酸根浓度和 pH。如利用 100mmol/L 硼酸（或 25mmol/L 硼砂）为电泳缓冲体系，可能只需简单地优化一下 pH，就可以获得比较好的分离结果。根据经验，糖电泳的最佳 pH 一般在 10～11 之间。有些单糖的分离可能需要＞45℃的温度，而有些可能需要＜15℃。多数单糖只在室温下就可以分离。

单糖的检测主要依赖于衍生，建议尽可能采用还原胺化法，此法简单易于掌握。以下举两个衍生操作实例。

（1）糖的 α-萘胺衍生[13～15]　　取 100μg 单糖溶于 10μL 水中，加入 40μL α-萘胺衍生溶液，80℃密封反应 1h。反应液加三氯甲烷和水各 1mL 进行萃取，单糖的衍生物溶于水相。该衍生产物适合于紫外或荧光检测。

α-萘胺衍生溶液由 1mmol/L α-萘胺、35mg $NaBH_3CN$、41μL 冰乙酸和 450μL 无水甲醇构成。

（2）糖的 APTS 衍生[16,22,23]　　取 1mmol/L 单糖溶液和 100mmol/L APTS 溶液（用 15% 乙酸配制）各 5μL，混合后加入 10μL 的 500mmol/L NaH_3BCN（四氢呋喃配制），65℃下密封反应 3.5h。该产物适合于 LIF 检测。

上述衍生操作可用于任何还原糖，包括单糖和寡糖。APTS 衍生样品在电泳之前，需用电泳缓冲液渐次稀释至所需的浓度（多在 10^{-7}mol/L 以下）。图 13-2 显示了标准单糖 APTS 衍生物的分离结果，图 13-3 是胡麻提取多糖水解产物的 CE-LIF 分析结果[23]。根据图 13-2 和图 13-3 容易求得，鼠李糖、葡萄糖、木糖、阿拉伯糖和半乳糖的摩尔比皆为 1。摩尔比是结构测定的重要参数。

利用分离谱图进行单糖的含量测定，通常需要使用内标法定量，更准确的方法是双内标法。定量工作曲线的线性范围一般是 2～3 个数量级，比色谱方法窄约一个数量级。

三、寡糖电泳[23]

和单糖类似，分离组成相同而连接点不同的寡糖同分异构体，也要采用硼酸缓冲体系，图 13-4(a) 是 APTS 标记寡糖混合物的 CE-LIF 分离结果，其中位置异构体得到很好分离。APTS 含有三个磺酸基，允许在其他条件比如酸性下电泳。酸性条件虽然不能区分位置异构体［见图 13-4(b)］，但能够将 APTS 标记的寡糖按尺寸分离，这是其优点。图 13-5(a) 显示，在酸性条件下，不用任何凝胶或筛分介质，糖样的尺寸可以获得完美分离，但碱性条件不能［图 13-5(b)］。

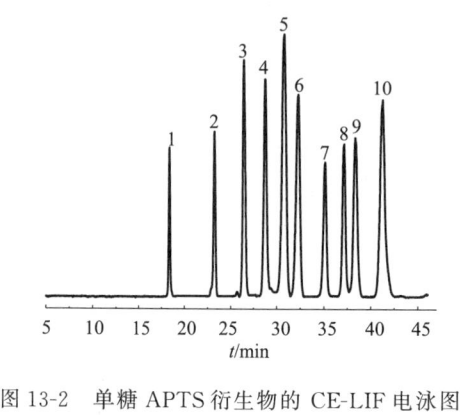

图 13-2　单糖 APTS 衍生物的 CE-LIF 电泳图
虹吸进样：10cm-10s
缓冲液：100mmol/L 硼酸，pH10.6
电泳：＋400V/cm，室温
毛细管：50μm ID×35/60cm
激发光：488nm
峰：1—N-乙酰基半乳糖；2—N-乙酰基葡萄糖；
　　3—鼠李糖；4—甘露糖；5—葡萄糖；6—果糖；
　　7—木糖；8—岩藻糖；9—阿拉伯糖；10—半乳糖

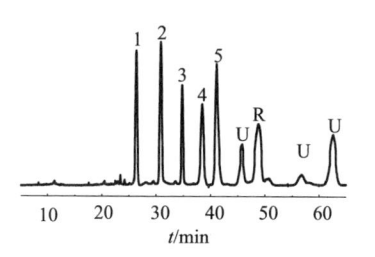

图 13-3　胡麻提取多糖水解产物
APTS 衍生物的 CE-LIF 电泳图
条件同图 13-2
峰：1—鼠李糖；2—葡萄糖；3—木糖；4—阿拉伯糖；
　　5—半乳糖；R—APTS；U—未知组分

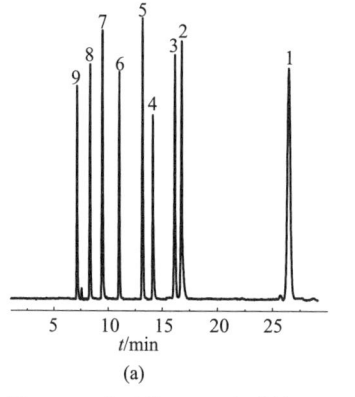

(a)

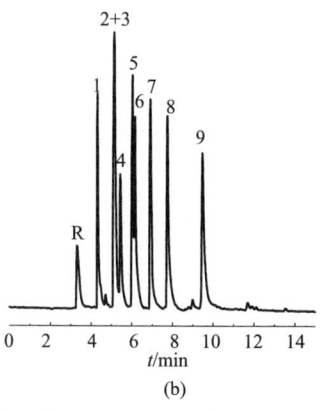

(b)

图 13-4　在碱性 (a) 和酸性 (b) 条件下分离 APTS-标准寡糖衍生物
缓冲液：100mmol/L 硼酸/NaOH，pH 10.2 (a) 或 50mmol/L 磷酸/Tris，pH 2.5 (b)
电泳：300V/cm (a) 或 −400V/cm (b)
毛细管：50μm ID×25/60cm
激发光：488nm
峰：1—Glc；2—Glcβ (1→4) Glc；3—Glcα (1→4) Glc；4—GlcNAcβ (1→6) GlcNAc；
　　5—Galβ (1→4) Galβ (1→4) Glc；6—GlcNAcβ (1→6) Galβ (1→4) Glc；
　　7—Glcα (1→6) Glcα (1→4) Glcα (1→4) Glc；8—Glcα (1→4) Glc-[-Glcα (1→4)-]₃-Glc；
　　9—Glcα (1→4) Glc-[-Glcα (1→4)-]₅-Glc；R—APTS

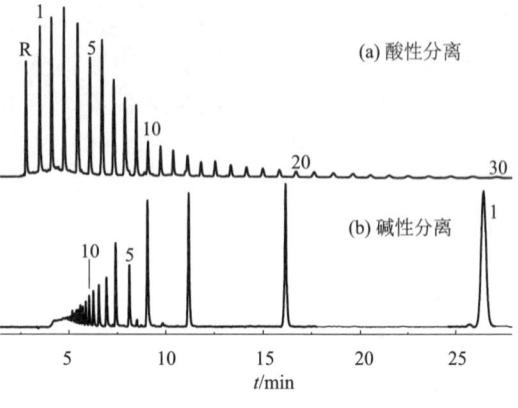

图 13-5 葡聚糖部分水解产物 APTS 衍生物的 CE-LIF 电泳图
缓冲液：50mmol/L 磷酸/Tris, pH 2.5（a）；100mmol/L 硼酸, pH 10.2（b）
毛细管：50μm ID×25/60cm
电泳：±400V/cm
峰号表明糖残基数目，R—APTS

在酸性条件下分离糖时电渗可忽略，分析速度的控制只能通过改变毛细管长度或分离电压大小来实现，有时不太方便。为此，作者实验室研究了一些新的控制方法，其中阳离子调节法比较简单。图 13-6 显示，以胺作为阳离子时，寡糖的电泳

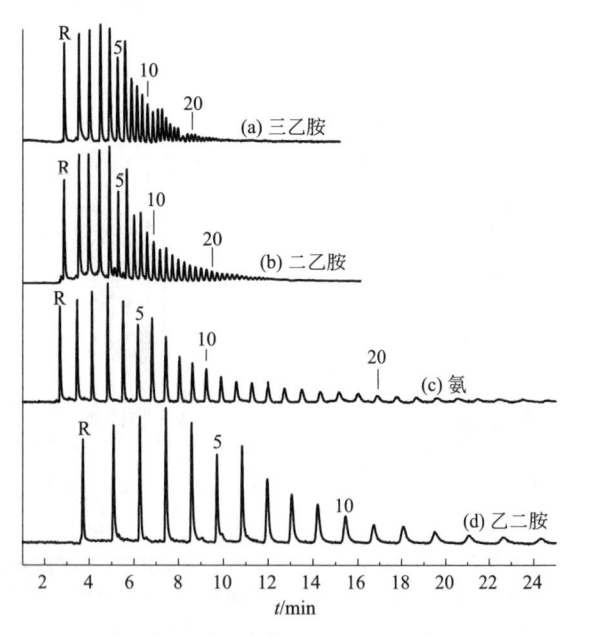

图 13-6 胺对寡糖分离速度的影响
缓冲液：50mmol/L 磷酸＋50mmol/L 胺，pH 2.5
毛细管：50μm ID×25/60cm
电场：−400V/cm
激发光：488nm 激光
峰标号：糖残基数

速度，按乙二胺、氨、二乙胺、三乙胺的顺序加快。与胺类似的阳离子，如醇胺、季铵等都有这种作用，但变化规律有所不同。这一现象说明阳离子和寡糖发生了相互作用，但具体如何作用，还有待于进一步研究。

寡糖也需要衍生才能检测。还原性寡糖的衍生方法与单糖相同。在进行寡糖分析时，还必须注意避免发生水解，在夏天和富含细菌的环境中更应提高警惕，以防得到不甚正确的谱图。

第五节　糖缀合物的电泳分离

糖的分离分析已经十分困难，糖缀合物的分离则更加困难。其困难不仅在于糖残基所具有的高度的复杂性，而且还在于糖基化位置的多变性。这种复杂性和多变性形成了所谓糖缀合物的微观不均一性。微观不均一组分的分离分析需要特殊的方法。许多糖缀合物具有两亲特性，容易形成诸如胶束等特殊结构，导致了分离难度的进一步增加。下面以神经节苷脂和鸡卵白蛋白为例，讨论它们的 CE 分离。

一、神经节苷脂分离[24,25]

神经节苷脂是一类糖脂，含唾液酸，广泛存在于脑组织中，是细胞膜上的功能组分，可以形成受体等，对智力也可能具有重要的影响。通过直接注入脑腔的实验表明，神经节苷脂对老年痴呆症具有某种疗效。因此，神经节苷脂的分析具有重要的理论意义和实用价值。

神经节苷脂在生物体内的含量甚微，样品制备过程繁复。神经节苷脂的亲水端和亲脂端的长度相近，在水或有机溶液中都容易形成胶束，特别是混合胶束（不同组分出现在同一胶束上），其临界胶束浓度可低达 nmol/L 水平，很难破坏。由于混合胶束的电迁移没有差别，所以不被电泳分离，也不能通过采用与硼酸或金属离子络合的方法来提高分辨率［图 13-7(a)］。这是神经节苷脂 CE 分离的主要难点。

作者研究了各种不同的方法，发现某些特殊的添加剂可以促成神经节苷脂的 CE 分离。图 13-7(b) 和 (c) 显示了利用环糊精（CD）为添加剂的分离效果。比较图 (b) 和 (c) 可见，α-CD 更适合于分离体积较小的组分，而 β-CD 则更适合于分离体积较大的组分。通过多元组合筛选研究发现，甲醇和己二胺能促进分离［图 13-7(d)］，但没有环糊精时，它们不起作用。这些现象说明，环糊精与神经节苷脂发生了相互作用（很可能是类似于主-客体的包合作用），从而瓦解了原来的混合胶束。甲醇和二胺类试剂可能和神经节苷脂发生了某种程度的分子间作用。有趣的是，降低温度或电压，也能明显提高分离度（图 13-8），这说明神经节苷脂与 CD 间存在慢平衡过程。

一般地，神经节苷脂的分离度，随 CD 浓度的增加而上升。在使用 α-CD 时，其浓度必须高于 10mmol/L，但 20mmol/L 足已。在此条件下，提高缓冲液浓度可

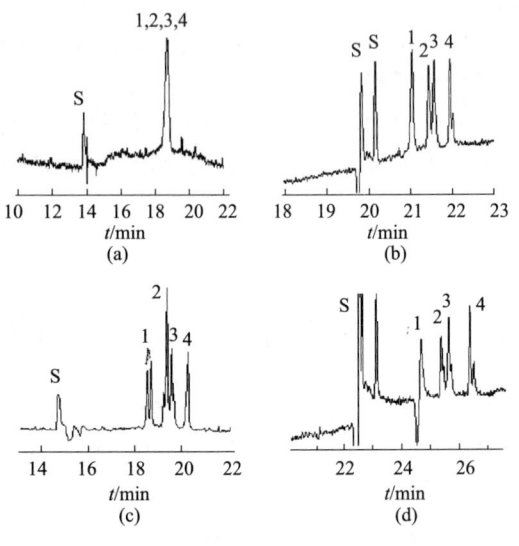

图 13-7　神经节苷脂的毛细管电泳分离

毛细管：50μm ID（a，b，d），25μm ID（c）×60/67cm

缓冲液：10mmol/L 硼砂＋10mmol/L 磷酸钠（a，b，d），100mmol/L 硼砂/磷酸钠，pH 9.40（c）

添加剂：不加（a），30mmol/L β-CD＋150mL/L 乙腈（b），20mmol/L α-CD（c），

　　　　30mmol/L β-CD ＋ 2mmol/L 己二胺＋150mL/L 乙腈（d）

电泳：梯度升压（a，b：0～26.8kV/22min；d：0～29kV/29min），恒压（c：16.75kV）

分离温度：25℃

紫外吸收检测：200nm

样品浓度：0.1mg/mL 每一组分

进样：0.5psi-2s

峰：1—GM$_1$；2—GD$_{1a}$；3—GD$_{1b}$；4—GT$_{1b}$；S—系统峰（第 1 峰对应于电渗）

进一步增大分离度，但存在极大值，原因是高浓度缓冲液有过热问题。研究表明，采用 100mmol/L 硼砂比较合适，但毛细管不能粗于 50μm ID，以 25μm ID 为佳，如此可得高效分离结果［图 13-7(c)］。

使用 β-CD 时，其浓度越高越好。遗憾的是，β-CD 在室温下的溶解度不超过 16mmol/L，所以必须采用增溶措施。乙腈、DMSO、尿素等都有增溶作用，其中 DMSO 有强紫外吸收，不利于检测；尿素虽有强增溶能力（达 100mmol/L β-CD 以上），却会降低神经节苷脂的分离度；相对而言，乙腈最好，它没有明显的紫外吸收，当其含量在 15％～30％（体积）时，β-CD 的溶解度可达到 30mmol/L，这已经够用。注意，更高含量的乙腈反而会使 β-CD 析出。

与 α-CD 相反，β-CD 偏爱低浓度缓冲液。5mmol/L 甚至更低浓度的硼酸仍能产生很好的分离结果（图 13-9），这就允许使用大孔径毛细管（如 150μm ID）进行电泳，以提高检测灵敏度。

不管使用的是 α-CD 还是 β-CD，硼酸盐缓冲液均优于磷酸盐缓冲液，而硼酸-磷酸盐混合缓冲液又优于纯的硼酸盐缓冲液。在 α-CD 条件下，以硼砂为主体，用

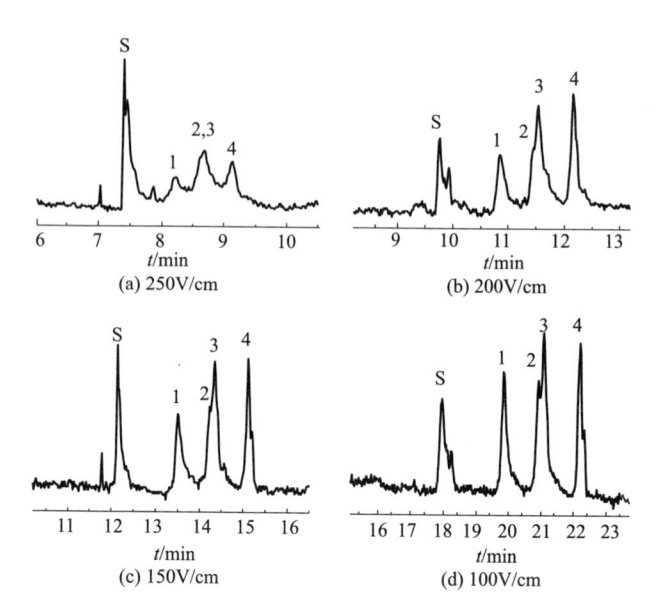

图 13-8　分离电压降低反而提高神经节苷脂的分离度

　　毛细管：50μm ID×60/67cm

　　缓冲液：15mmol/L β-CD ＋ 10mmol/L 硼砂

　　电泳：恒电压（电场见图中所示）

　　其余条件同图 13-7，峰标号同图 13-7

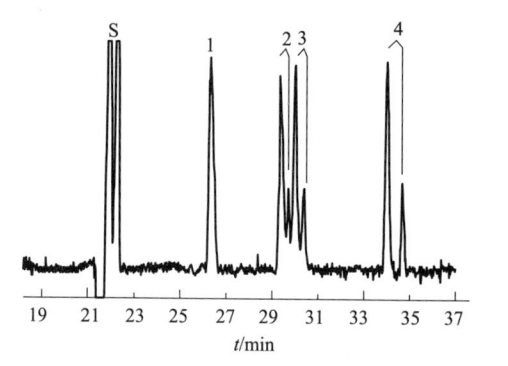

图 13-9　神经节苷脂的大孔毛细管电泳分离

毛细管：150μm ID×60/67cm

缓冲液：5mmol/L 硼砂＋20%乙腈＋30mmol/L β-CD ＋ 2.5mmol/L 己二胺

电泳：20min 从 0kV 升到 13.40kV，然后在 15min 内再升到 23.45kV

温度：27℃

进样：0.5psi-2s（0.1mg/mL 神经节苷脂）

检测：200nm

峰：同图 13-7

磷酸钠来调节 pH 可得最好分离。当用 β-CD 时，则以等摩尔比的硼砂/磷酸钠体系为最佳。研究还表明，γ-CD 不是有效的添加剂。

这一策略也可扩展运用于其他易形成胶束物质的分离，比如磷脂、表面活性剂等。

二、糖蛋白微观不均一性分析

糖蛋白广泛存在于动植物体内，在生物过程中起着重要甚至关键的作用。已经发现，许多糖蛋白具有药用价值，并正在利用生物技术进行大规模生产[26~28]。但是，糖蛋白生物功能的研究以及生物技术产品的质量控制，却尚无有效的方法。糖蛋白的微观不均一性很难用通常的 HPLC 等方法进行分析。曾经有人用等电聚焦和色谱聚焦等法分析，但达不到定量甚至定性的要求[28]。

自 1989 年开始，CE 开始用于糖蛋白的研究[29,30] 并不断取得进展[26~28,31~34]。但分离再现性不是太好，因为许多关键的因素一直不甚清楚。作者从 1990 年开始此方面的研究，提出过以硼砂为主要缓冲试剂的方法[31]，但分离亦不理想。随后作者开始探讨更有效的办法，建立了以醇胺为缓冲液主要成分、以聚丙烯酰胺涂布毛细管为分离通道的 CE 方法[35,36]。在优化条件下，该方法能将鸡卵白蛋白分离出近 30 个峰、将转铁蛋白分离出十个左右的单峰。

微观不均一性分析的核心是寻找影响分离的关键条件。在 CE 系统中，样品被缓冲液所包围并在迁移过程中与管壁发生连续接触，由此可以推测下述因素必须予以重点考虑：①管壁状态；②分离介质主要是缓冲液的性质，包括支持介质、缓冲试剂、添加剂、溶剂、物质浓度、缓冲液 pH 等。

这些因素相互交错，关系比较复杂。

1. 管壁状态

众所周知，管壁状态对蛋白质的分离有重大的影响，对糖蛋白也不例外，而且更重大。管壁的性质取决于管材、涂层、缓冲液的组成和 pH、样品的吸附性质甚至洗涤程序等一系列因素，其中涂层的影响最大。图 13-10 表明，PA 涂层管能给出比较理想的分离［图 13-10(a)和(c)］而裸管不能［图 13-10(b)和(d)］。这种差别并不是由于管壁对样品的不可逆吸附而可能是由于可逆分配造成的，亦即电泳加分配可能是分离微观差异组分的重要条件。除 PA 外，作者还试验过 C_{18} 和聚乙二醇等涂层，效果并不理想。它们的涂布过程也比较麻烦。即使是 PA 涂层，有时也可能得不到预想的分离效果，因为涂层容易受污染或损伤而失去效果。下述操作会导致聚丙烯酰胺涂层毛细管分辨率的下降或消失：

① 用 pH<7 的缓冲液洗涤毛细管；

② 用含磷酸根或高价金属离子的缓冲液冲洗毛细管（可出现分离能力完全丧失）；

③ 同一根毛细管用于多种糖蛋白的分离。

这些操作都可造成涂层改性或损坏。聚丙烯酰胺涂层长期使用也会导致分辨率的大幅度下降［图 13-11(e)］。涂层一旦损坏，就需要重新涂布。

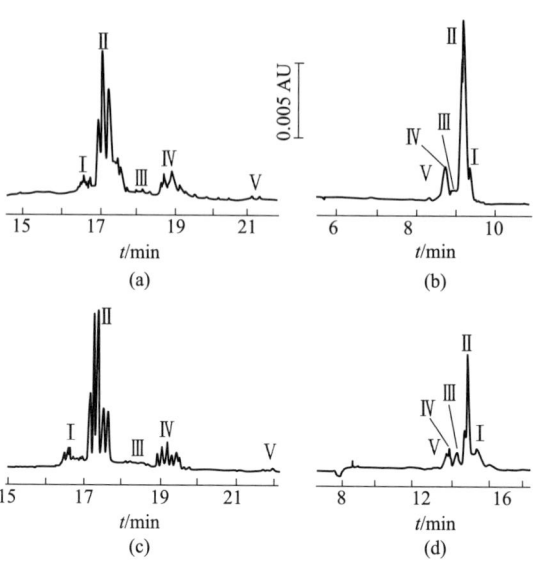

图 13-10　鸡卵白蛋白在聚丙烯酰胺涂层管（a、c）和裸管（b、d）上的电泳谱图

　　毛细管：$50\mu m$ ID×60/67cm

　　缓冲液：50mmol/L 硼砂（a、b）或 200mmol/L 硼酸＋200mmol/L Tris（c、d）

　　电泳：$-400V/cm$（a、c）或 $+400V/cm$（b、d）

　　温度：24℃

　　紫外吸收检测：200nm

　　图中的罗马数字表明出峰顺序

2. 缓冲液体系

　　缓冲液不仅与管壁而且与样品发生相互作用，是影响分辨率的关键因素之一［比较图 13-10(a) 与 (c)］。缓冲液一般由缓冲试剂、添加剂和溶剂（包括其他支持介质）等部分组成，其中缓冲试剂又有对离子（与样品反号）和同离子（与样品同号）之分。下面分别进行讨论。

　　（1）介质与溶剂　在 CE 中，水是最好的介质和溶剂，有机溶剂既不利于分离，也不利于检测。奇怪的是，虽然聚丙烯酰胺是优良的管壁涂层材料，却不适合于作分离介质。图 13-11(c) 显示，即使很小量的 PA（$0.05\%T+5\%C$）也会引起分辨率的明显降低。当 PA 浓度达 $2\%T+5\%C$ 以上时，CE 的分辨率完全消失［图 13-11(d)］。产生这一现象的原因还不清楚，但至少可以肯定，CGE 不太适合于糖蛋白微观不均一性的分析。

　　（2）添加剂　采用分散添加剂有可能使糖蛋白在缓冲液中相互松散开来，有利于分离。氨基磺酸、醇胺类等都具有一定的分散效果而以醇胺为上。由于醇胺可以直接作为缓冲试剂，建议不将其作为添加剂。

　　Oda 等报道[26,28,32,33]，二胺（铵）类添加剂，能够使糖蛋白微观差异组分获得分离，且对应的分离度随添加剂浓度的增加而升高［图 13-12］。他们发现，α,ω-二铵（胺）的添加效果与碱性、碳数等有关：溴化六甲基癸二铵＞氯化六甲基己二铵＞溴化六甲基己二铵＞丁二胺。作者的研究结果显示，这类添加剂在使用聚丙

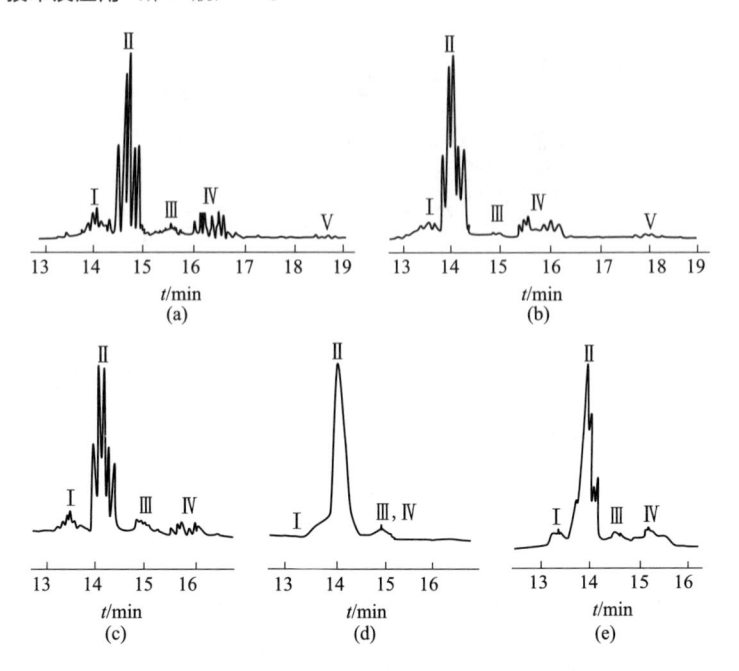

图 13-11　不同涂层和介质对鸡卵白蛋白微观差异组分分离的影响

毛细管：50μm ID×60/67cm，有聚丙烯酰胺涂层，(a)～(c) 新涂层，(e) 已使用 6 个月，
　　　或 75μm ID×30/67cm，内装 28cm 的 5％T＋5％C 聚丙烯酰胺凝胶（d）

电泳缓冲液：200mmol/L 硼酸/Tris，pH 8.25（a、d），200mmol/L 硼酸＋0.1mmol/L
　　　己二胺/Tris，pH 8.25（b），200mmol/L 硼酸＋0.5％T＋5％C/Tris，
　　　pH 8.25（c），200mmol/L 硼酸/硼砂，pH 8.23（d）

电泳：−400kV/cm（a～c、e）或−200V/cm（d）；温度：28℃

其他条件同图 13-10

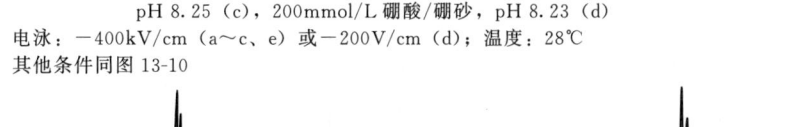

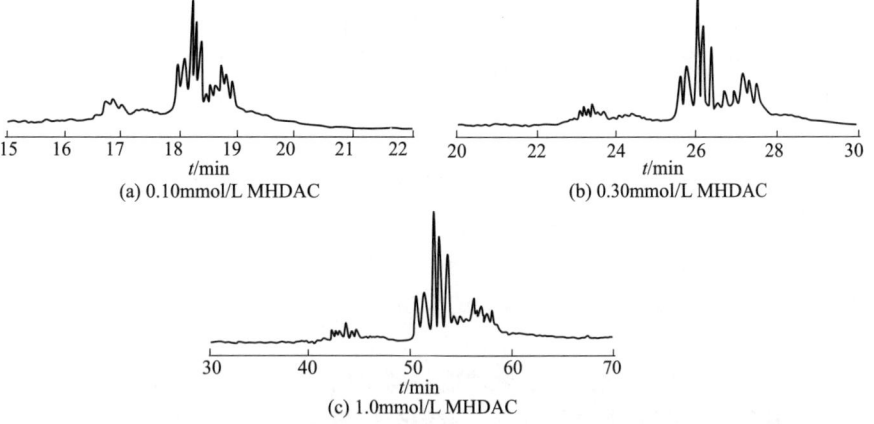

图 13-12　二铵添加剂及其浓度对鸡卵白蛋白微观差异组分分离的影响

毛细管：50μm ID×80/87cm，无涂层

电泳缓冲液：x mmol/L MHDAC，100mmol/L 硼酸/硼砂，pH 8.4

电泳：＋25kV

温度：28℃

检测：200nm 紫外吸收

MHDAC—氯化甲基己二铵

烯酰胺涂层毛细管时，反而会降低分离效果［图 13-13 和图 13-11(b)］，当添加剂浓度达到比如 10mmol/L 己二胺（HAD）时，微观峰消失（图 13-13），原因不明。

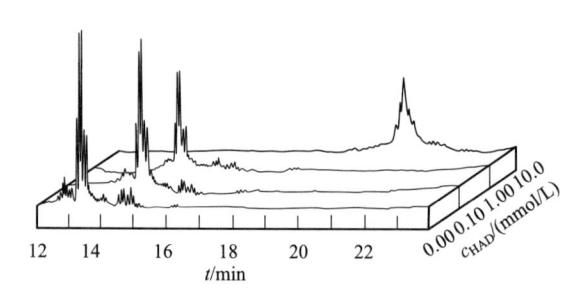

图 13-13 HAD 添加浓度对鸡卵白蛋白微观差异组分分离的影响

毛细管：50μm ID×60/67cm，聚丙烯酰胺涂层

电泳缓冲液：200mmol/L 硼酸/Tris，pH 8.25，含己二胺，浓度如图所示

电泳：－400V/cm

其他条件同图 13-10

（3）对离子 缓冲液中的对离子带正电荷，与管壁上残留的负电荷和样品中的负电荷都会发生静电作用，对分离的影响要比同离子大。根据实验结果，醇胺类试剂最好，其次是碱金属离子。用硼砂代替醇胺，其分离效果将会降低。

醇胺的种类很多，不同的醇胺效果亦有所不同。用鸡卵白蛋白进行的研究表明，表 13-2 中所列的试剂，均能产生较好的分离结果。其中低分子量的醇胺有利于检测，而分子量较大的 AMP 和 Tris 为固体，易于称量。醇胺的选择与糖蛋白种类和性质有关，比如对于转铁蛋白，MAP 和 AMP 的效果优于 Tris。

表 13-2 所选醇胺试剂及其结构

缩写	名 称	结 构
EA	乙醇胺	$H_2N-CH_2-CH_2-OH$
TEA	三乙醇胺	$HO-CH_2-CH_2-N-CH_2-CH_2-OH$ $\quad\quad\quad\quad\vert$ $HO-CH_2-CH_2$
MAP	2-甲基-3-氨基-1-丙醇	$H_2N-CH_2-CH-CH_2-OH$ $\quad\quad\quad\quad\vert$ $\quad\quad\quad\quad CH_3$
AMP	2-氨基-2-甲基-1,3-丙二醇	NH_2 $\quad\vert$ $HO-CH_2-CH-CH_2-OH$ $\quad\quad\quad\vert$ $\quad\quad\quad CH_3$
Tris	N-三(羟甲基)氨基甲烷	$HO-CH_2$ $\quad\quad\quad\vert$ $HO-CH_2-N^+-CH_3$ $\quad\quad\quad\vert$ $HO-CH_2$

（4）同离子　同离子对分离也有显著的影响，且对不同的糖蛋白样品其影响程度不同。一般地，在碱性条件下分离，以选硼酸盐为上策，其他试剂如 Tricine、HEPES 等可能不理想。在偏酸性条件下分离，酒石酸、柠檬酸要比乙酸好。建议在酸性缓冲液中加入一定量的硼酸，以增进分离。

（5）缓冲试剂浓度　缓冲液浓度是影响分离度不可轻视的因素。过低和过高的浓度都不能产生好的分离结果。相对而言，低浓度不如高浓度，最合适的硼酸浓度在 0.25mol/L 附近，醇胺浓度在 0.1～0.25mol/L 之间。同样，缓冲液的浓度选择，与样品和 pH 有关，需要具体优化。

3. 缓冲液 pH

缓冲液的 pH 一方面影响管壁性质，另一方面影响样品的解离能力，进而影响分子间的相互作用。如果 pH 选择不对，就得不到微观分布电泳谱图（图 13-14）。用不同醇胺分离鸡卵白蛋白的研究表明，最佳 pH 在 7.8～8.6 之间，同离子浓度增加，最佳 pH 相应降低，详见表 13-3。用转铁蛋白研究表明，低 pH 更有利于分离，最好采用动态 pH 梯度法，即将毛细管两端插入组成相同但 pH 不同的缓冲液中进行电泳。当毛细管和正电极槽中缓冲液的 pH 高于负极时，电泳开始后，由于 H$^+$ 迁移速度大，管中的 pH 将随时间发生变化。上述两个例子说明，pH 的选择与样品的性质和缓冲液的浓度有关，也必须针对具体样品进行优化。

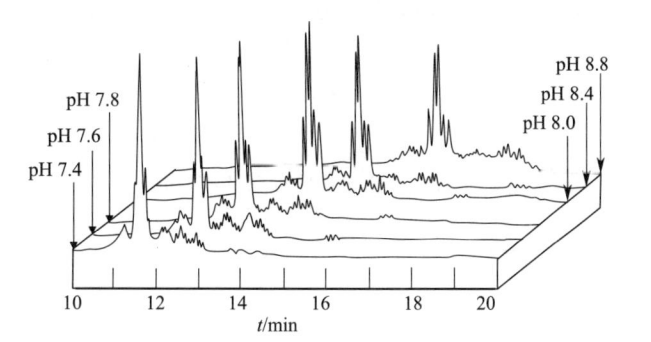

图 13-14　缓冲液 pH 及其变化方向对鸡卵白蛋白微观差异组分分离的影响

毛细管：50μm ID×60/67cm，聚丙烯酰胺涂层

电泳缓冲液：100mmol/L AMP/硼酸

温度：25℃

表 13-3　分离鸡卵白蛋白时缓冲液的浓度与最佳 pH 的关系

缓冲体系	浓度/（mol/L）	最佳 pH
Tris/硼酸 （用 NaOH 或酒石酸调节）	0.1/0.2	7.8～8.3
	0.2/0.2	8.0～8.6
	0.2/0.4	7.7～7.9
AMP、MAP、AE 或 TEA/硼酸	0.1	7.6～8.4

在进行优化 pH 实验时发现，鸡卵白蛋白分离度会随 pH 变化方向的不同而改变：pH 从高到低变化的结果总是优于从低到高变化的结果（见图 13-14）。这种现象在其他分离中尚未发现过。为此作者建议，pH 优化方向最好从高到低，即以醇胺为主体，用硼酸或酒石酸来调节 pH。

4. 其他因素

其他可能影响糖蛋白微观不均一性分辨率的因素还有电泳电压、温度、毛细管长度和进样方法等。但相对而言，这些因素是次要的，它们只对分离度的大小有所影响。

经过上述优化后，通常可以得到比较理想的分离结果，图 13-15 显示了鸡卵白蛋白充分分离后，其微观组成大致可以分成 3（或 5）组，共有约 30 个峰。这种结果显示了糖蛋白组成的巨大复杂性和与普通蛋白的显著差异。由此可以断言，CE 也能用于鉴别糖蛋白和普通蛋白。

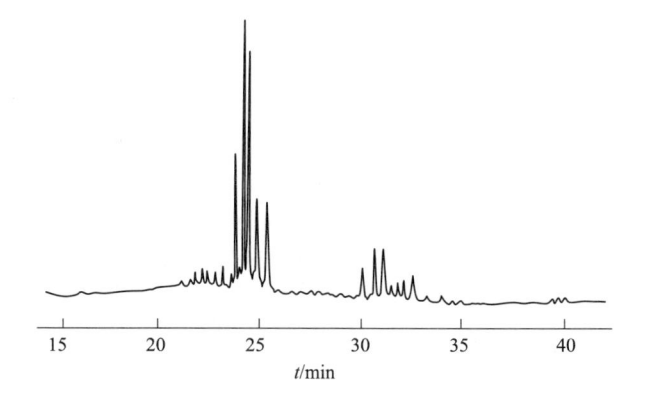

图 13-15 鸡卵白蛋白微观差异组分的完整分离

毛细管：50μm ID×60/67cm，聚丙烯酰胺涂层，35℃下水解泡 24h 以延长分离时间并提高分离效率

电泳缓冲液：400mmol/L 硼酸，200mmol/L Tris，2mmol/L EDTA

其他条件同图 13-10

参考文献

［1］ El Rassi Z. *Adv Chromatogr*，1994，34：177.

［2］ El Rassi Z，Nashabeh W. *High Performance Capillary Electrophoresis of Carbohydrates and Glycoconjugates*. //El Rassi Z. *Carbohydrate Ananlysis：High Performance Liquid Chromatography and Capillary Electrophoresis*. Amsterdam：Elsevier，1995：267.

［3］ Angyal S J. *Adv Carbohydr Chem Biochem*，1989，47：1.

［4］ Honda S，et al. *J Chromatogr*，1991，588：327.

［5］ Penn S G，Chiu R W，Monnig C A. *J Chromatogr A*，1974，680：233.

［6］ Rundle R E，French D. *J Am Chem Soc*，1943，65：558.

［7］ Teitelbaum R C，Ruby S L，Marks T J. *J Am Chem Soc*，1978，100：3215.

［8］ Rendleman J A. *Adv Chem Ser*，1971，117：51.

［9］　Colon L A，Dadoo R，Zare R N. *Anal Chem*，1993，65：476.

［10］　El Rassi Z. *Carbohydrate Ananlysis：High Performance Liquid Chromatography and Capillary Electrophoresis*. Amsterdam：Elsevier，1995：391.

［11］　Johnson D J，LaCourse W R. *Anal Chem*，1990，62：589A.

［12］　Hoffstetter-Kuhn S，Paulus A，Gassmann E，Widmer H M. *Anal Chem*，1991，63：1541.

［13］　常理文，腰锐锋，陈义，孔捷. 分析化学，1994，22：1.

［14］　Yao R F，Chen Y，Chang L W. *Chinese Chem Let*，1993，4：343.

［15］　腰锐锋，陈义，常理文，竺安. 单糖的高效毛细管电泳//张维杰. 糖复合物生化研究技术. 杭州：浙江大学出版社，1994：113.

［16］　党福全，陈义，郭晴. 分析化学，2000，28（1）：80.

［17］　Nashabeh W，El Rassi Z. *J Chromatogr*，1992，600：279.

［18］　Novotny M，et al. *Electrophoresis*，1993，14：373.

［19］　Mechref Y，El Rassi Z. *Electrophoresis*，1994，15：627.

［20］　Zhao J Y，et al. *J Chromatogr B*，1994，657：307.

［21］　Honda S，et al. *Carbohydr Res*，1991，215：193.

［22］　Chen F T，Evangelista R A. *Anal Biochem*，1995，230：273.

［23］　党福全. 毛细管电泳——激光诱导荧光检测分析方法与应用研究［D］. 北京：中国科学院化学研究所，1999.

［24］　陈义. 化学通报，1998（4）：42.

［25］　Yu Z-L，Chen Y，Xu G-Y，Chang L-W. *J Liq Chrom & Rel Technol*，1998，21：349.

［26］　Oda R P，Madden B J，Spelsberg T C，Landers J P. *J Chromatogr*，1994，680（1）：85.

［27］　Tran A D，Park S，Lisi P J，et al. *J Chromatogr*，1991，542：459.

［28］　Morbeck D E，Madden B J，McCormick D J. *J Chromatogr*，1994，680（1）：217.

［29］　Kilar F，Hjerten S. *J Chromatogr*，1989，480：351.

［30］　Grossman P D，Colburn J S，Lauer H H，et al. *Anal Chem*，1989，61（11）：1186.

［31］　陈义，腰锐锋，常理文，竺安. 糖蛋白的高效毛细管电泳//张维杰. 糖复合物生化研究技术. 杭州：浙江大学出版社，1994：116.

［32］　Landers J P，Oda R P，Madden B J，et al. *Anal Biochem*，1992，205：115.

［33］　Watson E，Yao F. *Anal Biochem*，1993，210：389.

［34］　Steiner V，Knecht R，Bornsen K O，et al. *Biochemistry*，1992，31：2294.

［35］　陈义. 抚顺石油学院学报，1996，16：68.

［36］　Chen Y. *J Chromatogr A*，1997，768：39.

CHAPTER 14

大颗粒与小离子样品 CE

毛细管电泳既能将无机离子当作粒子看待，也能将细胞当作"离子"看待；既可以分离离子和分子，也可以分离病毒、细胞、固体颗粒等物质；既能研究整批细胞，也能研究单个细胞。只分析一个细胞的 CE 方法叫单细胞分析，它为研究细胞个体差异提供了新研究思路和工具。由此可见，CE 有某种全能性，可不断拓展应用空间。下面首先从细胞分析开始介绍。

第一节　红细胞电泳

一、背景

细胞电泳在生物学、免疫学、血液流变学、细胞生理学、临床医学均有用途，在肿瘤和器官移植研究中亦有重要用处[1~9]。对细胞电泳进行研究，具有理论和实用双重价值。

细胞电泳研究比较古老，可以上溯到 20 世纪初。早在 1902 年，Lillie 就发现了红细胞能在电场中移动[10]。1911 年，Ellis 发明显微细胞电泳计，构建了显微细胞电泳法[11,12]，并发展演变成了手动[13] 和自动[14] 电泳两大类型。这类方法的特点是逐个观测细胞电泳，最后进行统计分析，得出结果。

手动显微细胞电泳的做法是：在一根方形的石英毛细管中灌入配于生理盐水的细胞悬液，通过换向开关与电源相接，利用显微镜逐个观察静止层（电渗为零的流层）上细胞往复迁移的速度，由直方图给出淌度分布结果。自动操作以低频交流电做电泳，由显微摄像记录，送计算机进行图像数据分析和存储，均可程序化操控。显微细胞电泳很直观，但费时，统计代表性略差（手动法观测 20 个或以下细胞、自动操作记录约 100 个细胞）。另外，手动法重复性与再现性差，而自动化装置比较昂贵。

20 世纪 70 年代后发明的激光多普勒细胞电泳[15,16]，运用激光照射悬浮粒子，通过记录运动粒子散射光波长的位移来分析粒子的速度，能在 1min 内同时测定多种细胞[15~18]。该法快速但无分离能力，成本也高。

CE 理论指出，其极限效率随样品分子体积增大或扩散系数变小而上升，应该能用于细胞的分离分析。用红细胞进行的测定表明，CE 的确可用，但需要解决新的问题。

二、细胞的特点与电动原理[24~27]

细胞作为一生命基元，有各种不同的类型，比如血液中就有血小板、白细胞、血红细胞等，且各类细胞比如血红细胞还有不同的（阶段）形态[19~21]，通常所说的血红细胞多指成熟阶段的细胞。血红细胞在生理条件下具有嗜线性，即许多红细胞趋向于以凹面相贴叠连成串。在低离子强度环境中，嗜线性会加重[1]。血红细胞在非生理环境中会快速凝血。在不等渗溶液中，或在等渗溶液中放置一段时间，血红细胞会逐渐破损，出现溶血现象。溶血和凝血是血红细胞最常见的特点。

细胞之所以能在电场中迁移，是因为其膜上存在带电基团。血红细胞的带电基团主要是唾液酸[2,8,22]。由于细胞膜结构的特殊性，其双电层与固体电极或胶体粒子是有区别的，但在一般的电动现象讨论中，完全可以采用胶体电泳中的一些基本公式[9,22]：

$$\mu_{\text{cell}} = \frac{\varepsilon_r \zeta}{4\pi\eta} \tag{14-1}$$

$$\Theta_{\text{mem}} = (8n\varepsilon_0\varepsilon_r kT)^{1/2} \text{sh} \frac{ze\zeta}{2kT} \tag{14-2}$$

式中，μ_{cell} 为细胞的有效淌度；ζ 为电动势；Θ_{mem} 为细胞膜的电荷面密度；ε_0 为真空介电常数；ε_r 为缓冲液的相对介电常数；η 为介质黏度；k 为玻尔兹曼常数；T 为热力学温度；ze 为电量；n 为单位体积中的细胞数目。式（14-1）和式（14-2）既说明了细胞电泳的原理，又是利用电泳研究膜表面电学特性和膜结构的根据。

三、血红细胞制备[23~29]

（1）一般处理　取静脉或动脉血（如鸡、猪颈动脉血，兔耳静脉血，人指尖针刺血等），用 EDTA、肝素或柠檬酸三钠抗凝[21]，在 2500r/min（台式离心机）下，用 PBS（0.9%NaCl，pH 7.2）离心洗涤三次以上，再用电泳缓冲液洗涤两次。最后用含 HPMC（羟丙基甲基纤维素）的电泳缓冲液配成 20mL/L 悬液。该悬液可在 4℃中保存一周以上。

（2）甲醛固定细胞　把抗凝血按沉积血红细胞体积 1∶20 的比例加入 PBS，离心洗涤 4 次。再按 1∶8 的体积比将洗涤过的红细胞与 3％甲醛的 PBS 溶液混匀，盖好后置于 4～6℃中，经常摇动。24h 后于 20～22℃放置 4h。最后按沉积血红细胞体积 1∶2 的比例，在冰浴和摇荡下缓慢滴入冰冷的 36％～38％甲醛。在经常摇动下，于 4～6℃和室温中相继各反应 24h。将固定好的血红细胞用 0.9％NaCl 洗涤 4～5 次，配成 10％的生理盐水悬液，可于冰箱中长期保存。

（3）戊二醛固定细胞　取抗凝血，按血红细胞体积，加入 10～20 倍的生理盐水，洗涤 5 次。分别将血红细胞和 10 倍体积的 1％戊二醛生理盐水溶液置于冰浴中，冷却至 4℃。在不断摇动下，将戊二醛滴入血红细胞中，冰浴中保持 30min 后，用生理盐水洗涤 5 次，配成 10％的悬液，冰箱中长期保存。如红细胞成块，则说明戊二醛加入量过大或过快，可使用 0.1％～0.5％的戊二醛来避免细胞结块。

四、电泳操作[24～27]

血红细胞容易降沉并附着在管壁上不能迁移，采用立式电泳装置可以克服这一问题。立式电泳装置的结构如图 14-1 所示。其中阻流管 10 要细到可以阻止缓冲液向下流动（或流动可略）。重力引起的溶液流动，也可以在出口端加封半透膜来阻断。为了提高分离重复性，应对毛细管进行恒温控制。恒温还能防止细胞被高热损毁。进样口 1 允许用微量注射器进样。排液阀 2 可以保证进样体积恒等不变。分离用毛细管可选用 100～400μm 内径左右的圆毛细管或 200μm×(400～800)μm 的扁毛细管。毛细管孔径减小，分离重复性随之下降，孔径增加则电流增大，最终也会导致分离不能进行。

该装置的操作方法如下：将电泳缓冲液装入两电极槽中，并由注射器 11 将缓冲液注入毛细管中至毛细管出口不再有气泡冒出。注意，在灌阻流管 10 时，应将阻流塞 9 顶入，灌完后再退出。装完缓冲液后让系统静置至少 30s（防止惯性流动使进样不准），用微量注射器将细胞悬液从 1 注入分离管入口，然后打开排液阀 2，令多余细胞样流掉。关闭阀门，恒电压电泳。细胞峰可以用 206nm、200nm 或 412nm（血红细胞在 200nm 和 412nm 处均有强吸收）检测。电泳完毕后，用注射器轻抽可使管中缓冲液向下流动，由此可清洗毛细管。毛细管清洗完后最好静置 15min 后再进样电泳。当电泳电流发生明显变化时，需更换新的缓冲液。

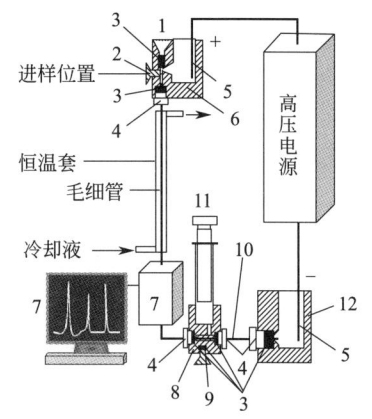

图 14-1　立式 CE 装置结构示意
1—进样口；2—排液阀；3—硅橡胶垫；
4—固定螺栓；5—铂丝电极；
6—高压电极槽；7—检测记录系统；
8—过渡接头；9—阻流塞；
10—阻流管（2～10μm ID）；11—注
射器；12—接地电极槽

五、基本结果[24～26]

1. 峰与淌度分布

单种细胞的电泳谱图可用于研究细胞的淌度分布。就血红细胞而言，一个 CE 峰可容 10^5 个以上细胞，比显微电泳的数十个细胞要多 4 个数量级，所以有很高的统计可靠性。图 14-2 所示的是人指尖血红细胞的 CE 分布。由计算得，其起峰处的和淌度为 3.40×10^{-4} $cm^2/(V \cdot s)$，峰尾处的和淌度为 2.75×10^{-4} $cm^2/(V \cdot s)$，淌度分布宽度为 0.65×10^{-4} $cm^2/(V \cdot s)$，是激光多普勒电泳测定宽度 [在 $1.14 \times 10^{-4} \sim 1.51 \times 10^{-4}$ $cm^2/(V \cdot s)$] 的 1/2，与显微电泳测定宽度 [约 $0.4 \times 10^{-4} cm^2/(V \cdot s)$] 接近。说明 CE 的系统加宽不大。

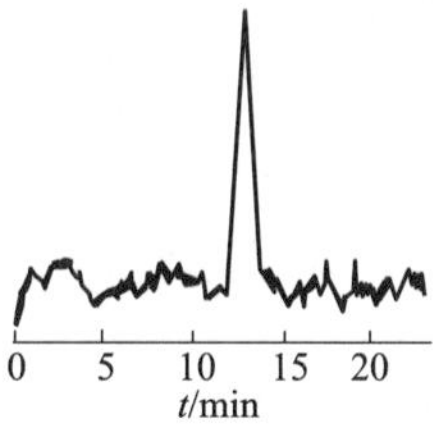

图 14-2　人血红细胞 CE 谱图
缓冲液：12mmol/L HEPES＋51.4g/L
　　　葡萄糖＋0.18％HPMC，
　　　用 Tris 调至 pH 7.18
毛细管：0.45mm×60/85cm
进样：1μL，浓度为血液的 1/40
电泳：20kV（0.12mA），19℃
检测：206nm

进一步研究发现，血红细胞的 CE 峰对 pH 敏感：当 pH＞7.4 或 pH＜6.5 时，其峰宽可以扩展为原来的 10 倍以上。此外，不同物种血红细胞的峰宽不同，比如人血红细胞分布比兔窄（图 14-3）、猪血红细胞的分布比鸡宽（图 14-4）等。（这种分布或许与生物等级或进化水平有关，但需进一步研究。）值得注意的是，尽管不同物种间的峰分布不同，但同种健康个体间的分布未见明显差异。

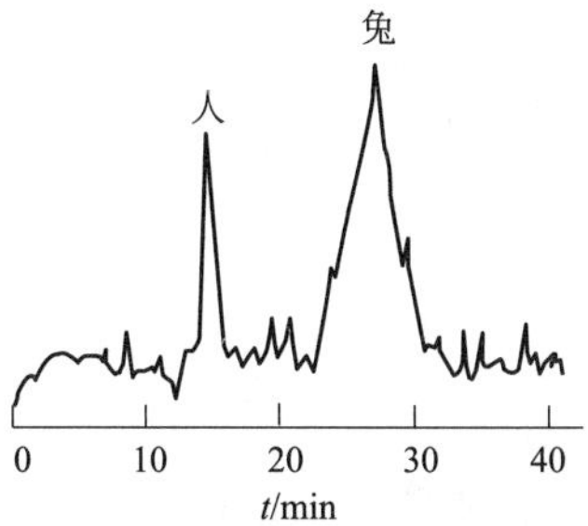

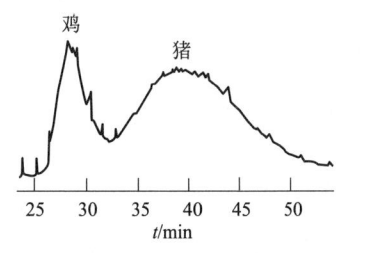

图 14-3　人兔血红细胞混合
样 CE 结果
条件同图 14-2

图 14-4　醛固定鸡猪血红细胞混合样 CE 分离谱图
缓冲液：5.5mmol/L MES＋9.4％蔗糖＋0.11％Triton
　　　X-100，用 Tris 调至 pH 7.15
毛细管：0.5mm×60/80cm
电泳：15kV（0.22mA），28℃（未通冷却介质）
其余条件同图 14-2

2. 迁移速度

不少疾病如肿瘤、风湿或某些炎症，可以引起血红细胞电迁移速度变大，由此可做临床诊断。利用 CE 进行此类研究，只需测定出峰时间并比较患者和健康细胞的差异即可。当然，也可以利用式(14-1)和式(14-2)进一步分析细胞膜之间的差异。

与淌度分布类似，不同物种血红细胞的电迁移速度不同，比如在人、鸡、兔、猪中，人的血红细胞电迁移速度最快，猪最慢，而鸡与兔居中。

3. 细胞分离

CE可用于细胞混合样的分离或做不同的研究。图14-3与图14-4表明，利用这种分离能力，可在完全相同的条件下比较两种动物血红细胞的异同，也可用于比较相同个体不同细胞的异同。关于多种细胞的分离测定，还将在下一节细菌分离中进行讨论。

六、血红细胞电泳的问题与克服方法[24~26]

1. 渗透压维持

血红细胞离开血液后，若不马上固定或进入等渗溶液，就会很快溶血破裂。溶液的渗透压可以通过调节离子或中性分子的浓度来维持。由于高离子强度不利于高电压CE，所以建议采用中性分子来配制等渗溶液。常用的中性等渗添加物质有葡萄糖、蔗糖等，前者的等渗浓度为 $51.4g/L$，后者为 $94.0g/L$。含糖溶液易长细菌，不可长期保存，最好临用前配制。细胞储液也不宜配在糖溶液中。

2. 细胞保存

配于PBS中的新鲜血红细胞，可以在4℃下保存1个月以上而不溶血。但CE研究发现，细胞的电迁移速度随保存时间增加而逐渐加快，四五日后电泳无峰，即因承受不了高电压而发生破裂。有两种办法可以解决这一问题，一是用醛固定细胞，二是改换保存介质。醛固定细胞可保存半年以上，但会屏蔽表面电荷，影响测定结果。

我们的研究发现，将血红细胞保存在含有HPMC的等渗溶液中，可使血红细胞保存3个月以上而不溶血，且3天之内的CE测定结果变化可忽略，但3天以后淌度明显上升，7天以后电泳会有部分细胞开始破裂。

3. 嗜线性和吸附问题

血红细胞的嗜线性会导致出现无规的棒状峰，而它们在毛细管壁上的吸附则会导致电泳结果的不重现，甚至不出峰。虽然增加缓冲液中的离子强度可以部分克服这两个问题，但同时也会导致过热，使电泳不能进行。利用HPMC作添加剂可明显克服这些问题。

4. 细胞降沉

细胞颗粒大且密度多数比水大，易在重力场中降沉。由于毛细管孔径比较小，这种降沉会使细胞停附在检测窗口之前出不来，测不到峰。有以下解决办法：

① 将毛细管竖立起来，不让细胞降沉到管壁上。

② 增加溶液的密度、黏度或两者兼用，以减缓细胞的重力降沉速度，使其在出峰之前不能到达毛细管底部管壁。在缓冲液中加入聚蔗糖特别是 HPMC 是简单易行之法。

第二节　细菌及其他颗粒物电泳

细菌几乎无处不在，遍布地上地下、体内体外，作用有好有坏，其分析因此十分重要。但是，目前与细菌相关的分析与鉴定方法并不多，尤其缺乏快速方法。比如，要鉴定一种食物是否已被微生物污染以及被何种微生物所污染，通常需要一个星期的时间。所以开发快速的 CE 方法，以用于微生物鉴定，很有现实意义。本节将主要以细菌为对象进行介绍，最后再简要介绍关于病毒的分析。

一、细菌分离的关键条件

与血红细胞不同，细菌比较稳定，能生存于非生理条件中，所以无须考虑等渗问题，允许 CE 按分离需要变换条件。此外，细菌、病毒等颗粒也比红细胞小，应该更容易被 CE 分离。但是实验表明，细菌的分离也有其独特的要求，与一般分子的分离依然有很多不同。

我们以大肠杆菌为对象，对细菌的 CE 分离条件进行了一系列考察，发现以下因素对细菌的 CE 峰形具有控制作用：缓冲液的组成与浓度、添加剂的种类与含量、样品的制备方法等[28,29]。

1. 样品制备

一般说来，细菌样品的制备包括培养、离心清洗、悬浮储存等步骤。细菌的培养都有标准方法，只要注意不被污染，应该不会有问题。但保存时间需要特别注意。若细菌在冰箱中储存超过一个月，其表面可能会发生很大的变化，会出现测不到正常峰的现象。此时，需要将细菌重新培养后再用。

不同的细菌、不同的培养方法、不同的电泳条件，需要有不同的清洗程序。细菌如清洗不干净，会导致出现 CE 杂峰或怪峰。尤其要注意的是，清洗方法的改变，会引起电泳结果的巨大变化。图 14-5 显示，涡旋振荡时间对大肠杆菌的出峰时间和峰的分布有明显的影响，其中效果最好的是涡旋振荡 1min，然后进样电泳。

超声振荡比涡旋强烈，用其处理细菌悬液，能够看到更为明显的变化。图 14-6 显示，样品的出峰时间随超声时间的增加而降低，且电泳峰从棒状分布逐渐转变成馒头状分布[29]。比较图 14-5 和图 14-6 可知，如果要获得尖锐的细菌电泳峰，涡旋时间和超声振荡时间都应控制在 1min 以内。但反过来，如果认为宽峰是正确的结果，则超声时间应该达到 3min 左右。涡旋振荡没有此种效果。

由于超声具有强大的分散作用，所以，宽分布的电泳峰应该对应于松散、没有聚集的细菌状态。

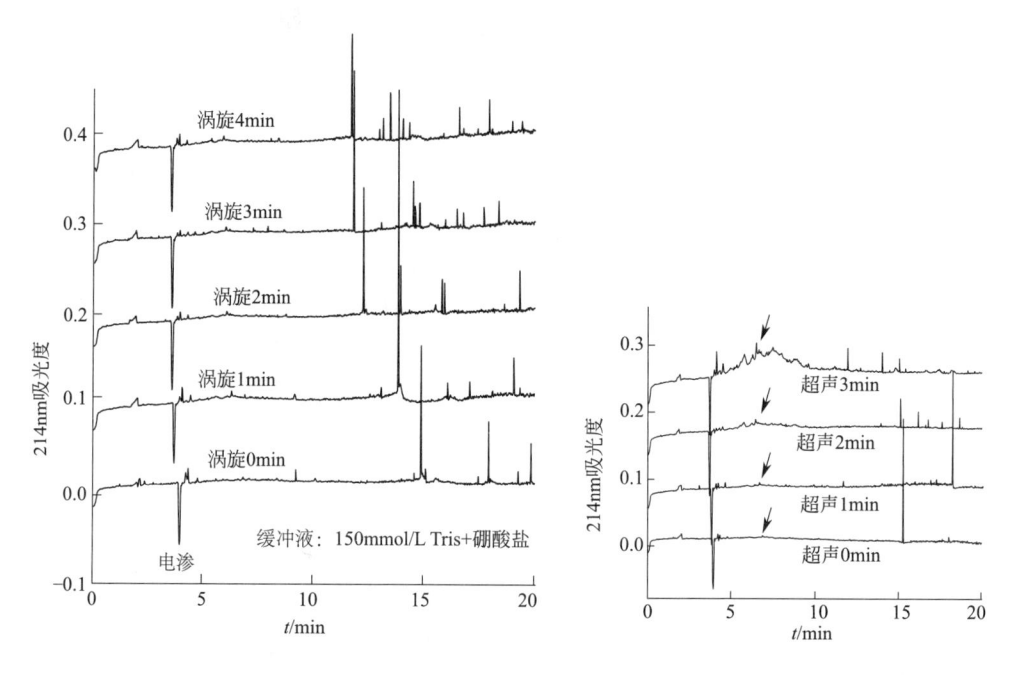

图 14-5　样品涡旋振荡时间对大肠杆菌 JM109 的峰形及出峰时间有显著的影响

图 14-6　大肠杆菌 JM109 菌株超声清洗时间对 CE 峰分布及迁移时间的影响

电泳缓冲液为 150mmol/L Tris/硼酸盐，pH 8.70，图中箭头所指为宽峰位置

2. 缓冲液

电泳缓冲液选择错误可出现无规棒状峰或其他异常电泳峰等。电泳缓冲液对细菌峰分布的影响非常复杂，至少需要考虑缓冲液的种类、pH、浓度等因素。以生理盐水、磷酸盐、硼砂、Tris-HCl、Tris-硼酸（简称 TB）等不同的缓冲系统进行的考察结果表明，除生理盐水不可用外，其他各缓冲体系的差异，主要在于电流和峰形。若以峰形为主要指标，则有以下顺序：TB＞硼砂＞Tris-HCl＞磷酸盐。TB 溶液的电导低，能够直接配制成等渗溶液，用于分离细菌类样品很有用。实际上，文献中也常用 TB 做细菌电泳。

pH 对细菌分离有重要影响，但也存在争议。按理应该在生理 pH 附近进行电泳，以获得比较可信的结果，但有少数人采用 pH 9～10.5 的碱性缓冲液做电泳以获得比较对称的电泳峰，还有在酸性条件下做细菌电泳的，但很个别。读者可根据各自的目的进行选择。

缓冲液浓度对细菌的分离有重大影响。以 TB 为缓冲体系、以大肠杆菌 JM109 为样品进行的研究表明，提高缓冲试剂的浓度，可以导致细菌在电泳过程中产生尖锐的电泳峰，如图 14-7 所示。这和 Amstrong 等所提出的条件正好相反，他们采

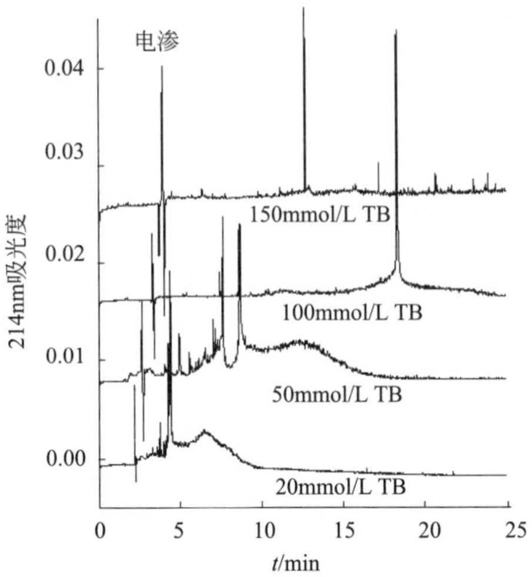

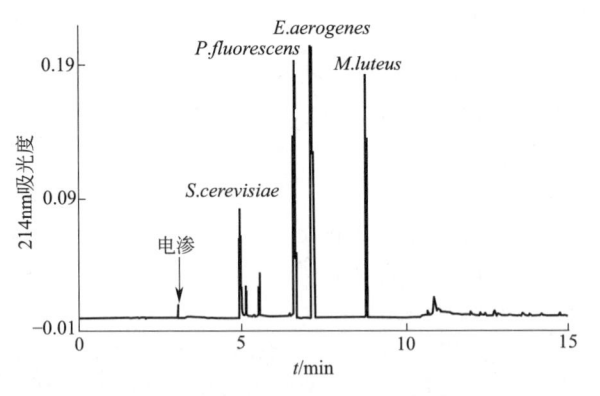

图 14-7　大肠杆菌 JM109 的 CE 峰随 TB 浓度
提高而变窄且出峰时间发生不规则变化

毛细管：75μm ID×40/47cm

电泳电压：18kV

电泳缓冲液：TB, pH 8.70

分离温度：25℃

样品处理：缓冲液离心 3 次

用低浓度甚至是超低浓度 TB 进行细菌分离[30~34]。理论上，低浓度的缓冲液的缓冲容量非常有限，无法缓冲表面有丰富解离基团的细菌等样品，尤其是进样量很大时。但是他们为何依然能够采用很低浓度（约 0.01mol/L）进行细菌电泳并获得快速和高效分离结果（见图 14-8）[34]，目前并不清楚，他们也没有给出任何解释。基于上述分析可见，做细菌等电泳时，还是以采用高浓度缓冲液更为合理。

需要特别指出的是，能产生尖锐电泳峰的条件，其重复性通常并不理想。相反，产生宽峰的条件，多数重复性比较好。道理很简单，就是细菌区带如果高度密集，其迁移容易受毛细管通道的均匀性以及管壁粗糙程度的影响。

3. 添加剂

为了克服细胞的叠连和在毛细管壁上的吸附，通常需要在缓冲液中加入合适的添加剂。一般地，不同的细胞种类，需要有不同的添加剂。对于细菌特别是大肠杆菌、酵母等，加 PEO（聚乙烯氧化物）通常能够使细菌浓缩，产生很高的分离效率，如图 14-8 所示。需要注意的是，如

图 14-8　细菌及酵母的电泳分离谱图

毛细管：100μm ID×20/27cm

缓冲液：4.5mmol/L Tris，4.5mmol/L 硼酸，0.1mmol/L EDTA，0.5% PEO（pH 8.4），稀释至 1/8

进样：0.5psi，8~20s

分离：10kV，23℃

检测：UV 吸收，214nm

果电泳缓冲液的浓度在正常的分离浓度范围之内，如高于 10mmol/L，则 PEO 等一类添加剂的效果可能不容易看出。这时，就需要考虑采用其他类型的添加剂，如 PVA、纤维素等。含羟基或多羟基的亲水高分子，通常是可以考察的候选添加剂。

对于某些病毒，可以通过加 SDS 等带电或中性表面活性剂来克服其聚集和吸附问题。

4. 分离模式

做细菌等颗粒物质 CE 时，多数选用 CZE 模式。该模式简单，容易达到分离目标。但在有些情况下，CZE 可能分离不了目标细菌，此时就应该选用其他自由溶液分离模式，如 NGCE、CIEF 等。MEKC 等模式会使细胞溶解，除非分离病毒，一般不宜选用。

图 14-9 显示的是三种大小非常接近的细菌的 CIEF 分离结果[34,35]。它们在 CZE 或 NGCE 中可能是分不开的，但在 CIEF 中，却能获得非常完美的分离。CIEF 对细菌的鉴定，提供了除淌度以外的另一种参数，即等电点。

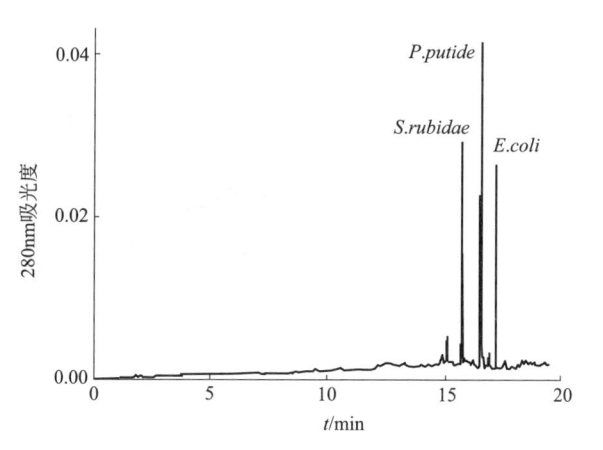

图 14-9 相似大小细菌的 CIEF 分离

毛细管：50μm ID×40/47cm，甲基纤维素涂层

阳极溶液：20mmol/L 磷酸

阴极溶液：20mmol/L NaOH

细菌样品：悬浮于 0.5% Bio-lytes（Bio-Rad，Hercules，CA）中

进样：细菌样在 0.5psi 下进 90s，接着进 0.5% Bio-lytes 129s

聚焦：20kV-5min

区带推动：20kV+0.5psi

检测：UV 吸收，280nm

二、细菌 CE 应用

利用 CE 可以分离细菌[36]、对分离出来的细菌进行定量或计数，如果有标准，还可以对分离出来的细菌进行鉴定或确认。Amstrong 等研究了可能出现于尿中的细菌，通过模拟的方法配制类实际样品的溶液，利用 CZE 方法进行了分

离，得到图 14-10 所示的结果[31]。Pfetsch 等将 CE 分离出的细菌峰进行收集，然后再培养[37]，发现能够正常繁殖（图 14-11）。该实验提供了两种信息：一是可以利用 CE 进行细菌的制备性分离；二是将 CE 与细菌培养结合，能够对所得细菌进行生物学研究。

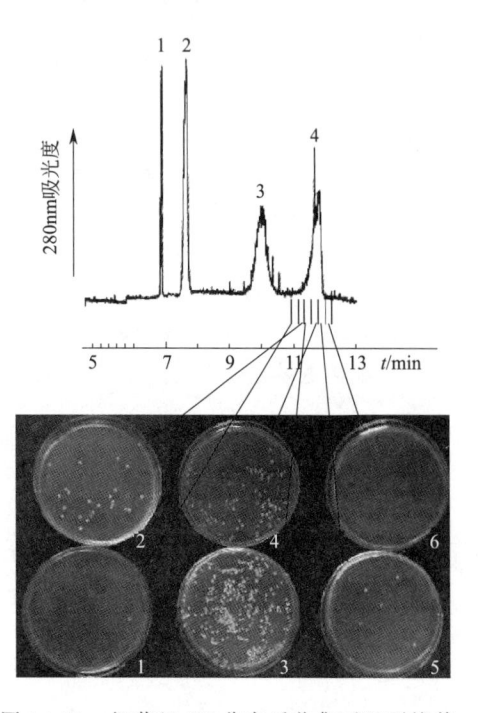

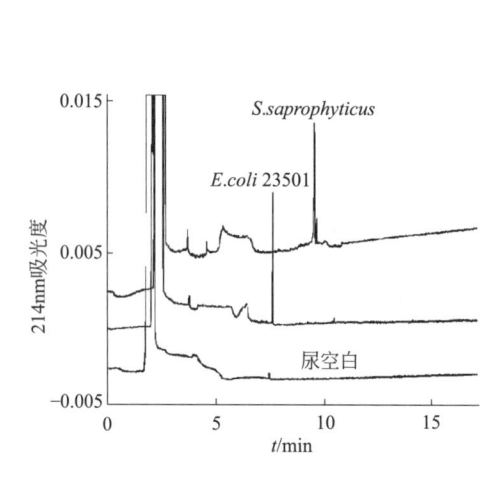

图 14-10　以尿液为背景的细菌
溶液之毛细管电泳谱图

电泳缓冲液：0.0175mmol/L Tris，0.00875mmol/L
　　硼酸，0.0063mmol/L EDTA，
　　0.0125％聚乙烯氧化物（$M_w = 10^5$），
　　pH 用 0.1mol/L NaOH 调节至 9.0
毛细管：100μm ID×20/27cm，进样前顺序用 0.3
　　mol/L 磷酸洗 1.5min、水洗 5min、0.1mol/L
　　KOH 洗 1.5min、水洗 0.5min、电泳缓冲液
　　洗 1.5min
样品：电泳缓冲液离心清洗 3 次，悬于 1～2mL
　　缓冲液中
进样：0.5psi-20s
电泳：10kV，23℃
检测：214nm 紫外吸收

图 14-11　细菌经 CE 分离后收集可以再培养，
说明细胞在经过高压后仍能存活
　　毛细管：75μm ID×100cm
　　电场：200～300V/cm
　　峰：1—硫脲；2—假单胞菌 1794；
　　　　3—假单胞菌 6537；4—藤黄微球菌

三、其他颗粒物 CE

1. 概要

红细胞、细菌电泳的方法，可以推广到诸如胶体颗粒[38] 或其他微球[39]、纳米粒子[40]、病毒[41～43] 等的研究中去。不同形状的细胞会在电场中取向并改变淌度[44]，由

此也可反过来用 CE 研究细胞在电场中的迁移机制。刘进平最早研究聚苯乙烯的 CE 分离[45]，但得到了比预测尺寸分布大得多的谱峰。Rosenzweig 等曾利用激光粒子计数技术，建立了 CE 微量免疫测定方法[46]。Hlastshwayo 等用 CE 分离胶体粒子[47,48]，而 Fourest 等则用 CE 表征胶体颗粒[38]，Glynn 等用 CE 测定胶粒的淌度[49]。此类研究尚有很大的发展空间。

下面将以流感病毒 HRV 与其抗体作用为例，介绍一种颗粒与分子亲和免疫的 CE 方法。

2. 病毒的亲和毛细管电泳[41~43,50,51]

CE 对病毒的分辨率非常高，能够分离鉴定表面差异微小的不同的血亲型[50]。但是，和细胞等一类样品类似，要获得高效分离，必须克服病毒的聚集以及在毛细管管壁上的吸附等问题。向电泳缓冲液加入某种或某几种表面活性剂，能相当有效地抑制病毒的聚集和在毛细管壁上的吸附。

开发病毒 ACE 方法还需要解决检测问题。理论上，可以采用柱外、柱头以及柱中衍生技术来解决检测问题。实用中，更多采用了比较方便操作的柱外衍生技术。

ACE 有不同的分析方案，比如动态方法、静态反应方法等。对于强亲和作用体系，可以采用静态反应方法，即在柱外进行混合和温培反应，然后进样 CE。当然，如果抗原-抗体复合物不那么稳定，就只能采用动态方法了，即将抗原（或抗体）加入到电泳缓冲液中，再进抗体（或抗原）做电泳分离。不管采用动态还是静态方法，都可以通过定量测定抗原-抗体作用对浓度的变化，来求得作用常数[52~56]，或建立免疫分析方法[57,58] 或表征蛋白质的某些特殊活性[59]。

图 14-12 展示的是利用静态反应方法测定流感病毒 HRV 与其单克隆抗体的 ACE 谱图，可以看到病毒-抗体复合物随着抗体浓度的增加而形成的过程。HRV 壳蛋白包裹成二十面体，直径约 30nm，内部是分子量约为 8×10^6 的 RNA 基因组。其壳蛋白有 VP1、VP2、VP3、VP4 四种[60]，能制备出不同的抗体。所得抗体与病毒复合后，通常用密度梯度离心[61] 或排斥色谱[62] 来分离，但都不适用于亲和力弱的体系，也比较费事，还可能要做放射标记。与此不同，ACE 不需要做放射标记，耗

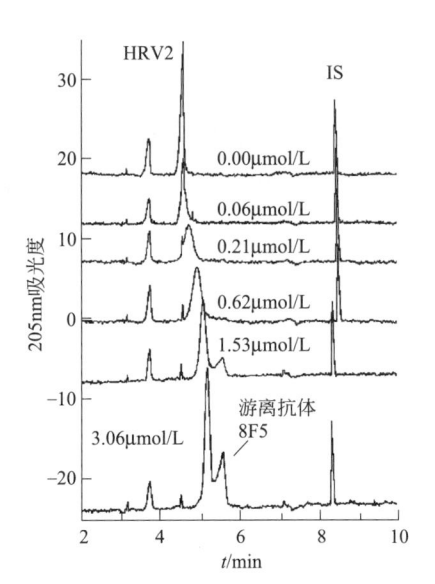

图 14-12　人鼻病毒 HRV2 与单克隆抗体 8F5 复合物的形成及其与抗体浓度关系的 CE 谱图

样品：15nmol/L HRV2 与 8F5 于室温加
　　　内标（IS）温培 1h，共 20μL
电泳缓冲液：100mmol/L 硼酸盐（pH 8.3），
　　　10mmol/L SDS
毛细管：50μm ID×51.5/60.0cm
电泳：+25kV，20℃

样少，简便快速，以 VP2 单克隆抗体为例，其分离时间不超过 10min。

注意：在做活病毒实验时，需有严密的预防传染措施，要在合适的（负压）实验室中进行。感冒病毒在酸中不稳定，可经酸化杀死后再废弃。

第三节 单细胞分析

毛细管电泳可以采用极细的分离通道进行分离。如果没有检测问题，进样体积能小于细胞容积，即能进行单细胞分析。

单细胞 CE 可以测定细胞胞浆中各种物质的含量，可测定细胞的各种分泌行为，还可对细胞中的某种生化过程进行研究或跟踪，甚至研究细胞中物质的空间分布，是一还在发展的研究领域。

单细胞分析多采用自由溶液 CE 模式，配以 LIF 和电化学检测方法。MS 也有可能成为一种很好的检测方法，但灵敏度还必须进一步提高。

单细胞分析操作的关键是取样。根据取样方法的不同，单细胞分析可分为两大类：一类称为插入（或打孔）取样，正是细胞注入操作的相反过程；另一类可称为整细胞进样，即将细胞整个吸入毛细管中，然后破膜进行分离和检测。

进行单细胞分析，当然还必须对所研究的目标细胞有所了解，要知道如何培养细胞、如何储存细胞、如何防止细胞破裂以及如何破坏细胞等。不过本节不介绍此方面的内容，而着重介绍与 CE 有关的内容。

一、单细胞进样技术

1. 插入（打孔）取样

顾名思义，插入取样就是将毛细管直接插入到细胞中吸取胞浆的取样方法。其原理十分简单，但操作却并不容易。这里除了必须具备细胞的游离和培养等制备技术外，还需用到另外两项技术，即细胞的固定和毛细管进口"削"尖技术。

（1）细胞的安置与固定　当将毛细管插向游离细胞时，细胞可能会滚开或滑离管口，不容易插到细胞中。比较简单的解决方法是利用锥形槽将细胞定位，再小心浇上低熔点琼脂糖[63] 或蜡[64] 将其固定住。

（2）毛细管尖口制作　原则上可以采用加热拉伸的方法来制作毛细管尖口，但采用化学蚀刻法更实用，操作如下[63~65]：取熔融石英毛细管（如 $20\mu m$ 内径、$375\mu m$ 外径的弹性石英管），一端剥去约 5mm 的聚酰亚胺外涂层，另一端接氩气（也可以是氮气），开通气体，将剥皮端逐渐插入到 $40\% \sim 50\%$ HF 中。约 30min 后将毛细管转插到碳酸钠溶液中以中和 HF，最后水洗即可。通入气体是为了防止 HF 进入毛细管，需待 HF 被中和之后才可关闭。通入气体的压力不用太大，以流出细线状气泡为佳。

（3）取样系统与过程　图 14-13 所示的是一种比较典型的取样系统，其操作方法如下：在塑料或载玻片上加工细小的锥形槽，利用琼脂凝胶将细胞固定于锥形槽中。在显微镜下利用三维微操纵器将毛细管尖端移到锥形槽上方，对准细胞插入。插到一定深度后，打开阀门，利用真空抽取胞浆。一定时间（若干秒）后，关闭阀门。将取样端抽出细胞并移插到（高压端）电泳缓冲液，就可加电压启动分离。Ewing 等最早采用这种取样方法[64,65]。他们借电泳（不是真空！）进样，配合电化学检测器，成功地分析了蜗牛神经元（较大，容易操作）中多种胺类神经介质，图14-14 显示了他们的一个例子。

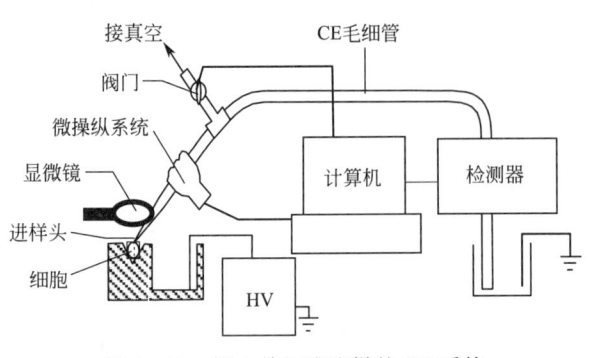

图 14-13　插入单细胞取样的 CE 系统

　　上述的整个过程可以实现自动化操作。提高操作的自动控制精度，有可能允许对细胞中的局部胞浆进行分析，这对细胞分裂、受精卵发育等重大生物学问题的研究，将产生重大影响。Luzzi 等[63]曾利用非洲爪蟾卵母细胞进行研究，发现进样体积（或样品量）与毛细管插入深度有关（图 14-15），预示着 CE 对细胞局部空间分析的可能性。

2. 整个细胞进样

　　这是一种将整个细胞吸入毛细管，经原位溶（破）膜或刺激释放后做 CE 的方法，能测定单细胞中某生化物质的含量或在线研究细胞的物质释放过程，关键操作步骤如下：剥除毛细管进口端长约 5mm 的外涂层并用 NaOH 充分活化，将管的出口插入用橡皮盖密封的电极槽中，透过橡皮盖再插入一管注射针筒（图 14-16）；将极稀细胞悬液滴在置于三维微操纵台的载玻片上，调节位置使某个细胞靠近透明的毛细管入口，轻抽针筒吸细胞入毛

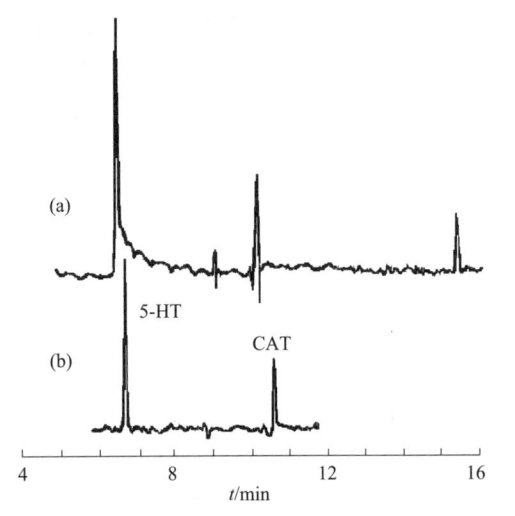

图 14-14　蜗牛触角神经元中 5-羟色胺（5-HT）
（a）及其标准样（b）的 CE 谱图
毛细管：$5\mu m$ ID×77cm
缓冲液：25mmol/L MES，pH 5.65
进样：10kV-5s
电泳：25kV（约 21mA）

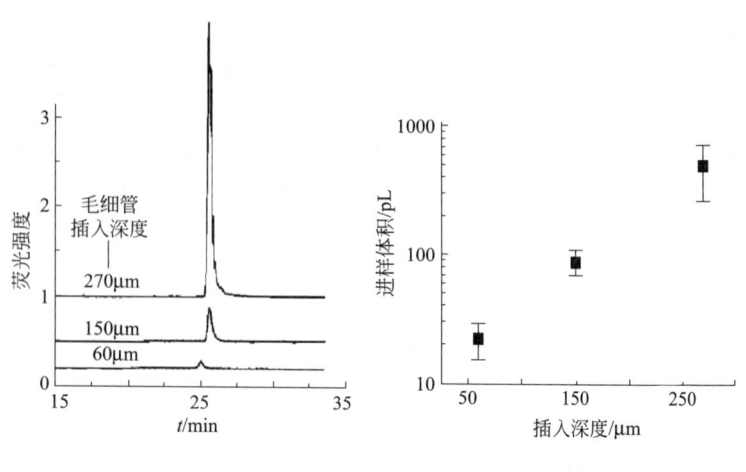

图 14-15　毛细管插入细胞的深度与进样荧光强度（a）及进样体积（b）的对应关系

毛细管：$50\mu m$ ID×$50/90cm$，有中性涂层

电泳：$-15kV$（约 $60mA$）

样品：荧光素（预先注入细胞）

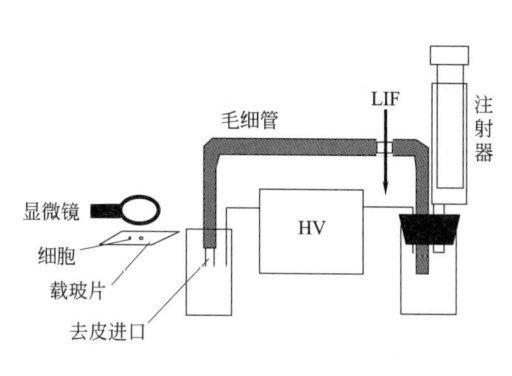

图 14-16　整细胞进样 CE 系统

细管；用碱充分活化过的毛细管内壁能牢固吸住细胞，反推针筒细胞不掉离；此时可通过合适的方法刺激细胞使其选择释放某类（种）目标物质，或通过溶膜让细胞释放出所有胞浆，接着 CE 分离。

注：如果抽吸能被推走，则须重新活化毛细管。一般地，毛细管管壁上的硅羟基越多、细胞越新鲜，吸附就越牢固。

细胞的释放行为取决于刺激因子和环境。利用压力或电迁移方法可将刺激因子引到管内吸着细胞的周围，启动释放过程。如需较长的释放时间或做柱上衍生，最好维持合适的温培条件，一段时间后再开始电泳分离。

溶破整个细胞有低渗溶液法和表面活性剂破膜法等。常用 SDS 溶膜法。只需将 SDS 溶液吸入毛细管至覆盖整个细胞即可。在显微镜下可观察到细胞从管壁上脱落并消失不见的过程，持续约几秒钟。倘若未观察到细胞脱落和消失现象，说明 SDS 未达覆盖细胞的程度，应该重新进样实验。

利用脉冲激光也可以破膜取样（laser-micropipet）[66]，比如用 532nm、脉宽 5ns 的 Nd：YAG 脉冲激光在 $10\sim100$ μJ 下辐照细胞可在 33ms 内破膜，有利于抑制区带的扩散展宽，避免低渗或表面活性剂因破膜时间过长而增加测定结果不准确性等问题。

二、应用

1. 单个巨细胞中 5-羟色胺释放和残留量测定[67]

利用图 14-16 所示装置将一个巨细胞吸入并吸附在管入口内，将毛细管插入 50 单位的硫酸多黏菌素 B 溶液中，电动进样使多黏菌素包围整个细胞，使 5-羟色胺释放，持续＜1min；之后再电动进样引入 0.1%SDS 至包围整个细胞。待细胞消失后，马上开始电泳，测得如图 14-17 所示的谱图，其中图（a）为全谱，图（b）为 5-羟色胺附近的局部放大图；峰 1 是刺激释放的 5-羟色胺，峰 2 是细胞中残留的 5-羟色胺（SDS 溶膜后放出）。定量结果表明，平均每个细胞可释放（1.6±0.6）fmol 的 5-羟色胺，残留了（28±14）fmol。考虑细胞的总容积约为 250aL，可求得平均每个细胞含有（5.9±3）fmol 的 5-羟色胺。

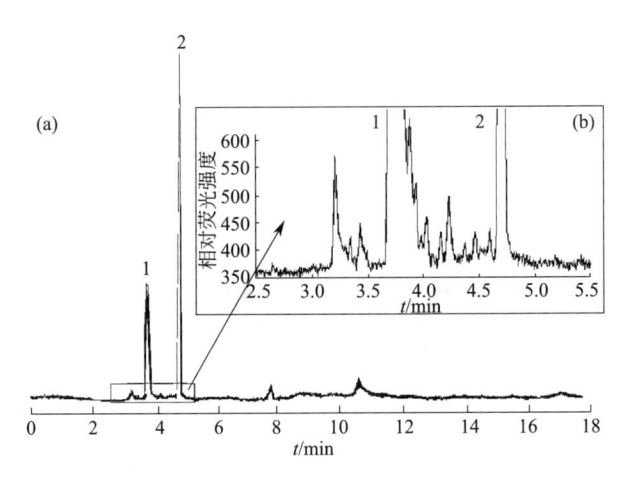

图 14-17　单细胞 5-羟色胺在线释放的 CE-LIF 谱图（a）及其局部放大图（b）
　　　　毛细管：21μm ID×30/40cm
　　　　检测：天然荧光，激发波长 275.4nm 激光
　　　　缓冲液：5mmol/L 葡萄糖，5mmol/L $MgCl_2$，2mmol/L $CaCl_2$，2.5mmol/L
　　　　　　　　KCl，140mmol/L NaCl，10mmol/L HEPES，pH 7.4
　　　　电泳：＋11kV
　　　　峰：1—细胞释放的 5-羟色胺；2—细胞中残留的 5-羟色胺

2. 单细胞中氨基酸的柱上衍生 CE 分析[68]

取 PC12 细胞培养液，在显微镜下将毛细管插入培养液底部的某个细胞边，加＋2kV 电压吸进一个细胞（注意保持毛细管两端液面水平，以免发生重力流动）后，将毛细管插到溶膜与衍生混合溶液中，加＋2kV 进样 30s，室温反应 10min；再在＋2kV 下进混合溶液 15s 并反应 10min（以保证反应完全）；最后电泳分离得图 14-18，其中图（a）为细胞溶出物，图（b）为细胞培养液背景。定量测定表

明，单细胞中 DA（多巴胺）和 Ala、Taur（牛磺酸）、Gly、Glu、Asp 的平均含量（$n=6$）分别为 (2.9 ± 1.1)fmol、(0.32 ± 0.17)fmol、(5.1 ± 1.5)fmol、(4.1 ± 1.8)fmol、(3.1 ± 1.1)fmol、(0.18 ± 0.11)fmol。

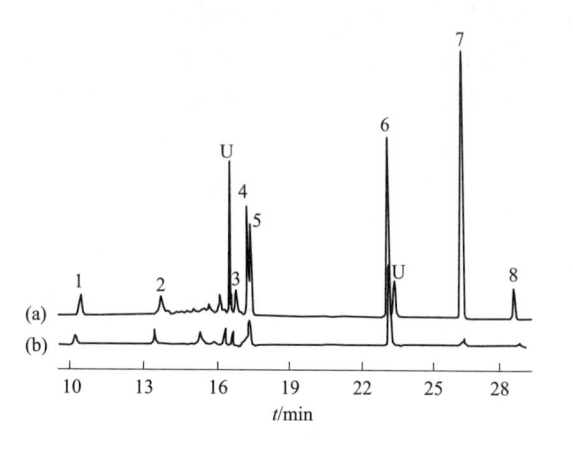

图 14-18　PC12 细胞中氨基酸的在线衍生与 CE 分离

毛细管：$17\mu m$ ID×85/100cm

LIF 检测：激发波长 442nm 激光，1.5mW，荧光波长 490nm

缓冲液：100mmol/L 硼酸盐，pH 9.5

电泳：+30kV

峰：1—中性组分；2—Val-Tyr-Val（内标）；3—Ala；4—T；
　　5—Gly；6—Glu Gly；7—Glu；8—Asp；U—未知

溶膜与衍生混合溶液由 2.5mmol/L 萘二甲醛、2.5mmol/L NaCN、$50\mu mol/L$ 毛地黄皂苷和 $30\mu mol/L$ Val-Tyr-Val（内标）构成。其中萘二甲醛和 NaCN 母液浓度均为 50mmol/L，分别用乙腈和电泳缓冲液配制。电泳缓冲液为 100mmol/L 硼酸盐，pH 9.5。

利用与上述类似或改进的方法，Kennedy 等[69] 分析了神经细胞中的十几种氨基酸（NDA 标记），Hogan 等[70] 和 Orwar 等[71] 分别测定了红细胞和 NG 108-15 细胞（及细胞提取液）中 GSH（谷胱甘肽）的含量。Chiu 等[72] 利用柱上衍生方法测定了软体动物腺体分泌囊泡中的多种生理活性物质，发现其含量有明显的差异；Floyd 等[73] 以荧光胺为标记物，用 He-Cd 激光器的 400～600nm 为激发光源，测定了海生蛞蝓神经元中 NO 合成酶代谢产物精氨酸（Arg）和瓜氨酸（Cit）等的含量，认为 Arg/Cit 的比值可作为酶活性的一个表征参数。

Chang[74] 等使用氩离子激光器（275nm），测定了单个肾上腺髓质细胞中去甲肾上腺素（NE）和肾上腺素（E）的含量，发现低 pH 缓冲体系有利于提高检测灵敏度。Lee 等[75] 利用类似的方法研究了人的单个红细胞中的天然荧光蛋白，发现血红蛋白、碳酸酐酶及其他未知蛋白的含量并非高斯分布，且外观尺寸均匀的红细胞，其蛋白质含量相差甚至可达一个数量级。Sweedler 等[76,77] 利用相同的方法研究了软体海生动物细胞中的极微量神经肽物质，也取得成功。

3. 单细胞蛋白分析[78]

利用类似于氨基酸的分析方法，结合激光诱导荧光技术，可以分析单个细胞溶解下来的蛋白质，甚至可以进行单细胞蛋白组的分析（参见第十一章第七节）。具体过程如下：

配制好细胞悬液，加 KCN 到细胞悬液中至浓度为 2.0mmol/L，取一滴悬液滴在载玻片上。配制衍生试液 [1.0% SDS ＋10.0mmol/L 3-(2-furoyl)-quindine-2-carboxaldehyde]，取一滴滴在细胞悬液附近，但不能使它们碰在一起。在倒置荧光显微镜下，将毛细管出口接上负压（11kPa），然后吸入衍生试液 2s、细胞一个，最后再吸入衍生试液 2s。将这种夹心式毛细管进口移插到含有电泳缓冲液的瓶中，于 95℃下加热 5min，随后加电压做电泳分离。为了实现变性蛋白的尺寸分离，需在电泳缓冲液中加入 0.1% SDS 和非胶介质，比如纤维素、多糖等。本分离用的是 8% 的 pullulan。所用电泳缓冲液的最终组成为：0.1mol/L Tris，0.1mol/L CHES，8% pullulan，0.1% SDS。Hu 等利用这种方法，分离了单个癌细胞溶解蛋白。图 14-19 显示，存在明显的细胞个体差异。

这些例子表明，单细胞分析非常有意思，还有发展潜力。

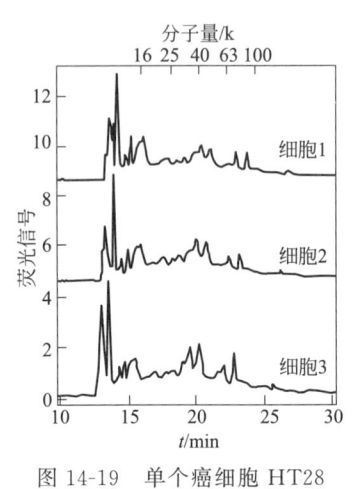

图 14-19　单个癌细胞 HT28
蛋白的 CGE-LIF 谱图

毛细管：50μm ID×40cm
缓冲液：0.1mol/L Tris-0.1mol/L
　　　　CHES -8% pullulan（多糖)-
　　　　0.1% SDS
电泳：300V/cm

第四节　离子 CE

如果说细胞 CE 是一个极端，则小离子 CE 就是另一个极端。其实在单细胞分析中，就已涉及有机小离子了，比如氨基酸等，但下面要讨论的是更小的无机离子。

小离子分析在许多方面都有重要的用途，环境科学和食品工业对离子分析的需求曾促进了离子色谱的发展。与离子色谱相比，小离子 CE 的速度更快，能在数分钟内分离出四五十个离子组分，而且不需要任何复杂的操作程序，仅需水溶液，干净无毒，样品用量和消耗量极少，因而很有优势。另外，控管 CE 时，毛细管不怕污染，即使被污染了，也容易清除干净，所以毛细管能反复使用，成本低。

利用 CE 分离无机小离子的挑战是检测，目前有直接和间接检测两种策略。

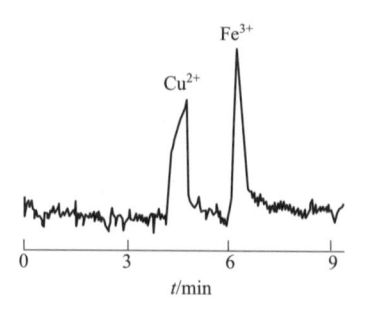

图 14-20　铜和铁离子的 CZE-UV 分析

毛细管：80μm ID×36cm，Pyrex 玻璃

缓冲液：50mmol/L 乙酸

电泳：10μA（约 8.6kV）

检测：254nm 紫外吸收

一、直接检测

铁、铜、铬、锰等少数离子在合适价态下有吸收光性质，可直接检出[79]（图 14-20）。还有一些离子如铁、钴、镍、铜、碘以及稀土元素等可以形成有色或有吸光性质的配离子，也能直接检出。图 14-21 是稀土元素-CDTA 配离子的 CZE 谱图，图 14-22 是单（2,6-二乙基吡啶）二（N-甲基吡啶腙）金属配离子的直接紫外检测图，对应的检测灵敏度略同于普通紫外检测。可用的配体还有氰根[80,81]、8-羟基喹啉-5-磺酸[82,83]、4-(2-吡啶偶氮)间苯二酚[84]、乙酸[85,86]、EDTA[87]、α-羟基异丁

酸[88]、2,2′-二羟基偶氮苯-5,5′-二磺酸[89] 等。一般地，有机配体在 200nm 附近均有可用的紫外吸收。

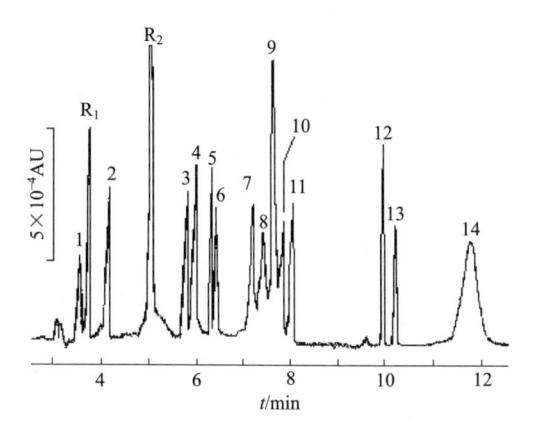

图 14-21　稀土配离子的 CE 分离
和直接紫外检测

毛细管：50μm ID×75cm

缓冲液：1mmol/L CDTA，20mmol/L
硼酸盐，pH 11.1

电泳：+15kV

检测波长：214nm

峰：1—Ca；2—Pr；3—Y；4—Na；5—Sm；
6—Eu；7—Gd；8—Tb；9—Dy；10—Ho；
11—Er；12—Tm；13—Yb；14—Lu；15—Sc

图 14-22　高价金属配离子的 CE 分离与
直接紫外检测

毛细管：75μm ID×50/57cm

缓冲液：75mmol/L 溴化三甲基十四烷基铵，
10mmol/L 正辛烷磺酸，10mmol/L
硼酸盐，pH 9.0

电泳：−15 kV

检测波长：254nm

峰：1—丙酮；2—Mo（Ⅵ）；3—Sc（Ⅲ）；
4—Fe（Ⅲ）；5—Y（Ⅲ）；6—Zn（Ⅱ）；
7—Cd（Ⅱ）；8—Zr（Ⅳ）；9—Co（Ⅱ）；
10—U（Ⅵ）；11—Cu（Ⅱ）；12—Sn（Ⅳ）；
13—Ta（Ⅴ）；14—Hg（Ⅱ）；R₁、R₂—试剂峰

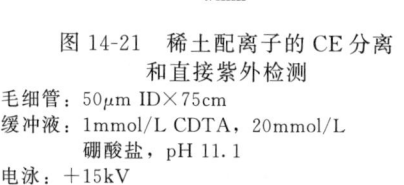

无机离子还可以利用电位梯度或电导原理直接检出。在 CE 的早期，多借助等速电泳系统来进行离子的 CZE-电位梯度定量测定[90]（见图 14-23）。Mikkers 等[91] 最先利用等速电泳的电导检测器测离子。后来 Huang 等发展出了可用于

50μm 内径毛细管的电导检测器[92,93]。Avdalovic 等[94] 和 Dasgupta 等[95] 利用离子交换原理来抑制背景电解质，有效提高了电导检测的灵敏度，使检测限达到 $10\sim20mg/L$（后者）甚至 $1\sim10\mu g/L$（前者）。Nann 等建立的离子电极检测系统可检测 $10\mu mol/L\sim1mmol/L$ 的 K^+、Na^+、Rb^+、Ca^{2+} 等[96,97]。

二、间接检测

间接检测的方法很多，如间接荧光、间接紫外吸收等。考虑紫外检测的普适性，这里仅介绍间接紫外检测法，其原理与糖相同（见第十三章第三节），但背景选择依据有所差别。糖检测常选用有效淌度较小的背景离子，而离子检测则应选择淌度较大的背景试剂。检测正离子时，可首先选用芳香胺或铵。芳香胺的有效淌度随 pH 下降而增大，因此改变 pH 可以改善峰形和分离度，多以酸性为主。杂环化合物如咪唑、吡啶及其衍生物（如对氨基吡啶）等，也是一类很好的背景试剂。图 14-24 显示的是以咪唑为背景（pH 4.5）的检测结果[98]，能用于体液等中 Ca^{2+}、Mg^{2+} 的同时测定。图 14-25 是 27 种阳离子在对甲苯胺背景（pH 4.25）中的分离检测谱图。

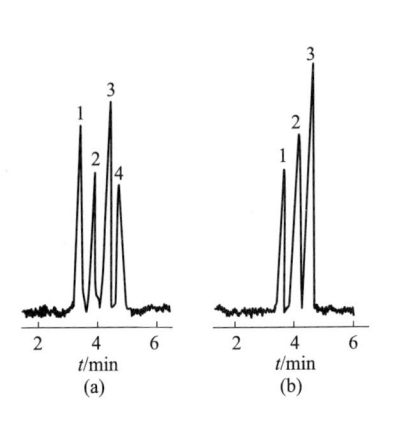

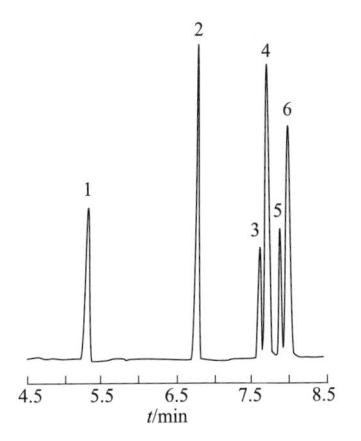

图 14-23　无机阴离子的 ITP-CZE-电位梯度分离测定

（a）标准；（b）饮用水，测得有 22.9mg/L NO_3^-、30.4mg/L Cl^-、62.2mg/L SO_4^{2-}

电泳系统：ITP，配制电位梯度检测器

分离毛细管：$1.0mm\times0.2mm\times200mm$，PTFE 矩形管

电泳操作：以 4mmol/L Cd $(NO_3)_2$ 为前导电解质，以乙酸为后助电解质，当 ITP 截面越过检测器时，启动恒流（$120\mu A$）CZE 分离

检测：电位梯度，低通滤波（<0.1Hz）

进样：$0.5\mu L$，各组分浓度为 1mmol/L

峰：1—NO_3^-；2—Cl^-；3—SO_4^{2-}；4—NO_2^-

图 14-24　用间接紫外检测同时电泳分离镁钙等金属离子

毛细管：$75\mu m$ ID×50/57cm

缓冲液：10mmol/L 咪唑，1mmol/L 硫酸四丁铵，pH 4.5

电泳：+10kV，25℃

进样：0.5psi-3s

样品组成：1mg/L Li^+＋5mg/L NH_4^+＋5mg/L K^+＋10mg/L Na^+＋10mg/L Ba^{2+}＋10mg/L Ca^{2+}＋10mg/L Mg^{2+}

峰：1—NH_4^+，K^+；2—Na^+；3—Ba^{2+}；4—Ca^{2+}；5—Li^+；6—Mg^{2+}

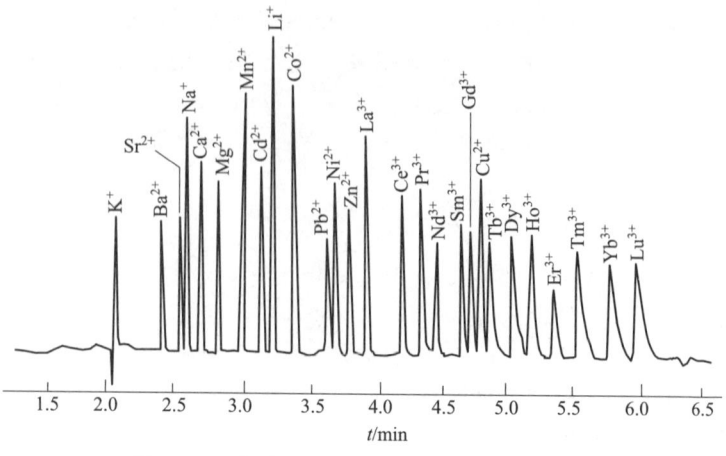

图 14-25　阳离子的 CZE 分离和间接紫外检测

缓冲液：15mmol/L 乳酸，8mmol/L 4-甲基苯胺，5％甲醇，pH 4.25

毛细管：75μm ID×60cm

电泳：＋30kV

检测：214nm

　　在分离负离子时，可选用的背景试剂有铬酸盐、芳香酸或磺酸（如邻苯二甲酸盐、1,2,4,5-苯四酸等）等，工作 pH 偏碱性。图 14-26 表明，利用铬酸盐可以在 3min 内分离检测出 30 种阴离子。

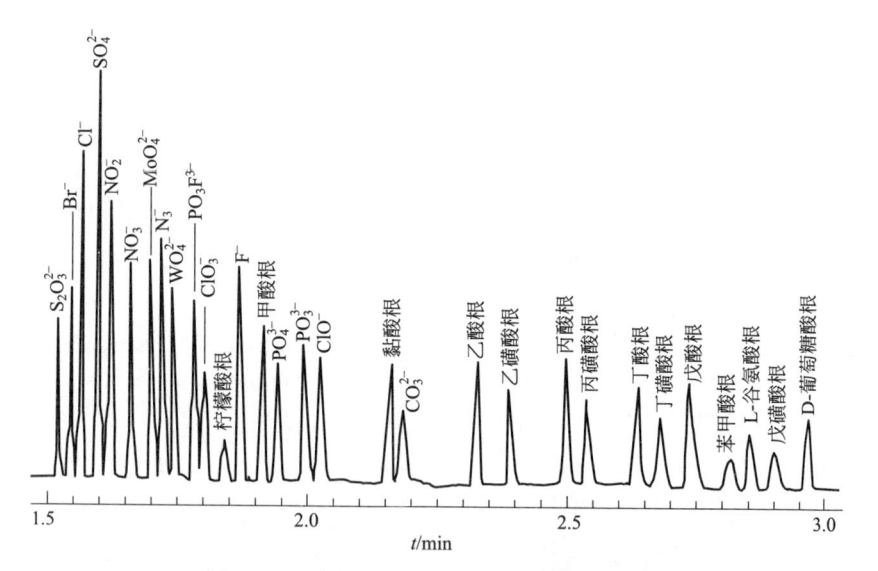

图 14-26　阴离子的 CZE 分离和间接紫外检测

毛细管：50μm ID × 60cm

缓冲液：5mmol/L 铬酸盐＋0.5mmol/L OFM Aniom-BT

进样/电泳/检测：－1kV-15s/－30kV/254nm

样品浓度：1mg/L F⁻，2mg/L Cl⁻、柠檬酸、甲酸，5mg/L 黏酸、丙酸、丁酸、戊酸、谷氨酸、葡萄糖酸，10mg/L MoO_4^{2-}、WO_4^{2-}，其余均为 4mg/L

间接检测法难以用来同时测定正、负两种离子，因为在选择背景试剂时不能同时兼顾正、负两类不同符号的离子，容易造成顾此失彼的结果，如正离子对称了而负离子不对称，或相反。为改善峰形，得同时使用两种不同符号的背景试剂，但这又会降低检测灵敏度。目前尚无理想的方案。

间接检测的定量线性范围通常比直接检测窄，分离的重复性也差一些。当所用的背景以及样品会在毛细管壁上吸附时，重复性会更差。可考虑以下方法以提高重复性：

① 经常更换电泳缓冲液，缓冲液的使用次数不宜超过 3 次，最好每次都用新鲜的缓冲液；

② 充分洗涤毛细管，加温可以提高清洗效果，用 1mol/L 硝酸可以氧化清除有机吸附物；

③ 改换其他背景试剂；

④ 改换缓冲体系；

⑤ 使用涂层毛细管或使用添加剂。

小离子分离条件的选择主要考虑以下因素：

① 背景试剂　种类、浓度（多在 10mmol/L 左右）、电荷符号与淌度（接近样品）；

② 缓冲体系　试剂种类、浓度、pH（低 pH 可减少离子与管壁的静电作用）；

③ 添加剂/络合剂　种类与用量（胺或有机溶剂会提高负离子的分离选择性并加快分离速度[99,100]）；

④ 毛细管　中性涂层管比较合适，但不能同时分离两种符号的离子；

⑤ 聚焦技术　聚焦进样能够有效改善（直接）检测的灵敏度。

参考文献

[1] Allen R C，Arnaud P. Electrophoresis' 81. Berlin：De Gruyter，1981：830.

[2] Ambrose E J. Cell Electrophoresis. Boston：Little Brown，1965.

[3] Bier M. Electrophoresis——Theory，Methods and Applications：Vol2. New York：Academic Press，1967.

[4] 山田正兴. 生物物理化学，1984，28（1）：49.

[5] 孙玲. 生物化学与生物物理进展，1985（1）：68.

[6] 长江聪一等. 生物物理化学，1985，29（2）：13.

[7] 施永德，梁子钧. 生物化学与生物物理进展，1978（2）：13；1978（5）：5；1983（3）：215.

[8] 洪鼎铭等. 生物化学与生物物理进展，1985（5）：557.

[9] 梁子钧，施永德. 生物化学与生物物理进展，1976（1）：54.

[10] Lillie R S. Am J Physiol，1902，8：273.

[11] Ellis RZ. Phys Chem，1911，18：321.

[12] Pretlow T G Ⅱ，Pretlow T P. International Rev Cytology，1979，61：85.

[13] Catsimpoolas N. Electrophoresis，1980，1：73.

[14] Hidematsu Hirai. Electrophoresis' 83. Berlin：de Gruyter，1983：301，309.

[15] Uzgiris E E. Optics Commun，1972，6：55.

［16］ Uzgiris E E, Kaplan J H. *J Colloid Interface Sci*, 1976, 55：148.

［17］ Uzgiris E E, Kaplan J H. *Anal Biochem*, 1974, 60：455.

［18］ Uzgiris E E, Cluxton D H. *Rev Sci Instrum*, 1980, 51 (1)：44.

［19］ 马易龙, 等. 血液生理学专辑. 北京：人民卫生出版社, 1965.

［20］ 湖南医学院. 生理学. 北京：人民卫生出版社, 1978.

［21］ 柏乃庆. 血液保存. 上海：上海科技出版社, 1981.

［22］ Levine S, et al. *Biophys J*, 1983, 42：127.

［23］ Seaman G V F, Cook G M W. //Ambrose E J. *Cell Electrophoresis*. London, 1965.

［24］ 陈义. 高压毛细管细胞电泳. 北京：中国科学院化学研究所, 1987.

［25］ 陈义, 竺安. 生物化学与生物物理进展, 1990, 17：390.

［26］ Zhu A, Chen Y. *J Chromatogr*, 1989, 470：251.

［27］ 陈义, 竺安. 色谱, 1989, 7：209.

［28］ Dai D, Chen Y, Qi L, Yu X. *Electrophoresis*, 2003, 24：3219.

［29］ 戴东升. 完整细胞的毛细管电泳新方法探索［D］. 北京：中国科学院化学研究所, 2005.

［30］ Armstrong D W, Schulte G, Schneiderheinze J M, Westemburg D J. *Anal Chem*, 2000, 72：4634.

［31］ A rmstrong D W, et al. *Anal Chem*, 2000, 72：4474; 2002, 74：5523.

［32］ Schneiderheinze J M, Armstrong D W, Schulte G, Westemburg D J. *FEMS Microbio Lett*, 2000, 189：39.

［33］ Amstrong D W, Schneiderheinze J M, Kullman J P, He L. *FEMS Microbio Lett*, 2001, 194：33.

［34］ Amstrong D W, Schulte G, Schneiderheinze J M, Westenberg D J. *Anal Chem*, 1999, 71：5465.

［35］ Harden V P, Harris J O. *J Bacteriol*, 1952, 65：198.

［36］ Ebersole R C, McMormick R M. *Bio/Technology*, 1993, 11：1278.

［37］ Pfetsch A, Welsch T. *Fresenius J Anal Chem*, 1997, 359：198.

［38］ Fourest B, Hakem N, Pereone J, Guillaumont R. *J Radioanal Nucl Chem*, 1996, 208：309.

［39］ Radko S P, Chrambach A. *J Chromatogr B*, 1999, 722：1.

［40］ Schnabel U, Fischer C H, Kenndler E. *J Microcol Sep*, 1997, 9：529.

［41］ Okun V M, Ronacher B, Blaas D, Kenndler E. *Anal Chem*, 1999, 71：2028.

［42］ Okun V M, Ronacher B, Blaas D, Kenndler E. *Anal Chem*, 2000, 72：4634.

［43］ Schnabel U, Groiss F, Blaas D, Kenndler E. *Anal Chem*, 1996, 68：4300.

［44］ Grossman P D, Soane D S. *Anal Chem*, 1990, 62：1592.

［45］ 刘进平. 毛细管区带电泳［D］. 北京：中国科学院化学研究所, 1984.

［46］ Rosenzweig Z, Yeung E S. *Anal Chem*, 1994, 66：1771.

［47］ Hlatshwayo H B, Silebi C A. *Polym Mater Sci Eng*, 1996, 75：55.

［48］ Hlatshwayo H B, Silebi C A. *ACS Symp Ser*, 1998, 693 (Particles Size Distribution)：296.

［49］ Glynn J R Jr, Belongia B M, Arnold R G, et al. *Appl Environ Microbiol*, 1998, 64：2572.

［50］ Okun V M, Blaas D, Kenndler E. *Anal Chem*, 1999, 71：4480.

［51］ Okun V M, Ronacher B, Blaas D, Kenndler E. *Anal Chem*, 2000, 72：2553.

［52］ Chu Y H, Lees W J, Stassinopoulos A, Walsh C T. *Biochemistry*, 1994, 33：10616.

［53］ Okun V M, Bilitewski U. *Electrophoresis*, 1996, 17：1627.

［54］ Guszczynski T, Copeland T D. *Anal Biochem*, 1998, 260：212.

［55］ Mammen M, Gomez F A, Whitesides G M. *Anal Chem*, 1995, 67：3526.

［56］ Colton I J, Carbeck J D, Tao J, Whitesides G M. *Electrophoresis*, 1998, 19：367.

［57］ Wehr T, Rodrigue-Diaz R, Zhu M. Capillary Electrophoresis of Proteins//Cazes J. *Chromatographic Science Series 80*. New York：Marcel Dekker, 1998.

［58］ Bao J J. *J Chromatogr B：Biomed Sci Appl*, 1997, 699：463.

［59］ Okun V M. *Electrophoresis*, 1998, 19：427.

［60］　Couch R B. //Fields B N，Knipe D M，Howley P M. *Fields Virology*. Philadelphia：Lippincott-Raven Publishers，1996：713-734.

［61］　Icenogle J，Shiwen H，Duke G，et al. *Virology*，1983，127：412.

［62］　Smith T J，Olson N H，Cheng R H，et al. *Proc Natl Acad Sci USA*，1993，90：7015.

［63］　Luzzi V，Lee C-L，Allbritton N L. *Anal Chem*，1997，69：4761.

［64］　Olefirowicz T M，Ewing A G. *J Neurosci Methods*，1990，34（1-3）：11.

［65］　Olefirowicz T M，Ewing A G. *Anal Chem*，1990，62：1872.

［66］　Sims C E，Meredith G D，Krasieva T B，et al. *Anal Chem*，1998，70：4570.

［67］　Lillard S J，Yeung E S. *Anal Chem*，1996，68：2897.

［68］　Gilman S D，Ewing A G. *Anal Chem*，1995，67：58.

［69］　Kennedy R T，Oates M D，Cooper B R，et al. *Science*，1989，246：57.

［70］　Hogan B L，Yeung E S. *Anal Chem*，1992，64：2841.

［71］　Orwar O，Fishman H A，Zare R N，et al. *Anal Chem*，1995，67：4261.

［72］　Chiu D T，Lillard S J，Scheller R N，et al. *Science*，1998，20：1190.

［73］　Floyd P D，Moroz L L，Gillette R，et al. *Anal Chem*，1998，70：2243.

［74］　Chang H T，Yeung E S. *Anal Chem*，1995，67：1838.

［75］　Lee T T，Yeung E S. *Anal Chem*，1992，64：045.

［76］　Sweedler J V，Shear J B，Fishman H A，et al. *Proc SPIE-Int Soc Opt Eng*，1992，1439：37.

［77］　Shippy S A，Jankowski J A，Sweedler J V. *Analytica Chimica Acta*，1995，307：163.

［78］　Hu S，Zhang L，Cook L M，Dovichi N J. *Electrophoresis*，2001，22：3677.

［79］　Tsuda T，Nomura K，Nakagawa G. *J Chromatogr*，1983，264：385.

［80］　Buchberger W，Semenova O P，Timerbaev A R. *J High Resolut Chromatogr*，1993，16：153.

［81］　Aguilar M，Farran A，Martinez M. *J Chromatogr*，1993，635：127.

［82］　Timerbaev A R，Semenova O P，Bonn G. *Chromatographia*，1993，37：497.

［83］　Timerbaev A R，Buchberger W，Semenova O P，Bonn G. *J Chromatogr*，1992，630：379.

［84］　Iki N，Hoshino H，Yotsuyanagi T. *Chem Lett*，1993，4：701.

［85］　Shi Y，Frity J S. *J Chromatogr*，1993，640：473.

［86］　Lin T I，Lee Y H，Chen Y C. *J Chromatogr*，1993，654：167.

［87］　Motomizu S，Oshima M，Matsuda S，et al. *Anal Sci*，1992，8：619.

［88］　Koberda M，Konkovski M，Youngberg P，et al. *J Chromatogr*，1992，602：235.

［89］　Iki N，Hoshino H，Yotsuyanagi T. *J Chromatogr*，1993，652：539.

［90］　Gebauer P，Deml M，Bocek P，Janak J. *J Chromatogr*，1983，267：455.

［91］　Mikkers F E P，Everaerts F M，Verheggen Th P E M. *J Chromatogr*，1979，169：11.

［92］　Huang X，Zare R N. *Anal Chem*，1990，62：443.

［93］　Huang X，Zare R N. *Anal Chem*，1991，63：2193.

［94］　Avdalovic N，Pohl C A，Rocklin R D，Stillian J R. *Anal Chem*，1993，65：1470.

［95］　Dasgupta P K，Bao L. *Anal Chem*，1993，65：1003.

［96］　Nann A，Simon W. *J Chromatogr*，1993，633：207.

［97］　Nann A，Silvestri I，Simon W. *Anal Chem*，1993，65：1662.

［98］　Babre H，Blanchin M D，Julien E，et al. *J Chromatogr*，1997，772：265.

［99］　Kelly L，Burgi D S. *Res Discl*，1992，340：597.

［100］　Buchberger W，Haddad P R. *J Chromatogr*，1992，608：59.

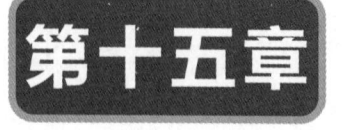

常见问题解答

毛细管电泳理论优美，实践优秀，潜在应用面广泛。但在经过了30多年的发展之后，除了 DNA 自动测序之外，其应用和影响却并未达到预期的高度。即便是 DNA 自动测序，它也不以 CE 面目出现，而以 DNA 自动测序之名挣钱。CE 似乎正在褪色和被淡忘。

与色谱等技术不同，CE 比较缺乏可持续的商业买卖手段。除 DNA 测序有昂贵的测序试剂盒之外，CE 的成本就一台仪器，而且仪器还很容易自己搭建，所以它的生意经难念。另外，CE 上手简单，用之不易，深入更难。许多人高兴而来，败兴而退。在 CE 发展的初期阶段，曾有不少人以为，CE 挟其微量、高效和自动化操作之优势，必能取色谱而代之。结果没有，其实也不能。后来，随着微流控芯片研究的红火，CE 的方法学开发也就戛然而止。CE 是在缺乏深入细致的方法学开发的前提下，被贸然推入到实用领域中去的，所以旧问题未解，新问题又来。久而久之，便渐渐累及 CE 声威。诚可叹也！

为正视听，本书特设一章，对这些年来各色人等向作者所提出的关于 CE 的一些问题，予以归纳分析，或许有益于一些 CE 读者，但却不解商家买卖之道。

与前面各章不同，本章将把问题分类，然后对问作答，以便读者择而阅之。

第一节　基础理论相关问题

问 1：CE 真的有用？应用范围到底多宽？

答 1： CE 有用无用，看一下 DNA 测序现状就明白了。没有 CE，DNA 的高速自动测序可能至今还在黑暗中摸索。CE 的应用范围下及无机离子，上至细胞，凡能制备成溶液和悬浮液的物质，均在可测之列，但 CE 不能直接分析气体样品。CE 原本也不能直接分析固体样品，但这个限制已被我们最近发展的一种方法所突破。该方法利用固液界面的溶解与扩散原理，可以直接分析固体上的可溶性成分。

问 2：我总做不好 CE，不是分不开就是峰形奇怪。为什么？

答 2：做不好 CE 的原因很多，可能关键在于对 CE 的理论和操作要求认识不足，理解不深。如若对 CE 已经有所了解，那就请关注以下问题：①样品是否超载？②毛细管壁是否会吸附样品？③毛细管内部是否过热？④分离条件是否选对？

1）样品超载是一个易犯错误。CE 所用的毛细管一般都很细小，不能引进大量的样品。理论指出：CE 高效的一个重要前提是初始区带的长度必须可以忽略。但不少人对此不以为然或懵然不知，常为检测目的而大量进样，其结果不是出现馒头峰，就是矩形峰，甚至无峰（但基线抬高或漂移）。道理很简单，样品区带与周边缓冲体系会经扩散等机制进行物质交流，在样品量很少时，缓冲溶液起主导作用，电泳过程稳定，仅出现峰随进样量而变现象；当样品过载后，样品区带会成为强势一方，反过来影响或改变电泳缓冲液的性质，分离便开始不按预设的条件进行，会出现电流波动或漂移、出峰过宽或过高、分离不佳等奇异现象。超载严重时，还可能测不到电泳峰。切记：在能检测到样品峰的前提下，进样区带越短，分离效果越好。

2）毛细管吸附程度随管径减小而增强并与样品的荷电性质和亲疏水性有关。毛细管的侧面积与管径之比随管变细而增大，进样体积则随之减少。面积大、样量少，如有吸附，影响就特别突出，所以细毛细管对吸附有"放大"效果。当然，可逆吸附也可以成为一种分离机制。遗憾的是，非特异性吸附通常是不可逆的或不可利用的。其结果是使峰变低、变宽，严重时无峰。为此，在做 CE 之前，就必预先准备和采用克服的办法。

3）过热是高压 CE 经常碰到的问题。CE 一般都采用＞15kV 的分离电压，在高电导缓冲溶液情况下，很容易出现过热现象。过热除了增加径向温度梯度展宽效应外，还会诱发气泡的产生。微气泡放电，但肉眼不可见，反映到电泳峰上，就会出现诸如峰位移、峰变矮或畸形等。管内气泡会引入气-液-固等多相界面，影响传质过程。气泡很小时并不影响总体导电，但会产生跨气泡的局部超高电场，出现不可见的微区放电现象，它会促进气泡的长大，还会因电解而改变微环境的化学组成。一旦气泡长大到与管径相比不可忽略的程度，就会阻碍导电，出现电流不稳的情况，最后出现电流剧烈波动甚至中断。此时就要终止该实验，从头再来。为减少过热的影响，商品仪器一般会采用恒温控制措施，若还无效，就必须换用低电导的电泳缓冲介质或使用更细的毛细管来做分离了。最后的办法是降低分离电压，代价是降低分离效率和分析速度。

4）分离条件的选择是一个大学问，详细知识请阅读第四章。有一个普遍的现象是大家通常都选用极值点为最佳实验条件。这并不合理。建议选择变化缓慢的区段来发展方法。极值对于理论研究很有用处，但重复性却不一定好，也很难控制，建议不要在发展 CE 实用方法时采用。具体原因请参见**答 6**。

问 3：为什么我用 CE 分离不了中性组分？

答 3：电泳本身无法分离中性成分，但 CE 并不是纯粹的电泳，有这个潜力。

常规 CE 模式如 CZE 等所包含的色谱机制十分微弱，必须强化后才能突出出来。方法是：在缓冲液中加入准固定相或在毛细管中填充色谱固定相。前者如 MEKC 或 MEEKC，后者如 CEC 等。若仅利用毛细管管壁所产生的色谱机制，则需缩小毛细管的孔径到 $10\mu m$ 或以下，以扩大作用面积比例。

问 4：为什么我做非胶毛细管电泳得不到文献报道的结果？

答 4： NGCE 所采用的电泳介质主要是一些水溶性高分子溶液。由于目前的高分子溶液理论尚不完善，还无法满意地解释非胶筛分的机制，也不能很好地预测分离效果与分离条件之间的关系。通常需要通过实验摸索来发展有针对性的分离条件。由于国内外实验室环境、试剂、样品很难完全等同，所以不能完全重现文献报道的结果。这其实是很合理的。如果完全重现，那就有点奇怪了。当然，如果你的结果与文献的相去太远，就应该检查一下，看看样品是否超载？非胶介质种类和浓度是否不对？对应地，可以尝试以下 4 种方案。

1）减少进样量，看能否提高分离效果。

2）优化非胶成分的用量和相关电泳条件，如温度、电场强度、添加剂等。需要注意的是，作为非胶的高分子溶解速度通常很慢，如果溶解不完全，则有效浓度就会不对；此外，随使用过程的延长，溶液中的浓度会渐渐发生变化，可出现时好时坏的分离结果，或出现分离度随时间不断发生变化的现象。这时需要重配非胶溶液。有些高分子如纤维素等，在水中的溶解速度极其缓慢，需要过夜搅拌才能溶解。一种加速溶解的方法是：先加热水或纤维素/水混合体系，然后搅拌冷却直到变成透明的溶液为止。

3）如果上述措施无效，可考虑换一种高分子溶液。

4）换用分离机制，比如采用运载策略。很多样品成分可以通过亲和识别、物理吸附、化学键合等方法接上一个带电的牵引或助推基团，由此可以实施完全无胶的自由溶液 CE 筛分。一般地，给中性或低电荷密度的样品接上高电荷密度的运载工具，如 DNA、树状分子离子等，即可以获得较好的尺寸分离；而对于高电荷密度样品如 DNA 等，则可以反过来，接上中性的运载基团来强化分离。

问 5：为什么我用 CE 分不好颗粒物样品？

答 5： 用 CE 分离大颗粒样品不如分子样品容易，有很多讲究，特别需要注意 4 个问题：颗粒物的粒径分布、缓冲溶液与颗粒物的匹配、颗粒物的重力降沉、吸附。

① 粒径分布：绝大多数颗粒物都不是单分散的，而是有很宽粒径分布的，得到的是一个宽峰，而不是像分子那样的一个尖锐峰。这是正常的，无法通过减少进样量来锐化。但有些人报道用超稀缓冲液分离细菌，能得到特别尖锐的峰，估计可能是细菌自我团聚的结果，没有反映出细菌的天然分布状态，不一定可靠。

② 缓冲溶液：做颗粒分析的电泳缓冲液需要根据颗粒样品的性质来选用。比如细胞等生物颗粒物样品，你必须考虑其生理条件的限制，比如要维持细胞的渗透压和生理 pH，不能加入会让细胞溶解破裂的试剂如 SDS 等。离开生理条件的细

胞，常会互相聚集，出不规则的刺峰。严重时，没有主峰。这时要考虑增加一些能防止颗粒物聚集的分散策略，如电荷排斥、隔离等。

③ 重力作用：颗粒物都远比分子大，受重力作用明显，在出峰之前就可能降沉到管壁上，于是出现不动、滚动或摩擦前进等情况，表现为电泳峰有长长的拖尾峰，严重时还可能测不到峰。这当然已经不是预期的电泳了。克服的主要办法，一是加粗毛细管，使颗粒在降沉到管壁之前就能出峰；二是把毛细管直立起来，做垂直电泳；三是使用与颗粒物等密度的电泳介质，使颗粒物在电泳移动过程中不会降沉到管壁上；四是合理调节 pH 使颗粒物和管壁带上同号电荷，利用静电排斥作用抑制颗粒物向管壁靠近。

④ 管壁吸附：富含蛋白或正电荷等的颗粒物，容易被管壁吸附，不利于电泳分离。克服的办法，主要是使用添加剂或对管壁进行惰化处理，具体可参见第五章和第十一章。

问 6：毛细管电泳重现性差，为什么？

答 6：这是一个普遍但很无理的问题。大家知道，毛细管电泳是可以自动化操作的，按理其重复性（repeatability，衡量相同条件下重复操作的效果）和再现性（reproducibility，至少有一个条件不同时重复操作的效果，为简便，本章将重复性和再现性合称为重现性）都应该是很好的。那么问题出在哪儿呢？我认为大致有以下几种原因。

① 选极值点做分离：这个问题出现频率最高，占 80％以上。不少人不管是否需要，一味寻找或主动选择极值点做 CE，以为这样就能获得最好结果。这是错误的或不太正确的选择。权且不说这些极值点是不是"最优"工作点，只说这样的点本身就极难重复控制，因为它过于尖锐，左右稍有偏差，效果就会急转直下。所以发展一个实用的 CE 方法，要尽可能选择指标参数变化平坦的区域［图 15-1（A）］，而不要在指标高但变化陡峭的狭窄区域或窗口区［图 15-1(B)］。

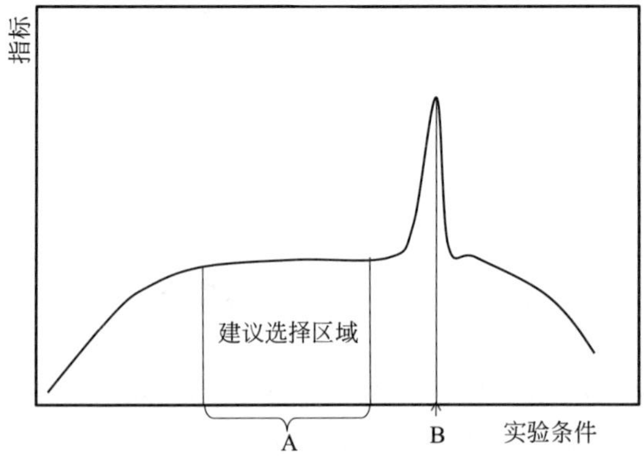

图 15-1　实验指标与实验条件关系曲线示意

② 样品超载：样品超载很容易解除缓冲液的作用，除了分离效率严重下降外，其出峰位置必定随进样量不同而发生变化，再现性不好。一些吸附比较严重的样品

如蛋白质等，更容易出现超载后不重复和不再现的情况。

③ 毛细管清洗：由吸附可知，毛细管清洗必须得法。试想毛细管壁一旦受到严重污染，其电渗必定会发生改变，仅此一项就足以造成分离不重现了。所以不仅要注意不让 CE 过载运行，还要合理清洗毛细管。管壁的冲洗方法依分离对象、缓冲液、管壁内状态不同而异，具体可参见第四章第二节。

④ 缓冲液：缓冲液选择不当也容易造成不重现和不再现。常见的错误是选择了一些没有缓冲能力的所谓"缓冲液"，比如用 pH 在 4.5 附近的磷酸盐。犯该类错误的多见于初学者。也有采用缓冲液太稀因而缓冲容量太小的，这种缓冲不是不能用，而是应该频繁更换，因为它几乎没有缓冲能力，连续使用不可能重复。少数情况是选用了容易产生电化学反应或光化学反应等的不稳定背景电解质，其组分随时间变化，不重复和不再现是必然的。

⑤ 其他原因：此外，还有一些不重复或不再现的结果，源于操作者对微量分析概念和操作要求的不在行或不明白。CE 的耗样在纳升水平，进样用量多在微升级。这么少体积的样品，很容易遭受环境的影响。许多操作者对此不注意、不在意，将样品敞开放着，在风下吹着，在光下照着或一会放在冰箱里、一会又拿出来进样，如此等等。这种不规范、不一致的操作，要得到重复和再现的分析结果，不要说 CE 不能，任何其他方法也都做不到。微升级样品容易因蒸发而浓缩，也容易受光、热、电或其他因素作用而变质，不少生物样品（如蛋白质等）在微升级水溶液中容易快速水解。在这种情况下，如果用常量的方法来对待微量样，必然得不到理想的结果。为此建议：在做 CE 时，须将待测样品放在恒温、恒湿环境中，而对于易水解的生物样品最好置于 4℃环境并尽量减少在不同温度之间转换。

在进样操作过程中，毛细管要多次在样品和背景电解质溶液之间转换，管头会因此携带溶液到样品，或相反，并因此改变微量样品的浓度，甚至还会改变其组成。为此，须注意更新样品，以尽可能保持样品的一致性。同时为了节省用样，每次取样建议不超过 $5\mu L$，可少至 $2\mu L$。CE 每次耗样不超过 1nL，$2\mu L$ 够用很长的时间了。

CE 方法的重复性与再现性还与仪器操作参数的选择有关。绝大部分人做 CE 时，都爱采用恒电压模式。这其实是一种不再现的选择。建议尽可能采用恒电流或恒功率电泳模式。有条件的可采用电量谱图做分析，详见第二章第五节有关部分。

第二节　仪器相关问题

与 CE 仪器相关的问题一般涉及进样、分离、检测等部分，有些问题已在上一节中碰到，并已有所解释。下面再解答更为具体的一些问题。

一、进样单元相关问题

问 7：为什么电动进样峰高和压力进样峰高不一样？

答 7：两种进样方法所依据的原理不同，进样的峰高自然不一样。具体而言，电动进样依据样品的权均淌度大小。因不同样品的权均淌度亦即速度不同，其进入毛细管的量也不一样，即存在歧视效应，所得峰高是不整齐的。这种歧视效应会影响定量测定的可靠性。压力进样依据流体力学原理，样品原样流入毛细管中，没有选择过程，所以更能代表样品的原来组成，有利于定量分析，但压力进样所引入的样品基质，常会干扰分离过程；它也不适用于无法流动的毛细管，如凝胶等填充类毛细管。这时可以改用扩散进样，该方法依靠分子扩散系数进样，凡存在浓度梯度的成分都可以出入毛细管，能有效抑制样品基质对分离的干扰并降低歧视效应。扩散是一种通用方法，无须外加动力，只控制时间即可，是一种极易控制和操作的 CE 进样法。

问 8：为什么我用压力进样得到的分离效率很低？

答 8：有两个可能原因，第一是超载，第二是样品基质干扰。压力进样多采用正压力，可控时间比较短，通常就 1～2s，但有人往往进样＞5s，可能已经远远超载了。一般地，压力进样所得到的初始区带长度，与进样压力、进样时间、毛细管内流动阻力（孔径大小、缓冲液黏度等）以及样品自身流动性有关，没有通用的进样时间参考，需通过考察进样时间与分离度的关系来最终确定进样时间长短。另外，压力会将样品与基质原封不动地推入毛细管，所以基质干扰分离是不可避免的，关键看干扰的大小。克服的办法是采用扩散进样法，它可以抑制基质的大量引入并能进样较长时间，便于精准控制。

问 9：压力进样漏气怎么办？

答 9：应该停止并报废该进样操作，检查漏气原因，排除故障后，再重新进样操作。

问 10：我用相同的压力进样，在不同的毛细管电泳仪上操作，结果不一样。为什么？

答 10：压力进样与很多因素有关（见答 8），且不同的仪器控制方式不尽相同，所以不可能完全对等。但这应该是系统误差，可以事先或事后予以校正。

问 11：相同厂家的仪器用相同的进样方法为何得到不一样的电泳谱图？

答 11：相同厂家不同型号的仪器必然会存在控制设计差异，因此也会存在电泳结果差异。有时候相同型号的两台仪器，在相同进样方法下，也会得到不完全一样的电泳谱图，这主要是由两台仪器进样系统的密封性能和毛细管差异造成的，但这种差异不应该很大，通常是可以忽略的。若差异很大，就需要检查仪器，看看哪台仪器的密封与控制是否出了问题。毛细管管径不均一，两根毛细管的流量可能有所差异，这种差异永远存在，差别只在大小。

二、分离单元相关问题

这里的分离单元包括了分离通道、分离动力与控制三部分，有以下几个比较集中的问题。

问 12：为什么我用的毛细管容易断？

答 12：主要是毛细管外层的弹性保护涂层没有紧密贴在内部的熔融石英管外壁上或有部分保护涂层开裂造成的。一般可用两个指头捏住毛细管，一路捋下去，到保护涂层不牢处会有感觉，严重的还会有脱皮现象。这些部分要切掉不用。如果毛细管某一部位被尖锐物体或锋利刀片划伤，则划痕部位（可能肉眼看不清楚）也容易被折断。

问 13：如何切断毛细管并得到整齐的断面？

答 13：对于常用的熔融石英毛细管，可用刀、细锉、玻璃切割器先横划一下，再从划痕背面反掰折断。如果用力合适，可以得到非常平整的断面，这样的毛细管进样分离效果很好。断面是否光滑整齐，可在 5~10 倍的显微镜下观察。一旦发现断面歪斜，就应该重新切割。要反复练习，直到断面满意。还可以在切断毛细管后，利用砂纸旋转磨平，外围倒角也行，然后在 HF 中稍微刻蚀一下以去掉棱角和凸起。在用砂纸磨平毛细管头时，要从毛细管的另一端灌入水，使水从磨口中不断流出，以保持磨口光滑并防止磨口堵塞。

问 14：毛细管用到一半断了怎么办？

答 14：只好更换新的毛细管了。一般而言，毛细管更换时，长度差异都不会很大，可以忽略，但管径差异可能无法忽略。为了获得重现的分离结果，每一根新换的毛细管，在正式用于分离之前，最好标定一下平均内径。标定的方法是：用一种可以长期使用或准确配制的缓冲电解质溶液，灌入毛细管，测定电压与电流的关系。在相同电压或电流下，所测的电流或电压应该与上一根管一样或差异可以忽略，否则就应该再换毛细管。

问 15：毛细管堵了怎么办？

答 15：毛细管若堵了，即使可以导电也必须疏通后再用，如疏通不了就得换根新的。有几种疏通毛细管的参考方法：①对毛细管一端加压，将堵塞物推出，最简单的加压方法是注射针筒，若压力不够，可接液相色谱或 UPLC 泵；②将毛细管一端封闭，然后对封闭端加热，使其内部液体或空气迅速膨胀，将堵塞物喷出，这种方法对管中还有液体的比较有效；③将毛细管整根置于烘箱中在适当温度下烤干，冷却后迅速通入 2mol/L 的硝酸进行氧化消解。后两种方法不适用于涂层特别是有机涂层管。

问 16：毛细管怎么清洗才算干净？

答 16：毛细管干净与否并无标准，也没有直接的光学表征手段或方法。就熔融石英和玻璃毛细管而言，可以采用碱洗、酸洗、水洗、缓冲液洗、高温烘洗等几种措施，一般可根据需要进行选用或组合使用。文献报道中多数采用碱洗-酸洗-水洗-缓冲液洗这种组合。该组合比较费时，如每步需时 2min，总共就得 8min，加上仪器运转和分离用时，一般会超过 20min。毛细管清洗的目的是要获得重复的分离结果，所以如果分离结果比较重复或变异系数可以忽略，不清洗也没有关系。在多数分离中，两次连续分离之间，仅用缓冲溶液冲洗一管体积（约 1min）即可。如果电泳不重复了，就要更换背景电解质溶液。更换后还不重复，说明毛细管有吸附问题，需要设法消除吸附物或吸附位点。有机酸可以用碱洗，有机碱可以用酸洗，所有的有机物都可以用硝酸泡洗来氧化除去。熔融石英毛细管的硅羟基与酸碱反应速度不够快，所以清洗程序必须固定，否则清洗本身也会导致分离结果不重现和不再现，比如：碱洗-酸洗-水洗-缓冲液洗和酸洗-碱洗-水洗-缓冲液洗所得的电渗是不一样的。另外，作者曾经比较过毛细管经过高温烘烤和常温清洗，其对蛋白质的吸附能力也是不一样的。高温烘烤清洗和干燥的毛细管，有利于蛋白质的高效分离，但操作比较麻烦。

问 17：怎么施加电压才能实现良好的分离？

答 17： 这个问题可能牵涉两个方面：第一，应该施加多大的电压？第二，如何施加电压？第一个是关于电压取极值的问题，可通过测定电压与电流的关系，取线性范围的最大值。第二个问题比较复杂，有以下几种方式：①单做恒电压、恒电流或恒功率电泳，均采用瞬间突跃到位的做法；②执行线性和非线性梯度电压、梯度电流或梯度功率电泳，梯度可升可降；③在施加机械压力下实施恒电压、恒电流或恒功率分离，瞬间突跃到位；④在施加机械压力下实施梯度电压、梯度电流或梯度功率分离。负机械压力原则上也可使用但控制不如正机械压力方便且易诱导气泡产生，因此不建议使用。虽然多数已发表论文都采用恒电压工作方式，但为了提高重现性，最好采用恒功率电泳方式，至少也要用恒电流模式。在多数情况下，采用恒电流电泳或梯度电流电泳的重现性能高于电压模式，其耐环境温度变化和其他物理干扰能力也更好一些。这一点被很多电泳工作者所忽略。如能改用由电量表示的电泳谱图则更好，请参见第二章第五节。电压施加方式主要影响出峰时间。

问 18：我的电泳仪在施加高压时有放电声音，怎么办？

答 18： 放电一般发生在高压端。CE 仪器可施加的电压随仪器的绝缘水平、干燥措施、环境湿度等因素而变。绝缘措施越好，环境湿度与温度越低，可施加的电压就越高。冬天可比夏天施加更高的电压。在多数情况下，如果实验室没有空调，在北方如北京等可以加到 25kV，在南方如广州则可能只能加到 20kV。超过这些电压就容易放电，出现"嘶嘶"声，严重时能观察到电火花。只要电流保持恒稳，这种放电实际上还不会影响到电泳的分离，但容易损坏仪器部件，所以应尽可能避免。如果放电达到一定程度，已经不能获得稳定的分离结果了，就应考虑以下措施：①适当降低电压；②提高电极和高压线路特别是接头的绝缘性；③对高压端或整机进行干燥处理，最简单的方法是向其吹风。

问 19：电压老加不上，电泳无法启动，怎么办？

答 19： 这个问题看起来是针对商品电泳仪的。电压加不上的主要原因应该是漏电。商品仪器的漏电保护装置，会自动切断高压，以防止放电损毁仪器和危及人员安全。需要查出漏电原因并予以排除。自组装系统若无漏电保护装置，则电泳可以启动，但电流可能会明显大于预期值，甚至可能出现功率超负荷状况，所以还是应该查出漏电原因并予以排除。毛细管断裂是常见的漏电起因，应率先检查。若毛细管没问题，则高压电极槽和高压电极部位漏电可能性最大，很可能是被溶液弄湿了。电解质溶液会爬升到高压电极槽外面，常常造成漏电，要注意随时清洁并保持干燥。

问 20：商品 CE 仪器的电极断了怎么办？电极应该多粗才好？

答 20：关于电极的粗细并无严格的规定，只要不明显降低电压或消耗功率就行。实际上，现在的 CE 都使用铂等良导体材料作电极，通常不会出现明显的负载问题，但太细的电极可能太软，容易折弯，不利于操作，所以一般都用 0.5mm 或更粗的铂丝作电极。不同商品仪器的电极结构有所不同，有的只是铂丝，有的可能是内插毛细管的管状电极。丝状电极很容易更换，只要截一段铂丝（最好是硬度较高的合金）换上就行了。管状电极可用注射针头代替。取一内径可让毛细管穿过的针头，按仪器允许空间截断，换上即可。商品电泳仪电极更换过程一般都不复杂，相关仪器手册应可查到，如查不到则须咨询厂家的工程师。

问 21：毛细管内老出气泡，缓冲液脱气也不管用，怎么办？

答 21：有很多因素都可以导致 CE 分离过程中毛细管内出气泡，比如：电压过高、背景电解质中含表面活性剂或增黏剂、含有有机溶剂、毛细管内有易电解或易降解的成分并伴有气体产生、柱温过高、进样过程中引入了气泡等。这类气泡都不可能通过超声脱气等办法来获得克服。事实上，超声或负压脱气后的背景电解质溶液会迅速（<1min）再溶解空气，所以在一般情况下，纯粹的水溶液脱不脱气并无多大不同，但含有表面活性剂或增黏剂时，应先脱气后再迅速灌入毛细管。对于容易产生气体的缓冲液，首先应该尽可能消除产气源，若不能消除就只能适当降低分离电压或温度了。对于进样或其他因毛细管移动而引入了气泡，若电压较低或气泡很小，可能并不影响分离，但会出一个尖峰（气泡溶解了就无峰）。据作者自己的经验，灌有水溶液的毛细管，其一端暴露在空气中 5s 以内，不太会出气泡；当毛细管内灌了含易挥发有机溶剂的溶液时，在空气中的暴露时间一般不多于 2s。由此建议：在进样等操作中，移动毛细管时间最好控制在 2s 以内。若利用虹吸进样，则毛细管应该先插到样品中再提升高度，而不是先提升高度再移插毛细管。另外，在使用含有易挥发有机溶剂的缓冲溶液时，对毛细管两端加压，也可以防止气泡的产生，而且可能因此改善分离。

三、检测单元相关问题

问 22：做 CE 时使用什么检测器比较好？

答 22：商品仪器常备的只有紫外吸收检测器，部分仪器还有荧光或激光诱导荧光检测器可供选用。最新的仪器还可与质谱联用。所以 CE 的检测器没有最好，只有更好。通常情况下，选用的是紫外检测器。它普适但灵敏度不足。高灵敏检测可选 LIF 但需要对样品标记荧光基团，或可选质谱检测器但要有质谱仪和合适的接口。质谱检测可以不要衍生（有时为了提高检测灵敏度也需要衍生），有通用性但背景电解质必须具有挥发性，否则背景干扰太严重，甚至检测不到峰。检测器的性能主要影响峰高。

问 23：紫外检测波长如何选择？

答 23：通常首选 205nm 或 200nm 波长，有条件时可先选 195nm 波长，这些波长有通用性，且灵敏度随波长变短而有所提高。若要简化检测谱图，突出待测对象，则应选择特征吸收波长，如含苯环物质可选 254nm 等。

问 24：毛细管检测窗口如何开？怎样的窗口才算干净？

答 24：目前多数熔融石英毛细管都用聚酰亚胺作弹性保护涂层，显黄色甚至棕色，为提高光学检测灵敏度，需要将保护涂层刮掉 2mm 左右。可用手术刀或剃须刀刀片刮、电热丝烧、浓硫酸腐蚀等。保护涂层破坏的部位可先用水冲洗擦干，再用丙酮清洗一次就基本可以了。将窗口对着光旋转观测，均匀透明就算干净了。如有条件，可在 5～10 倍显微镜头下观测，没有缺陷和污点的都可使用。市场上还有一种含有透明弹性涂层保护的毛细管，可直接使用，但在检测窗口两边的毛细管外，最好抹上黑色或套上黑套管，以防系统外的光绕射干扰检测。利用非接触式电导或柱后检测设施，也无须刮皮制作透明的检测窗口。

问 25：数据采集频率设置为多少才最好？

答 25：这是个关于电泳谱图数字化的问题。随着计算机技术的普及，现在很少仪器不用计算机控制了，至少会用 I/O 接口把连续谱图采集成量化数据并送往计算机进行储存和后续处理。显然，采集频率越高，所得数据与原图越接近，但也会占据越多的计算机空间。数据采集频率还与分离速度有关，速度越快，采集频率就得越高。一般地，一个电泳峰可用 10～50 个数据点来描绘。所以对于一个有 10s 宽度的峰，以 1～5Hz 的频率采集就可以了。实测表明，对于分离时间在 5～20min 之间的峰，用 1～5Hz 的频率采集是足够的，而对于 20min 以上的分离，只需设置 1Hz 的数据采集频率。其他速度的数据可以依此增减采集频率。

问 26：检测基线和电流都不稳定怎么办？

答 26：一般地，电流不稳则紫外等吸收型检测信号多数也就不稳。电流单向上升或下降，可导致基线的向上或向下漂移，具体漂移方向视缓冲液的光吸收性质是否随温度变化而定。这种漂移有时还会伴随出峰提前或延迟。有几种可能的原因，需要逐一排查：

1）管内出现微小气泡，但又没有中断电流，这就需要查出气泡产生的原因并予以排除。

2）毛细管有泄漏，可能是细微裂痕引起的漏电甚至漏液，要找出位置，最终可能需要更换毛细管。

3）仪器漏电并影响到了检测器，这种情况可通过关高压电源看检测器正常与否来加以判断，若是，就要采用隔离措施。

4）电源出问题，需要维修或更换。

5）背景电解质缓冲能力有问题，比如浓度太低或对工作 pH 没有缓冲容量，比如前面提到的用磷酸在 pH 4.5 附近电泳，这就需改用其他缓冲试剂了。

6）缓冲溶液使用时间太长或次数太多，应该更换新的。

7）毛细管吸附了多种物质，需要彻底清洗，最好用硝酸氧化或用高温烘烤处理。

问 27：我的仪器紫外检测噪声特别大，如何处理？

答 27： 紫外噪声增大主要有以下几种可能：

1）背景电解质吸收过强，由于迁移过程中各光吸收组分会发生随机涨落，导致背景紫外吸收波动增大。

2）毛细管某部分漏液流到检测窗口、检测窗口自己开裂或检测窗口冷凝了水蒸气等，这可能会引起非常严重的噪声，特别是出现基线的无规波动或漂移。这种情况可能是比较常见的。

3）检测器所用光源日久，能量不足，这会明显降低信噪比，特别是噪声明显增大，应该更换新的灯。

4）检测窗口恰好吸附了某些大分子或颗粒物，它们在电场下的摆动也会增大基线噪声，应该予以驱离。

5）检测窗口可能也会因为静电或其他原因吸附空气中的尘埃，它们在电场下也会有不同的极化状态并产生振动，导致检测基线噪声增大，只要清除掉即可。

问 28：电流电压均没有问题但紫外检测总是不稳或噪声大，是什么原因？

答 28： 如果仪器检测确实没有问题，这就要考虑实验室内外是否存在其他干扰源，如无线电波或其他射频源。特殊发射装置、大功率电器、脉冲电源等都可能干扰检测。电泳仪若与空调、冰箱、微波炉等多种大功率或脉冲用电装置共用电源，可引起仪器工作状态不稳，特别是出现检测信号异常。电器如冰箱等的周期性用电，会出现同步或异步的周期性干扰信号。如果实验室周围有强大的微波或无线电信号源，也会导致检测信号异常，特别是基线噪声大幅增加。由此建议：CE 仪器不要与大功率电器共用电源，要隔离开来，各用各的电。外界信号源如能屏蔽最好，否则应将仪器搬离干扰源。

第三节　操作参数选择问题

问 29：我知道 pH 是 CE 中的关键控制参数，但不知如何选择才算好。

答 29： 在多数情况下，pH 影响分离度、电渗和分离速度，需要综合考虑。在分离生物样品时，还需考虑生理条件限制。在分离度是关键指标时，则应选分离度高的 pH；如速度是关键指标，则应选速度尽可能大的 pH 做电泳。在涉及生理条件时，pH 选择的范围就不大了，可由缓冲容量来选择缓冲试剂。若各种条件都基本能满足，则应选择变化平坦的 pH。

问 30：电解质浓度如何选择才能既高效又快速？

答 30：背景电解质溶液浓度的选择与很多指标有关，如电流大小、峰压缩效果、检测灵敏度、分离速度等。一般地，为了获得尽可能好的分离效果，电解质浓度越高越好；但为了降低电流和提高检测灵敏度，电解质浓度却应该越低越好。它们之间需要折中或看哪个指标更需要提升。在电流允许的范围内可优先选用高浓度溶液，此时为了降低检测背景，应尽可能选用没有或低紫外吸收的弱电解质。实际上，CE 中常用的三类电解质溶液分别是硼酸、磷酸和生物缓冲试剂。它们可以混合配成新的体系。

问 31：如何选择最高电泳电压或电流？

答 31：在各种指标允许的条件下，取仪器允许或现实可选的最大值。可参考**答 17**。

第四节　综 合 问 题

问 32：整个系统都很正常，就是不出峰，是什么原因？

答 32：这个问题比较复杂，可能有以下原因，需要逐一排查：

1）没有进样或进样量低于检测限；

2）电压或电流没有加到毛细管上，比如漏电；

3）背景信号过高，淹没了目标峰；

4）毛细管有裂缝导致样品泄漏或管外液体流入造成了稀释效应（这时电流会明显偏离正常值）；

5）管壁吸附太强烈或管内有阻挡样品向前移动的其他阻力；

6）电泳缓冲液或 pH 不对，这可引起一些荧光物质不发光或猝灭，如 FITC 在 pH<9 后荧光就很弱并逐渐消失；

7）检测波长没有选对；

8）检测窗口被遮挡或错位了；

9）采集板坏了；

10）计算机与电泳仪没有连接或脱机了。

问 33：做 MEKC 时发现不进样也有峰，但不是每次都有，为什么？

答 33：MEKC 使用了表面活性剂，容易留存或夹带气泡，这会导致出现尖峰，但脱气后就应该没有或大为减少了。如果只在相同位置出峰，这是系统峰。只要系统峰不影响样品峰的测定就没关系；如果影响样品峰，就应该降低表面活性剂的浓度或换用别的表面活性剂来作准固定相。系统峰可能不止一个，会出现在不同位置上，且与电解质、样品及相互作用有关。在做间接紫外等检测时，也常有多个系统峰。一些聚焦进样方法亦会导致出现不同大小的系统峰。

问 34：我做 CE 总得不到高效分离而且峰很宽，为什么？

答 34：得不到高效 CE 的原因主要有以下几种：

1）进样超载，减少进样量就可见到效果；

2）背景电解质与样品不匹配，需要对电解质种类和浓度进行优化选择；

3）吸附明显，采用克服吸附的措施后就会好转；

4）样品含有高分子量成分，如蛋白质甚至纳米物质、细胞等颗粒样品。

第五节　问题排查路线图

CE 中的问题五花八门，也非常凌乱，其中有一大部分是由于操作者不注意、没经验所引起的。这类问题，只要稍加注意和多加学习体会，就自然可以获得解决。但其中还有一些问题，即使是所谓的 CE 高手，也无法避免，通常缘由不清，无法处置。对这类问题，就需要作理论分析，寻找问题的根源，然后才能对症下药，药到病除。

分析和排查问题的原因，必须要有策略和技巧，并因人而异，不见得会一致。本节将对若干具有一定普遍意义的问题进行分析，以得出问题原因分析的一些策略或路线图，以资参考。拟分析的三个核心问题是：不重现、不高效、不灵敏。

一、不重现

如前所述，分离不重现是 CE 中最常被诟病的一个问题，虽然它并不是 CE 本身引起的，但却对 CE 的"信用"等级造成了巨大的影响。所以这里专门讨论一下排查 CE 不重现原因的策略。

追本溯源，CE 的好坏全在于毛细管的使用。这种侧面积/截面积比随管径缩小而大幅增加的毛细管，既成就了 CE，又损害了 CE。它一方面提高了散热性，实现了高压高效的目的；另一方面也强化或突出了吸附效应，造成了新的问题，影响了分离的重现性。正所谓成也萧何败也萧何。

但事实上，CE 的重现性并没有因为使用毛细管而大幅下降，有如毛细管气相色谱与填充柱气相色谱之别。由理论分析可知，CE 不重现的因素有三类，都是仪器分析方法所共有的。

据此可以得出对 CE 不重现原因进行排查的路线（图 15-2 箭头所指）如下：

① 首先检查所选的电泳条件是落在易变区还是平稳区。多数不重现都是由于操作者选择了极值条件引起的，这是最易变化的区域，不是重现分离应该选择的区域。

② 如果条件选在了平稳区，这时就应该优先考虑在微量样品分析中极易被忽略的问题，即进样和样品放置过程中所导致的样品浓度和组成的变化。

③ 在上述条件检验无误后，可以检查仪器的有关部分，看是否有问题。

如此逐一排查，一定能克服 CE 不重现的问题，得到满意的结果。

二、不高效

CE 是很容易获得高效分离的，但也常常听到说 CE 效率不高，或只出宽峰或

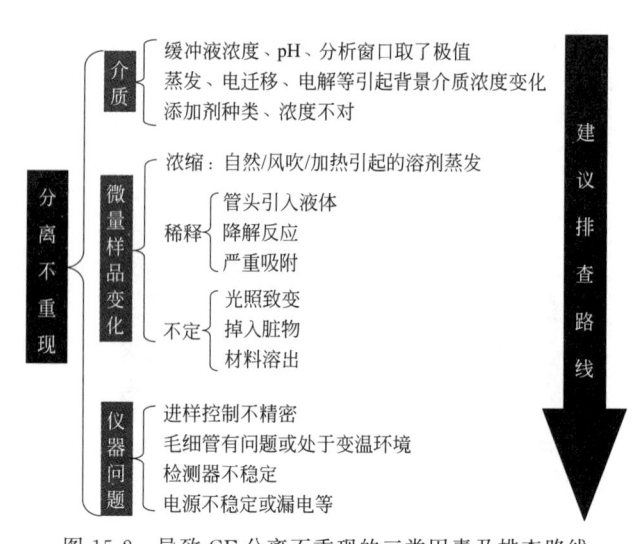

图 15-2 导致 CE 分离不重现的三类因素及排查路线

馒头峰。效率不高的原因相对比较简单，有以下几种：

① 进样量过大，又包括以下情况：进样区带长度远超 2mm 即进样体积过大、样品过浓等。这是首要问题，应予优先排查。

② 进样方法不当，这是第二步要排查的问题。对于自由溶液电泳，不同的进样方法所获得的分离效率并不相同。进样方法的电泳效率顺序是：扩散进样＞电动进样＞压力进样。若这三种方法都不好使，就需考虑对样品进行一些预处理，将其中可能严重干扰分离的因素如高含量盐等除掉。也可以采用聚焦进样方法来克服问题。

③ 背景电解质浓度过稀，低浓度缓冲液有利于施加高电压，以获得高效和高速分离，但过稀的电解质不能压缩样品区带，还会促使区带迅速铺展开来，以支持导电，所以峰会严重变宽。这种情况时有发生，应予尽早排查。

④ 电泳电压不足，有时为了防止放电或抑制电热，会采用较低的电压做电泳，故电泳峰效率往往不高。

⑤ 热效应，毛细管没有冷却或恒温，再加上电热不断积累，会导致管内区带加速扩散或区带扩展。应注意排查。

三、不灵敏

CE 检测不灵敏主要指紫外吸收检测。因为毛细管所能提供的光路仅微米级，所以灵敏度不高，这很正常。但是，有时候 CE 的紫外检测灵敏度格外地低，这就不正常了，需要排查原因。影响 CE 中的紫外检测灵敏度的因素还是样品、缓冲液、仪器三大部分，所以还是比较容易找到原因的，排查的路线如图 15-3 箭头所指：

① 检查峰是否不高，如是，须采取衍生措施或改换检测方法。

② 检查背景是否很高，如是，须分别排查背景电解质和仪器问题。可首先检查电解质背景，选尽可能低吸收的缓冲溶液。若缓冲液不是问题，就检测仪器，看看波长是否选对了，检测窗口和滤色片是否有问题，毛细管（特别是检测窗口）是否被沾污了，如此等等。

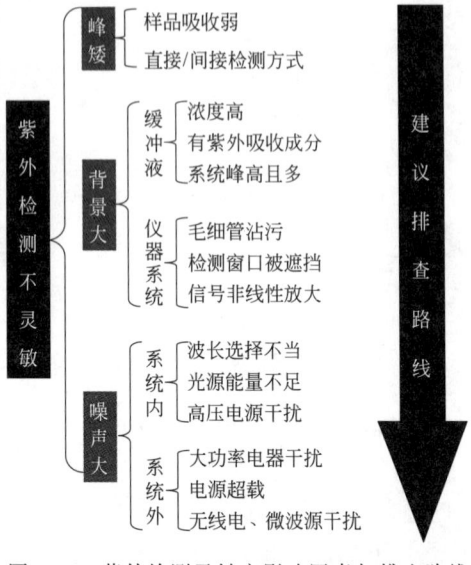

图 15-3　紫外检测灵敏度影响因素与排查路线

③ 检查基线噪声是否很大。噪声可以是仪器系统本身引起的，如氘灯超时使用，能量过低；也可以是选择错误或仪器异常造成的，比如波长选择不对，高压电源漏电到检测记录系统等。这些因素都会导致噪声变大，甚至扰乱基线。如果仪器本身没有问题，就要考虑是否有环境因素作怪，比如实验室中是否有大功率电器、电源是否超载。要特别检查实验室内外是否有微波源、无线信号发射台站以及变电站等，这些台站发出的无线信号有时会直接干扰检测器工作。